第三次新疆综合科学考察报告

吐哈盆地近30年水资源开发利用调查研究

高彦春　徐长春　李俊峰　著

中国农业科学技术出版社

图书在版编目（CIP）数据

吐哈盆地近 30 年水资源开发利用调查研究 / 高彦春，
徐长春，李俊峰著 . -- 北京：中国农业科学技术出版社，
2024.9
ISBN 978-7-5116-6756-4

Ⅰ. ①吐…　Ⅱ. ①高…②徐…③李…　Ⅲ. 吐鲁番
盆地－水资源开发 ②吐鲁番盆地－水资源利用 ③哈密盆地
－水资源开发④哈密盆地－水资源利用　Ⅳ. ① TV213

中国国家版本馆 CIP 数据核字（2024）第 071373 号

责任编辑　崔改泵
责任校对　李向荣
责任印制　姜义伟　王思文

出 版 者　中国农业科学技术出版社
　　　　　北京市中关村南大街 12 号　　邮编：100081
电　　话　（010）82106638（编辑室）（010）82106624（发行部）
　　　　　（010）82109709（读者服务部）
网　　址　https://castp.caas.cn
经 销 者　各地新华书店
印 刷 者　北京建宏印刷有限公司
开　　本　185 mm×260 mm　1/16
印　　张　21.25
字　　数　518 千字
版　　次　2024 年 9 月第 1 版　2024 年 9 月第 1 次印刷
定　　价　180.00 元

前言

　　吐哈盆地位于中国西北地区，是一个资源丰富但生态环境脆弱的区域。它的地理位置特殊，气候干旱少雨，水资源十分稀缺。然而，这里却拥有丰富的矿产资源和广袤的耕地，是国家重要的能源和粮食生产基地。近年来，随着社会经济的快速发展和人口的不断增加，水资源开发与利用的问题日益突出。水资源不仅是吐哈盆地生产生活的重要支撑，也是维护区域生态平衡的关键。然而，由于自然条件的制约和人类活动的影响，吐哈盆地面临着一系列严峻的挑战，包括水资源供需失衡、水环境污染加剧、水土流失和荒漠化等。

　　在农业和工业生产过程中，水资源的过度开发和利用对生态环境造成了不可逆转的破坏。灌溉农业的大量用水导致地下水位持续下降，湖泊和湿地面积锐减，生物多样性受到严重威胁。同时，工业废水的排放使得水体污染问题日益严重，进一步加剧了水资源的短缺和水质的恶化。这些问题不仅影响当地居民的生活质量和健康，也对区域的可持续发展构成了巨大挑战。面对这些问题和挑战，必须深入研究和科学规划吐哈盆地的水资源开发利用，通过合理的水资源管理和有效的水利工程建设，实现水资源的可持续利用和生态环境的保护。为此，我们开展了这项关于吐哈盆地近30年水资源开发利用的全面调查研究，旨在系统地梳理和分析吐哈盆地水资源开发利用的现状、存在的问题及其成因，并提出切实可行的对策和建议，以期为政府和相关部门在制定政策和决策时提供科学依据和参考。

　　全书共分为十章。第一章概述了吐哈盆地的自然社会经济状况；第二章详细论述了吐哈盆地水资源开发历史与现状；第三章至第五章详细分析了近30年来各区县的用水情况，包括生产、生活、生态用水的变化趋势及影响因素；第六章至第八章详细论述了近30年来各区县的生产、生活、生态的供水和需水情况并探讨了水资源供需平衡；第九章将吐哈盆地与天山北坡、新疆以及全国的水资源情况进行对比，评估了吐哈盆地在全国水资源格局中的位置和特点，从而为制定更加科学合理的水资源工程布局提供依据；第十章评估了现有水利工程的效益及未来工程建设的潜力。其中，高彦春负责撰写了第一、第三、第四、第五、第九章（约25万字），徐长春负责撰写了第六、第七、第八章（约16万字），李俊峰负责撰写了第二、第十章（约11万字）。曲文颖、王健康、杜可清、金瑾、苏妍心、王鸿钰、徐福金、袁梦佳、麻虹宇、马成晓、冯雪婷、张晶、罗雨、张琪悦、王亚贞、李琳、王倩、蔡亮、赵璇、王美丽、吴宇奇、李浩成、曹志恒、冯琼、薛书雨为本著作提供了相关素材，并进行相关数据整理和图表制作。全书由高彦春、甘国靖、苏妍心统稿。

尽管本著作在内容上力求全面和系统，但仍存在一些不可避免的局限性，主要体现在以下几个方面：

由于历史原因和地理环境的限制，吐哈盆地许多地区的水资源数据和相关资料存在短缺和不完整的情况。某些区县的长期水资源利用数据缺乏系统性，尤其是在早期的水资源管理和开发过程中，数据记录不够详尽，这在一定程度上影响了本研究的准确性和全面性。

此外，当地政府对水资源的详细数据收集工作是从近几年才开始的。虽然近年来数据收集的力度和精确度有了显著提高，但由于时间跨度较短，这些数据难以全面反映近30年的水资源开发利用情况。这种时间上的限制导致在进行长期趋势分析和预测时，不得不依赖于部分推测和模型模拟，可能会给结论带来一定的不确定性。

这些局限性不可避免地影响了本研究的深度和广度，希望未来能够通过更加系统和细致的数据收集与分析，进一步完善对吐哈盆地水资源开发利用的研究。同时，希望本书的出版能够引起学界与相关人员对该研究领域的更多关注和支持，也呼吁相关部门和研究机构加强合作，共同推动水资源科学研究，为区域的可持续发展提供更加坚实的科学依据。

特别感谢马青山教授、陈曦教授和丁建丽教授在项目实施过程中的悉心指导和提出的宝贵建议。本著作获得科技部基地和人才专项资助，获得新疆维吾尔自治区科技厅等单位的大力支持，在此表示衷心感谢！

高彦春

2024 年 7 月 15 日于中国科学院
地理科学与资源研究所

目　录

第一章
自然社会经济状况

第一节　地形地貌

一、区域范围

吐鲁番—哈密盆地（简称吐哈盆地）坐落于新疆东部，囊括西部的吐鲁番盆地、中部的了墩隆起和东部哈密盆地三个部分，是仅次于塔里木盆地和准噶尔盆地的新疆第三大盆地。吐哈盆地西起喀拉乌成山，东抵梧桐窝子泉，北依博格达山、巴里坤山和哈尔里克山，南邻觉罗塔格山，呈长条状近东西向展布，盆地东西长约 660 km，南北宽 60～130 km，面积约 4.8 万 km²。吐哈盆地以鄯善县城南部沙山为大致分界线，划分东西，东部属哈密盆地，西部为吐鲁番盆地。吐哈盆地地处西北内陆干旱区，极端的气候条件决定了本区域生态系统的脆弱性，并由此产生了关于区域水资源利用的一系列问题[3,23,70]。

二、地形地貌

吐哈盆地处于我国地势的第二阶梯，其地形地貌具有明显的干旱区和山地的复合特征。吐哈盆地属于新疆的低海拔区，地貌以平原和中山为主，盆地内绝大多数为戈壁荒漠，地势北高南低。周缘山前为冲积扇地貌，腹地为东西走向的火焰山，将盆地西部分为南北两个不同地貌区：北部以丘陵为主，地势平坦，海拔 750～850 m；南部多为平原，地势低洼，平均海拔低于海平面。这一区域的地貌主要由流水、冰川和干燥气候这三种外力塑造[9]。

（一）吐鲁番盆地

吐鲁番盆地位于天山东部，被高山环绕，具有显著的封闭性。火焰山将盆地分为南北两部分，北部地势陡峭，南部地表平坦。盆地以其低洼著称，艾丁湖海拔 -154 m，为全球第二低。该区地貌由两山脉的不对称上升形成，形成北高南低、西宽东窄的盆地。地区可划分为山地、山麓洪积砾石戈壁、洪积—淤积平原和滨湖盐沼四个带状区域，展现出丰富的地貌特征。

根据全国 1∶100 万地貌类型图的高度等级和起伏度分级指标，吐鲁番地区的地貌可以分为以下不同类型。

1

1. 山地

吐鲁番盆地周边的山地主要包括博格达山北部，这一地区自上新世早期至更新世经历了显著的断块隆升，形成了高耸的山脉，平均海拔约 4 300 m。博格达山的地貌特征明显，北坡宽阔平缓，主要由石炭纪和二叠纪地层构成，而南坡则狭窄且陡峭，主要由石炭纪地层组成，二叠纪地层较少出露。南坡受大断裂影响，地形更为陡峭。

博格达山的地貌按海拔高度分为三个带：低山地带（海拔 1 600 m 以下），主要由中生代和新生代地层组成，以干燥剥蚀为主；中山地带（海拔 1 600～2 800 m），主要由石炭纪地层构成，地形受到流水侵蚀；高山带（海拔 2 800 m 以上），受寒冻风化和冰雪侵蚀影响，保存有古冰川地貌。这种层次分明的地貌是由于山地纵向大断裂活动导致的。

2. 盆地

吐鲁番盆地长期以来一直处于负向运动，而在新构造运动时期，盆地的沉降速度明显增加。中生代和早第三纪时期的地层厚度达到了 3 000～4 000 m，而晚第三纪和第四纪的沉积层达到了 3 000 m。由于山地和盆地底部的升降速度不同，导致现代山地海拔高达 4 300～5 445 m，而盆地地势大多低于 1 000 m，最低点的艾丁湖海拔仅约 -154 m。这种极端的高差和鲜明的地形差异是该地区地貌的显著特点。

（二）哈密盆地

哈密市是新疆维吾尔自治区的第三大城市，坐落于哈密盆地。盆地由西部的巴里坤山、哈尔里克山和南边的觉罗塔格山余脉所围。这个盆地呈不对称的形状，北高南低，西宽东窄。哈密盆地的地理特征独特，东天山环绕，形成了四山夹三盆的地形格局。这些山脉包括小哈甫提克山、大哈甫提克山、呼洪得雷山和苏海廷山，海拔范围从 1 600 m 到超过 4 000 m 不等，地区最高点为哈尔里克山的托木尔提峰，海拔 4 886 m。每个地貌单元都具有独特的地形特征，构成了哈密地区多样化的地理景观[69]。

依据形态成因分类原则，哈密地区的地貌可以划分为以下类型。

1. 山地

巴里坤山和哈尔里克山位于盆地北部，主要构成为古生代火山岩、变质碳酸盐岩及中生代、新生代陆源碎屑，海拔一般在 3 000～4 000 m。雪线位于 3 900～4 000 m，此区域主要是冰雪作用区，拥有平顶冰川和永久积雪，冰川面积约 180.94 km^2，主要地貌包括冰蚀和雪蚀形态。

在 3 200～3 900 m 的高山区，地表因霜冻和雪蚀作用多岩屑和崩坍物；2 000～3 200 m 的中山带地形多变，北坡因湿润气候形成疏林草原，南坡则因干燥气候呈现荒漠草原景观。1 300～2 000 m 的前山区，地形平缓，受山前断裂带影响，主要地貌为干燥剥蚀和物理风化，山顶地形圆滑，基岩裸露。

盆地东部的星星峡和觉罗塔格地区，海拔 1 300 m 以下，长期干燥剥蚀和风蚀作用形成了准平原化的丘陵和台地，坡度缓和，表面覆盖残积碎石和岩块，洼地中有洪积物和风积物。

2. 平原

冲积、洪积砾质平原位于盆地北部山前，南北宽 30～40 km，东西沿山前延伸约

200 km，海拔 800～1 300 m，由东北向西南倾斜。地表由更新世至全新世的砾石和粗细砂组成，砾径由北向南逐渐减小。这些松散沉积物厚度约 100 m，与第四纪气候变化和地形动态有关。

冲积、洪积细土平原分布于冲洪积砾质平原下部，范围从了墩至大南湖，海拔 500～800 m，主要由粉砂、黏土和细砂组成，沉积厚度达 40 m 以上。该区域地形平坦，土层厚，适于农牧业发展，但由于气候干燥，地表盐渍化严重。

干燥剥蚀平原主要分布于盆地东南部和中部，地基由侏罗纪至石炭纪地层构成，新构造活动和干燥、风蚀作用形成了宽广平原。地形起伏缓和，边缘有陡坎，平原内发育多种地貌，如洼地和剥蚀台地，表现为干旱荒漠景观。

库木塔格沙地位于南湖戈壁上，是南北向的条带状沙地，由干燥剥蚀平原支撑，形成西缓东陡的沙丘，高度约 10 m，沙丘具有高流动性，持续向北延伸。

第二节　土壤和植被

一、土壤

吐哈盆地地域辽阔，山地、平原对比强烈，自然条件复杂。因此，在土壤形成过程和土壤类型上表现出相对多样性。在大尺度上，土壤类型的分布受到经向地带性和垂直地带性的影响，有明显的分异作用。区域的自然土壤分布及其类型相当复杂，有几十种之多，其地理分布受自然因素所制约。在大区域内，取决于当地地理位置所决定的生物区划条件而呈现地带特征；在地区尺度，地形、成土母质、区域的水文地质条件则主导了土壤类型的分布。

（一）吐鲁番地区

市境北部山地由于地形及水热条件的影响，形成土壤与植被的垂直分带。而盆地中心土壤类型比较简单，棕色荒漠土和残余盐土是盆地中分布最广泛的土壤。隐域土分布在扇缘溢出带和湖滨平原，绝大部分为盐土，而草甸土所占面积极小。盆地的地形特点使得土壤以围绕艾丁湖而呈半圆形分布，从洪积扇至湖盆边缘，顺次为棕色荒漠土—残余盐土—典型盐土—盐壳及盐泥。

1. 土壤分类

吐鲁番地区的土壤可分为灌耕土、灌淤土、潮土、风沙土、棕漠土、草甸土、盐土和山地土等 8 个土类、31 个亚类、58 个土种。

2. 土壤分布特征

（1）水平／区域分布规律。在吐鲁番地区，土壤的水平分布随着地势的降低和气候的变化（温度升高、降水减少、蒸发增大和地下水位上升），呈现从北部高地到南部低地逐渐向艾丁湖倾斜的格局。博格达山区北端以山地土壤为主。在博格达山与火焰山之间的老洪积扇区，土壤上部为砾质棕漠土，中部是棕漠土和灌耕土，下部因水位升高分布有草甸土和潮土。火焰山南麓至艾丁湖的延伸地带，土壤类型由北向南从砾质棕漠土过渡到灌耕土、灌淤土，最终变为风沙土。艾丁湖周边主要分布盐土。艾丁湖南侧的觉罗塔格山区和丘陵区地势低且干燥，主要分布棕漠土。火焰山北侧麓地由于地下水位影响，周边谷地和谷口主要分布潮土。托克逊县环绕大型洪积扇，地势较高，排水良好，主要土壤为草甸土和盐化草甸土。艾丁湖西侧低地区因阿拉沟和白杨河排水影响，主要为厚层结皮盐土，而其东部地势上升地区主要为厚层盐壳草甸土。

（2）垂直分布规律。博格达山南坡展现出明显的土壤垂直分布，海拔 3 500 m 以上为寒漠土，3 000～3 500 m 为高山草甸土，2 800～3 200 m 为重高山草甸土，2 600～3 000 m 为暗棕钙土，2 500～2 900 m 为棕钙土，2 300～2 500 m 为淡棕钙土，1 900 m 以下主要是棕漠土。

（3）土壤养分含量特征。吐鲁番地区土壤富含钾元素，但氮、磷养分明显不足。土壤中锰元素不足，锌元素严重缺失。土壤中氮的平均含量为每亩 5.15 kg，磷的平均含量为每亩 1.1 kg，显示出整体肥力较低。钾含量在不同类型土壤中表现出差异，其规律为灌耕土＞潮土＞灌淤土＞风沙土。此外，该地区土壤中的有机质含量相对较低。

（二）哈密地区

1. 土壤分类

哈密地区的土壤可分为棕漠土、灌耕土、潮土、黑钙土、栗钙土、棕钙土、灰棕漠土、草甸土、盐土、沼泽土、灰色森林土、亚高山草甸土和高山冰碛土等 13 个土类、31 个亚类、39 个土种。

2. 土壤分布特征

（1）水平/区域分布规律。在三淖盆地，主要分布灰棕漠土，适应半干旱气候，同时广泛分布有潮土、草甸土和盐土。巴里坤盆地的土壤类型多样，包括栗钙土、棕钙土（适应干旱至半干旱气候），潮土和草甸土（在湿润条件下发展良好），以及沼泽土和盐土（与水文条件和盐分累积密切相关）。东天山地区主要分布棕钙土和栗钙土，反映出该区域的干旱至半干旱气候特点，同时局部湿润条件下有草甸土的存在，而森林黑钙土和冰碛土的分布则反映了高海拔和寒冷的气候条件。在绿洲地带主要分布潮土、灌耕土、耕种棕漠土、耕种草甸土和盐土。

（2）垂直分布规律。由于海拔高度的不同而形成的气候、降水、植被等的梯度变化，各梯之间又有明显差异，因此土壤随地势高度而出现垂直分布，一般情况是：400～1 200 m 为灰棕漠土，1 200～1 500 m 为棕钙土，1 700～2 400 m 为栗钙土，2 400～3 200 m 为灰色森林土，3 200～4000 m 为高山草甸土，4 000～4 880 m 为冰碛土。以东天山东端的托木尔提峰北坡为例，在伊吾县境内测得土壤垂直分布如下：2 000 m 以下为山地灰棕漠土，2 000～2 300 m 为山地棕漠土，2 300～2 500 m 为山地栗钙土，2 500～2 700 m 为山地黑钙土，2 700～2 900 m 为高山斑毡状巴嘎土，2 900 m 以上为高山草毡土。

（3）土壤养分含量特征。在哈密地区的土壤分析中，发现全氮和速效钾含量较为丰富，但土壤中速效氮、速效磷和有机质含量明显不足。特别是速效氮含量低，通过施用有机肥或化肥可提升土壤肥力，速效磷含量不足的耕地占总面积的 67.6%，施磷肥可明显提升产量，是提高粮食产量的重要策略。尽管有机质含量丰富的土壤近 40% 主要分布在山区沟谷和平原地区，但高寒、水土流失严重和盐碱危害限制了作物的生长。

二、植被

吐哈盆地的气候比北疆其他地区更干旱，其植物生物学特性明显向旱生方向发展。叶和枝条适应干旱环境发生了显著变化，例如叶面积减小，变成棒形或针形叶，或几乎无叶，主要依靠枝条进行光合作用。这些植物为减少水分蒸发，增加了茸毛、加厚了角质层，并减少了气孔数。旱生植物如梭梭在春末夏初活跃生长，夏季进入休眠，秋季再次活跃。一些植物生长周期短，通过植株分裂或种子休眠来繁殖。雨后植物迅速生长，干旱时则干枯休眠，这种现象解释了为何在不同年份和季节，卫星图片和航片上观察到的植被覆盖会有显著差异。

（一）吐鲁番地区

1. 植被品种

吐鲁番地区植物生长比较稀疏，大部分戈壁上寸草不生，但绿洲植物种类繁多，主要的乔木灌木和草类有 44 科 210 多种。

2. 植被分区

吐鲁番盆地地形多样，包括高山、丘陵和平原戈壁，不同地形带来不同的气候条件，从而形成了多样的植被分区。在海拔 3 500 m 以上的区域，终年积雪，而雪线以下植被呈现垂直分布。在 3 000～3 500 m 的高山区，主要分布高山草甸植被，嵩草、薹草、雪莲等在此处生长；2 800～3 000 m 区域为亚高山草甸带，阴坡则片状分布着以云杉为主的森林植被；2 500～2 800 m 为山地草原植被，以冰草、针茅、早熟禾等为主；而 2 100～2 500 m 的山地中低区则为山地荒漠平原植被，以禾本科和耐旱的小灌木为主；1 700～2 100 m 的低山带分布山地荒漠植被，植被以超旱生灌木林、半灌木为主。此外，盆地内的低地草甸植被主要分布在农区外缘至艾丁湖间的平原低地，以疏叶骆驼刺群落为主。整体上，各植被带表现出从山地到低地的过渡，反映了从干旱到盐化的土壤条件变化。

（二）哈密地区

1. 植被品种

哈密地区被天山分为南北两部分，复杂的地形和气候条件造就了此地丰富的物种多样性。据统计，哈密地区植物种类达到 96 科 1 490 种。

2. 植被分区

哈密地区由北部天山东段的高山脉穿过，形成了南北两侧具有不同气候区和自然景观的地区。在海拔最高的 3 300～3 600 m 处，主要是高山植被，这里覆盖着苔藓、地衣以及适应极端寒冷环境的高山植物如雪莲；2 800 m～3 300 m 的高山草甸带，条件稍温暖些，这里生长着禾本科、豆科等的诸多草本植物，以及蔷薇科和怪柳科的适应寒冷湿润环境的属种；2 500～2 800 m 的亚高山区，植被以冰草、针茅和早熟禾等耐旱草本为主；2 000～2 500 m 的中低山区，出现山地荒漠平原植被，以针茅和冰草等耐旱小灌木和草本植物为主。在 2 000 m 以下的低山带，麻黄、泡泡刺、白刺、梭梭柴等耐旱的小灌木、半乔木植被广泛分布；海拔 1 900 m 以下的草原植被带，主要植被为针茅、多根葱等。在亚高山至低山地带，山地针叶林（云杉、西伯利亚落叶松）和落叶阔叶林（山地小叶杨、杨树）也有一定分布。这种从高山寒带到低地荒漠的植被变化，不仅反映了哈密地区的地形多样性，也说明了不同气候带对植被类型的影响。

第三节　气候与灾害

一、区域气候

吐哈盆地，以气候严酷、普遍干旱为主要特征，根据地形差异分为多个气候区，从温带山地气候到温带干旱、极干旱，直至寒带气候各具特色。总体上，吐哈盆地的气候以极端干旱、少雨、晴天频繁、光照充足、昼夜及季节性温差大，以及春季风力强劲为其主要特征。这里的夏季高温炎热，冬季寒冷，春秋季温差迅速变化。年降水量很少，西部低东部高，且主要集中在夏季。蒸发量巨大，可达到降水量的数百倍。此外，吐哈盆地还以其强风而著称，尤其是春、夏季节。这些极端的天气条件对于农业生产和当地居民的生活有显著的影响，同时这种独特的气候环境也为某些经济作物（如葡萄、棉花）的生长提供了优越条件。

（一）吐鲁番地区

1. 气候分区

吐鲁番地区的气候根据地形分为三个主要区域：温带山地气候区（北部海拔 1 000 m 以上的山地）、温带干旱气候区（火焰山以北海拔 200～600 m 的洪积平原）、温带极干旱区（火焰山以南平原）。

2. 气候特征

吐鲁番地区气候的主要特征是：极端干旱少雨，晴天频繁，光照充足，年内及日内温差显著，降水量少且集中，春季风力强劲且温度多变，夏季高温炎热且蒸发量大，秋季天气晴朗且温度下降迅速，冬季寒冷但晴朗天气居多，空气干燥。同时，吐鲁番地区频繁的干旱、寒潮、强风、干热风和早晚霜冻等极端天气现象，常给当地的农业生产和居民生活带来显著影响。

（1）气温。吐鲁番地区多年平均气温为 13.9℃，并展现出鲜明的季节性气候变化：夏季尤其炎热，平均气温达到 26.25℃，在 1975 年 7 月 13 日观测到极端的最高气温达 49.6℃，春季的平均气温为 15.65℃，秋季迅速下降至 12.02℃，而冬季气温更是降至约 -5.64℃。从冬季的冷冽，到夏季的酷热，这种剧烈的温度变化展示了四季分明且温差极大的自然条件。

（2）日照。吐鲁番地区日照时间长，太阳辐射强，光能资源位居全国第二位。年平均日照时数 2 926～3 032 h，高峰时可达 3 264.5 h。在作物生长季节（3—10 月），日照总时数占到全年的 75.9%～77.1%，不仅光照时间长，而且强度大，因而棉花纤维长，葡萄、瓜果含糖量高，品质优良。

（3）降水。吐鲁番地区年均降水量 16.4 mm，西部最低向东部递增，山区多于盆地，但从北向南逐渐减少，北部高山区年降水量可达 400 mm，中部低山区 176 mm，而南部仅为 7.8 mm，特别是南部的觉罗塔格山区几乎无降水。时间上，吐鲁番地区降水主要集中在夏季，占全年降水的 45%～70%，春秋次之，冬季最少。极端情况下，无降水期可达 350 天。降雪稀少，年降雪量 9～26 mm，占年均降水量的约 10%，大部分年份几乎无降雪，积雪少且薄。

（4）蒸发。在强烈的日照和高温共同作用下，吐鲁番地区气候极为干燥，蒸发量大。年平均蒸发量介于 2 520.7～3 166.9 mm。记录的年最大蒸发量达到 3 711.7 mm（1976 年，托克逊县），而最小蒸发量为 2 109 mm（1984 年，鄯善县）。蒸发量在全年中以 7 月最高，1 月最低，且呈现自北向南、自东向西递增的地理分布特征。

（5）风。吐鲁番盆地因其强劲且频繁的风力而被称为"陆地风库"，其中 8 级以上的大风及 12 级以上的飓风屡见不鲜，曾在珍珠泉和铁泉车站观测到超过 50 m/s 的风速。风的季节性分布表明，大风经常发生在春、夏两季，4—7 月大风日数占全年总日数的 76%。

（二）哈密地区

1. 气候分区

哈密地区全境可划分为五个气候带、共七个气候区：暖温带极干旱区（哈密盆地、淖毛湖盆地）、温带极干旱区（三塘湖戈壁、七角井盆地）、温带干旱区（伊吾谷地、沁城及天山南麓海拔 1 500～2 000 m 地带）、温带亚干旱区（巴里坤盆地、天山北麓海拔 1 500～2 000 m 地带）、寒温带干旱区（天山山区南坡海拔 2 000～3 000 m 地带）、亚寒带亚干旱区（天山山区北坡海拔 2 000～3 000 m 地带）和寒带亚干旱区（天山海拔 3 000 m 以上山区）。

2. 气候特征

哈密地区气候的主要特征是：干燥少雨，晴天多，光照丰富，年、日温差大，降水分布不均，春季多风、冷暖多变，夏季酷热、蒸发强，秋季晴朗、降温迅速，冬季寒冷、低空气层稳定。干旱、寒潮、大风、干热风、霜冻等灾害性天气，往往给生产、生活带来一定影响。

（1）气温。哈密地区年平均气温 10.3℃，展现出显著的季节性气候特征，1 月通常最冷，而 7 月最热。冬季山区异常寒冷，1 月平均气温达 -18～-13℃，记录的极端最低气温为 -43.6℃（1958 年）。相比之下，平原戈壁地区 1 月平均气温为 -13～-10℃。夏季，平原戈壁地区的气温极高，7 月平均气温介于 25～29℃，最高气温可达 43.9℃，炎热日数达 30 天以上。该地区的气温日较差普遍超过 10℃，一日之内冷热变化十分剧烈。

（2）日照。哈密地区全年日照时数平均在 3 170～3 380 h，其中星星峡地区更是高达 3 500 h，有"日光峡"的美誉。在作物生长季节（4—9 月），累积日照时数可达 1 800～1 900 h，为农作物提供了极佳的光照条件。同时，该地区年太阳总辐射量 6 397.35 MJ/m²，居新疆之首，为该地区提供了丰富的太阳能资源。

（3）降水。哈密地区年均降水量 33.8 mm，地区自然降水分布差异甚大，占全地区总面积 46% 的平原、荒漠、戈壁地区的全年降水量仅为 25～40 mm，降水多集中在山区，海拔 2 000 m 以上的区域年降水量可达 200 mm 以上。虽然降水量有限，但山区因温度较低和蒸发量小，形成了稳定的积雪带和高山冰川。这些自然储水体在干热和冷湿年份对河水流量起调节作用，使得山区成为天然的大水库。降水量的年际变化显著，特别是在戈壁平原地区，降水量的丰枯年份间可相差 6 倍。季节分布上，夏季降水量占全年的 50% 以上，而冬季仅占 5% 左右。连续无降水日数在平原戈壁地区可达 253～263 天。南北戈壁地区降雪量 2～5 mm，占全年降水量的 10%，积雪不稳定，持续时间较短；相比之下，山区降雪量更多，降雪期可长达 8 个月，降雪量约 55 mm，占全年降水的 30%～35%；山区海拔 4 000 m 以上地带终年积雪。

（4）蒸发。哈密地区空气干燥，湿度小，春、夏多风，温度高，致使蒸发量可观，年均蒸发量 3 300 mm。七角井、三塘湖、淖毛湖一带是新疆乃至全国蒸发量最大的地区之一，全年蒸发总量可达 4 417.8 mm，是降水量的 300 倍以上。蒸发量在全年中以 7 月最高，1 月最低，山区较平原戈壁地区的湿度略大，但蒸发量依然可观，巴里坤盆地全年蒸发量 1 602.7 mm，伊吾谷地和天山南麓全年蒸发量为 2 200～2 600 mm。

（5）风。哈密地区的风力特征因地形而异，展现出显著的地理分布差异。在三塘湖及淖毛湖戈壁，年均风速为 4.6～5.9 m/s，最大风速可达 27～28 m/s。巴里坤和伊吾谷地年均风速 2.5～3.7 m/s，但最大风速可达 20～34 m/s。哈密城镇及其东侧地区年均风速在 2.3～4.9 m/s，最大风速可达 34 m/s；城镇以西的区域，年均风速 4.8～8.7 m/s，最大风速 30～37 m/s；而城镇附近风速偏低，仅 2.3 m/s。季节上，春夏季风速较大，秋季其次，冬季最小。

二、自然灾害

吐哈盆地面临多种自然灾害的考验，其中风沙灾害、干旱、洪水、低温冻害和地震是最为严重的。因其特殊的地理位置和气候条件，吐哈盆地是风沙侵袭最严重的地区之一，特别是春季至夏季初，大风沙和干热风现象严重影响农业和居民生活。此外，虽然年降水量极低，但偶尔的暴雨能在短时间内引发灾害性洪水，对社会经济造成巨大冲击。冬季的低温冻害以及不断的地震活动也给吐哈盆地的生态安全和人民生活带来了额外的风险。这些复合型自然灾害共同影响着吐哈盆地的可持续发展和生态平衡。

（一）吐鲁番地区

吐鲁番地区的自然灾害类型多样且频繁，对该地区的居民和经济活动构成了显著威胁。由于地理位置和气候条件，该地区成为新疆受风沙灾害影响最严重的地区之一，春季至夏初常见大风沙事件，导致建筑倒塌和交通中断。此外，该地区还面临严重的流沙问题，尤其是在沙源丰富的地区，流沙对农田和基础设施造成破坏。干热风是该地区的另一大挑战，主要在 4—9 月发生，特别是 5—7 月更为频繁，这种短暂但强烈的热风能迅速蒸发作物水分，严重影响农业产量。干旱也是吐鲁番地区的主要问题，这里的年蒸发量远超年降水量，导致持续的大气和土壤干旱，严重限制了农业发展。除了干旱和热风外，低温冻害也不时影响该地区，尤其在春秋两季，早霜和霜冻对作物造成损害。冻害区和干热风区分布相反，重霜冻区干热风危害较轻，轻霜冻区干热风危害则较重。尽管吐鲁番是极为干旱的地区，短暂的暴雨也能引发突发性山洪灾害，如1987年7月的一场暴雨就在该地区引发了严重的山洪，造成大量土地受灾和基础设施损坏。地震活动在该地区同样频繁，根据新疆地震台网的数据，吐鲁番地区及其周边平均每年发生200次以上的地震，给当地带来了不小的风险。

（二）哈密地区

哈密地区的风沙问题在南北戈壁地区尤为突出，全年有30～35天出现扬沙现象，其中10～25天风沙严重，尤其是在春季至夏初的4月。此外，高温期间的干热风也常见于5—7月，特别是在7月，导致作物快速失水和枯萎，严重影响农业产量。干旱是哈密地区的常态，春旱和晚春旱特别严重，致使农作物生长和牧业活动受到影响。尽管哈密地区极为干旱，偶尔的暴雨却能引发局部洪水灾害，自1731年以来，共发生较大洪灾26次，如2018年7月的特大暴雨引发了罕见的山洪。此外，低温冻害也常见，1988年2月的大雪降雪厚度达到40～80 cm，导致直接经济损失超过610万元，多名人员伤亡。地震活动也频繁，哈密地区位于地质活跃带，多次经历破坏性地震，其中1842年和1914年两次7.5级的大地震带来了严重的社会经济影响。

第四节　水系、冰川、湖泊

一、水系

（一）吐鲁番地区

1. 地表水系

（1）天山水系。天山水系涵盖了发源于天山西部与北部的15条主要河流，其年总径流量累达到9.267亿 m³。托克逊县流经的河流包括乌斯图沟、珠鲁木图沟、渔儿沟、阿拉沟、波尔碱沟和白杨沟等6条。吐鲁番市境内流淌着大河沿沟和塔尔朗沟，而鄯善县则有二塘沟、柯柯亚沟、坎尔其沟等[63]。这些河流的流量在年际间波动不大，但年内变化显著，丰水期与枯水期的流量之比可以达到百倍甚至千倍。在6—8月，它们的流量占到全年的70%以上，而3—5月期间仅占7%，这种分布导致春季干旱严重。到了冬季，除了白杨河和大河沿河，其余河流几乎断流。山口泉水在天山山口的冲洪扇边缘汇聚，形成持续流淌的小股泉水。这些泉水的流量稳定，无论是年内还是年际都显示出很小的变化。由于其水量可靠，水质优良，一般不会出现洪水。其中较大的泉水沟有12条，年径流量约为0.262亿 m³。

（2）火焰山水系。火焰山水系主要分为两部分：一部分是源自火焰山构造缺口的泉水沟，另一部分是位于火焰山北坡的散布泉水。这些水系是天山水系水资源的延续，体现了水资源的重复利用。

火焰山山口泉水沟数量共计 12 条，年径流量为 1.44 亿 m³，特点是流量稳定，水质佳。在汛期，来自天山的河沟会带来大量洪水，流入这些泉水沟，对沟内的水工建筑以及下游居民的生命财产构成威胁。

火焰山山北泉水则是在山坡低洼地区，因火焰山第三纪泥岩顶托而形成的地下水溢出带，共汇聚成 14 股泉流，其年径流量为 0.357 亿 m³。

2. 地下水系

盆地的地下水系统巨大而多变，既有承压水层也有非承压水层，构成了复杂的水文地质构造。地下水的埋深变化范围广，最浅处为 4 m（托克逊县），而最深可达约 90 m（鄯善县）。这种变化显示了地下水位的不均衡分布，以及地下水埋深的多变性。根据盆地结构和地下水的赋存条件，将盆地内的地下水以火焰山为界分为北盆地和南盆地两大系统。

（1）北盆地地下水。分布在火焰山以北的倾斜平原区域。这一地区的含水层主要由第四纪冲洪积砂砾组成，北部山区为其主要补给区，斜坡平原为水流过渡区，而接近火焰山隆起的地区则构成主要的排泄区。排泄主要通过人工抽取和地下水的自然蒸发进行，部分地下水也通过泉水排泄向南盆地补给。

（2）南盆地地下水。位于火焰山以南，艾丁湖周边的封闭盆地内。该地区地下水主要赋存在冲积砂砾层和含砂土中，补给来源于北盆地的横向径流、人工渠系渗漏以及南部及西部山区河流的渗漏。艾丁湖等浅埋区的地下水排泄主要依靠蒸发。

3. 水质

吐鲁番盆地接受自西部和北部天山而来的地表水，矿化度低于 1 g/L，水质不仅满足生活饮用水标准，也适合工农牧业用水。地表水在流经天山西部和北部时，由于地形的陡峭和植被的稀疏，加之基岩裸露和山体破碎，雨季时河水会携带大量泥沙，导致水色浑浊。阿拉沟水文站 1981—1995 年的测量显示，阿拉沟河的平均含沙量达到 0.94 kg/m³，汛期河流的输沙量占到全年的 98.1%。

地下水在从山区穿越至平原过程中，水质呈现从良好逐渐向较差转变的趋势。这一变化从西部和北部的山区开始，地下水流经砾质平原时，其主要为钠钙硫酸盐和碳酸盐型，由于补给区含水层的厚度和矿物成分的单一性，地下水流动畅通，保持矿化度在 1 g/L 以下。但在地下水浅埋区或排泄区，水质可能恶化，矿化度升至 1～3 g/L。当地下水继续向南流动，接近火焰山和西部山区补给区时，水质较好，矿化度保持在 1 g/L 以下。但流经土质平原和湖积平原后，由于含水层变薄和蒸发损失的增加，水质开始明显变差，矿化度可升至 5～10 g/L，水的化学类型也从碳酸盐型变为硫酸氯化物型和氯化物硫酸型。最终，在湖积平原区，尤其是盆地中央和南部低山区，地下水变为高矿化的咸水，矿化度常超过 100 g/L。

这些变化揭示了吐鲁番盆地内地表及地下水质随地理和地质条件的复杂变化及其自然演变规律，强调了地下水资源管理和保护的重要性。

（二）哈密地区

1. 地表水系

哈密地区的水系主要特征是季节性河流和小溪，这些水体多数发源于哈尔里克山和巴里坤山。这些山区的降水和冰雪融化是地区河流的主要补给源。全地区的地表水年总量为 8.76 亿 m³，占新疆总水量的 1.1%，居全疆各地区之中水资源量较少的位置。

哈密地区内众多河流包括伊吾河、柳条河、石城子河、榆树沟及五道沟等，它们均属于季节性水流，年径流量分别为 5 760 万 m³、1 380 万 m³、7 060 万 m³、4 573 万 m³ 及 4 636 万 m³。这些河流通常在春季融雪期和夏季雨季期间水量充沛，而在干旱的秋冬季节水量减少。伊吾河是哈密地区的重要河流之一，发源于哈尔里克山北坡的冰川群，经过多个支流汇流而成，全长 104.6 km，流经伊吾县城东北方向，最终汇入淖毛湖盆地。河流年径流量主要受地下泉水补给，占年径流总量的大部分。

哈密地区共有 140 余条山沟，年径流量总和达到 8.47 亿 m³。这些山沟大都为内陆小河，河流小溪均属于季节性水流，大多数由山区降水和融冰化雪补给。地区水文特征以沟溪多、流程短、水量小、以雨水和积雪融水为主要水资源补给方式为特点。

总体而言，哈密地区地表水资源由于季节性变化明显，加之总量相对较少，使得该地区在水资源管理和利用上面临一定的挑战。河流和山沟的季节性特征，使得季节变化会影响到该区域水资源可利用性，需合理规划和利用以满足地区的水需求。

2. 地下水系

哈密盆地的水文地质结构相对单一，地下水赋存条件优越，按地下水的功能区域可划分为以下几个部分。

地下水补给区：此区域主要位于盆地的北部山前区域，地下水补给主要来源于冰雪融水及部分地表降水。该区域的含水层以上古生代基岩裂隙水为主，局部区域存在构造裂隙。该区地下水资源总量估计为 0.95 亿 m³/年。

地下水径流区：位于盆地北部的倾斜平原上，此处为地下水流动的活跃区域。含水层类型包括第四纪河流沉积的砂砾石潜水层和第三纪的孔隙裂隙水。地下水资源总量大约为 8.64 亿 m³/年，反映了盆地此部分的地下水资源丰富。

地下水排泄区：这一区域主要分布于盆地的南部土质平原，为哈密盆地地下水的主要排泄区。排泄过程主要通过蒸发，导致该区域水质较差。含水层以第四纪的砂和含砂土的潜水及浅层承压水为主，下伏第三纪孔隙裂隙水也对该区域有贡献。

哈密盆地的地下水系统通过这三个功能区域的相互作用维持水循环平衡，每个区域在地下水循环中扮演着独特的角色，共同支撑着盆地内的水资源和生态系统。

3. 水质

在哈密地区，地表水主要为碳酸氢钙型和碳酸氢镁型，pH 值介于 8.1～8.3，矿化度为 178～327 mg/L，符合生活饮用及工农牧业用水标准。然而，由于季节性河流源于植被稀疏的陡峭山区，雨季时河水常携带较多泥沙，透明度下降。例如，头道沟站 1985—1990 年的平均含沙量为 0.66 kg/m³，显示即使水量较少，也能在汛期携带大量泥沙。

哈密盆地的地下水从北部的低矿化度淡水向南部高矿化度咸水或盐卤水过渡。北部地区水质较好，矿化度低于 0.3 g/L，适合饮用和灌溉。向南流动时矿化度逐渐增加，尤其是农业灌区可能超过 10 g/L。伊吾谷地维持较低的矿化度，在 0.2～0.5 g/L。巴里坤盆地地下水以碳酸氢钙型为主，矿化度在 0.5~1 g/L，但巴里坤湖北岸地区可达 2 g/L 以上。三塘湖至淖毛湖盆地区域的矿化度介于 5~10 g/L，表现出咸水特性，部分地段呈硫酸钠型水。这反映了地下水质随地理和地质条件的复杂变化。

二、冰川

天山主脉的哈尔里克山与巴里坤山是哈密冰川的主要所在，冰川总数达到 226 条，覆盖面积为 180.9 km²，总体积约 67.5 亿 m³。这些冰川中，最大的厚度能够达到 70 m，相当于储存了约 65 亿 m³ 的水量。特别地，在海拔 4 886 m 的哈尔里克山托木尔提峰区域，分布着 160 条不同类型的冰川，占地 143.21 km²，其中最厚处达 73 m。这一区域还拥有 7 条罕见的平顶冰川。

三、湖泊

（一）吐鲁番地区

艾丁湖，位于吐鲁番市南部大约 50 km 处的高昌区恰特卡勒乡，是吐鲁番盆地内的主要湖泊。湖盆东西长约 40 km，南北宽约 8 km，面积约 152 km²。艾丁湖湖面经历过多次干涸和恢复，在 1962 年、1984 年和 2004 年曾一度面临彻底枯竭，但在 2016 年后湖面又有所扩张，近些年（2018—2022 年）保持在 21 km² 左右。湖面低于黄海海平面 154.43 m，仅次于死海（-391 m），成为全球第二大陆上低点，同时也是中国海拔最低的点。艾丁湖是一个内陆咸水湖，已成为盐湖，湖泊矿化度极高，湖区裸露盐化面积达 90 km²，提供了丰富的芒硝和盐资源。

（二）哈密地区

巴里坤湖位于天山山脉东段巴里坤山与莫钦乌拉山之间的巴里坤地堑式断陷封闭型高位盆地中，东西宽约 9 km，南北长 13 km，总面积 113 km²。湖面海拔 1 585 m，属高原型咸水湖泊，是巴里坤盆地的集水中心，湖水补给以湖泊周边地表径流、周围洪积扇溢出带的泉水及地下径流为主，湖水矿化度达 7~8 g/L，湖内有丰富的芒硝和食盐资源，湖中生长卤虫。湖中发育有近南北向沙堤，将湖分割成东、西两部分，湖滨东、西、南部为沼泽湿地草甸，是优良草场。

托勒库勒湖，坐落于伊吾县盐池乡北约 2 km 处，介于天山东段的哈尔里克山西北部与莫钦乌拉山东南余脉之间。从 1943 年的 35 km² 逐年缩小，到 21 世纪 10 年代稳定 29.1 km²。这座咸水湖的海拔高度为 1 896 m，长 10.3 km，平均宽 2.82 km，水深 0.21~0.41 m，形状长葫芦形，随季节性水流变化而面积波动。无直接溪流补给，湖水主要依赖农田回归水及周围山区小河的季节性水流和地下泉水。矿化度介于 12~67 g/L。

哈密地区除了主要湖泊外，还拥有多个小湖泊，各具特色。查干诺尔位于榆树沟河源上游，海拔 3 326 m，长 1.1 km，宽 0.5 km。紧邻查干诺尔的是艾力什拜希上游的两个连串型湖泊，海拔超过 3 500 m。黄田八大石沟上游的苏静河有 5 个连串湖泊，海拔在

3 300～3 900 m。琼也希勒库勒和克其克也希勒库勒分别位于伊吾河的西支流和东支流上游，展示了区域的冰川融水特性。石人子东沟的东沟海子和小黑沟海子位于巴里坤县，展现高山冰川形成的冰碛湖特征，海拔分别为 3 600 m 和 3 400 m。这些高山小湖泊体现了哈密地区丰富的地理和水文多样性。

第五节　区域水文地质条件

一、区域整体地质概况

吐哈盆地位于北天山褶皱带东段，是典型的山间构造断陷盆地，由中新生代厚层沉积物覆盖，特征为频繁的褶皱和构造断裂。该地区从华力西构造期开始形成，经过燕山期的地层隆起和喜马拉雅期的快速地质活动，形成了现今的盆地结构[31]。

第四纪以来，盆地的发展主要受控于古气候变化和新的构造活动，造成地壳升降和丰富的地貌形成。新构造运动导致火焰山和盐山隆起，将盆地划分为南北两部分，北部地区呈升降动态，南部则缓慢下沉。随着气候干燥，水量减少而蒸发增加，使得艾丁湖区域变成低洼地带。现代气候变化和人类活动的影响正在进一步改变吐哈盆地的地表景观。

二、盆地构造单元及特点

吐哈盆地属于哈萨克斯坦准噶尔板块东南部的一部分。该地区显著地展示了双重地质基底：一是展现与准噶尔盆地相联系的古老陆块特性的前寒武纪结晶岩基底；二是反映了古生代期间北疆洋陆间杂古洋盆形成、俯冲，以及古陆块会聚、碰撞造山事件和相关构造变形、岩浆活动的火山岩—碎屑岩褶皱基底。

基底的构造特性对上层地质结构产生显著影响，基底断块活动的不均一性导致上覆地层构造表现出明显的区域性分异。这种分异既体现在整体的升降动态中，也体现在不同块体间的相对升降动态中，从而塑造了吐哈盆地的发展和变迁。

进一步的研究将吐哈盆地自西向东分为三大构造单元：吐鲁番坳陷、了墩隆起和哈密坳陷。

（一）吐鲁番坳陷

吐鲁番盆地在新构造运动中展现了明显的构造特征，表现为南部下降和北部上升的倾斜抬升现象。这一地区的地质动态主要通过凸起、坳陷、断裂和褶皱等构造形式体现，其中坳陷和凸起构造尤为突出。

吐鲁番坳陷位于新构造运动区域，表现为南部下降和北部上升的倾斜抬升现象，具有显著的凸起和坳陷构造。该坳陷由数个构造单元组成，包括台北凹陷、科牙依凹陷、布尔加凸起、托克逊凹陷、鲁西凸起、台南凹陷和塔克泉凸起等。各个凹陷和凸起展示了从石炭系的火山岩基底到中新生代厚重沉积层的复杂地层结构。特别是台北凹陷，为盆地中最大的凹陷区，覆盖广泛并包含多个二级构造单元。

此外，盆地的构造活动还受两侧巨大断裂的控制，形成了南北向的断块盆地。这些边缘大断裂从晚古生代形成并在石炭世末期地壳运动中活化。盆地中部也发育有东西向的大断裂，如火焰山逆冲断裂和盐山断裂，这些断裂导致内部形成叠瓦状小断块结构。

褶皱构造主要集中在盆地的北部、西北部和中部，形成了三排褶皱带。其中，平山麓褶皱带位于博格达山南麓，火焰山褶皱带在盆地中部形成带状低山，盐山褶皱带由多个背斜组成，主要在托克逊县城以北呈弧形突出。这些褶皱的形成和演化与区域内的断裂和构造活动密切相关。

（二）哈密坳陷

在古生代期间，哈密地区被夹在西伯利亚陆板块的北部和塔里木陆板块的南部之间，中间是准噶尔至吐鲁番（哈萨克斯坦）的边缘海盆，属于海洋板块的东端。因地质运动在磁性基底上表现出明显的基底隆起，造就了分隔吐鲁番坳陷和哈密坳陷的了墩隆起。在这一地质时期，哈密盆地成为该地区显著的构造单元之一。南部的觉罗塔格山和南湖戈壁地区在中石炭世末通过与塔里木板块沿康古尔大断裂的碰撞，形成了褶皱山地，这些地区的长期隆升为后来的中新生代盆地沉积提供了重要的物源，并决定了盆地南隆北坳的基础格局，展现了从南湖隆起到北部坳陷区的斜坡过渡。

巴里坤至哈尔里克山的褶皱回返在石炭纪末期形成，这一地质活动并未导致吐哈与准噶尔两个盆地的彻底分离。博格达山的主要形成发生在中侏罗世之后。早期海水的退去标志着吐哈盆地从早二叠世的海相沉积过渡到陆相沉积，结束其海洋历史。

吐哈盆地的主要坳陷区初期位于北部，其中哈密市西部在上二叠统至上三叠统期间形成了大型深水湖，积累了超过 1 000 m 厚的暗色泥岩沉积。随着气候由湿润转为干热，沉积物由湖相向冲积—河流相转变。侏罗世时，湖水减少，湖盆变浅，转变为沼泽环境，并在哈密盆地西部和南部形成茂密森林。哈密坳陷的沉积物从北天山输送，形成了北厚南薄的沉积格局。到白垩纪，随着北天山的全面隆升，哈密盆地经历了大规模剥蚀，白垩纪沉积的范围和厚度相对减小。早第三纪末期，盆地全面沉降，周围山系几乎被夷平。喜马拉雅运动在晚第三纪末期极大改变了盆地的地质格局，北天山东山再起，盆地从湖盆转变为接近现状的山间封闭盆地，标志着吐哈盆地历史的一个重要转折点。

三、区域水文地质条件

在哈密地区吐哈盆地的地下水系统分析中，地下水可分为四种主要类型：松散岩孔隙水、碎屑岩裂隙孔隙水、碳酸盐岩岩溶裂隙水和基岩裂隙水。松散岩孔隙水主要分布于山间低洼和沟谷区域，是地区重要的地下水来源之一。碎屑岩裂隙孔隙水多见于第三系和中生代地层，以砂砾岩为主，水在裂隙和孔隙中流动和储存。碳酸盐岩岩溶裂隙水主要在雅满苏铁矿区周围，由于碳酸盐岩易溶解形成孔洞和裂隙，因此此类水体蓄水流动能力强。基岩裂隙水是地区最主要的地下水类型，存在于地表下几米至几十米深处的风化层中，随着深度增加，裂隙发育程度逐渐减少。

哈密研究区内的地下水位普遍较浅，多数地点水位埋深不超过 2 m，但矿化度较高。水文年景中，浅层含水层在丰水期水量较丰富，枯水季节水量减少。地形差异导致地下水总体从东南向西北流动，反映了地势和地下水文地质结构对流动模式的影响。

在北盆地，地下水主要为单一自由含水层，砂砾层延伸至深部，水位高度从北向南逐渐降低。南盆地地下水系统则显示出空间上的变化和复杂性，上部含水层水位接近地表，下部承压含水层在某些区域连续分布，显示出地下水系统的动态变化。这些特点凸显了吐哈盆地地下水资源的丰富性和地下水动态过程的复杂性，为水资源管理提供重要的地质信息。

第六节　社会经济概况

一、行政分区

（一）行政分区

吐哈盆地是吐鲁番盆地和哈密盆地的统称，包括吐鲁番和哈密两个地级市，共6个区（县），76个乡（镇、街道、场）。其中，吐鲁番市下辖高昌区、鄯善县、托克逊县3个区（县），43个乡（镇、街道、场）；哈密市下辖伊州区、巴里坤哈萨克自治县、伊吾县3个区（县），33个乡（镇、街道、场）。区（县）以上行政区划见图1-1和表1-1。行政区划示意图的数据源自吐哈盆地1∶25万科考基础地理信息标准底图（2019年）。

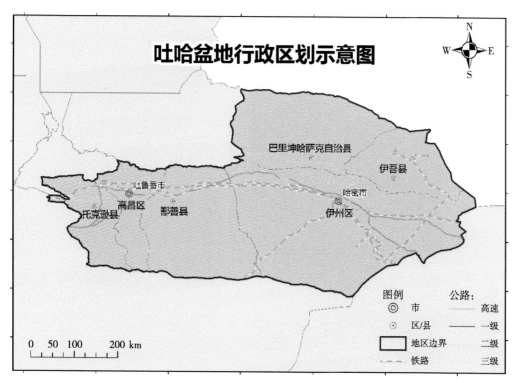

图1-1　吐哈盆地行政区划示意图

表 1-1　吐哈盆地行政区划

地级行政区名称	区（县）级行政区名称	人口 / 人	总面积 /km²
吐鲁番市	高昌区	290 302	13 589
	鄯善县	223 431	39 548
	托克逊县	119 683	16 561
哈密市	伊州区	432 166	85 587
	巴里坤哈萨克自治县	105 968	36 901
	伊吾县	21 218	19 519

* 人口统计数据来自 2018 年吐鲁番市和哈密市统计年鉴。

（二）水资源评价、利用分区

全疆共有 12 个水资源二级区，吐哈盆地隶属于吐哈盆地小河区（二级区），流域面积 13.4 万 km²，其下游划分为 3 个水资源三级区：巴里坤—伊吾盆地、吐鲁番盆地和哈密盆地。

1. 巴里坤—伊吾盆地

这一盆地是地区内最大的盆地之一，覆盖面积 56 521 km²。该地区拥有 46 条内陆季节性地表水河沟，主要河沟如西黑沟、东黑沟、红山口沟等已进行开发利用，主要用于灌溉。山区小河沟水量较少，年径流量在 4—8 月达到高峰，占年总径流量的 70% 以上。

2. 吐鲁番盆地

吐鲁番盆地流域面积 36 938 km²。全地区河流按水系分布、径流过程和利用情况可划分为 3 个径流区。

托克逊西部径流区：以阿拉沟水系和白杨河水系为主，年径流量占全区总径流量的 42.4%。

吐鲁番北部天山径流区：发源于天山博格达山脉，年径流量占 31.8%。

鄯善北部天山径流区：发源于天山柏格达山脉东段，占全区总径流量的 25.7%。

3. 哈密盆地

哈密盆地流域面积 40 667 km²，依据盆地的综合自然特征，可将该地区分为 3 个自然区域。

北部山区集流区：以山区水源为主，形成区海拔高达 3 500 m 以上，年均降水量为 200～250 mm。

中部平原灌溉区：北接山前洪积冲积扇，范围涵盖冲积扇中下部至冲积平原的中上部，海拔 500～700 m，构成历史上的绿洲农业灌溉区。

东、西、南部干旱荒漠缺水区：包括七角井、南湖戈壁等地区，占全市面积的大部分，属极端干旱荒漠区，无地表径流，植被稀少，年均降水量约 10 mm。

二、人口

吐哈盆地是新疆的一个重要人口聚集区，截至 2018 年总人口达到 119 万人。在过去三十年间，该地区的城镇人口从 1990 年的 29 万人增加到 2018 年的 50 万人，乡村人口则从 59 万人增至 61 万人。城镇化率从 1990 年的约 33% 上升至 2018 年的 42%。就性别比例而言，吐哈盆地的男女人数几乎相等，性别比为 100.54，显示出较高的性别均衡度。地区内多民族聚居，共有 37 个民族，汉族人口占 25%，少数民族占 75%，显示出丰富的民族文化多样性。吐哈盆地的人口年龄结构呈现出一定的层次性：18 岁以下的儿童和少年约占总人口的 23%；年轻劳动力，即 18～35 岁的群体，占总人口的 24%，这一群体为地区经济发展注入了活力；中年劳动人口，也就是 35～60 岁的部分，占总人口的最大比例，约为 39%；而超过 60 岁的老年人口比例为 14%。整体上，这一年龄结构为吐哈盆地未来的社会经济发展提供了一个均衡的人口基础。

三、国内生产总值及工农业产值

吐哈盆地位于新疆东部，作为古丝绸之路重要节点和现代交通枢纽，拥有发达的立体交通体系。该盆地以丰富的旅游资源和文化遗产著称，同时也是重要的煤炭资源区。自 1990 年以来，该地区的人口密度从每平方千米 4.2 人增至 5.6 人，远低于中国人口平均密度 141.7 人 /km²，仍然属于人口非常稀少的区域。

经济总量显著增长，GDP 从 1990—2018 年翻了 52 倍（图 1-2），产业结构向第二、第三产业倾斜。2018 年吐哈盆地第一产业产值为 90 亿元，第二产业为 479 亿元，第三产业为 278 亿元。第一产业主要以经济作物为主，畜牧业显著发展。第二产业以重工业为主，包括煤炭、石油、塑料制品等，而第三产业在交通运输和批发零售业表现突出。公共管理和社会组织、教育业、采矿业和制造业是主要就业行业，显示出就业机会的局限性但也有发展潜力。基础设施发展加强了区域经济联系，而居民经济福祉在城乡可支配收入的增长中得到体现。

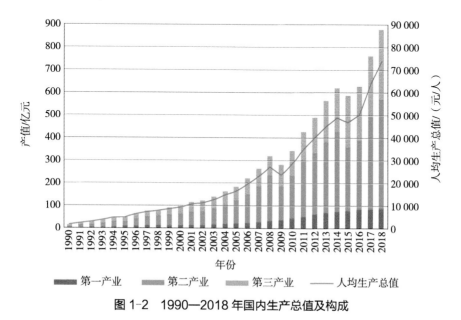

图 1-2　1990—2018 年国内生产总值及构成

居民的经济福祉在城镇和农村人均可支配收入的增长中得到体现，2018 年，吐哈盆地城镇居民可支配收入为 33 000～35 000 元，农村居民可支配收入为 13 000～17 000 元，在全国处于中等偏下水平，同时城乡间依然存在一定的经济发展差异。

四、灌溉农业发展

灌溉面积主要包括农田、林果地、草场灌溉面积和鱼塘补水面积。根据《新疆统计年鉴》，2018 年吐哈盆地耕地面积为 158 862 hm²，其中，有效灌溉面积为 129 020 hm²，节水灌溉面积为 144 300 hm²。农作物播种面积 144 102 hm²，其中，粮食作物占 20%，经济作物占 80%。耕地面积自 1990 年增长了近 80%。1990—2018 年耕地面积、正复播种面积和种植业结构等变化情况详见图 1-3。

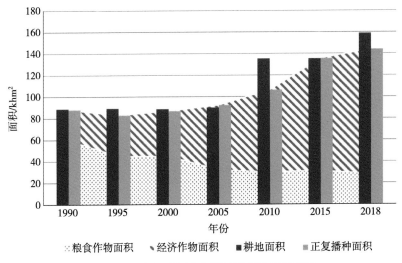

图 1-3　1990—2018 年耕地及耕种面积变化

吐哈盆地农田、果园、林地和牧场的总灌溉面积为 226 860 hm²。图 1-4 展示了2018 年吐哈盆地灌溉农业的组成结构。可以看出，农田灌溉面积占比最高，为 57%；果园灌溉占的比例为 19%，位居第二；其次是林地，占 17%；牧场灌溉面积所占比例较小，为 7%。

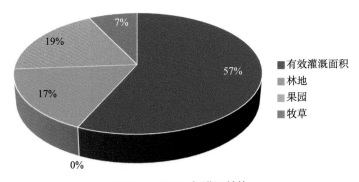

图 1-4　2018 年灌溉结构

吐哈盆地灌区的规模和灌溉能力呈现出一种多样化的分布模式。可将该地区规模以上灌区分为 6 级（表 1-2），最小的一级面积为 0.2 万～1 万亩（15 亩 =1 hm²），数量为 18 处，累积灌溉面积达到 2 620 hm²；随着灌区规模的增加，1 万～5 万亩的灌区数量为 10 处，面积增至 7 790 hm²；面积 5 万～10 万亩的灌区，虽然只有 5 处，但它们占据了 10 930 hm² 的灌溉面积；10 万～30 万亩的灌区虽然数量仅有 6 处，但它们的灌溉面积相当可观，总计 23 740 hm²；30 万～50 万亩的灌区有 3 处，灌溉面积达到了 46 760 hm²；而对于最大规模的 50 万亩以上灌区，仅一处就有 22 670 hm²。表 1-2 揭示了灌区规模的层次性，也凸显了各规模灌区在满足地区农业水需求和增强作物生产能力方面的重要性。这些灌区对于地区农业的持续繁荣与生态平衡的维持发挥着至关重要的作用。

表 1-2　规模以上灌区数量和面积

项目	规模以上灌区数量 / 处	规模以上灌区耕地灌溉面积 /hm²
50 万亩以上	1	22 670
30 万～50 万亩	3	46 760
10 万～30 万亩	6	23 740
5 万～10 万亩	5	10 930
1 万～5 万亩	10	7 790
0.2 万～1 万亩	18	2 620
合计	43	114 510

农业灌溉的数据大部分摘自《新疆维吾尔自治区水利统计资料汇编》，部分来源于各地区的水文统计年鉴和水利统计资料，这些记录将灌溉用水量区分为农业年和灌溉年，为我们提供了吐哈盆地水资源管理和农业灌溉方面的精确记录和分析。

在灌溉用水定额方面，新疆维吾尔自治区采取了一系列规范来确保水资源的有效管理。对于 2014 年以前的用水定额，吐鲁番市主要依据吐鲁番地区水利局下发的农业灌溉用水定额指标，而哈密市则采用《新疆维吾尔自治区农业灌溉用水定额（DB 65/3611—2014）》的 75% 作为标准，缺失部分通过《农业用水定额（新水厅〔2023〕67 号）》补充。2014—2016 年，用水定额统一遵循《新疆维吾尔自治区农业灌溉用水定额（DB 65/3611—2014）》。而 2016 年之后的用水定额则根据《农业用水定额（新水厅〔2023〕67 号）2023.3.30》执行。总体上，吐鲁番地区的用水定额经历了 3 次修订，哈密地区的用水定额经历了 2 次修订，展现了对用水管理和农业灌溉需求的精细调整和响应。

吐哈盆地在 2013 年前一直实行的是常规的漫灌灌溉方式，而从 2013 年开始，逐渐将滴灌这种节水灌溉措施引入农田，目前除了对葡萄的灌溉仍旧使用漫灌，其他作物已基本改用滴灌灌溉。此外，本书统计的农业用水量还默认包含了播前灌水和冬季灌溉的需求。

在作物种植制度方面，不同地级市或区县都有各自的种植规范，包括播种前浇水时间、播后第一次浇水时间、生长期浇水间隔、总灌溉次数以及灌溉期持续时间等。这些规范根据地理和气候条件定制，旨在优化水资源的使用和作物产量。

这些举措体现了新疆在水资源管理和农业灌溉方面的细致规划，旨在适应区域内的农业需求和水资源状况，支持可持续农业发展。

第七节　水利基础设施建设

一、引提水工程

（一）坎儿井

坎儿井是新疆干旱地区的传统水利系统，由地下渠道提取和输送水资源，有效应对吐哈盆地的极端干旱，减少水资源蒸发，并保障农田灌溉。维吾尔族称之为卡尔兹，系统由竖井、暗渠、明渠和涝坝组成，完整的坎儿井可能包括上百个竖井，深度通常在 20～60 m。坎儿井的数量曾达到 1 237 条，年流量为 5.6 亿 m³，灌溉面积约 35 万亩。1990 年，坎儿井数量减少至 234 条，受到长期管理缺失和过度使用的影响。近年来，地方政府的重视和修复工作使坎儿井数量和功能有所恢复，2009 年的普查显示坎儿井增至 375 条、吐鲁番市有 214 条、哈密市有 161 条，继续承载着灌溉的重要使命。

（二）地表水引用工程

1. 渠首与水闸工程

吐哈盆地的渠首与水闸工程展现了从无到有的发展历程。在新中国成立之前，该地区未有永久性渠首。新中国成立后，尤其是 20 世纪 50 年代，开始使用基本的沙石和树枝建造临时渠首，由于结构不堪大水冲刷，修复和重建消耗了大量资源和劳力。1959 年，吐哈盆地借鉴苏联经验，在托克逊县阿拉沟建造了全疆首座永久性的底栏栅式引水渠首，20 世纪 70 年代末，该地区共建成约 30 座多种型式的渠首。到了 2018 年，地区水闸的供水能力达到 74 070 万 m³。这些水闸和渠首不仅提升了农业灌溉效率和水资源管理能力，还通过堤坝绿化增强了环境的可持续性。

2. 渠道工程

在吐哈盆地，渠道工程是关键的水资源管理实践。塔尔浪沟引水渠，建成于 1963 年，是该地区最大的水利工程，包括 26.04 km 的干渠和 6.26 km 的支渠，设计流量为 12 m³/s，显著提高了地区的灌溉能力。此外，吐鲁番地区有 14 条常年河流上建有水库或干渠，而哈密地区到 1990 年拥有 122 条渠道，总长 517 km，实际输水能力为 82 m³/s。到 2018 年，吐哈盆地的灌溉渠道总长度达 4 876 km，按流量等级划分，流量在 5～30 m³/s 的渠道长度为 468 km；1～5 m³/s 的流量等级，渠道长度为 1 220 km；流量为 0.2～1 m³/s 的渠道长度最长，达到 3 187 km。

3. 泉水引用工程

吐哈盆地拥有丰富的泉水资源，特别是在天山南麓和火焰山及盐山周围形成了多个泉水带。这些区域中，天山南麓山口泉区有 12 个较大泉源，吐鲁番市独有 9 处，托克逊县有 3 处。火焰山和盐山地区也有多个泉源，为该地区提供了充足的地下水资源。在新中国成立前，泉水引水渠大多为传统土渠，存在渗漏问题。新中国成立后，通过技术改造提高了渠道的防渗效果，1963 年后引入了更先进的防渗技术，如干砌卵石灌浆和混凝土衬砌，显著增强了渠道的保水能力。这些改进有效保护了水资源，增强了地区的水利基础设施。

（三）地下水引用工程

吐鲁番盆地的地下水开采依靠坎儿井和竖井两种主要技术。竖井技术历史悠久，早在 15 世纪初就有记录显示用于灌溉。1949 年前，该地区的竖井大多浅且未衬护，易于倒塌。新中国成立后，钻井技术得到发展。到 1975 年，吐鲁番市已有农用水井 503 眼，灌溉面积达 14.46 万亩；1979 年，水井数量增至 2 831 眼，灌溉面积增至 32.93 万亩；1995 年，水井总数达 4 240 眼，灌溉面积扩至 35 万亩；到 2018 年，吐哈盆地的机电井数量为 13 450 眼，年供水能力达到 125 552 万 m^3。这些发展确保了吐鲁番盆地即便在干旱条件下也能维持农业的繁荣与可持续性。

二、蓄水工程

（一）涝坝

早期的涝坝与坎儿井系统同时发展，主要用于提升水温和灌溉流量。20 世纪 60 年代前，涝坝多为土质结构，70 年代起开始采用防渗技术如黏土和混凝土预制板等。1990 年，吐哈盆地共建成了 63 个防渗涝坝，1995 年增至 1 084 座，极大地减少了水资源的渗漏，并扩大了灌溉范围。

（二）水库

截至 2018 年，吐哈盆地共有中小型水库 66 座，总库容 34 064 万 m^3。在这些水库中，小（1）型水库有 27 座，小（2）型水库有 29 座，中型水库有 10 座。小型水库的总库容为 12 635 万 m^3，而中型水库的库容则为 21 429 万 m^3。其中红山水库和柯柯亚水库为区域内较大的水库，分别位于托克逊和鄯善县，具有灌溉和调洪功能。哈密地区自 1958 年起开始建设水库，包括南湖水库和石城子水库，后者是新疆第一座双曲拱坝，有效提升了灌溉能力。20 世纪 70 年代以前建成的水库多经过除险加固，已显著提升结构安全和灌溉效率。

第二章
水资源开发历史与现状调查

第一节　哈密

一、政策指导与目标任务

（一）政策背景

哈密市是新疆维吾尔自治区的东大门，地跨东天山南北，所辖伊州区是哈密市政治、经济、文化交流的中心。哈密市呈现资源多、人口少、城镇人口多、城市化程度高等特点，堪称"瓜乡、煤都、风库、光谷、枢纽"，具有东西双向开放的地缘优势。哈密市发展战略定位为"三基地、三中心、三区"，现已初步建成国家级新型综合能源基地，步入"特高压时代""高铁时代"和"口岸全年通关时代"。习近平总书记从保障国家能源安全的全局高度提出"四个革命、一个合作"的能源安全新战略，为哈密建设现代能源基地、疆电外送中心，做好资源能源文章，拉动社会经济全面发展提供了新的机遇。

哈密市地处丝绸之路北、中、南通道的重要节点，其独特的地理位置和战略地位在"十四五"期间迎来前所未有的发展机遇。这一时期的哈密，不仅作为新疆连接内地的门户，更将成为我国向西开放的重要桥头堡，进一步推动区域经济的繁荣与多元化发展。

新疆作出的科学定位和要求，为哈密经济社会发展指明战略方向。哈密积极响应号召，围绕"三基地、三中心、三区"的宏伟蓝图，即建设能源资源基地、现代农业基地、先进制造业基地，打造交通枢纽中心、商贸物流中心、文化科教医疗服务中心，以及构建生态文明建设示范区、民族团结进步示范区、社会治理创新区，全力推进各项建设任务。这一清晰而明确的定位，不仅为哈密的发展指明了方向，更激发了全市上下干事创业的热情与活力。

哈密市是一个水资源匮乏的地区，特殊的市情和水情决定了水在哈密市经济社会发展和生态文明建设中的重要作用。新中国成立以来，在市政府领导下，哈密市水利基础设施不断完善，水利改革逐步深化，水利事业取得了重要成就，但必须看到，受自然条件和经济社会发展水平的影响，水资源要素短缺仍是"十四五"需要面对的一大挑战。外调水工程为哈密能源基地建设提供水资源保障，但由于外调水入哈已到"十四五"后期，"十四五"前期水资源供需矛盾仍将突出，水资源短缺问题仍是制约哈密经济高质量发展的瓶颈[37]。

"十四五"期间，哈密市坚持以水资源可持续利用来支撑和保障经济社会的可持续发展。以用水总量控制指标为约束，坚持"以水定城、以水定地、以水定人、以水定产"，把水资源承载能力作为刚性约束。在确保城乡居民生活用水、基本农田用水保障的前提下，进一步发展高效节水，其次按照效益优先的思路，分区域分工业类别科学配置、统筹规划工业用水计划。坚持低耗水项目优先，以水资源综合回报率为主，以水定项目，以水定产业发展规模。严格执行规划水资源论证、建设项目水资源论证和环评报告制度，达不到水资源论证要求的项目坚决不上。加快既有工业企业节水技术改造，强制推行区域内工业企业水平衡测试。坚持以水定产业的发展方针，统筹规划、科学配置，合理调配地表水，充分利用非常规水资源，适度开发地下水，并通过水权交易置换农业用水，协调好经济社会发展与生态环境用水关系，优化配置和高效利用水资源，保障哈密市"十四五"发展用水需求[62]。

（二）目标

为摸清哈密市水资源状况，合理开发、优化配置区域水资源，确保哈密市经济健康、持续发展，科学考察范围覆盖哈密市一区两县。立足于哈密市自身水资源条件，在重视水资源开发、利用、治理的同时，加强对水资源的配置、节约和保护，以水资源的可持续利用保障社会经济的可持续发展，优化配置和高效利用水资源，促进哈密市人口、资源、环境和经济的协调发展。

分析研究哈密市水资源开发利用潜力及供水工程现状，在"三条红线"控制指标下，提出科学合理的水资源配置方案及措施建议。以保障水资源可持续发展为主线，以满足经济社会发展和改善环境、维系生态平衡为根本出发点，以保障饮水安全、粮食安全、经济发展用水安全和生态安全为重点，逐步建立起与哈密市发展循环经济总体目标相适应的水资源合理配置格局，促进哈密市水资源与经济社会和生态环境的协调发展。

二、水资源开发利用情况调查评价

（一）机井

打井取水，在古代就成为人民获取饮用水、生活用水的重要来源。从水井中提取地下水的办法，是用桶由人力提升到地面，《孔颖达疏》中称："古者穿地取水，以瓶引汲，谓之为井。"这种办法虽然在很多地方仍在使用，但存在一些局限性：井口裸露，水质容易受到污染，效率较低且井深有限。随着科技的发展，人们发明了利用水泵运作的机井。机井就是以电机为动力，带动离心泵或轴流泵，将地下水提取到地面或指定地方的一套设施，常用于灌溉。机井不仅能够深入地下，汲取更深层的地下水并有效提升水质的安全性，还能够连接社区的供水网络，构建起现代化的自来水供水体系。机井的存在不仅提高了人们生活水平，还在国民经济和社会发展中起着至关重要的作用[40]。

20世纪50年代中期，机电井机井建设便在全国范围内普遍兴起，内地的平原区开发机电井机井，主要是为了增加农业灌溉用水，或者利用机电井机井抽取地下水，来减轻土壤盐碱化的危害。对于哈密干旱区而言，其开发机电井机井的动机，则主要与农业水资源短缺相关。

现代机电井机井技术，是20世纪50年代以后，国家政权在全国范围内普遍推广的水利工程之一。各地政府将之视为农业开发和乡村建设的重要手段。机电井机井灌溉的便利与高效等特征，显著地提高了哈密的经济生活水平，所以哈密农民对机井有强烈的需求。

哈密农民要求打井的愿望，主要与机电井机井的显著引灌效益有关。在机电井机井灌溉不必像坎儿井和人民渠那样，会受到灌溉时间上的限制。机电井的这种特征能够及时供应任何农作物的需水时间。所以，农民在选择农作物品种时，相对而言便更加自由。实际上，机电井机井除了用于灌溉外，还可以用于日常生活用水、绿化用水、应急用水、公共供水、工业用水等。

随着工农业经济的迅速发展，盆地平原区未来工农业、生活用水也将大幅度增加，水资源供需矛盾突出[50]。为保证工作区社会、经济、环境可持续发展，水资源得以持续利用，盆地内水资源的开发利用必须以保护和改善生态环境为前提，坚持适度开发地表水，有效控制地下水，充分利用城市中水的原则。目前，哈密盆地在地下水的开发利用上以机电井机井为主，坎儿井、泉为辅。机电井机井开采的地下水用于农田灌溉、农村自来水（农村人畜用水）及工业生产。经过调查统计：2010年哈密盆地各行业地下水总用水量为5.04亿 m^3。按行业分类，其中农业用水量为4.41亿 m^3（占比87.58%）、工业用水量为0.21亿 m^3（占比4.13%）、生活用水量为0.42亿 m^3（占比8.29%）。

虽然机电井机井抽取地下水，有利于改善水质，但地下水一旦被过度开采，便会产生更为复杂的问题。因为这种现代引水技术，与哈密传统的坎儿井产生了"争夺地下水"的尖锐矛盾。坎儿井是我国新疆哈密地区根据当地自然条件、水文地质特点，形成的用暗渠引取地下潜流，进行自流灌溉的一种特殊水利工程[22]。随着机电井机井的大面积施工和使用，坎儿井的水量受地下水位变动的影响，出水量受到了严重影响，很多坎儿井出水量降低其价值也随之降低，随之而失去维护，干涸以至废弃。因此，坎儿井的数量和开采量都呈现出逐年锐减之势，而机电井机井的数量则呈现出逐年增长的势头。哈密盆地机电井机井主要分布在国道312线以南，平均井点密度为3眼 $/km^2$，大泉湾、疙瘩井的井点分布密度达到了5眼 $/km^2$。

1. 机井普查内容

此次机井普查的主要内容包括机井名称、成井时间、机井位置（经度、纬度）、机井的主要用途。经过此次机井普查，调查了哈密市伊州区、巴里坤县、伊吾县、十三师机井的详细情况。

2. 伊州区机井

伊州区区域总面积8.08万 km^2，有农用地118.32万 hm^2，其中，耕地面积6.04万 hm^2，园地2.09万 hm^2，林地12万 hm^2（含新疆生产建设兵团），牧草地96.92万 hm^2，其他农用地1.29万 hm^2，有建设用地6.70万 hm^2，未利用地682.89万 hm^2。

伊州区的机井有2 788眼，主要用途为农业灌溉、生活用水、绿化用水、应急用水、公共供水、工业用水，其中农业灌溉用水最多。城北街道办事处跃井村有 9 眼，大泉湾乡有 751 眼，德外里乡有 30 眼，东河街道有机井 17 眼，二堡镇有 596 眼，哈密国家农业科技园区管委会 271 眼，花园乡 438 眼，回城乡 207 眼，丽园街道办事处有 7 眼，柳树沟乡有 9 眼，骆驼圈子有 6 眼，南湖乡有 4 眼，七角井镇 10 眼，陶家宫镇 608 眼，天山乡 74 眼，乌拉台乡有 79 眼，五堡镇有 25 眼，西河街道有 39 眼，西郊片区有 107 眼，西山乡 101 眼，伊州市区 130 眼。

3. 巴里坤县机井

巴里坤县的机井共有 486 眼，主要用途为农业灌溉、生活用水、绿化用水、应急用水、公共供水、工业用水，其中农业灌溉用水最多。八墙子乡有机井 10 眼，巴里坤县城有机井 21 眼，博尔羌吉镇有机井 9 眼，大河乡有机井 65 眼，大红柳峡乡有 6 眼，海子沿乡有 26 眼，花园乡有机井 66 眼，黄土场开发区有机井 43 眼，奎苏镇有机井 114 眼，良种场有机井 11 眼，萨尔乔克乡有机井 20 眼，三塘湖乡有机井 40 眼，石人子乡有机井 56 眼。

4. 伊吾县机井

伊吾县的机井共有 354 眼，主要用途为农业灌溉、生活用水、绿化用水、应急用水、公共供水、工业用水，其中农业灌溉用水最多。淖毛湖镇有机井 243 眼，前山乡有机井 14 眼，吐葫芦乡有 17 眼，苇子峡乡有 3 眼，下马崖乡有 16 眼，盐池镇有机井 62 眼。

5. 十三师机井

十三师的机井共有 2 373 眼，主要用途为农业灌溉、生活用水、绿化用水、应急用水、公共供水、工业用水，其中农业灌溉用水最多。红星一场有 338 眼，红星二场 267 眼，红星四场有 314 眼，黄田农场有 391 眼，火箭农场有 404 眼，柳树泉农场有 266 眼，红山农场有 203 眼，淖毛湖农场有 142 眼。

（二）坎儿井

坎儿井是人类创造的地下水利灌溉工程，哈密的坎儿井历史比较长，分布在沁城、大泉湾、二堡、吾堡、柳树泉、巴里坤县、伊吾县等地，现主要用于灌溉及景点，现在不少哈密坎儿井面临枯竭[48]。

以习近平新时代中国特色社会主义思想为指导，贯彻党的十九大和十九届二中、三中、四中及五中全会精神，落实第三次中央新疆工作座谈会会议精神，深入落实新时代党的治疆方略特别是社会稳定和长治久安总目标。紧密结合哈密实际水利现状和特点，以节水为优先方向，围绕坎儿井数量、分布、特性、规模与能力、效益及管理等基本信息，以及对哈密一区两县的整体水利工程规划进行归纳整理，围绕坎儿井管理现状，分析目前运行管理过程中存在的问题，从多目标角度，建立综合评价指标体系，对当地坎儿井发展状况作出评价。[13]

1. 坎儿井普查内容

此次机井普查的主要内容包括坎儿井名称、开挖时间、坎儿井位置（经度、纬度）。经过此次坎儿井普查，调查了哈密市伊州区、巴里坤县、伊吾县、十三师坎儿井的详细情况。

2. 伊州区坎儿井

伊州区的坎儿井有 130 个。大湾泉乡有 13 个，三道岭有 4 个，沁城乡有坎儿井 51 个，二堡镇有 24 个，柳树沟乡有 5 个，南湖乡有 4 个，五堡乡有 33 个。

3. 巴里坤县坎儿井

巴里坤县的坎儿井共有 6 个，均在三塘湖乡。

4. 伊吾县坎儿井

伊吾县的坎儿井共有 11 个，均在下马崖乡。

5. 十三师坎儿井

十三师的坎儿井共有 46 个，均位于柳树泉农场。

（三）水闸、渠首、渠道、水电站

1. 水闸

修建在河道和渠道上利用闸门控制流量和调节水位的低水头水工建筑物称之为水闸。关闭闸门可以拦洪、挡潮或抬高上游水位，以满足灌溉、发电、航运、水产、环保、工业和生活用水等需要；开启闸门，可以宣泄洪水、涝水、弃水或废水，也可对下游河道或渠道供水。在水利工程中，水闸作为挡水、泄水或取水的建筑物，应用广泛。

自 1990 年起至 2020 年，哈密市共计建成 686 座水闸，其中巴里坤哈萨克自治县 384 座、伊吾县 109 座、伊州县 193 座。2006 年以前节制闸居多，渠道上的节制闸利用闸门启闭调节上游水位和下泄流量，满足下一级渠道的分水或截断水流进行闸后渠道的检修，通常节制闸建于分水闸和泄水闸的稍下游，抬高水位以利分水和泄流，或建于渡槽或倒虹吸管的稍上游，以利控制水流量和事故检修；并尽量与桥梁、跌水和陡坡等结合，以节省造价。且节制闸主要分布在巴里坤县和伊州区。2006 年之后分（泄）洪闸的建设居多，分洪闸建于河道的一侧，用来分泄河道洪水的水闸，当上游来水超过下游河道安全泄量时，为确保河道下游地区免受洪灾，将超过下游河道安全泄量的洪水经分洪闸泄入湖泊、洼地等预定的分洪区暂时存蓄，待洪水过后，再排入原河道，或泄入分洪道直接分流入海。分洪闸宜建于河流弯道凹岸的顶点稍偏下游处，使能充分利用弯道环流减少或防止闸前泥沙淤积，以保证其分洪能力。分洪初期，闸上下游水位差及过闸单宽流量都较大，过闸水流的冲刷能力很强。因此，对分洪闸下游的消能防冲问题，应予十分重视，并须采取有效措施，常需借助水力模型试验研究确定。为使水流平顺地进入分洪道，防止下游河床及两岸遭受冲刷，分洪闸下游连接段一般都较长。鉴于洪水来临时，洪峰历时短暂，分洪闸门应能迅速开启，及时分洪，削减洪峰，保证下游河道安全。因此，分洪闸虽不经常使用，但须经常注意维护管理，并制定严格的闸门操作规程，确保正常运用。

2. 渠首

为了满足农田的灌溉、水力发电、工业用水以及生活用水等的需要，在河道的适宜地点建造的由几个建筑物共同组成的水利枢纽，称之为取水枢纽或引水枢纽。因其位于引水渠道之首，所以又称为渠首或渠首工程。哈密市共计 41 项渠首工程，其中巴里坤哈萨克自治县 20 项、十三师 5 项、伊吾县 6 项、伊州县 10 项，均为中小型渠首，以小型渠首居多。

3. 渠道

渠道通常指水渠、沟渠，是水流的通道。在河、湖或水库等周围开挖的水道，用来排灌。自 1990 年起至 2020 年，哈密市共有 1 158 条渠道；其中巴里坤哈萨克自治县 398 条、十三师 14 条、伊吾县 149 条、伊州县 597 条。

4. 水电站

哈密市伊州区的榆树沟抽水蓄能水电站正在招标修建，其能将水能转换为电能。包括由挡水、泄水建筑物形成的水库和水电站引水系统、发电厂房、机电设备等。水库的高水位水经引水系统流入厂房推动水轮发电机组发出电能，再经升压变压器、开关站和输电线路输入电网。

（四）水库

水库是调节水资源时空分布，优化配置水资源的一项重大工程措施，对于保障我国生产生活用水、应对极端气候灾害、改善生态环境具有十分重要的意义。哈密地区水库分布科学合理，形成了覆盖广泛、功能完备的水资源调控体系。这些水库依据哈密独特的地理环境与水资源条件精心规划，广泛分布于河流上游、山间盆地及绿洲边缘，既有效调节了河流径流，减少了季节性洪涝风险，又确保了农业灌溉的均衡供水，促进了哈密特色农业的发展。同时，哈密水库还为当地工业提供了稳定可靠的生产用水，支撑了区域经济的持续增长，并在生态补水方面发挥了积极作用，助力哈密生态环境的保护与修复，展现了水库在哈密水资源管理中的关键作用和深远影响。

1. 伊州区水库工程

（1）榆树沟水库。榆树沟水库工程位于哈密市榆树沟河中游河段上，是我国建成并过流的第一座溢流混凝土面板堆石坝，坝高 65.7 m，坝长 301 m，坝顶宽 6 m，上下游坡比 1∶1.4；水库总库容 1 112 万 m³，其中，兴利库容 848 万 m³，调洪库容 212 万 m³，死库容 52.0 万 m³。

（2）石城子水库。石城子水库位于哈密市伊州区内，距离市区 30 多 km，是新疆境内第一座双面拱坝，属于中型水库；总坝高 78 m，其中底层为重力坝，高 28 m，上层为拱坝，高 50 m，坝顶弧长 71.9 m；水库多年平均径流量为 8 331 万 m³，总库容 1 945.5 万 m³，兴利库容 1 775.28 万 m³。

（3）南湖水库。南湖水库位于哈密市南湖乡，为注入式中型平原水库，等级为Ⅲ级，主要建筑物为大坝、副坝和放水涵洞，大坝为黏土质坝，副坝包括前 1 850 m 长的沙性黏土均质坝与 1 705 m 长的均质坝体，水库总库容为 1 166.8 万 m³，正常蓄水位 100.15 m，死库容 200 万 m³，死水位 95.87 m。

（4）芨芨台水库。芨芨台水库位于新疆哈密市沁城乡境内的芨芨台河上，工程规模为Ⅳ等小（Ⅰ）型，为拦河式小型水库工程；水库总库容 357.14 万 m³，兴利库容 209.87 万 m³，死库容为 90 万 m³；大坝主坝坝顶长 267 m，最大坝高 50.50 m，坝顶高程 1 495.31 m；副坝坝顶长 413.1 m，最大坝高 22.70 m，坝顶宽度为 5 m。

（5）柳树沟水库。柳树沟水库位于哈密市柳树沟乡，工程规模为Ⅵ等小（Ⅰ）型水库；工程总库容为 354.36 万 m³，死库容 56.96 万 m³，兴利库容 233.04 万 m³，调洪库容

64.36 万 m^3；大坝坝型为碾压式沥青混凝土心墙砂砾石坝，坝顶高程为 1 804.2 m，坝顶宽度 8 m，坝长 152.7 m，最大坝高 49.86 m。

（6）四道沟水库。四道沟水库位于德外里乡四道沟，工程规模为Ⅳ等（Ⅰ）型水利枢纽工程；水库总库容为 672.39 万 m^3，兴利库容为 379.17 万 m^3，死库容为 191.72 万 m^3，调洪库容 101.50 万 m^3；大坝为混凝土面板砂砾石坝，坝高 55.56 m，坝顶宽 6 m，坝顶长 250.6 m，坝顶高程 2 035.56 m，防浪墙顶高程 2 036.76 m。

（7）乌拉台水库。乌拉台水库位于哈密市乌拉台乡境内的乌拉台河沟出山口处，工程规模为Ⅳ等小（Ⅰ）型；水库以牧业灌溉为主，总库容 480.92 万 m^3，兴利库容 351.72 万 m^3，调洪库容 65.43 万 m^3，死库容 63.77 万 m^3；水库为拦河式小型山区水库，大坝坝型为砼面板砂砾石坝，全长 268.5 m，坝高 71.70 m，坝顶宽度为 5 m。

（8）红山口水库。红山口水库位于伊吾马场东北部红山口居民点以北 1 km 处，工程规模为Ⅳ等小（Ⅰ）型；水库总库容 500 万 m^3，兴利库容 270 万 m^3，死库容 150 万 m^3，设计洪水位 1 975.57 m，正常蓄水位为 1 975.05 m，死水位为 1 972.16 m；红山口水库为拦河式引水水库，大坝坝型为黏土心墙砂砾石坝，坝顶宽 5 m，坝长 960 m，最大坝高 13.6 m。

（9）五堡水库。五堡水库位于哈密市五堡镇境内，是一座小（Ⅰ）型的平原水库，大坝为黏土均质土坝，主坝全长 1 200 m，坝顶宽 5 m，最大坝高 17.8 m；副坝长 1 100 m，最大坝高 9.03 m，坝顶高程均为 508.43 m。水库总库容 724.69 万 m^3，兴利库容 553.01 万 m^3，正常蓄水位为 507.30 m，死水位为 501.24 m。

（10）花园水库。花园水库位于哈密市花园乡，工程规模为Ⅳ级小（Ⅰ）型；总库容 161.3 万 m^3，兴利库容 101.7 万 m^3，调洪库容 51.1 万 m^3，死库容 8.5 万 m^3，校核洪水位 725.0 m，设计洪水位 724.1 m，正常蓄水位 723.6 m，死水位 719.13 m；水库为拦河式水库，坝型为均质土坝，大坝坝顶高程为 724.8 m，最大坝高 8.0 m，坝顶周长 410 m。

（11）二堡一村水库。二堡一村水库位于天山南部平原区，工程规模为Ⅴ等小（Ⅱ）型水库；水库总库容 11.0 万 m^3，兴利库容为 10.68 万 m^3，死库容为 0.32 万 m^3，正常蓄水位为 743.30 m，死水位为 739.36 m；堡一村水库为注入式水库，大坝为均质土坝，坝顶全长 530 m，坝顶宽 4 m，最大坝高 6 m，坝顶高程 744.6 m。

（12）二堡二村水库。二堡二村水库位于巴里坤山南部平原区，工程规模为Ⅴ等小（Ⅱ）型水库；水库总库容 11.0 万 m^3，兴利库容为 8.05 万 m^3，死库容为 2.95 万 m^3，死水位为 777.35 m，正常蓄水位为 779.22 m；二堡二村水库为注入式水库，大坝为均质土坝，坝顶全长 820.3 m，坝顶宽 4 m，最大坝高 5.91 m，坝顶高程 780.91 m。

（13）沁城红山水库。沁城红山水库位于哈密市沁城乡二宫村下游，工程规模为Ⅴ等小（Ⅱ）型水库；水库总库容 37.99 万 m^3，兴利库容 17.56 万 m^3，调洪库容 6.6 万 m^3，死库容 13.81 万 m^3，其中，设计洪水位 1 210.06 m，正常蓄水位为 1 209.78 m，汛期限制水位 1 209.78 m，死水位为 1 208.39 m。坝型均质土石坝，大坝坝顶高程 1 211.70 m，全长 797.71 m。

（14）托布塔水库。托布塔水库位于哈密市南湖乡，流域有效集水面积为 5 km^2。为小（Ⅱ）型水利枢纽工程，工程等别为Ⅴ等。水库枢纽由主坝、放水涵洞等组成。大坝为均质土坝，坝顶高程为 535.50 m，最大坝高 4.7 m，大坝全长 427 m，总库容 29 万 m³，死库容为 2.1 万 m³，其中，正常蓄水位为 533.72 m，死水位为 530.80 m。

（15）五堡一村水库。五堡一村水库位于哈密市五堡镇境内，是一座小（Ⅱ）型的平原水库，坝址以上控制流域面积为 8.73 km²。工程由主坝、左右副坝、放水涵洞等组成。大坝为均质土石坝，全长 573.6 m，放水涵洞全长 70.8 m，水库除险加固后设计库容为 17.0 万 m³，正常蓄水位 550.28 m，其中，兴利库容为 16.97 万 m³，死库容 0.03 万 m³，死水位 545.94 m。

（16）五堡二村水库。五堡二村水库位于哈密市五堡镇境内，为小（Ⅱ）型水库，工程等别为Ⅴ等。水库流域面积为 7.1 km²，主要任务是补充五堡二村水库下游灌溉渠 540 hm² 耕地灌溉用水。工程由拦水坝与放水洞组成。拦水坝坝型为均质土石坝，全长 800 m，最大坝高 4.63 m，总库容 17.8 万 m³，兴利库容 13 万 m³，正常蓄水位为 574.54 m，死水位 572.37 m。

（17）五堡镇调节水库。五堡镇调节水库位于哈密市五堡镇境内，是一座小（Ⅱ）型的平原注入式水库。水库无产、汇流区域，坝址以上控制流域面积仅为 0.2 km²。工程由挡水坝、放水洞组成，大坝为均质土坝，全长 1 121 m，坝顶高程 563.5 m，最大坝高 6 m，水库总库容 30 万 m³，兴利库容 28.96 万 m³，死库容 1.04 万 m³，正常蓄水位为 561.13 m，死水位 558.5 m。

（18）五堡五十里水库。五堡五十里水库位于哈密市五堡镇境内，为小（Ⅱ）型水库，工程等别为Ⅴ等，坝址以上控制流域面积仅为 0.2 km²，工程由挡水坝、放水洞组成。主坝长 390 m，左副坝长 7 m，右副坝长 334 m，大坝总长 1 121 m。水库总库容 20.55 万 m³，其中，兴利库容为 19.35 万 m³，死库容 1.2 万 m³，正常蓄水位为 564.10 m，死水位 559.19 m。

（19）花园九村水库。花园九村水库位于哈密市城区以南 18 km，工程规模为Ⅴ等小（Ⅱ）型水利枢纽工程；总库容 14.44 万 m³，兴利库容 10.97 万 m³，死库容 2.67 万 m³，其中，校核洪水位 554.40 m，设计洪水位 554.30 m，正常蓄水位 554.30 m，死水位 552.17 m；水库为平原拦河水库，大坝为均质土坝，大坝全长 575 m，坝顶高程 555.70 m，最大坝高 5.70 m。

2. 巴里坤县水库工程

（1）二渠水库。二渠水库位于巴里坤大河镇，距离巴里坤县城 13 km。二渠水库为中型水库，工程等别为Ⅲ等，水库类型为中型平原水库。水库大坝全长 5 km，坝型为黏土心墙坝。水库总库容 1 724 万 m³，兴利库容 1 065.9 万 m³，调洪库容 513.10 万 m³，死库容 145 万 m³。

（2）大红柳峡水库。大红柳峡水库位于巴里坤大红柳峡，工程规模为小（Ⅰ）型水库，工程等别为Ⅳ等。水库总库容 115.88 万 m³，兴利库容 39.64 万 m³，调洪库容 53.59 万 m³，死库容 22.65 万 m³。大红柳峡水库为小型山区水库，水库大坝坝顶高程 1 399.07 m，总长 2 240 m，其中，主坝长 248 m，1 号副坝长 72 m，2 号副坝长 1 000 m，3 号副坝长 920 m。

（3）大柳沟水库。大柳沟水库位于大柳沟河出山口沟口上游 650 m 处，水库距巴里坤县城 47 km，距下游公路 16 km，是一座以农业灌溉为主的Ⅳ等小（Ⅰ）型工程。总库容为 372.40 万 m^3，死库容 70.70 万 m^3，兴利库容 234.85 万 m^3。水库大坝为沥青砼心墙砂砾石坝，顶高程 2 142.33 m，最大坝高 36.33 m，坝顶长度 169 m。

（4）柳条河水库。柳条河水库位于巴里坤奎苏镇，距离巴里坤县城 48 km，工程规模为小（Ⅰ）型水库，工程等别为Ⅳ等。柳条河水库为小型平原水库。大坝坝型均质土石坝，坝顶高程 1 904.61 m，全长 2 600 m。水库总库容 890 万 m^3，死库容 150.50 万 m^3。正常蓄水位为 1 902.87 m，死水位为 1 897.37 m。

（5）三塘湖水库。三塘湖水库位于巴里坤三塘湖镇，距离巴里坤县城 75 km。三塘湖水库为小（Ⅰ）型水库，工程等别为Ⅳ等，类型为小型平原水库。水库大坝全长 365 m，坝型为均质土坝。水库总库容 219.20 万 m^3，兴利库容 137.99 万 m^3，死库容 11.03 万 m^3，正常蓄水位为 929.66 m，死水位为 923.53 m。

（6）望海水库。望海水库位于西黑沟河出山口下游 2 km 处，水库距巴里坤县城 13 km。望海水库为小（Ⅰ）型水库，工程等别为Ⅳ等，类型为小型平原水库。大坝全长 1 631 m，坝型为砼面板坝。水库总库容 625.19 万 m^3，兴利库容 570.54 万 m^3，死库容 31.09 万 m^3，正常蓄水位为 1 878.18 m，死水位为 1 857.23 m。

（7）乌沟水库。乌沟水库位于巴里坤奎苏镇，距离巴里坤县城 13 km。乌沟水库为小（Ⅰ）型水库，工程等别为Ⅳ等。水库类型为小型平原水库。水库大坝坝顶高程 2 149.30 m，全长 1 100 m，坝型均质土石坝。水库总库容 253.00 万 m^3，兴利库容 190.69 万 m^3，调洪库容 28.30 万 m^3，死库容 34.00 万 m^3。正常蓄水位为 2 148.02 m，死水位为 2 133.50 m。

（8）团结水库。团结水库位于巴里坤大河镇，距离巴里坤县城 16 km。团结水库为小（Ⅰ）型水库，工程等别为Ⅳ等，水库类型为小型平原水库。水库大坝全长 2.8 km，坝型为均质土坝。水库总库容 516.20 万 m^3，死库容 19.20 万 m^3。正常蓄水位为 1 687.70 m，死水位为 1 681.00 m。

（9）阿提焦尔水库。阿提焦尔水库位于巴里坤下涝坝乡，距离巴里坤县城 160 km。水库为小（Ⅱ）型水库，工程等别为Ⅴ等。水库类型为小型山区水库。水库大坝坝顶高程 1 487.10 m，全长 125 m，坝型均质土坝。水库总库容 33.78 万 m^3，兴利库容 10.22 万 m^3，调洪库容 20.56 万 m^3，死库容 3.00 万 m^3。正常蓄水位为 1 484.42 m，死水位为 1 483.26 m。

（10）板房沟水库。板房沟水库位于地处东天山莫钦乌拉山南坡（东天山支脉）的板房沟流域境内。工程规模为小（Ⅱ）型工程，工程等别为Ⅴ等，属于山区性水库。板房沟水库坝型为土工膜斜墙坝，坝顶高程由原 2 030.62 m，培厚加高到 2 031.20 m 高程。坝高 5.2 m，坝长 814 m，坝顶宽度 4.0 m。水库总库容 42.51 万 m^3，兴利库容 17.79 万 m^3，防洪库容 11.08 万 m^3，死库容 13.64 万 m^3。

（11）大熊沟水库。大熊沟水库位于巴里坤八墙子乡，距离巴里坤县城 29 km。水库为小（Ⅱ）型水库，工程等别为Ⅴ等。类型为小型平原水库。大坝坝顶高程 1 959.91 m，全长 887 m，坝型均质土石坝。水库总库容 31.23 万 m^3，兴利库容 24.9 万 m^3，死库容 3 万 m^3。正常蓄水位为 1 958.41 m，死水位为 1 951.40 m。

（12）东沟水库。东沟水库位于巴里坤石人子乡，距离巴里坤县城 18 km。东沟水库为小（Ⅱ）型水库，工程等别为Ⅴ等。水库类型为小型平原水库。大坝坝顶高程 1 158.50 m，全长 512 m，坝型均质土石坝。水库总库容 23.10 万 m³，兴利库容 17.12 万 m³，死库容 1.78 万 m³。正常蓄水位为 1 156.50 m，汛期限制水位 1 156.50 m，死水位为 1 147.40 m。

（13）韩家庄子水库。韩家庄子水库位于巴里坤石人子乡，距离巴里坤县城 10 km。韩家庄子水库为小（Ⅱ）型水库，工程等别为Ⅴ等。水库类型为小型平原水库。大坝坝顶高程 1 804.00 m，全长 250 m，坝型均质土石坝。水库总库容 15 万 m³，兴利库容 13.2 万 m³，死库容 1.80 万 m³。正常蓄水位为 1 800.00 m，死水位为 1 798.40 m。

（14）花尔剌水库。花尔剌水库位于巴里坤大红柳峡乡，距离巴里坤县城 185 km。花尔剌水库为小（Ⅱ）型水库，工程等别为Ⅳ等，水库类型为小型山区水库。大坝坝顶高程 1 369.12 m，全长 425.80 m，坝型均质土石坝。水库总库容 34.72 万 m³，兴利库容 26.02 万 m³，死库容 2.42 万 m³。正常蓄水位为 1 367.42 m，死水位为 1 364.52 m。

（15）苏吉沟水库。苏吉沟水库位于萨尔乔克乡，距离巴里坤县城 35 km。苏吉沟水库为小（Ⅱ）型水库，工程等别为Ⅴ等，水库类型为小型平原水库。水库总库容 30.50 万 m³，兴利库容 26.67 万 m³，防洪库容 2.03 万 m³，死库容 1.80 万 m³。大坝坝顶高程 1 807.80 m，全长 854.00 m，坝型均质土石坝。

（16）下涝坝水库。下涝坝水库位于巴里坤下涝坝乡，距离巴里坤县城 136 km。下涝坝水库为小（Ⅱ）型水库，工程等别为Ⅴ等，是一座灌溉为主的拦河式水库。大坝坝顶高程 1 642.42 m，全长 168.50 m，坝型土工膜斜墙坝。水库总库容 41.83 万 m³，兴利库容 13.94 万 m³，调洪库容 17.89 万 m³，死库容 10.00 万 m³。

（17）小柳沟水库。小柳沟水库位于巴里坤奎苏镇，距离巴里坤县城 45 km。小柳沟水库为小（Ⅱ）型水库，工程等别为Ⅴ等，是一座灌溉为主的拦河式水库。水库大坝坝顶高程 2 101.30 m，全长 168 m，坝型均质土坝。水库总库容 50.21 万 m³，兴利库容 20.08 万 m³，防洪库容 13.23 万 m³，死库容 16.90 万 m³。

（18）营盘水库。营盘水库位于巴里坤萨尔乔克乡，距离巴里坤县城 175 km。营盘水库为小（Ⅱ）型水库，工程等别为Ⅴ等，是一座灌溉为主的拦河式水库。水库大坝坝顶高程 1 309.30 m，全长 75 m，坝型混凝土面板砂砾石坝。水库总库容 49.03 万 m³，兴利库容 18.77 万 m³，防洪库容 18.26 万 m³，死库容 12.00 万 m³。

（19）加满苏水库。加满苏水库位于巴里坤下涝坝乡，为小（Ⅱ）型水库，工程等别为Ⅴ等，是一座灌溉为主的拦河式水库，水库流域面积 865.10 km²，大坝全长 253.00 m，坝顶高程 1 514.54 m，坝型为均质土石坝。水库总库容 56.88 万 m³，兴利库容 25.43 万 m³，调洪库容 16.45 万 m³，死库容 15.00 万 m³，正常蓄水位为 1 512.56 m，死水位为 1 510.88 m。

（20）奎苏沟水库。奎苏沟水库位于巴里坤山北坡，为小（Ⅱ）型水库，工程等别为Ⅴ等，为小型丘陵水库，坝址以上控制流域面积 14.5 km²。大坝坝顶高程 1 912.30 m，全长 524.22 m，坝型均质土石坝。水库总库容 17.61 万 m³，兴利库容 17.41 万 m³，死库容 0.20 万 m³。正常蓄水位为 1 911.13 m，死水位为 1 903.84 m。

（21）楼房沟水库。楼房沟水库位于莫钦乌拉山山脉南端，为小（Ⅱ）型水库，工程等别为Ⅴ等，为小型平原水库。水库流域面积为 71.68 km²，大坝坝顶高程 2 040.63 m，全长 290 m，坝型为土工膜砂砾石斜墙坝。水库总库容 40.21 万 m³，兴利库容 14.51 万 m³，死库容 16.02 万 m³。正常蓄水位为 2 039.95 m，死水位为 2 038.53 m。

（22）庙尔沟水库。庙尔沟水库位于巴里坤县莫钦乌拉山南坡，工程规模为小（Ⅱ）型工程，工程等别为 V 等，坝址以上控制流域面积 14.3 km²，大坝坝型为土工膜斜墙坝，坝高 9.13 m，坝长 219 m，坝顶宽度 4.0 m。水库总库容 14.42 万 m³，兴利库容 8.05 万 m³，死库容 3.17 万 m³。校核标准为 50 年一遇，正常蓄水位为 2 083.85 m，死水位为 2 080.83 m。

（23）萨吾斯汉德水库。萨吾斯汉德水库位于巴里坤海子沿乡，为小（Ⅱ）型水库，工程等别为 V 等，为小型平原水库。水库流域面积为 17.76 km²，大坝坝型为土工膜斜墙砂砾石坝，全长 400 m，坝顶高程 1 788.62 m。水库总库容 20.47 万 m³，兴利库容 15.13 万 m³，调洪库容 2.52 万 m³，死库容 2.82 万 m³，正常蓄水位为 1 787.93 m，死水位为 1 784.16 m。

（24）上涝坝水库。上涝坝水库位于巴里坤下涝坝乡，为小（Ⅱ）型水库，工程等别为 V 等，水库流域面积 9.80 km²，是一座灌溉为主的拦河式水库。大坝坝型为均质土坝，全长 55 m，坝顶高程为 1 685.63 m，水库总库容 11.45 万 m³，兴利库容 5.85 万 m³，调洪库容 2.79 万 m³，死库容 2.81 万 m³。正常蓄水位为 1 683.94 m，死水位为 1 682.00 m。

3. 伊吾县水库工程

（1）阿腊通盖水库。阿腊通盖水库工程位于伊吾县盐池乡境内，工程规模为Ⅳ等小（Ⅰ）型；水库总库容 126.62 万 m³，兴利库容 96.35 万 m³，调洪库容 15.56 万 m³，死库容 14.71 万 m³；阿腊通盖水库为灌注式水库，大坝为砼面板砂砾石板，坝顶全长 1 026 m，坝顶宽 4 m，最大坝高 18.4 m，坝顶高程 2 167.68 m。

（2）石门沟水库。石门沟水库位于伊吾县境内莫钦乌拉山南坡大石门沟出山口处，工程规模为小（Ⅱ）型山区拦沟水库；水库总库容 12 万 m³，兴利库容 8.42 万 m³，调洪库容 3.58 万 m³，死库容 1.74 万 m³；水库为拦河式水库，大坝坝型为均质土坝，最大坝高 13.4 m，坝顶长度 47 m，坝顶高程 2 137.4 m。

（3）四道白杨沟水库。四道白杨沟位于伊吾县淖毛湖镇境内，集水面积 100.5 km²，总库容为 428.0 万 m³，死库容 74.0 万 m³，兴利库容 316.0 万 m³，调洪库容 38.0 万 m³；水库为拦河式水库，坝型为碾压式沥青混凝土心墙坝，最大坝高 70.2 m（地面以上 37.7 m，地面以下 32.5 m）；坝长 215 m，坝顶高程 1 963.18 m。

（4）峡沟水库。峡沟水库位于伊吾河中游的峡沟河段，属拦河水库；总库容为 964.51 万 m³，兴利库容为 565.3 万 m³，死库容 129.27 万 m³，正常蓄水位为 1 483.48 m，死水位为 1 469.07 m；坝体为碾压式沥青砼心墙砂砾石坝，最大坝高 36.38 m，坝长 216.31 m，坝顶高程为 1 488.38 m。

（5）下马崖水库。下马崖水库距伊吾县城以南 57 km，属于小（Ⅰ）型水利工程；水库总库容 246.5 万 m³，其中，兴利库容 194.41 万 m³，死库容 24.85 万 m³，正常蓄水位 111.59 m，死水位 105.39 m；大坝为土工膜斜墙砂砾石坝，最大坝高 15.31 m，大坝主坝长 1 547 m，副坝长 410 m，坝顶宽 5.0 m。

4. 十三师水库工程

十三师目前已建成水库 6 座,其中小(Ⅰ)型 6 座,均为小(Ⅰ)型,总库容 3 277 万 m³。

(1)柳树泉农场三连水库。水库为小(Ⅱ)型水库,1998 年 8 月正式开工,于 1999 年 10 月竣工。位于柳树泉农场西南 7 km 处,西距三道岭矿区 17 km,东距哈密市 74 km,水库为注入式水库,主要引水源为区内的五条坎儿井流水,是一项解决农场连队农业灌溉用水为主的水利工程。水库总库容为 23 万 m³,正常蓄水位 775 m,死水位 767.5 m,水库坝顶宽度 3 m,坝顶长 11.2 m,坝顶高程 776 m。

(2)黄田农场庙尔沟水库。水库于 1992 年底兴建完工,位于黄田农场庙儿沟渠首。是一座全防渗水库,为引水注入式小(Ⅰ)型水库,水库水源为庙儿沟。设计库容 300 万 m³,设计蓄水位 1 104.8 m,死库容 13.9 万 m³,死水位 1 088.0 m。坝体是碾压式砂砾石坝,设计坝轴线全长 1 300 m,最大坝高 28 m。

(3)红山农场东泉水库。水库位于兵团农十三师红山农场场部以东约 7 km,红山口沟冲积扇下游的倾斜。平原洼地内,西距巴里坤县城 32 km,南距哈密市 101 km,设计总库容 230 万 m³,控制灌溉面积 3.5 万 hm²,是一座以灌溉为主的水库。水库建成于 1997 年 10 月,11 月 8 日正式蓄水,水库水源主要为红山口沟,年平均调蓄水量 866.3 万 m³。水库设计总库容 230 万 m³,死库容 27 万 m³,是一座小(Ⅰ)型平原注入式水库。设计蓄水位 1 792.6 m。坝型为碾压式黏土心墙土石坝,坝长 885 m,坝顶宽 5 m,最大坝高 15.11 m。

(4)柳树泉农场沙枣泉汇流水库。水库位于沙枣泉灌区南缘,距柳树泉农场场部 18 km,距哈密市 85 km,距乌鲁木齐市 565 km。工程始建于 2011 年 7 月 6 日,隶属柳树泉农场水电所管理。水库总库容 430 万 m³,兴利库容 403 万 m³,最大坝高 18 m,全盘库盘防渗,属平原注入式水库,坎儿井水为主要水源,小(Ⅰ)型工程,工程等级Ⅳ等,主要水工建筑物为 4 级,次要建筑物为 5 级,临时工程按 5 级建筑物设计。主要建筑物的地震设防烈度为Ⅶ度。坝线总长 2 703.30 m;正常蓄水位 1 081.6;坝顶高 1 083.50 m。

(5)头道白杨沟水库。水库位于农十三师红星一牧场牧区(巴里坤县三塘湖境内)。水库坝址处位于东经 93°30′~93°31′,北纬 43°56′~43°57′30″。水库距哈密市 280 km,距巴里坤县 130 km,距三塘湖乡 43 km。水库总库容 421 万 m³,其中,死库容 65 万 m³,兴利库容 320 万 m³,调洪库容 40 万 m³。最大坝高 79.8 m,工程规模为小(Ⅰ)型。死水位 1 897.74 m,死库容 65 万 m³。正常蓄水位 1 928.38 m,兴利库容 320 万 m³。设计洪水位 1 929.52 m,拦洪库容 19.1 万 m³。校核洪水位 1 930.51 m,调洪库容 36.1 万 m³。该水库工程枢纽建筑物主要由沥青混凝土心墙坝、导流、放水隧洞 + 涵洞、岸边侧槽溢洪道组成。拦河坝为碾压式沥青混凝土心墙坝,坝体总长 410.5 m,主坝段长 220.0 m,副坝段长 190.5 m。导流、放水隧洞 + 涵洞位于坝体左岸山体内,溢洪道位于坝体右岸,为开敞式侧槽溢洪道,全长 303 m,库区所在地为"U"形河谷内,施工布置及临时设施布置条件较好。头道白杨沟流域是发源于莫钦乌拉山山脉北坡的一条山溪性小河流。出山口以上流域面积 105 km²,出山口海拔高程 1 860 m,河道平均坡降 81.4‰,流域平均海拔高程 2 818 m，河长 21.0 km。正常情况下河道内来水在出山口后不远就全部下渗或蒸发。坝址处多年平均径流量为 793.3 万 m³。

（6）八大石水库水源控制性工程。水库位于十三师黄田农场庙尔沟河出山口，多年平均年径流量 3 933 万 m³，该水系为黄田农场独立使用的水系，位于哈密市以东 18 km，流域总控制面积约 980.8 km²。水库的行政区划属于新疆生产建设兵团十三师黄田农场，工程区距黄田农场约 25 km，距哈密市约 48 km，距乌鲁木齐市 678 km。国道 G312 在水库下游 18 km 处经过。工程调节灌溉下游灌区灌溉面积 7.4 万 hm²，并向二道湖工业园区供水 1 100 万 m³。项目以兵发改农经〔2012〕712 号文件、以兵水发〔2013〕9 号文批复初步设计。死水位 1 171.5 m，死库容 104 万 m³。正常蓄水位 1 219.1 m，相应库容 880 万 m³。设计洪水位 1 219.56 m，相应库容 893 万 m³。校核洪水位 1 223.10 m，总库容 990 万 m³。最大坝高 119 m，兴利库容 727 万 m³。根据《水利水电工程等级划分及洪水标准》（SL 252—2000），本工程为Ⅳ等小（Ⅰ）型工程。本工程最大坝高 115.7 m，根据规范的有关规定将大坝定为 3 级建筑物，灌溉供水洞及溢流道定为 4 级建筑物，其余次要建筑物级别为 5 级。水库设计洪水标准为 50 年一遇，相应洪峰流量 Q=360 m³/s，校核洪水标准为 1 000 年一遇，相应洪峰流量 Q=860 m³/s，工程区地震基本烈度为Ⅶ度，主要建筑物的地震设防烈度也取为Ⅶ度。导流洞及上游围堰为 4 级建筑物，导流洪水标准取 20 年一遇，洪峰流量 Q_{max}=229.6 m³/s。根据枢纽布置及坝址区地形条件，导流洞布置在右岸，坝体施工导流采用河床一次断流，上游围堰挡水，导流隧洞全年导流的方式。

（7）巴木墩水库工程。水库位于十三师红星四场巴木墩河出山口处，多年平均年径流量为 3 383 万 m³。行政区划在十三师红星四场境内。巴木墩控制性水源工程调节灌溉面积 5.1 万 hm²，工业供水 2 031 万 m³。项目以兵发改农经〔2012〕713 号文件、兵水发〔2013〕8 号文批复初步设计。总库容 962.96 万 m³。正常蓄水位 1 538.0 m，相应库容 953 万 m³。死水位 1 465 m，相应库容 57 万 m³。校核洪水位 1 538.40 m，相应库容 962.96 万 m³。最大坝高 117 m。工程规模为Ⅳ等小（Ⅰ）型工程，大坝为 3 级，泄洪系统、灌溉供水建筑物为 4 级，次要建筑物为 5 级。设计洪水标准为 50 年一遇，校准洪水标准为 1 000 年一遇。

第二节　吐鲁番

一、政策指导与目标任务

（一）政策背景

吐鲁番市位于新疆维吾尔自治区东部，地处亚欧大陆腹地，地理位置优越，在丝绸之路经济带中具有特殊重要地位。兰新铁路、南疆铁路在这里交会，与吐鲁番机场、G30 线形成了"公路、铁路、航空"为一体的立体交通运输体系，具有"连接南北、东联西出、西来东去"的区位和便捷交通优势。西气东输一二三线、亚欧光缆、第二条出疆光缆、西电东送 750 千伏输变电线路横贯全境[69]。

吐鲁番市自然资源丰富，经济发展潜力大，具有美好的发展前景，但具有地理条件特殊，气候干旱，生态环境脆弱，水土资源不匹配，水资源紧缺且时空分布不均衡，经济社会发展与生态保护用水竞争性强等特点[29]。因此，系统治理吐鲁番市水资源问题，对生态保护和高质量发展意义十分重大。根据国家产业政策和新疆经济发展战略部署，从吐鲁番市实际出发，未来的发展将以资源为基础，以市场为导向，以经济效益为中心，依靠科技进步，在"抓住机遇、发挥优势、突出重点、优化环境、融合发展"的经济发展思路指导下，以石油矿产开发及其深加工为龙头，葡萄瓜果及其加工业、化学工业（石油化工和无机盐化工）、棉纺织业和旅游业为主导产业，带动经济全面发展。但吐鲁番市水资源匮乏，既存在资源性缺水问题，也存在用水结构、水资源配置不合理的问题，目前农业灌溉用水约占 95%，但农业给国民经济的贡献率不足 9%；2000 年以来，随着吐鲁番市高昌区煤炭和石油资源的勘探进展，已有一些工业企业入驻高昌区，一批工业企业工业供水的问题亟待解决；高昌区属地下水严重超采区，地下水位年降幅为 0.1～2.3 m 不等，高昌区亚尔镇、恰特喀勒乡和艾丁湖乡区为最严重超采区域。如此大的地下水位年降幅对吐鲁番盆地地下水环境造成了严重破坏。随着工业发展对水资源需求的日益增加，加重了吐鲁番盆地水资源的供水矛盾。因此，大幅度地降低农业灌溉用水量是破解吐鲁番经济社会发展的重要途径。

"十四五"时期（2021—2025 年）是全面建成小康社会、实现第一个百年奋斗目标之后，开启全面建设社会主义现代化国家新征程、向第二个百年奋斗目标进军的第一个五年；是吐鲁番市完整准确贯彻新时代党的治疆方略，聚焦总目标，巩固社会稳定成果，推动高质量发展，迈向长治久安的关键五年。科学编制和实施好《吐鲁番市国民经济和社会发展第十四个五年规划和 2035 年远景目标纲要》（以下简称《纲要》），对于深入贯彻新时代党的治疆方略，努力建设团结和谐、繁荣富强、文明进步、安居乐业、生态良好的新时代中国特色社会主义吐鲁番，具有十分重要的现实和战略意义。

（二）目标

为摸清吐鲁番市水资源状况，合理开发、优化配置区域水资源，确保吐鲁番市经济健康、持续发展，科学考察范围覆盖吐鲁番市一区两县。围绕坎儿井数量、分布、特性、规模与能力、效益及管理等基本信息，以及对吐鲁番市一区两县的整体水利工程规划进行归纳整理，围绕坎儿井管理现状，分析目前运行管理过程中存在的问题，从多目标角度，建立综合评价指标体系，对当地水利工程发展状况做出评价。立足于吐鲁番市自身水资源条件，在重视水资源开发、利用、治理的同时，加强对水资源的配置、节约和保护，以水资源的可持续利用保障社会经济的可持续发展，优化配置和高效利用水资源，促进吐鲁番市人口、资源、环境和经济的协调发展。

分析研究吐鲁番市水资源开发利用潜力及供水工程现状，在"三条红线"控制指标下，提出科学合理的水资源配置方案及措施建议。以保障水资源可持续发展为主线，以满足经济社会发展和改善环境、维系生态平衡为根本出发点，以保障饮水安全、粮食安全、经济发展用水安全和生态安全为重点，逐步建立起与吐鲁番市发展循环经济总体目标相适应的水资源合理配置格局，促进吐鲁番市水资源与经济社会和生态环境的协调发展。

为摸清吐鲁番市水资源状况，合理开发、优化配置区域水资源，确保吐鲁番市经济健康、持续发展，科学考察范围覆盖吐鲁番一区两县。围绕机井数量、分布、特性、规模与能力、效益及管理等基本信息，以及对吐鲁番一区两县的整体水利工程规划进行归纳整理，围绕机井管理现状，分析目前运行管理过程中存在的问题，从多目标角度，建立综合评价指标体系，对当地水利工程发展状况做出评价。立足于吐鲁番市自身水资源条件，在重视水资源开发、利用、治理的同时，加强对水资源的配置、节约和保护，以水资源的可持续利用保障社会经济的可持续发展，优化配置和高效利用水资源，促进吐鲁番市人口、资源、环境和经济的协调发展。

分析研究吐鲁番市水资源开发利用潜力及供水工程现状，在"三条红线"控制指标下，提出科学合理的水资源配置方案及措施建议。以保障水资源可持续发展为主线，以满足经济社会发展和改善环境、维系生态平衡为根本出发点，以保障饮水安全、粮食安全、经济发展用水安全和生态安全为重点，逐步建立起与吐鲁番市发展循环经济总体目标相适应的水资源合理配置格局，促进吐鲁番市水资源与经济社会和生态环境的协调发展。

二、水资源开发利用情况调查评价

（一）机井

机井是利用动力机械驱动水泵提水的水井。打井取水，在古代就成为人民获取饮用水、生活用水的重要来源。

从水井中提取地下水的办法在很多地方依然在使用。这种办法的缺点是：由于井口裸露，水质容易受到污染，效率比较低，同时，井深有限。

随着科技的发展，人们发明了利用水泵的机井，可以汲取更深的地下水、更好地保护水质，并与社区的供水系统相连，成为现代的以地下水为水源的自来水供水系统。

1. 机井现状

据普查，吐鲁番地区现有机井共 3 563 眼，其中高昌区 593 眼、鄯善县 2 679 眼、托克逊县 291 眼，1990—1995 年、1996—2000 年、2001—2005 年、2006—2010 年、2011—2015 年、2016—2020 年的机井数量分别是 307 眼、364 眼、386 眼、476 眼、1473 眼和 567 眼。从地区来看，鄯善县的机井数量最多，占吐鲁番市总机井数量的 75%；高昌区次之，为 17%；最后是托克逊县，为 8%。从时间段来看，2011—2015 年的机井数量最多，占吐鲁番市总机井数量的 41%；2016—2020 年次之，为 16%；2006—2010 年第三，为 13%，具体详见表 2-1。

表 2-1　吐鲁番机井数汇总　　　　　　　　　　　　　　　单位：眼

时间	地区			总共
	高昌区	鄯善县	托克逊县	
1990—1995 年	0	307	0	307
1996—2000 年	0	364	0	364
2001—2005 年	0	386	0	386
2006—2010 年	0	476	0	476
2011—2015 年	355	917	191	1 463
2016—2020 年	238	229	100	567
总计	593	2 679	291	3 563

高昌区的机井主要在 2011—2020 年出现，其中主要用途为生活用水，有 551 眼，有 35 眼为绿化用水，有 7 眼为其他用途用水。在 1990—2020 年，一共有 40 眼机井报废，报废时间分布在 2011—2020 年。

托克逊县的机井与高昌区一样，也是主要集中在 2011—2020 年，其中主要用途为生活用水，有 267 眼，有 15 眼为绿化用水，有 5 眼为工业用水，有 4 眼为其他用途用水。按照机井的井深来看，50～100 m 的机井数量为 102 眼，100～150 m 的机井数量为 187 眼，150～200 m 的机井数量为 2 眼。

鄯善县的机井数量主要集中在 2011—2015 年，其中主要用途为生活用水，有 2 660 眼，有 19 眼为绿化用水。按照机井的井深来看，0～50 m 的机井数量为 1 105 眼，50～100 m 的机井数量为 1 013 眼，100～150 m 的机井数量为 431 眼，150～200 m 的机井数量为 130 眼。

2. 原因分析及对策

20 世纪五六十年代以来，大量内地汉族支边青年、移民家属以及外流人口涌入新疆吐鲁番，进而促进荒地的大规模开垦，导致耕地面积与人口数量的不断激增。在此社会背景下，吐鲁番水土资源失衡的形势加剧了。为缓解农业缺水局面，尤其是春旱问题，吐鲁番乡村社会掀起了打井抗旱的热潮。

具体来说，吐鲁番的机井建设，始于 20 世纪 50 年代中后期。在吐鲁番干旱荒漠性气候环境中，机井的现实效益是十分可观的，因而吐鲁番政府对其发展十分重视。"打井提水灌溉，解决人、畜饮用水，尤其在干旱缺水季节，成为重要的调节水源"。

20 世纪 80 年代后，吐鲁番的机井数量又有显著增加。1985 年，全市共打机井 1 095 眼，机井数量最多的是亚尔乡，多达 265 眼；1990 年，全市共有完好机井 1 223 眼，年提水量 8 298.5 万 m³，其中农业井 1 164 眼，年提水量 7 748.6 万 m³，占全市全年总引水量的 16.1%；1994 年，全市共打井 1 300 多眼，国家投资 533 万元；1995 年，吐鲁番市有机井 1 529 眼，其中配套 1 500 眼，年提水量为 1.3 亿 m³。

显然，20 世纪七八十年代吐鲁番乡村社会出现了机井的开发热潮，而且，此现象的出现，主要有三点原因：第一，人口数量的增长与耕地面积的扩大，不断加剧吐鲁番季节性水土失衡的状况，是根本原因。第二，现代化技术的革新以及政府的鼓励，为吐鲁番机井进一步发展和建设奠定了坚实的技术基础和必要的物质基础，这是机井开发的可能性因素。第三，机井产生的巨大现实效益，激发了农民的打井积极性，这是民间打井热潮的动力因素。在以上因素的共同作用下，机井水开始成为坎儿井水与人民渠水之外的第三种重要水源。

20世纪七八十年代后，机井利用机械动力，开发深层地下水的现代引水工程，在吐鲁番地区逐渐被普遍利用。对年降水量稀缺的吐鲁番干旱区而言，机井具有以下优点：第一，容易就地取水且水量稳定可靠。第二，具有时间上的调节作用。第三，有利于减轻或避免土地盐碱化。

前两点是显而易见的，而要真正理解最后一点，则有必要结合吐鲁番独特的地理、气候与水文特征进行分析。吐鲁番属典型的盆地结构，地势上北高南低，进而使地下水资源的水位，随南部地势的逐渐降低而抬高。加之吐鲁番蒸发量惊人的干旱荒漠气候特征，所以，吐鲁番市南部绿洲的土壤盐渍化特征极其显著，地表水矿化程度高。接近吐鲁番盆地底部的艾丁湖区的表现最为显著。

20世纪80年代后，随着许多坎儿井的陆续干涸，吐鲁番的农民普遍认为，周边区域尤其是上游村落的机井建设，将会直接影响本村落的坎儿井出水量。因而，村落之间的水利纠纷此起彼伏。吐鲁番水管部门，为解决和避免机井灌区与坎儿井灌区之间用水群体的水利纠纷，专门发布了一系列关于机井建设的井位选取、规划布局以及取水许可证等方面的文件。1981年吐鲁番县革委会发文规定，"除老井更新、人畜饮水井外，灌区内不再打新井；打新井应放在灌区下游"。

从以上看，机井技术显然并非是减少吐鲁番地下水资源的唯一祸首。诚然，机井抽取地下水将会影响传统的坎儿井水量，但不容置疑的是，技术能发挥多大程度的破坏性作用，最关键的还不是取决于"人"将如何操作和利用它吗？因此，吐鲁番水资源环境的破坏，并不在于技术本身，其根本原因在于，政府开发和管理机井的政策，以及农民开发和利用机井的方式不够合理。再者，20世纪六七十年代就已经广泛兴起了机井开发高潮，为何迟至八十年代吐鲁番乡村社会才会产生如此剧烈的生态和社会危机呢？所以可以推测出，问题答案或许就已经暗示着一个令人不忍直面的现实：吐鲁番的水资源短缺已经到了十分严峻的地步！

综上所述，现代机井技术，是20世纪50年代以后，国家政权在全国范围内普遍推广的水利工程之一。各地政府将之视为农业开发和乡村建设的重要手段。在本研究中，机井灌溉的便利与高效等特征，显著地提高了吐鲁番汉族移民村落社会的经济生活水平，所以，政府主导下的现代水利工程对乡村社会面貌的进一步塑造，起着举足轻重的作用。

事实证明，20世纪80年代以后，吐鲁番机井开发数量过多与井位设计不合理的状况，不仅引发了地下水位的不断下降，坎儿井水源逐渐枯竭与泉水趋于干涸等生态危机，而且，随着生态危机的加剧，吐鲁番乡村社会中的水利纠纷也愈演愈烈，社会危机日益显著。可见，现代机井技术虽然对缓解春旱难题、增加灌溉面积、提高农民生活水平与促进乡村社会经济发展方面都具有较大优势，但需注意的是，在吐鲁番干旱荒漠性气候背景下，水资源极度短缺是其生态脆弱性的典型表现，因此机井的开发和建设，都应该力求设计合理且顾全大局。否则，必然会严重威胁到干旱区经济社会的可持续性发展，甚至影响边疆民族关系复杂地区的和谐与安定[57]。

（二）坎儿井水资源开发利用程度分析

鉴于吐鲁番盆地坎儿井日趋减少的现状，已经影响到广大人民生产和生活，引起党和政府及广大人民群众的极大关注。保护坎儿井的呼声日益高涨，但如何保护坎儿井，必须经过科学严谨的论证，而论证的基础就是必须详实了解坎儿井的现状及存在的问题。所以这次普查的目的就是收集坎儿井的有关资料，了解坎儿井急剧衰减原因，提出坎儿井开发利用和保护措施。

2014年1月15日地区水利局召开坎儿井保护与利用会议，针对目前坎儿井急剧衰减和许多重要资料不清等情况，决定在全地区开展一次较为全面的有水坎儿井普查研究工作，以摸清目前有水坎儿井现状，并在坎儿井开发利用和保护方面有所突破。吐鲁番地区水利科学研究所和各县（市）水利局在地区水利局的统一安排部署下，受地区县市水利局委托，由地区水利科学研究所牵头主要负责吐鲁番地区的有水坎儿井普查研究，进行全面资料数据搜集和现场调查核实。

截至2015年底，全市有水坎儿井238条，其中，高昌区134条，鄯善县77条，托克逊县27条。

近年来，吐鲁番市虽在水管体制、机制改革等方面取得了明显进展，但水资源统一管理体制尚不完善，虽成立了《吐鲁番市水资源管理委员会》，但运行程序还有待完善，最严格水资源管理制度尚未落实到位，水价、水权、水市场等改革尚未全面推进，区域之间、城乡之间、兵地之间、行业之间供用水缺乏统筹调配，主要河流控制性工程的防洪、发电与供水之间矛盾较为突出，流域水资源监控预警系统尚未建立。

当前，吐鲁番市水资源面临的形势十分严峻，水资源短缺、水生态环境恶化等问题日益突出，加之地下水超采严重，更加激化了水资源短缺的矛盾，水资源供给不足已成为制约全市经济发展和社会进步的主要"瓶颈"，属资源性、工程性缺水并存地区。吐鲁番市水资源可利用量为12.26亿 m^3，2015年地区各县区用水总量为13.11亿 m^3（不含221团）。地下水超采量为2.13亿 m^3（不含221团），其中，高昌区超采1.05亿 m^3，鄯善县超采1.08亿 m^3（表2-2）。

表2-2　2015年吐鲁番市水资源开发利用程度统计

项目		区县名称			小计
		高昌区	鄯善县	托克逊县	
用水总量 / 亿 m^3		4.66	4.29	4.15	13.11
地表水	使用量 / 亿 m^3	1.59	1.51	2.04	5.14
	可利用量 / 亿 m^3	2.17	1.88	2.28	6.33
	开发利用率 /%	73.5	80.31	89.3	81.21
地下水	使用量 / 亿 m^3	3.07	2.78	2.12	7.97
	可利用量 / 亿 m^3	2.02	1.7	2.22	5.94
	开发利用率 /%	151.93	163.51	95.36	134.1

（三）水闸、渠首、渠道、水电站

1.水闸

水闸是修建在河道和渠道上利用闸门控制流量和调节水位的低水头水工建筑物，它常与堤坝、船闸、鱼道、水电站、抽水站等水工建筑物组成水利枢纽来达到水利工程的需要。关闭闸门可以拦洪、挡潮或抬高上游水位，以满足灌溉、发电、航运、水产、环保、工业和生活用水等需要；开启闸门，可以宣泄洪水、涝水、弃水或废水，也可对下游河道或渠道供水。在水利工程中，水闸作为挡水、泄水或取水的建筑物，应用广泛，多建于河道、渠系、水库、湖泊及滨海地区。

水闸可以建在土基或岩基上，地基条件差和水头低且变幅大是水闸工作条件比较复杂的两个主要原因，所以它在抗滑稳定、防渗、消能防冲及沉陷等方面都具有与其他水工建筑物不同的工作特点。

①水闸在完建无水期，可能因较大的垂直荷载，使地基压力超出地基容许承载力，导致闸基土深层滑动失稳。所以水闸必须具有适当的基础面积，以减小基底压力。

②土基的抗滑稳定性差。当水闸挡水时，上、下游水位差造成较大的水平水压力，使水闸有可能产生向下游一侧的滑动；同时，在上、下游水位差的作用下，闸基及两岸均产生渗流，渗流将对水闸底部施加向上的渗透压力，减小了水闸的有效重量，从而降低了水闸的抗滑稳定性。因此，水闸必须具有足够的重量以维持自身的稳定。

③渗流易使闸下产生渗透变形。土基渗流除产生渗透压力不利于闸室稳定外，还可能将地基及两岸土壤的细颗粒带走，形成管涌等渗透变形，严重时闸基和两岸的土壤会被掏空，危及水闸安全。

④水闸开闸泄水时过闸水流具有较大的动能，流速较大，流态较复杂会引起水闸下游的有害冲刷，破坏下游河床及两岸。因此，必须采取适当有效的消能防冲措施，来减少或消除过水闸对下游的有害冲刷。

⑤当水闸建在松软土基上时，由于地基的抗剪强度低，压缩性较大，在闸室自重及其荷载作用下，会产生较大沉降，当闸室基底压力分布不均匀时或相邻结构的基底压力差值悬殊较大时，还会产生较大的不均匀沉陷，导致水闸倾斜，甚至断裂。因此，应选择水闸的型式、施工程序及地基处理等措施，以减小过大的沉降和不均匀沉陷。

高昌区和鄯善县水闸现状见表2-3和表2-4。

（1）高昌区。

表2-3　高昌区水闸现状

水闸名称	所在水资源三级区名称	水闸类型	所在河流（湖泊）名称
恰特卡勒乡干渠节制闸	吐鲁番盆地	节制闸	煤窑沟河
火焰山支渠引水闸	吐鲁番盆地	引（进）水闸	黑沟
葡萄乡三级电站引水闸	吐鲁番盆地	引（进）水闸	煤窑沟河
塔尔朗渠首进水闸	吐鲁番盆地	引（进）水闸	塔尔朗河
火焰山支渠泄洪闸	吐鲁番盆地	分（泄）洪闸	煤窑沟河

水闸名称	所在水资源三级区名称	水闸类型	所在河流（湖泊）名称
雅尔乃孜水库泄洪闸	吐鲁番盆地	分（泄）洪闸	塔尔朗河
葡萄乡一级电站干渠节制闸	吐鲁番盆地	节制闸	煤窑沟河
塔尔朗渠首泄洪闸	吐鲁番盆地	分（泄）洪闸	塔尔朗河
火焰山引水闸	吐鲁番盆地	引（进）水闸	塔尔朗河
解放支渠节制闸	吐鲁番盆地	节制闸	煤窑沟河
新二人民渠节制闸	吐鲁番盆地	节制闸	煤窑沟河
葡萄乡一级电站节制闸	吐鲁番盆地	节制闸	煤窑沟河
黑沟渠首泄洪闸	吐鲁番盆地	分（泄）洪闸	黑沟
葡萄沟水库引水闸	吐鲁番盆地	引（进）水闸	煤窑沟河
老二人民渠干渠节制闸	吐鲁番盆地	节制闸	煤窑沟河
黑沟渠首干渠泄洪闸	吐鲁番盆地	分（泄）洪闸	黑沟

（2）鄯善县。

表2-4 鄯善县水闸现状

水闸名称	地区	水闸位置	水闸类型
坎尔其水库泄洪闸	吐鲁番市	水库	分（泄）洪闸
柯柯亚水库联网渠道分水闸	吐鲁番市	水库	引（进）水闸
柯柯亚水库一闸退水闸	吐鲁番市	渠道	排（退）水闸
柯柯亚水库一闸退水节制闸	吐鲁番市	渠道	节制闸
二塘沟三闸底栏栅闸	吐鲁番市	渠道	节制闸
二塘沟四闸引水闸	吐鲁番市	渠道	引（进）水闸
二塘沟五闸吐峪沟支渠闸	吐鲁番市	渠道	引（进）水闸
二塘沟五闸鲁克沁支渠闸	吐鲁番市	渠道	引（进）水闸
二塘沟吐峪沟支渠苏巴什闸	吐鲁番市	渠道	引（进）水闸
二塘沟吐峪沟支渠马扎闸	吐鲁番市	渠道	引（进）水闸
二塘沟吐峪沟支渠吐峪沟泄洪闸	吐鲁番市	渠道	分（泄）洪闸
二塘沟三闸底栏栅节制、引水闸	吐鲁番市	渠道	节制闸
二塘沟吐峪沟支渠泄洪闸	吐鲁番市	河（湖）	引（进）水闸
柯柯亚水库二闸三孔引水闸	吐鲁番市	渠道	引（进）水闸
柯柯亚水库一闸三孔引水闸	吐鲁番市	渠道	引（进）水闸
柯柯亚二库四闸两孔引水闸	吐鲁番市	渠道	引（进）水闸
二塘沟鲁克沁赛尔克甫泄洪闸	吐鲁番市	渠道	引（进）水闸
二塘沟鲁克沁赛尔克甫节制闸	吐鲁番市	渠道	节制闸
二塘沟鲁克沁闸	吐鲁番市	渠道	引（进）水闸

水闸名称	地区	水闸位置	水闸类型
二塘沟二闸节制、引水闸	吐鲁番市	河（湖）	引（进）水闸
二塘鲁克沁赛尔克甫底栏栅排沙闸	吐鲁番市	渠道	分（泄）洪闸
柯柯亚二库泄洪闸	吐鲁番市	水库	分（泄）洪闸
柯柯亚二闸排沙闸	吐鲁番市	渠道	排（退）水闸
柯柯亚二库五闸两孔引水闸	吐鲁番市	渠道	引（进）水闸
坎儿其检修闸	吐鲁番市	水库	节制闸
坎儿其铁路北侧泄洪闸	吐鲁番市	渠道	分（泄）洪闸
坎儿其一闸泄洪闸	吐鲁番市	水库	分（泄）洪闸
坎儿其排沙闸	吐鲁番市	渠道	排（退）水闸
坎儿其农业闸	吐鲁番市	水库	引（进）水闸
二塘沟三闸底栏栅节制、引水闸	吐鲁番市	渠道	节制闸
二塘沟四闸引水闸	吐鲁番市	渠道	引（进）水闸
二塘沟二闸底栏栅引水闸	吐鲁番市	河（湖）	引（进）水闸
二塘沟三闸引水闸	吐鲁番市	渠道	引（进）水闸
二塘沟三闸排沙闸	吐鲁番市	渠道	排（退）水闸
二塘六闸	吐鲁番市	渠道	引（进）水闸

2. 渠首

渠首又称取水枢纽，取水枢纽是指为从河流、湖泊等地表水源引水而修建在取水地段的水工建筑物综合体，又称引水枢纽或渠首工程。当引水期间取水枢纽处的河水位高于引水要求的水位时，可在天然条件下自流引水。否则，需拦河筑坝或修建水闸，壅高水位，形成自流引水的条件；或在天然水位情况下用水泵抽水。取水枢纽一般是指自流引水的情况。用水泵抽水时则需建站。

（1）高昌区黑沟渠首。黑沟渠首建于1959年，为底栏栅式引水渠首，底栏栅长度为11 m，栏栅引水廊道宽度2 m，廊道上下并排两道，下接黑沟干渠，黑沟干渠穿过兰新铁路直达胜金乡。设计引水流量为5.0 m³/s，上游护砌长×宽为2.9 m×4 m，下游护砌长×宽为28.9 m×4 m。渠首闸门形式为冲砂闸弧形钢闸门、引水闸平板钢闸门，冲砂闸闸孔净宽4 m，进水闸共两孔，每孔净宽2 m。冲砂闸采用吊葫芦式锁链启闭机，闸门依靠人工启闭，进水闸启闭机形式为螺杆式，工程规模为中型。

黑沟引水渠首工程于1959年兴建。渠首在经过多年的运行后，引水闸、冲砂闸闸前有少量淤积，在洪水期，上游大颗粒推移质进入渠道，使干渠遭到了一定程度的破坏，对渠首建筑物的安全运行也造成了一定的威胁。

冲砂闸设计流量为39.95 m³/s，校核流量为59.74 m³/s，闸门为弧形钢闸门，冲砂闸目前采用吊葫芦链锁式人工拉起，启闭设备落后。闸室高5 m，长10 m，其上设有工作桥。工作桥宽1 m。闸共1孔，闸宽4 m，闸墩厚0.8 m，底板高程0.00 m。冲砂闸采用

C25 钢筋混凝土结构。闸后设抛石消能，防止下游冲刷。

进水闸设计流量为 5 m³/s，校核流量为 6.5 m³/s，闸门为平板钢闸门，螺杆式启闭机。闸室高 2 m，长 5 m。进水闸共 2 孔，闸孔宽为 2 m，墩厚 0.8 m，底板高程 1.5 m。进水闸采用 C25 钢筋混凝土结构。

导流堤为砼工程，前段起于河道中，后与泄洪闸相接。导流堤为重力式挡土墙形式，导流堤面向左岸一侧，顶部 1 m 范围为竖直段，以下部分为放大坡比，导流堤背向左岸一侧为竖直面。导流堤顶宽 0.5 m。渠道首上、下游护坡采用砼护坡。

（2）托克逊县阿拉沟引水渠首。托克逊县阿拉沟引水渠首塔尔朗引水渠首位于塔尔朗流域中高山区，水文站以上 3.3 km 处，集水面积为 427 km²，海拔高程 1 162 m。该渠首是塔尔朗河上的重要引水枢纽，担负着园艺场、亚尔镇 10.56 万 hm² 农田的灌溉任务。工程规模为中型工程，塔尔朗渠首主要建筑物由引水闸、冲沙闸、底栏栅堰等组成，引水闸闸门为平板钢闸门，启闭机均为手动螺杆式启闭机，冲沙闸闸门为弧形钢闸门，启闭机为双点吊葫芦启闭机，青年渠首设计引水流量 9.0 m³/s，实际引水流量 9.0 m³/s，工程设计使用年限为 30 年，工程建设单位为高昌区水利局，渠首下游正在规划修建塔尔朗水库，水库建成后，将从水库取水灌溉，塔尔朗渠首将不使用。

塔尔朗专用水文站实测径流资料统计，最大年径流量为 0.939 亿 m³，最小年径流量为 0.464 8 亿 m³，最大年径流量是最小年径流量的 2 倍，说明河流径流年际变幅较大，多年平均径流量为 0.746 7 亿 m³。

塔尔朗河属多泥沙河流。塔尔朗河含沙量从高山区到低山区有逐渐增大的趋势，且输沙量主要集中在夏季，最大 4 个月输沙量一般出现在 6—9 月，连续最大 4 个月输沙量占年输沙量的 98.8%，最大月输沙量出现在 6 月，其输沙量占年输沙量的 54.7%，推移质泥沙为悬移质泥沙的 20%，泥沙的年内分配极不均匀，泥沙集中程度比径流量的集中程度高。

塔尔朗河属天山南坡山溪性河流，洪水成因多为暴雨所致，且多以局地性暴雨引发洪水为主。洪水具有突发性、短历时、陡涨陡落、破坏性极大等特点。流域暴雨的特点为：①暴雨主要发生在夏季（6—8 月），占全年总降水量的 80% 左右。暴雨随梯度由山区向平原急剧递减。②局地性暴雨历时短（一般暴雨历时不超过 6 h），阵性强，笼罩面积小，暴雨中心集中在高山区。③流域内植被条件差，漫滩严重，遭大暴雨洪水时极易成灾。

工程区位于东天山支脉—博格达山南坡出山口附近，总地势北高南低，最高海拔高程 2 000～3 500 m，相对高差 200～500 m，最低海拔高程 500～800 m，相对高差 20～80 m。由北向南地貌分别为中高山区、中山区、低山区、山前倾斜平原。河水由发源于东天山支脉南麓，由北向南流淌，出山口后流入吐鲁番盆地；塔尔朗河在中山区河谷狭窄，呈"V"形，谷宽 20～30 m，两岸山体陡峻；在低中山区及以下河谷较宽，呈"U"形，在低中山区谷宽 80～200 m；地基承载力为 350 kN/m²。塔尔朗引水渠首为中型工程，由泄洪闸冲砂闸、底栏栅堰、进水闸、消能段、上下游导流堤组成，闸门设计共 3 孔，其中泄洪冲砂闸 1 孔，弧形闸门，闸门用吊葫芦式锁链拉起。进水闸 2 孔，平板闸门，启闭机为螺杆式手摇启闭机。设计洪水频率为 20 年一遇，相应流量为 282 m³/s，校核洪水频率为 50 年一遇，相应流量为 410 m³/s，抗震强度 7 级。

该渠首始建于 1969 年，1970 年 5 月 17 日建成。1987 年 7 月该河流发生洪水，冲毁渠首，经主管部门批准，同意改建。于 1992 年年底对其进行改建，为底栏栅式，设计引水流量 11 m³/s。

（3）泄洪冲砂闸。经复核，泄洪冲砂闸设计流量为 33.37 m³/s，校核流量为 114.34 m³/s，闸门为弧形闸门，泄洪闸冲砂闸目前采用吊葫芦链锁式人工拉起，启闭设备落后。闸室高 5.5 m，长 8.0 m。闸共 1 孔，闸宽 6 m，闸墩厚 0.8 m，底板高程 44.50 m，闸墩顶高程 50.00 m，闸门顶高程 49.80 m。泄洪冲砂闸采用 C20 钢筋混凝土结构。

（4）进水闸。进水闸设计流量为 9.0 m³/s，校核流量为 11 m³/s，闸门为平面钢闸门，螺杆式手摇启闭机。闸室高 2.95 m，闸室长度为 5 m。进水闸共 2 孔，墩厚 0.8 m，底板高程 42.75 m，闸墩顶高程 45.70 m。进水闸采用 C15 钢筋混凝土结构。

（5）导流堤与护坡。导流堤为浆砌石结构，前段起于河道中，后与泄洪闸相接。导流堤为重力式挡土墙形式，导流堤面向左岸一侧，顶部 1.0 m 范围为竖直段，以下部分为放大坡比，导流堤背向左岸一侧为竖直面。导流堤顶宽 0.5 m。渠道首上、下游护坡采用浆砌石结构。

3. 渠道

水利工程中大部分排水渠道是在 20 世纪八九十年代开始修建的，以混凝土渠道为主，且推广十分迅速，与传统的土渠道相比大大提升了输水的效率，推动着农业灌溉和工业的发展。混凝土防渗渠道还具有较低的糙率，在水利工程运行过程中提高了水流的流速，加强水流的运输。常见的混凝土渠道有梯形渠道和"U"形渠道，相对于梯形渠道而言，"U"形渠底部截面为弧形或者半圆形，上部为一定倾角的直线段。因"U"形渠道断面接近水利最佳断面，因此流速分布均匀，渠内水流速度较快，输水性能好，挟沙能力强。且"U"形渠道在外力的条件下，底部具有一定的反拱作用，使得渠道结构更加稳定，一定程度防止冻害和开裂。在水利工程中，混凝土渠虽具有整体性能好、水力特性好及耐久性好等特点，但对防渗性要求较高，混凝土渠在风吹日晒或在外荷载等影响下，一段时间后就会开裂，这将大大降低混凝土渠道的输水效率，如何提高防渗等技术成了我国众多学者研究的重点。吐鲁番渠道现状见表 2-5。

表 2-5 吐鲁番渠道现状

水利工程名称	渠道所在乡镇	类别	竣工年份
塔尔朗灌区	红柳河园艺场	支渠	1996
大草湖灌区	艾丁湖镇	斗渠	1996
塔尔朗灌区	亚尔镇	斗渠	1997
煤窑沟灌区	恰特喀勒乡	斗渠	1998
塔尔朗灌区	亚尔镇	斗渠	2000
塔尔朗灌区	红柳河园艺场	斗渠	2000
煤窑沟灌区	七泉湖镇	斗渠	2000

4. 水电站

水力发电站是利用水位差产生的强大水流所具有的动能进行发电的电站，简称"水电站"。利用河流的水能推动水轮机带动发电机组而发电的工业企业。优点：不用燃料、成本低、不污染环境、机电设备制造简单、操作灵活等。同时发电水工建筑物可与防洪、灌溉、给水、航运、养殖等事业结合，实行水利资源综合利用。缺点：基建投资大、建设周期长、受自然条件局限等。

吐鲁番地区位于新疆东部，地形北高南低，属于典型的暖温带大陆性干旱荒漠气候。这种气候特点使得水资源尤为珍贵，因此水电站的分布和建设更加注重水资源的合理利用和保护。同时，地理位置的特殊性也要求水电站的建设必须充分考虑地形、地质、水文等因素的影响。水电站主要依赖于当地的自然水系进行分布。这些水系包括大河沿河、塔尔朗河、煤窑沟河、黑沟河、恰勒坎河等较大河流，以及由天山融水形成的泉水河流。水电站的建设往往选择在这些河流的适宜位置，利用水流落差进行水力发电。

吐鲁番地区的水电站规模与类型多样。既有装机容量较大的水电站，如大河沿河八级水电站，也有相对较小的水电站。这些水电站可能采用不同的发电技术和设备，以适应不同的水流条件和发电需求。

水电站不仅为当地提供了可靠的电力供应，还促进了地方经济的发展。水电站的建设和运营带动了相关产业的发展，如设备制造、安装调试、运营维护等。同时，水电站还为当地的农业灌溉、工业用水和生态补水提供了有力支持，推动了地方经济的多元化发展。

（四）水库

1. 高昌区水库

高昌区经过多年的水利基本建设，形成了一套较完备的供水体系。其中，灌区水利工程基本配套，渠系网络化程度较高。由于其特殊的地理位置及水资源的独特性，形成了水资源利用形式的多样性，现状水利工程的形式有：蓄水工程、引水渠首、渠系工程、泉水及机电井工程。

截至 2019 年，高昌区已建成中小型水库 9 座，小塘坝 141 座，总库容为 6 290.56 万 m^3，兴利库容为 4 706.56 万 m^3。高昌区已建成的蓄水工程和主要水库情况详见表 2-6、表 2-7。

表 2-6　高昌区现已建成的蓄水工程（水库、塘坝）汇总

分区	名称	座数/座	总库容/万 m^3	兴利库容/万 m^3	现状供水量/万 m^3	控制灌溉面积/万 hm^2	运行现状
大河沿灌区	水库	2	3132	104	0	6.02	
	塘坝	29	26.5	26.5	13.3	0.8	病险
	小计	31	3 158.5	2 228.5	13.3	6.82	
塔尔朗灌区	水库	2	535	472	329.6	2.1	
	塘坝	22	22.5	22.5	11.3	0.7	病险
	小计	24	557.5	494.5	340.9	2.8	

续表

分区	名称	座数 / 座	总库容 / 万 m³	兴利库容 / 万 m³	现状供水量 / 万 m³	控制灌溉面积 / 万 hm²	运行现状
煤窑沟灌区	水库	3	2 190	1 599	792	30.24	
	塘坝	55	52.2	52.2	26.1	1.6	病险
	小计	58	2 242.2	1 651.2	818.1	31.84	
黑沟灌区	水库	2	300.66	300.66	300.66	4	
	塘坝	35	31.7	31.7	15.9	1	良好
	小计	37	332.36	332.36	316.56	5	
合计	水库	7	2 154.06	1 822.01	1 422.26	13	
	塘坝	141	132.9	132.9	66.6	4.1	病险
	小计	150	6 290.56	4 706.56	1 488.86	46.46	

现对各灌区已建蓄水工程进行简要介绍。

1）大河沿灌区

（1）大墩水库。大墩水库位于吐鲁番盆地西边缘，地处大草湖下游，水库东距高昌区 30 km，东南 15 km 为艾丁湖乡，有吐哈油田公路与 312 国道连接。该水库为盐山南坡的一座灌注式平原水库，主要水源是大草湖冬季冬闲水即大草湖泉水。水库工程地理坐标为东经 88°54′29″，北纬 42°54′51″。水库是一座以灌溉为主，兼顾保护下游艾丁湖生态环境的小（Ⅰ）型综合利用水库。

大墩水库下游是艾丁湖乡、221 团部分连队等村屯，总人口 2 万人，耕地面积 3.1 万 hm²；大墩水库周围是吐哈石油勘测钻井队，水库的安全关系到周围吐哈石油的开采和运输；而且水库下游 4.5 km 处为吐（吐鲁番）—托（托克逊）公路，水库的安全运行将关系到吐（吐鲁番）—托（托克逊）公路的安全。大敦东水库主要是蓄大草湖 12 月中旬至翌年 2 月底期间约 70 天的冬闲水，供下游春灌农业用水。水库总库容为 108 万 m³，死库容为 4.0 万 m³，兴利库容为 1.0 亿 m³。

（2）大河沿水库。大河沿水库位于新疆维吾尔自治区吐鲁番市高昌区大河沿镇北部山区，大河沿河上游。坝址距乌鲁木齐 120 km，距吐鲁番市 60 km，距大河沿镇 17 km。工程主要由挡水大坝、溢洪道、灌溉洞及泄洪放空冲沙洞组成，是一座具有城镇供水、农业灌溉和重点工业供水任务的综合性水利枢纽工程。

大河沿水库总库容 3 024 万 m³，为Ⅲ等中型工程，挡水建筑物采用沥青混凝土心墙坝，最大坝高 75.0 m，大坝级别为 2 级，永久建筑物溢洪道、灌溉洞和泄洪放空冲沙洞级别 3 级，边坡级别为 4 级，公路等建筑物级别为 4 级。挡水建筑物土石坝设计洪水标准为 50 年一遇，校核洪水标准为 1 000 年一遇；消能防冲设计洪水标准为 30 年一遇。该水库于 2019 年竣工，目前已经发挥工程效益。

2）塔尔朗灌区

（1）上游水库。上游水库位于高昌区区西南亚尔镇英加依村，距高昌区约 3 km，有简易沥青路面与水库相连。该水库为一座平原灌注式水库，水库工程地理坐标为东经

89°12′10.62″～89°11′54.88″，北纬42°55′36.19″～42°55′46.81″。水库下游受益对象是亚尔镇夏力克村和英加依村1.3万hm²农田，居住人口约1.3万人。

上游水库为灌注式水库，于1974年8月动工修建，1976年8月竣工，当年冬季蓄水，1977年春放水受益，以后又经几次加固，1980年铺砌干砌卵石防浪护坡，1985年修建排水棱体。2013年除险加固完成，该水库主要是拦蓄坎儿井冬季闲水，蓄水时间大约为3个月。水库由坝体、灌溉放水洞两部分组成，设计库容为72万m³，正常高蓄水位为11.7m，最大水深为8.7m，水库灌溉面积1.3万hm²，直接影响人口12801人。

（2）雅尔乃孜水库。雅尔乃孜水库位于雅尔乃孜沟沟口上游0.8km处，距高昌区西南9km，交河故城南面约2km附近，其地理坐标：东经89°00′～89°07′30″，北纬42°55′00″～43°00′00″。雅尔乃孜水库主要以农业灌溉为主，正常蓄水位库容463.0万m³，兴利库容400万m³，水库灌溉面积0.8万hm²，下游影响人口2.5万人。雅尔乃孜水库于1977年11月开始兴建，1983年11月主体工程完工，冬季开始蓄水，经运行多年，水库东坝肩漏水，于1984年2月14日在东坝肩处溃决。溃坝后重新进行了地质勘察，于1993—1995年进行了修复工程。雅尔乃孜水库大坝安全评价为不安全的三类坝，属病险水库大坝，为确保下游国家和人民生命财产安全，必须采取加固整治措施。于2009年3月开始进行本工程除险加固初步设计工作。

3）煤窑沟灌区

（1）洋沙水库。洋沙水库位于高昌区葡萄镇高潮大队一小队西侧，水库工程地理坐标为东经89°12′19″～89°12′34″、北纬42°53′57″～42°54′15″，在高昌区东南方向，距高昌区约8km，距离312国道约10km，有简易沥青路面与水库相连。2003年9月受高昌区水利局的委托，进行洋沙水库的安全评价等有关工作，进行现场检查、大坝隐患物探检查，对大坝、放水涵洞和其金属结构等建筑物进行了分析评价，并编制了安全评价报告。2007年8月在新疆水利厅水管总站审查通过了洋沙水库安全评价报告。2009年9月进行除险加固。洋沙水库为一座平原灌注式水库，主要担负着高潮，团结，农场，先锋1、2、3队的12492hm²的灌溉任务。工程除险加固后水库坝顶总长为1570m，最大坝高为11.5m，水库由坝体、灌溉放水涵洞两部分组成，坝体为均质坝。坝顶高程为-29.55m，正常蓄水位为-32m，水库总库容为110.4万m³，兴利库容108.35万m³；死水位为40m，死库容为2.09万m³。

（2）煤窑沟水库。煤窑沟水库位于高昌区七泉湖镇煤窑沟村、煤窑沟河出山口处，于2016年11月竣工，坝高44.8m，总坝长3120m，水库总库容为980万m³，主要由主坝、东副坝、西副坝、溢洪道、导流兼泄洪涵洞、工业及灌溉引水涵洞等建筑物组成，是一座具有工业供水、农业灌溉、防洪等综合利用效益的水利枢纽工程。水库用水范围包括七泉湖镇煤窑沟村、葡萄乡、恰特喀勒乡的农业灌溉用水和沈宏化工工业园区工业用水，以及二堡乡、三堡乡的农业灌溉用水。

（3）葡萄沟水库。葡萄沟水库位于高昌区煤窑沟流域葡萄沟出山口以东3km处，距高昌区约7km，312国道在水库南面4km处通过，有便道与水库相连。该水库为火焰山南坡的一座灌注式水库，水库工程地理坐标为东经89°16′、北纬42°59′。葡萄沟水库工程是煤窑沟河流域内的一座重要的灌注式水库，死水位112m，死库容为224万m³，正常蓄水位 125 m，总库容 1 100 万 m³。水库控制灌面积 12.85 万 hm²，受益的乡镇有葡萄镇、恰特喀勒乡、原种场，人口为 53 220 人，水库蓄至正常高水位时，渗漏损失达到 1 248.59 万 m³/年，渗漏量随库水位下降而减少；水库蓄至正常高水位时，水库的蒸发损失约 166.74 万 m³/年，蒸发量也会随水库水位下降而减少。水库曾在 1979 年 11 月运行至最高水位 122.0 m，运行的最大库容为 837 万 m³。

4）黑沟灌区

（1）胜金口水库。胜金口水库位于火焰山北麓木头沟支岔上，离高昌区约 40 km，坝址地理坐标为东经 89°35′～89°36′、北纬 42°57′～42°58′。胜金口水库总库容 182 万 m³，属于小（Ⅰ）型平原灌注式水库，主要拦蓄胜金乡排孜阿瓦提村的 5 眼泉（色格孜库里买力 1# 泉、2# 泉、3# 泉、4# 泉、5# 泉）和一条坎儿井的冬闲水，并在来年春季向下游二堡乡、三堡乡的农业供水，缓解当地春旱严重问题。胜金口水库始建于 1947 年，1958 年由于下游坝面渗漏而造成滑坡溃坝进行简单除险加固；1984 年 8 月胜金口水库再次进行除险加固设计并采取新措施，增设了滤水坝脚和溢洪道；1992 年，由于胜金口水库放水涵洞堵塞，闸门无法启闭，当地受益群众与新疆水利厅筹资修建了一座放水涵洞，该涵洞由于资金不足，导致只修建了前面有压涵洞和水闸下部结构，无法进行运行。通过几次的除险加固设计和改造，胜金口水库修建成目前的状况。胜金口水库受益灌区为高昌区二堡乡、三堡乡，灌区人口约 4.3 万人，控制灌溉面积 4 万 hm²，胜金口水库、胜金台水库是二堡乡、三堡乡农业春灌的主要补充水源，是下游灌区解决春旱缺水问题的重要保证。

（2）胜金台水库。胜金台水库位于胜金乡以南 6 km 处，地处火焰山北麓木头沟支岔上，南临 312 国道，距离高昌区 37 km，交通便利。水库地理坐标为：东经 89°15′50″、北纬 42°50′36″。水库正常蓄水位 100.5 m，总库容 118.66 万 m³，属于小（Ⅰ）型灌注式水库，主要是拦蓄胜金台库区以上及胜金乡排孜阿瓦提村泉水的冬季闲水，缓解下游二堡乡、三堡乡来年春季灌溉缺水状况。胜金台水库大坝为不安全的三类坝，于 2007 年 11 月开始进行除险加固初步设计工作。

表 2-7 高昌区现已建成的主要水库情况　　　　　　　　　　单位：万 m³、万 hm²

流域区	水库名称	类型	总库容	死库容	控制灌溉面积	运行现状	流域区
大河沿灌区	大墩水库	小（Ⅰ）型	108	4	10 000	良好	艾丁湖乡
	大河沿水库	中型	3 024	550	2 098	良好	大河沿镇
塔尔朗灌区	雅尔乃孜水库	小（Ⅰ）型	3 021	63	400	良好	亚尔镇
	上游水库		463	0.35	71.65	良好	亚尔镇
煤窑沟水库	洋沙水库	小（Ⅰ）型	72	2.09	108.35	良好	葡萄镇
	煤窑沟水库		110.4	200	580	良好	七泉湖镇
	葡萄沟水库	中型	980	263	837	良好	葡萄镇等
黑沟灌区	胜金口水库	小（Ⅰ）型	182		182	良好	胜金乡
	胜金台水库	小（Ⅰ）型	118.66		118.66	良好	胜金乡

2. 托克逊县水库

（1）阿拉沟水库。阿拉沟水库位于吐鲁番市托克逊县境内。水库工程地理坐标为东经 87°49′21.00″、北纬 42°49′27.50″，是阿拉沟河流域上一座以防洪、供水、灌溉等综合利用效益的山区拦河水库。工程始建于 2009 年，2014 年 11 月下闸蓄水，2016 年主体工程全部完工。水库总库容 4 450 万 m^3，属Ⅲ等中型水库，主坝坝型为沥青混凝土心墙砂砾石坝，主坝最大坝高 105.26 m，正常蓄水位 944.50 m，相应库容 3 914.25 万 m^3，防洪限制水位 943.00 m，相应库容 3 711.60 万 m^3（表 2-8）。

表 2-8　托克逊县现已建成的主要水库情况　　　　　　　　　　单位：万 m^3

流域区	水库名称	类型	总库容	死库容	运行现状	流域区
阿拉沟大型灌区	阿拉沟水库	中型	4 450	850	良好	阿拉沟
	红山水库	中型	5 350	875	良好	白杨河
	托台水库	小（Ⅰ）型	139	22.75	良好	白杨河

（2）红山水库。红山水库位于托克逊县西北部、白杨河流域红山河谷以西 2 km 处的克尔碱镇辖区内，为无坝灌注式水库。水库工程地理坐标为东经 88°23′15.94″、北纬 43°01′3.63″，是白杨河上一座以灌溉为主的灌注式水库。1971 年设计施工，并于 1979 年建成试运行，1980 年受益，2003 年水库除险加固，新修一条放水隧洞，新放水洞由引渠、有压涵洞、闸前有压隧洞、闸室段、闸后无压隧洞和出口扩散连接段组成，2005 年 10 月水库除险加固工程完工，2019 年 12 月完成除险加固竣工验收。水库总库容 5 350 万 m^3，属中型水库，无坝，正常蓄水位 277.5 m，相应库容 5 350 万 m^3，水库无防洪任务。

（3）托台水库。托台水库位于托克逊县夏镇，是白杨河下游一座灌注式水库，是利用地形坡度人工筑坝形成的一座水库，总库容 139 万 m^3，坝型为均质土，属小（Ⅰ）型工程。坝体最大坝高 6 m，坝长 1.5 km。托台水库建筑物主要有大坝、入库引水渠和放水涵洞。该水库建成于 1967 年，由于资金不够等原因，水库库盘未防渗，水库存在严重的渗漏问题，并且洞内淤积严重等种种原因自 1987 年开始未蓄水使用。2007 年托克逊县乡镇水管总站委托吐鲁番地区水利水电勘测设计研究院进行了安全鉴定，鉴定结论为三类病险库。同年委托吐鲁番地区水利水电勘测设计研究院承担《托克逊县托台水库除险加固初步设计报告》的编制工作，新疆维吾尔自治区水利厅、财政厅于 2008 年 4 月 29 日以新水建管〔2008〕133 号文件对该报告进行了批复。托台水库除险加固工程于 2008 年 8 月 10 日开工建设，2009 年 9 月 30 日竣工。2014 年 11 月，随着阿拉沟水库的下闸蓄水，托台水库灌溉功能被阿拉沟水库替代，同时随着周边农田水利设施的改造，水库使用效率下降，抗旱任务也逐渐减弱，水库已无蓄水功能，处于停用状态。2021 年 8 月 28 日托台水库报废处理。

3. 鄯善县水库

截至 2023 年，鄯善县境内有蓄水水库 4 座，其中，中型水库 3 座（柯柯亚水库、坎儿其水库、二塘沟水库），小型水库1座（柯柯亚二库）（表2-9）。

表2-9　鄯善县现已建成的主要水库情况　　　　　　单位：万 m³、万 hm²

分区	水库名称	规模	总库容	兴利库容	控制灌溉面积	运行现状
二塘沟灌区	二塘沟水库	中型	2 360	1 887	20.26	良好
柯柯亚灌区	柯柯亚水库	中型	1 052	800	17	良好
	柯柯亚二库	小（Ⅰ）型	945	650	15.58	良好
坎尔其灌区	坎尔其水库	中型	1 180	920	10	良好

（1）二塘沟水库。二塘沟河发源于天山山脉博格达山，多年平均径流量0.802 2亿 m³。二塘沟水库枢纽工程位于二塘沟河中段的托万买里东经89°55′41.9″、北纬43°16′13.7″处，坝址距鄯善县城65 km。二塘沟水库总库容2 360万 m³，拦河坝高64.8 m，坝长337.03 m，坝顶宽度8 m，坝型为沥青混凝土心墙坝，正常蓄水位1 474 m，调节库容1 887万 m³。主要建筑物包括：沥青心墙坝、溢洪道、泄洪兼导流洞、放水灌溉洞，水库设计洪水标准50年一遇，相应洪峰流量461 m³/s；校核洪水标准为1 000年一遇，相应洪峰流量924 m³/s，下游最大安全泄量200 m³/s。

（2）柯柯亚水库。柯柯亚水库位于吐鲁番市鄯善县境内，东经90°8′49.46″、北纬43°10′58.96″处，工程始建于1975年7月，1985年7月竣工。2007年4月开始实施除险加固，2010年10月完成除险加固竣工验收。水库总库容1 052万 m³，属中型水库，主坝坝型为混凝土面板砂砾石坝，主坝最大坝高41.5 m，正常蓄水位1 067.43 m，相应库容1 002.5万 m³，防洪限制水位1 059.7 m，相应库容575.04万 m³，死水位1 047.7 m，死库容200万 m³，兴利库容800万 m³，水库设计洪水标准50年一遇，相应洪峰流量361 m³/s；校核洪水标准为1 000年一遇，相应洪峰流量661 m³/s，下游最大安全泄量300 m³/s，是柯柯亚河上一座具有防洪、灌溉任务的山区拦河型水库。

（3）柯柯亚二库。柯柯亚二库位于吐鲁番市鄯善县境内，东经90°11′12.58″、北纬43°04′55.5″，工程始建于2012年，2014年11月下闸蓄水。水库总库容945万 m³，属小（Ⅰ）型水库，坝型为面板堆石坝，主坝最大坝高27.1 m，正常蓄水位847.87 m，相应库容710万 m³，防洪限制水位847.87 m，相应库容710万 m³，死水位833.41 m，死库容60万 m³，兴利库容650万 m³，设计洪水标准50年一遇，相应洪峰流量284 m³/s；校核洪水标准为1 000年一遇，相应洪峰流量515 m³/s，下游最大安全泄量200 m³/s，是柯柯亚河流上的二级水库枢纽工程。

（4）坎尔其水库。坎尔其水库位于吐鲁番市鄯善县境内，东经90°24′34.29″、北纬43°12′26.57″，始建于1997年，2000年正式竣工。水库总库容1 180万 m³，属中型水库，坝型为沥青混凝土心墙砂砾石坝，主坝最大坝高51.4 m，正常蓄水位1 197.2 m，相应库容1 000万 m³，防洪限制水位1 197.2 m，相应库容1 000万 m³，死水位1 165.2 m，死库容80万 m³，兴利库容920万 m³，水库设计洪水标准50年一遇，相应洪峰流量202 m³/s；校核洪水标准为1 000年一遇，相应洪峰流量362 m³/s，下游最大安全泄量150 m³/s，是坎尔其河上一座具有防洪、灌溉任务的山区拦河型水库。

第三章
生产用水调查

　　水资源，作为地球上最宝贵的自然资源之一，在推动社会经济发展和维持生态平衡中扮演着至关重要的角色。在中国西北部的吐哈盆地，水资源的重要性尤为凸显，不仅是重要的能源和矿产基地，也是农业和工业发展的关键区域。然而，由于该地区特有的干旱气候条件和复杂的水资源分布，生产用水的有效利用和管理面临着严峻的挑战。随着吐哈盆地在国家能源战略和区域经济发展中的地位日益提升，生产活动对水资源的需求持续增长。这不仅包括传统的农业灌溉、工业生产等方面，还涉及新兴的能源开发项目，如油气开采和煤化工产业。这种日益增长的需求对吐哈盆地的水资源系统提出了前所未有的挑战，包括水资源的供需矛盾、水质污染、生态环境恶化等问题。因此，探索和实施有效的水资源管理和利用策略，对于保障区域的可持续发展具有至关重要的意义[25]。

　　本章旨在深入调查吐哈盆地生产用水现状，分析存在的问题和挑战[45]。首先，本章将概述吐哈盆地的水资源状况和生产用水的基本情况，包括水资源的总体供应状况、主要消耗行业和用水量分布等。同时，对详细分析生产用水面临的主要问题，如资源短缺、污染严重和利用效率低下等进行了详细分析，这些问题不仅影响了经济的持续健康发展，也对生态环境造成了负面影响。

　　通过对吐哈盆地生产用水的全面审视，本章旨在揭示存在的问题和挑战，为提出针对性的解决方案和策略以及实现水资源的可持续利用和管理提供科学依据。在面对全球气候变化和区域发展需求的双重挑战下，吐哈盆地的经验也许能为其他干旱和半干旱地区提供宝贵的参考。

第一节　生产用水概念及计算

一、生产用水概念及分类

　　生产用水涵盖了农业用水和工业用水，是现代经济活动中至关重要的资源。农业用水主要用于灌溉、牲畜养殖和农产品加工。为了提高农业用水的效率，现代农业广泛采用节水灌溉技术，如喷灌和滴灌，这些技术能够显著减少水资源浪费。此外，通过水资源调度系统，合理分配和调度水资源，确保不同季节和区域的农业用水需求得到满足。土壤水分监测技术的应用也日益普及，利用传感器和信息技术实时监测土壤水分情况，从而精准控制灌溉用水量，避免过度灌溉。废水回用也是农业用水管理的重要措施，通过处理和回用农业废水，可以减少对新鲜水资源的依赖，降低用水成本[18]。

工业用水广泛应用于生产工艺、设备冷却、清洗和锅炉系统等环节。为了提高工业用水的利用效率，工业企业通常采用循环水系统，通过循环冷却塔和其他设备，使水资源得以反复利用，显著减少水的使用量。在水质管理方面，企业通过物理、化学和生物处理手段，确保生产用水的水质符合工艺要求，并减少排放污水对环境的污染。采用高效节水设备和优化生产工艺，可以降低单位产品的用水量，提高整体用水效率。废水处理与回用技术的应用，可以将生产过程中产生的废水进行处理，使其达到回用标准后再次利用，进一步减少废水排放量和对环境的压力。尽管生产用水管理面临水资源短缺、污染控制和成本控制等诸多挑战，但通过科学管理和技术创新，可以实现水资源的可持续利用，促进农业和工业的协调发展，推动经济的持续健康增长。

二、生产用水的计算

在数据收集方面，采用了多种方法来确保获得全面和准确的数据。现场调查作为主要的数据收集方法之一，涵盖了吐哈盆地内的代表性工业企业，覆盖了不同季节以获得用水量的季节性变化。此外，考虑到某些地区难以进行现场访问，还利用遥感技术来估计工业用水量。通过分析工业区域的卫星影像，能够对这些地区的用水情况进行初步的评估，并通过 GIS 软件进一步分析数据，深入理解工业用水与地表水体变化之间的关系。收集吐哈盆地相关地区的水资源公报、全国水利普查、水资源调查评价、用水调查统计等水利行业部门公开数据以及文档、文献数据；走访吐哈盆地各县区，在区县级水利部门开展深入调研及数据收集工作；通过收集和调研形成近 30 年吐哈盆地水资源利用数据资料集；对数据资料集开展评价，对数据不全、数据缺失等问题进行记录。

对吐哈盆地水资源利用现状数据不全或者缺失的情况，根据数据情况从用水、耗水和排水 3 个方面来开展 2022 年吐哈盆地分县水资源利用现状数据调查。用水和耗水调查从生产、生活和生态环境 3 个方面分别进行典型和抽样调查，采用资料收集、问卷调查、走访调研和实验分析等方式开展。生产用水按第一产业（农田灌溉、林牧渔业和牲畜）、第二产业（工业和建筑业）和第三产业（餐饮住宿）分别进行数据收集、汇总和统计。生活用水按照城镇和农村居民分别统计。

各行业用水大户实行典型调查，收集各县用水名录和调查信息，根据需要进行补充调查，采用水会计法得到用水、耗水和耗水率信息。各行业一般用水户采用抽样调查，通过实验分析计算单元用水量和耗水率信息，结合社会经济指标，计算各行业一般用水户的用水和耗水量。废污水排放量按用户排放量进行统计，根据生活、第二产业和第三产业用户，通过调查获取排放量实测资料。对于没有实测资料的用水户，通过典型调查利用取水、耗水和输水损失进行估算。

（一）农业用水量

$$W_{农业} = \sum_i \sum_j X_j \cdot Y_j \qquad (3\text{-}1)$$

按照新疆维吾尔自治区水利厅出台的各行业用水定额划分标准，考虑到供水过程中渠系渗漏的损失，还原得到相对应的农业供水定额。$W_{农业}$ 为该县各种作物灌溉用水量总和，

X为第i种作物第j种灌溉方式的作用面积,Y为第i种作物第j种灌溉方式的亩均用水量。

通过对灌溉制度的调研,确定当地不同灌溉作物的不同灌溉供水方式的使用月份。并且根据不同年份的新疆用水定额,同种作物,根据生长需要,按照不同灌溉方式用水及其占比,进行分别计算。

由于畜牧业时限较长,以及受气候条件影响较小,对全年进行均分得出月度用水数据。

(二)工业用水量

$$W_{工业,月}=W_{工业,总}/12 \qquad (3-2)$$

式中,$W_{工业,月}$为工业供水月均供水量,$W_{工业,总}$为工业供水年总供水量。

本研究通过实地调研发现,吐哈盆地的工业活动主要集中在煤炭、石油、棉纺织和农产品加工等领域。煤炭和石油行业的快速发展始于2010年左右,这些行业的生产活动相对独立于当地的气候条件。因此,通过将年总供水量均分,可以得出这些行业的月度用水数据。农产品加工行业则根据实地调研情况,对某些大型农产品加工企业聚集县区根据其生产时间进行合理调整。

第二节 吐哈盆地生产用水统计与分析

一、吐哈盆地农业工业生产现状

(一)吐哈盆地种植业和畜牧业现状

吐哈盆地位于中国新疆维吾尔自治区东部,其农业种植类型的变化是一个复杂而多样的过程,涉及多个方面的因素,包括政策导向、技术进步、气候变化、水资源管理以及社会经济需求的变化。

自1990年以来,随着农业技术的进步和市场需求的变化,吐哈盆地的农作物种植结构经历了从传统作物向更多样化作物的转变。原先以小麦、玉米等传统粮食作物为主的种植模式,逐渐引入了更多经济价值高、用水效率更高的作物,如油料作物、蔬菜和水果等(表3-1至表3-12)。

在20世纪50—70年代,吐哈盆地的农业主要集中在粮食作物的种植,吐哈盆地的农业主要集中在粮食作物的种植,尤其是小麦和玉米。这一选择主要受到了当时国家政策的影响,中国政府在这一时期强调粮食自给自足,以确保国家的粮食安全。在技术方面,由于当时农业技术相对落后,农业生产主要依赖于自然条件和传统的农业实践,如牛耕马耙和简单的灌溉方法。这一时期的农业生产效率相对较低,受到了自然条件的限制,特别是在干旱和水资源短缺的年份,农业生产面临较大挑战。

进入20世纪80—90年代,随着中国改革开放政策的实施和市场经济的发展,吐哈盆地开始引入更多的经济作物种植,如棉花、葡萄和西瓜等。这一转变得到了政策的鼓励和支持,目的是提高农业的经济效益和农民的收入水平。同时,这一时期开始引入现代灌溉技术,如滴灌和喷灌,这些技术的应用大大提高了灌溉效率和作物产量,减少了水资源的浪费。此外，农业机械化的发展也开始起步，农业生产逐渐从传统的人力和畜力作业转向机械化作业，提高了农业生产的效率和规模。

21 世纪初以来，随着全球对可持续发展的重视，吐哈盆地的农业种植类型进一步发生了变化。一方面，引入了节水高效的作物种植，如油菜和薰衣草，以适应水资源短缺的挑战；另一方面，有机农业和精准农业的理念被广泛引入，通过使用有机肥料、减少化肥和农药的使用，以及应用卫星定位、物联网技术等实现了农业生产的环境友好和高效率。这一时期，农业生产不仅关注产量和效益的提高，更加注重生产过程的环境影响和生态平衡，标志着吐哈盆地农业向更加可持续和智能化的方向发展。

技术进步在这一过程中起到了关键作用。现代农业技术的应用不仅提高了作物的产量和质量，也使得农业生产更加节水和环保。此外，气候变化对农业种植类型的影响也不容忽视。随着全球气温升高和降水模式的变化，吐哈盆地不得不调整其农业种植结构，以适应这些变化，保障农业生产的稳定性和可持续性。

社会经济需求的变化同样是推动吐哈盆地农业种植类型变化的重要因素。随着人们生活水平的提高和消费习惯的变化，对高质量、多样化的农产品需求增加，促使当地农业向更加多样化和高附加值的方向发展。同时，国际市场的开放也为吐哈盆地的农产品提供了更广阔的销售渠道，促进了特色经济作物的种植和出口。

吐哈盆地的灌溉模式变化是该地区农业发展历程中的一个重要方面，反映了技术进步、水资源管理策略的演变以及对可持续农业实践的逐步认识。灌溉作为农业生产的基础条件之一，其发展和变化直接影响着农业种植结构、产量和效益。

在 20 世纪中叶之前，吐哈盆地的灌溉主要依赖于传统的渠道引水方式，这种方式包括开挖地面渠道和利用自然河流的水进行灌溉。这种灌溉方式简单直接，但效率较低，水分利用率不高，且容易受到自然条件如干旱和洪水的影响。此外，由于缺乏有效的水资源管理和调度机制，水资源分配往往不均，导致一些地区水资源短缺，而一些地区则出现浪费。

从 20 世纪 60 年代末至 70 年代开始，随着技术进步和国家对农业发展重视程度的提高，吐哈盆地开始引入现代灌溉技术。这一时期，最重要的技术进步包括渠道的水泥化、喷灌和滴灌技术。渠道的水泥化是将原本土质或简易材料制成的灌溉渠道改造为水泥或混凝土渠道的过程，目的是减少水在输送过程中的渗漏和蒸发，提高灌溉效率。这一过程包括评估与规划、挖掘与整形、铺设防渗层、浇筑水泥或混凝土、养护，以及验收与使用，从而确保改造后的渠道具有更好的耐久性和防渗性能。喷灌通过管道和喷头将水均匀喷洒到作物上方，适用于多种作物和地形。喷灌系统的设计、管道铺设、喷头安装、连接水源、测试与调整，以及定期维护，共同确保了灌溉水分的均匀分布和高效利用。滴灌将水直接滴注到作物根部附近的土壤中，是一种高效节水的灌溉方法。滴灌系统的设计、管道铺设、安装过滤器和减压器、连接水源、测试与调整，以及定期维护，确保了水资源的精准利用和节水效果。

进入 21 世纪，随着对可持续发展和环境保护意识的增强，吐哈盆地的灌溉模式进一步向综合水资源管理转变。这一时期的特点包括水资源的综合规划和管理、节水灌溉技术的推广，以及智能灌溉系统的应用，旨在实现对水资源的合理规划、分配和利用，确保水资源的可持续利用。这些灌溉技术的引入和应用，显著提高了吐哈盆地农业灌溉的效率和水资源的利用率，对促进该地区农业可持续发展起到了重要作用。随着全球气候变化和水资源压力的增大，未来吐哈盆地的灌溉模式将继续向更加节水、高效和智能化的方向发展。

表3-1　1991—2020年高昌区农作物种植面积

单位：万亩

农作物类型	年份														
	1990	1991	1992	1993	1994	1995	1996	1997	1998	1999	2000	2001	2002	2003	2004
小麦	7.44	7.37	4.81	4.22	3.19	4.26	4.21	3.99	3.14	5.35	5.42	2.61	2.6	2.26	2.46
杂粮	5.96	6.34	3.84	3.98	3.15	0.7	4.01	3.81	3.19	0.42	0.03	2.26	4.36	2.82	2.55
棉花	8.83	9.81	6.34	5.49	6.59	6.57	7.14	7.01	7.32	7.73	7.35	5.57	1.44	3.59	4.27
苜蓿	0.02	0.05	0.03	0.02	0.03	0.02	0	0.02	0.01	—	—	0.04	1.38	2.32	3.18
油料（总）	0.21	0.33	0.27	0.05	0.05	0.03	0.01	0	0	0.11	0.48	0.13	0.16	0.1	0.06
其他（花生）	0.21	0.33	0.27	0.05	0.05	0.03	0.01	0	0	0.11	0.48	0.13	0.16	0.1	0.06
薯类	0.02	0.01	0	0	0	0	0	0	0	0	0	0	0	0	0
蔬菜	1.26	1.14	1.03	0.84	0.88	1.02	0.89	0.92	0.86	1.42	2.09	1.32	1.67	1.68	1.68
果用瓜	1.25	1.04	0.94	1.03	0.38	0.31	0.18	0.21	0.31	0.95	1.72	0.91	1.67	1.66	1.57
林地	20.1	13.56	4.665	4.665	3.72	3.72	7.5	7.5	7.5	7.5	7.11	7.5	9	12.51	19.995
果园	8.841 6	8.827 1	9	10.156 5	10.168 5	—	9.468	9.48	9.952 5	11.992 5	15.199 5	16.563	19.812	20.881 5	23.419 5
苹果	0.026	0.018 4	0.015	0.015	0.015	—	0.012	—	0.058 5	0.016 5	0.007 5	0.006	0.003	0.010 5	0.010 5
梨	0.058 4	0.053 6	0.042	0.022 5	0.019 5	—	0.066	0.072	0.058 5	0.016 5	0.007 5	0.006	0.003	0.010 5	0.010 5
葡萄	8.629 7	8.604	8.79	10.038	10.038	—	9.253 5	9.288	9.781 5	11.85	15.024	16.398	18.733 5	19.443	19.639 5
桃	0.002 5	0.002 3	0.001 5	—	—	—	0.009	0.013 5	0.013 5	0.001 5	—	—	—	—	—
杏	0.121 9	0.143 3	0.144	0.072	0.091 5	—	0.115 5	0.096	0.09	0.111	0.084	0.075	0.075	0.069	0.088 5
红枣	0	0.002 4	0.004 5	0.006	0.001 5	—	—	—	—	0.001 5	0	0	0.739 5	0.739 5	3.054
石榴	0	0	0	0	0	—	—	—	—	—	—	—	0.253 5	0.612	0.619 5
其他	0.003 1	0.003 1	0.003	0.003	0.003	—	0.012	0.010 5	0.009	0.013 5	0.005 6	0.005 6	0.000 5	0.000 5	0.000 5
桑园	0	0.006 4	0.006	—	—	—	—	—	—	—	—	—	—	—	—
水产养殖	0.092 5	0.09	0.09	0.09	0.12	—	0.175 5	0.177	0.177	0.177	0.177	0.114	0.114	0.114	0.157 5

农作物类型	年份															
	2005	2006	2007	2008	2009	2010	2011	2012	2013	2014	2015	2016	2017	2018	2019	2020
小麦	2.09	1.42	—	—	—	—	—	—	—	—	—	0.09	0	0.08	0.01	0.02
杂粮	2.36	1.53	—	0.52	0.1	0.14	—	0.03	0.67	—	—	0.45	0.17	0.19	0.08	0.08
棉花	4.19	4.46	4.73	7.25	5.28	3.83	5.08	4.49	4.99	6.59	6.13	2.14	2.37	0.62	0.15	0.09
苜蓿	0.96	0.8	1.25	0.07	0.29	0.25	0.24	0	0	0	0	无	0.03	0	0.16	0.17
油料（总）	0.03	0	0	0	0	0	0	0	0	0	0	0.01	—	—	—	—
其他（花生）	0.03	0	0	0	0	0	0	0	0	0	0	0.01	—	—	—	—
薯类	0	0.015	0	0	0	0	0	0	0	0	0	0.02	—	—	—	—
蔬菜	1.94	2.67	2.64	2.66	2.86	2.87	2.89	3.31	3.27	3.93	3.97	2.87	3.4	3.44	3.44	4.21
果用瓜	1.88	2.76	3.24	3.23	3.37	3.58	3.81	3.49	3.45	5.08	5.6	8.85	7.69	7.92	7.92	7.44
林地	12.315	10.14	12.855	12.855	12.855	12.855	12.855	12.855	12.855	12.855	12.855	11.595	11.595	11.595	12.855	12.855
果园	28.539	27.0495	27.7395	27.738	27.5655	27.474	27.1575	27.1605	27.372	28.251	27.333	30.2175	31.53	30.7815	—	—
梨	0.0045	0.0045	0.0045	0.0165	0.0165	0.012	0.012	0.012	0.012	—	—	—	—	0	—	—
葡萄	24.867	24.87	25.5	25.5	25.5	25.5	25.35	25.35	25.56	26.0805	25.56	27.7935	27.8865	27.936	—	—
桃	—	—	—	—	—	—	—	—	0.3975	0.0135	0	0.0135	0.0135	0.0135	—	—
杏	0.066	0.066	0.0855	0.4125	0.387	0.3795	0.3945	0.3975	0.87	0.663	0.411	1.515	1.8675	1.977	—	—
红枣	2.937	1.3695	1.3695	1.257	1.152	1.02	0.8685	0.8685	0.87	1.3935	0.831	0.795	—	—	—	—
石榴	0.642	0.7245	0.7605	0.5325	0.4905	0.5415	0.5325	0.5325	0.5325	0.1005	0.5325	0.1005	1.395	0.5745	—	—
核桃	—	—	—	—	—	—	0.0255	0.0255	0.054	0.234	0.0255	0.2655	0.1005	0.0135	—	—
枸杞	—	—	—	—	—	—	—	—	—	—	—	—	0.267	0.267	—	—
其他	0.0015	0.021	0.0195	0.0195	0.0195	0.0195	—	—	—	0.0135	—	0.0525	—	—	—	—
水产养殖	0.027	0.0255	0.0255	0.0285	0.0285	0.0285	0.0525	0.054	0.054	0.054	0.054	0.0525	0.0525	0.0165	—	—

单位：万头

表3-2　1991—2020年高昌区牲畜养殖数量

牲畜种类	1990	1991	1992	1993	1994	1995	1996	1997	1998	1999	2000	2001	2002	2003	2004
年末存栏头数：															
牛（总）	32.33	32.18	33.14	33.89	34.45	34.45	36.45	35.06	33.5	29.45	31.9	33.38	33.32	35.1	37.4
役、肉牛	0.82	0.73	0.61	0.66	0.56	0.63	0.54	0.68	0.68	0.7	0.69	0.73	0.63	0.76	0.85
乳牛	0.8	0.71	0.59	0.65	0.55	0.59	0.49	0.58	—	0.61	0.58	0.58	0.46	0.57	0.66
马	0.02	0.02	0.02	0.01	0.01	0.04	0.05	0.1	—	0.09	0.11	0.15	0.17	0.19	0.19
驴	0.21	0.18	0.16	0.14	0.12	0.1	0.08	0.09	0.08	0.05	0.04	0.05	0.05	0.05	0.05
骡	1.89	1.87	1.91	1.96	2	2.01	2.01	2.11	1.94	2.11	1.95	1.95	1.78	1.63	1.59
骆驼	0.16	0.15	0.14	0.12	0.14	无	0.11	0.15	0.1	0.09	0.1	0.1	0.09	0.08	0.08
猪	0.02	0.02	0.01	0.01	0.01	无	0.03	0.03	0.02	0.01	0.02	0.02	0.02	0.02	0.02
山羊	0.22	0.17	0.19	0.14	0.16	0.33	0.23	0.41	0.45	0.17	0.16	0.17	0.17	0.14	0.16
绵羊	6.79	6.82	6.09	6.15	6.84	6.81	7.43	7.03	6.69	6.05	5.73	6.45	6.2	6.85	7.28
	22.22	22.24	24.03	24.71	24.62	24.41	26.02	24.56	23.54	20.27	23.21	23.91	24.38	25.57	27.37
年内增加数：	13.31	10.19	10.75	13.04	15.86	14.78	34.17	30.79	44.77	22.21	43.11	63.65	65.12	77.15	79.34
牛（总）	0.24	0.16	0.17	0.31	0.2	0.31	2.37	2.1	2.24	0.64	1.79	2.24	3.79	3.3	3.47
猪	0.24	0.12	0.1	0.04	0.1	0.28	0.09	0.62	0.4	0.03	0.05	0.06	0.09	—	—
山羊	12.49	9.66	10.19	12.33	15.15	13.93	31.63	27.5	41.77	21.13	40.92	61.12	61.03	—	—
绵羊	11.85	10.34	9.79	12.29	15.3	14.78	32.17	32.18	46.33	26.26	40.66	62.17	65.18	75.37	77.04
年内出栏数：	0.31	0.25	0.29	0.26	0.3	0.24	2.46	1.96	2.24	0.62	1.8	2.2	3.89	3.17	3.38
牛（总）	0.18	0.17	0.08	0.09	0.08	0.11	0.19	0.44	0.36	0.31	0.06	0.05	0.09	—	—
猪	11.06	9.61	9.13	11.59	14.55	14.17	29.4	29.36	43.13	25.04	38.3	59.7	60.81	—	—

57

续表

牲畜种类	年份															
	2005	2006	2007	2008	2009	2010	2011	2012	2013	2014	2015	2016	2017	2018	2019	2020
年末存栏头数：																
牛（总）	37.26	35.96	37.98	35.87	34.17	35.11	34.82	31.55	32.65	32.48	31.79	32.63	23.19	23.53	2.72	—
役、肉牛	1.2	1.21	1.64	1.48	1.14	1.76	1.54	1.21	2.74	1.51	1.45	1.57	1.94	1.95	1.95	3.44
乳牛	0.99	1.01	1.46	1.48	1.14	1.76	1.39	1.08	2.61	1.37	1.31	1.43	—	—	—	—
马	0.21	0.2	0.18	0	0	0	0.15	0.13	0.13	0.14	0.14	0.14	—	—	—	—
驴	0.04	0.03	0.03	0.05	0.03	0.03	0.03	0.03	0.03	0.03	0.03	0.03	0.03	0.01	0.01	0.01
骡	1.56	1.41	1.21	0.85	0.99	0.79	0.64	0.57	0.55	0.58	0.57	0.56	0.05	0.25	0.26	0.28
骆驼	0.06	0.03	0.02	0.02	0.02	0.02	0.02	0.02	0.02	0.02	0.02	0.02	0.02	0	—	—
猪	0.08	0.12	0.05	0.73	0.78	0.95	1.33	1.61	1.25	1.28	1.25	1.12	0.39	0.55	0.5	1.39
山羊	7.9	8.06	8.36	7.16	7.03	7.59	7.53	6.15	6.15	6.41	6.25	7.24	0.52	0.42	—	—
绵羊	26.4	25.09	26.66	25.57	24.17	23.96	23.72	21.95	21.9	22.64	22.21	22.08	20.23	20.34	22.89	22.55
年内增加数：																
牛（总）	78.71	82.31	98.19	104.8	100.74	102.62	107.6	105.09	113.48	113.48	110.41	—	—	21.53	—	—
猪	3.82	4.09	7.35	6.57	4.88	4.52	4.14	3.99	5.97	5.97	4.14	—	—	1.27	—	—
山羊	—	—	—	—	—	—	—	—	—	—	—	—	—	0.77	—	—
绵羊	—	—	—	—	—	—	—	—	—	—	—	—	—	19.03	—	—
年内出栏数：																
牛（总）	78.85	83.61	96.17	103.03	102.44	101.68	107.89	108.36	112.38	108.15	111.25	108.14	21.21	21.19	—	—
猪	3.47	4.08	6.92	5.91	5.22	3.9	4.36	4.32	4.44	2.71	4.28	2.79	1.26	1.26	—	—
山羊	—	—	—	—	—	—	—	—	—	—	—	—	—	0.61	—	—
绵羊	—	—	—	—	—	—	—	—	—	—	—	—	—	18.92	—	—

单位：万亩

表3-3　1991—2020年鄯善县农作物种植面积

农作物类型	年份														
	1990	1991	1992	1993	1994	1995	1996	1997	1998	1999	2000	2001	2002	2003	2004
小麦	7.74	7.73	4.79	4.61	3.53	4.24	3.85	4.03	1.6	6.04	5.48	2.35	2.53	2.13	1.62
杂粮	6.56	6.46	4.16	4.44	2.67	1.12	4.01	4	2.75	1.06	0.72	3.49	3.91	3.08	2.42
豆类	0	0	0	0.01	0.01	0.01	0	0	0	0	0	0	0	0	0
棉花	7.09	7.34	4.9	4.34	5.92	5.49	6.72	5.33	6.73	5.1	5.18	3.75	2	3.33	4.86
苜蓿	0.48	0.76	0.47	0.32	0.33	0.06	0.05	0.02	0.02	0	0.01	0.13	0.68	1.26	1.2
油料（总）	0	0.02	0	0	0	0	0	0	0	0	0	0.02	0	0	0
其他（花生）	0	0.02	0	0	0	0	0	0	0	0	0	0	0	0	0
薯类	0	0	0	0	0.1	0	0	0	0	0	0	0.02	0	0	0
蔬菜	0.55	0.36	0.32	0.33	0.32	0.36	0.43	0.38	0.39	1.2	1.1	0.8	1.04	1	1.06
果用瓜	1.13	1.14	1.03	1.19	0.79	0.65	0.67	1.66	1.59	3.99	3.99	3.2	3.2	3.2	3
林地	12.39	13.32	5.955	5.955	5.955	5.955	5.955	5.955	5.955	5.955	5.955	6	3	4.2	4.41
果园	7.5453	7.5263	7.5675	7.695	7.7325	—	7.86	7.815	12.453	16.4235	16.4565	16.5345	17.5095	17.6145	17.916
梨	0.0616	0.0699	0.069	0.0046	0.0065	—	0.0093	0.0073	0.0053	0.0058	0.0056	0.0056	0.0058	0.0062	0.0062
葡萄	7.361	7.361	7.404	0.5027	0.5027	—	0.5066	0.5065	0.8198	1.084	1.0866	1.0866	1.1	1.1011	1.1011
桃	0.0015	—	—	—	0.0003	—	—	—	—	—	—	0.0044	—	—	—
杏	0.1212	0.0944	0.093	0.0054	0.0035	—	0.0073	0.0066	0.0044	0.0044	0.0044	0.0044	0.0044	0.0044	0.0039
果桑	—	—	—	—	—	—	—	—	—	—	—	—	—	—	—
红枣	0	0	0	0.0003	0.0006	—	0.0006	0.0006	0.0007	0.0007	0.0005	0.0013	0.0571	0.0571	0.0798
石榴	—	—	—	—	0.0006	—	0	0.0006	0.0007	0	0	0	0	0.0055	0.0034
其他	0	0	0.0015	0	0.0019	—	0	0	0	0	0	0	0	—	0
桑园	0.0378	0.0378	0.0375	0	—	—	—	—	—	—	—	—	—	—	0
水产养殖	0.1148	0.12	0.12	0.12	0.1395	0.1335	0.1335	0.1335	0.1335	0.1335	0.009	0.1125	0.162	0.162	0.1305

农作物类型	2005	2006	2007	2008	2009	2010	2011	2012	2013	2014	2015	2016	2017	2018	2019	2020
小麦	1.51	0.84	0	0	0	0.01	0.01	0.02	0.02	0	0.01	0	0	0	0	0
杂粮	2.07	1.13	0	0	0	0.2	1.01	0.56	0.44	1.3	0.28	0.32	0.2	0.11	0.04	0.21
豆类	0	0.09	0	0	0			0	0	0.03	0.01	0.03	0.08	0	0	0.06
棉花	5.46	5.66	5.67	7.11	5.76	5.75	5.61	7.76	7.1	6.14	4.69	2.03	1.45	0.65	0.65	0.36
苜蓿	0.34	0.25	0.14	0.14	0.15	0.07	0.07	0.07	0.07	0.04	0.03	0	0.21	0.2	0.25	0.12
蔬菜	1.13	1.07	1.06	1.08	1.39	1.53	1.88	1.84	1.54	1.13	1.06	1.03	1.03	0.97	0.97	0.64
果用瓜	3	3	3.2	3.25	3.5	3.46	2.55	4.5	5.98	7.94	7.47	8.03	9.03	8.95	8.95	8.02
林地	4.605	4.755	13.26	13.605	13.8	14.25	15.48	17.565	17.565	17.565	17.565	14.895	16.005	17.445	17.445	17.445
果园	18.279	17.818 5	18.508 5	18.991 5	19.792 5	19.398	19.788	20.029 5	21.145 5	23.827 5	24.247 5	26.106	27.580 5	27.946 5	—	—
梨	0.006 2	0.005 3	0.005 3	0.005 3	0.005 3	0.000 2	0.000 4	0.000 4	0.000 7	0	0	0	0	0	—	—
葡萄	1.138	1.138	1.152 9	1.184 8	1.213 8	1.234 6	1.264 7	1.280 6	1.351 3	1.386 5	1.413	1.505 1	1.544 4	1.568 4	—	—
桃	0	0	—	0	—	—	0	0	0.030 3	0	0	0	0	0	—	—
杏	0.003 9	0.002 8	0.003 8	0.004 1	0.002 8 5	0.002 8 8	0.028	0.028	0.018 7	0.071 1	0.072 7	0.099 2	0.104 5	0.104 9	—	—
果桑	—	—	—	—	—	—	—	—	0.000 4	0.000 1	—	0	0.000 1	0.000 1	—	—
红枣	0.067 1	0.031	0.056 6	0.056 6	0.056 6	0.020 6	0.017 6	0.017 6	0.008 6	0.111 3	0.111 3	0.111 3	0.111 3	0.111 3	—	—
石榴	0.003 4	0.010 8	0.015 3	0.015 3	0.015 3	0.009	0.008 5	0.008 6	0.005 3	0.019 5	0.019 5	0.019 5	0.019 5	0.018 7	—	—
核桃	—	—	—	—	—	—	0.003 1	0.005 3	0.000 4	0.000 1	0.053 7	0.053 7	0.053 7	0.053 7	—	—
枸杞	—	—	—	—	—	—	—	—	—	—	—	0.005 2	0.005 2	0.005 2	—	—
水产养殖	0.019 5	0.019 5	0.019 5	0.018	0.019 5	0.019 5	0.006	0.006	0.006	0.006	0.006	0.007 5	0.007 5	0.025 5	—	—

表3-4　1991—2020年鄯善县牲畜养殖数量

单位：万头

牲畜种类	1990	1991	1992	1993	1994	1995	1996	1997	1998	1999	2000	2001	2002	2003	2004
年末存栏头数：	32.65	33.36	32.63	32.89	33.39	34.05	34.72	33.65	32.57	33.41	34.37	34.81	35.79	38.3	39.28
牛（总）	0.33	0.3	0.28	0.28	0.32	0.33	0.32	0.32	0.32	0.33	0.35	0.36	0.11	0.79	0.88
役、肉牛	0.33	0.3	0.28	0.28	0.32	0.33	0.32	0.32	0.32	0.33	0.35	0.32	0.11	0.67	0.76
乳牛	0	0	0	0	0	0	0	0	0	0	0	0.04	0	0.12	0.12
马	0.45	0.41	0.39	0.37	0.36	0.35	0.35	0.34	0.33	0.33	0.32	0.32	0.35	0.3	0.19
驴	1.86	1.89	1.84	1.86	1.88	1.93	1.97	1.94	1.93	1.94	1.93	1.95	2.02	1.95	1.97
骡	0.17	0.17	0.16	0.15	0.15	0.15	0.14	0.13	0.12	0.11	0.11	0.11	0.11	0.1	0.09
骆驼	0.18	0.17	0.15	0.13	0.13	0.13	0.13	0.14	0.14	0.14	0.13	0.14	0.14	0.15	0.15
猪	0.16	0.2	0.2	0.16	0.12	0.12	0.06	0.05	0.04	0.03	0.03	0.04	0.15	0.24	0.33
山羊	1.97	2.22	2.06	2.05	2.11	2.15	2.28	1.9	1.75	1.72	1.98	2.1	2.79	3.2	3.14
绵羊	27.53	28	27.55	27.89	28.32	28.89	29.47	28.83	27.94	28.81	29.52	29.79	30.12	31.57	32.53
年内增加数：	10.77	11.74	10.64	11.31	12.17	12.03	11.08	12.27	9.28	13.94	15.24	20.57	36.26	40.99	42.19
牛（总）	0.11	0.07	0.09	0.12	0.25	0.24	0.15	0.14	0.18	0.18	0.2	0.85	0.8	2.26	1.63
猪	0.11	0.12	0.11	0.09	0.07	0.12	0.09	0.07	0.05	0.09	0.12	0.14	0.5	—	—
山羊															
绵羊	10.35	11.33	10.31	10.88	11.67	11.46	10.58	11.82	8.81	13.44	14.72	19.3	34.49	—	—
年内出栏数：	9.97	11.03	11.37	11.05	11.67	11.37	10.41	13.34	10.36	13.1	14.28	20.13	35.28	38.48	41.21
牛（总）	0.12	0.1	0.11	0.12	0.21	0.23	0.16	0.14	0.18	0.17	0.18	0.84	1.05	1.58	1.54
猪	0.17	0.08	0.11	0.13	0.11	0.12	0.15	0.08	0.06	0.1	0.12	0.13	0.39	—	—
山羊															
绵羊	9.46	10.61	10.92	10.55	11.18	10.85	9.87	12.84	9.85	12.6	13.75	18.91	33.47	—	—

牲畜种类	年份															
	2005	2006	2007	2008	2009	2010	2011	2012	2013	2014	2015	2016	2017	2018	2019	2020
年末存栏头数：																
牛（总）	39.43	38.04	37.7	35.59	34.91	34.2	33.71	31.23	31.05	31.39	31.3	32.03	30.76	31.27	1.78	—
役、肉牛	0.7	0.72	0.64	0.7	0.86	0.84	0.8	0.53	0.51	0.46	0.47	0.48	0.48	0.49	0.44	0.39
乳牛	0.58	0	0.52	0.58	0.66	0.64	0.75	0.48	0.46	0.41	0.42	0.43	0.48	—	—	—
马	0.12	0.72	0.12	0.12	0.2	0.2	0.05	0.05	0.05	0.05	0.05	0.05	—	—	—	—
驴	0.15	0.13	0.11	0.08	0.08	0.08	0.07	0.09	0.11	0.12	0.1	0.1	0.09	0.02	0.04	0.03
骡	1.87	1.86	1.79	0.81	0.76	0.71	0.53	0.57	0.62	0.57	0.45	0.5	0.5	0.16	0.32	0.22
骆驼	0.09	0.09	0.09	0.02	0.02	0.02	0.02	0.02	0.02	0.02	0.01	0.01	0.01	0.01	—	—
猪	0.15	0.14	0.15	0.15	0.15	0.14	0.13	0.15	0.17	0.17	0.14	0.14	0.13	0.05	—	—
山羊	0.28	0.42	0.53	0.44	1.04	0.98	0.9	1.05	0.99	1.02	1.08	1.1	0.73	1.02	0.98	1.1
绵羊	33.25	32.16	32.1	30.42	28.72	27.31	27.24	25.5	25.55	25.95	26.09	26.81	26.61	27.29	32.03	20.86
年内增加数：																
牛（总）	44.35	42.85	47.46	47.91	36.98	33.14	34.28	36.22	38.93	38.93	39.08	—	—	29.59	—	—
猪	1.7	1.81	2.68	1.56	1.77	0.9	0.96	0.86	1.18	1.18	1.27	—	—	0.3	—	—
山羊	—	—	—	—	—	—	—	—	—	—	—	—	—	1.55	—	—
绵羊	—	—	—	—	—	—	—	—	—	—	—	—	—	2.09	—	—
年内出栏数：																
牛（总）	44.2	44.24	47.8	47.4	37.66	33.85	34.77	38.7	39.11	38.86	39.77	39.91	27.62	29.08	—	—
猪	1.88	1.79	2.76	1.5	1.61	0.92	1	1.13	1.2	1.15	1.26	1.2	0.31	0.29	—	—
山羊	—	—	—	—	—	—	—	—	—	—	—	—	—	1.26	—	—
绵羊	—	—	—	—	—	—	—	—	—	—	—	—	—	2.07	—	—

表3-5　1991—2020年托克逊县农作物种植面积

单位：万亩

农作物种类	年份														
	1990	1991	1992	1993	1994	1995	1996	1997	1998	1999	2000	2001	2002	2003	2004
小麦	6.45	6.53	3.71	4.31	3.45	3.93	3.86	4.33	3.76	8.42	8.72	5.33	5.15	5.1	5.01
杂粮	7.62	6.92	4.37	4.37	3.29	0.06	3.61	4.11	4.07	0.13	0.15	5.35	7.07	4.91	4.72
豆类	0.01	0.01	0.01	0.01	0.02	0	0.02	0	0	0.11	1.59	0.37	0.22	0.29	0.12
棉花	8.65	9.29	6.46	6.75	7.6	7.6	7.28	8.2	8.36	8.7	8.15	6.8	1.92	3.85	5.02
苜蓿	0.3	0.25	0.09	0.1	0.13	0.03	0.01	0	0.01	0	0.02	0.01	0.64	1.25	2.14
油料（总）	0.4	0.26	0.22	0.12	0.09	0.08	0.03	0.04	0.03	0.46	0.93	0.42	0.54	0.32	0.25
油菜	0	0	0.01	0	0.01	0.01	0	0	0	0	0	0	0	0.11	0.08
胡麻	0	0	0	0	0	0.01	0	0	0	0	0	0	0	0	0
葵花	0	0	0	0	0	0	0	0	0	0	0.03	0.01	0.01	0.21	0.17
其他（花生）	0.4	0.26	0.21	0.12	0.08	0.06	0.03	0.04	0.03	0.46	0.9	0.41	0.53	0	0
蔬菜	0.42	0.42	0.27	0.21	0.17	0.18	0.21	0.08	0.19	0.21	0.45	0.3	0.41	0.51	0.53
果用瓜	0.51	0.5	0.29	0.25	0.14	0.19	0.05	0.1	0.35	1.38	1.61	0.29	0.74	0.34	0.37
林地	1.82	1.815	0.96	0.96	0.96	3.525	3.525	3.525	3.525	3.525	3.525	3	3	3	3.03
果园	0.877 4	0.749 4	0.594	0.72	0.799 5	—	0.801	0.798	0.928 5	1.777 5	2.154	2.806 5	5.917 5	6.859 5	7.359
苹果	0.011 4	0.011 6	0.009	0.000 6	0.001 6	—	0.003	0.000 7	0.000 7	0.000 5	0.000 5	0.000 5	0.000 3	0.000 3	0.000 3
梨	0.005 5	0.012 3	0.007 5	0.000 5	0.000 8	—	0.004 4	0.001 1	0.001 1	0.000 6	0.000 6	0.000 6	0.000 4	0.001 1	0.001 1
葡萄	0.691 4	0.535 4	0.418 5	0.034 3	0.036 3	—	0.028 9	0.032	0.040 9	0.1	0.124 7	0.17	0.25	0.319 5	0.319 5
桃	0.036 8	0.046 3	0.034 5	0.002 3	0.002 1	—	0.003	0.003 2	0.003 1	0.001 9	0.002	0.001 4	0.002	0.002 1	0.002 1
杏	0.128 3	0.139 8	0.117	0.007 7	0.006 6	—	0.009 2	0.007 9	0.007 8	0.007 8	0.008 1	0.008 2	0.012 8	0.012	0.012
红枣	0.004	0.004	0.007 5	0.002 6	0.005 7	—	0.007 2	0.007	0.007	0.006 4	0.006 4	0.006 4	0.128 2	0.121 9	0.155 2
石榴	—	—	—	—	—	—	—	—	—	—	—	—	0.000 3	0.000 4	0.000 4
其他	—	—	0	0	0.000 2	—	0.000 7	0.001 3	0.001 3	0.001 3	0.001 3	—	0.000 5	0	0
水产养殖	0.266	0.26	0.259 5	0.259 5	0.445 5	3.525	0.229 5	0.229 5	0.229 5	0.229 5	0.229 5	0.190 5	0.259 5	0.190 5	0.207

续表

农作物种类	2005	2006	2007	2008	2009	2010	2011	2012	2013	2014	2015	2016	2017	2018	2019	2020
小麦	4.37	2.88	0.61	0	0	0.03	0.03	0.03	0.02	0.01	0	0	0	0	0	0
杂粮	4.25	3.5	1.12	0.74	0.6	0.36	0.76	0.85	1.26	1.12	0.03	0.24	0.22	0.86	0.75	0.63
豆类	0.12	0.09	0.02	0.08	0.1	0.1	0	0.01	0.01	0.01	0.03		0.02			0.01
棉花	5.63	8.12	7.6	11.16	9.08	9.42	10.89	10.29	9.1	14.76	12.43	6.58	4.42	5.12	4.59	4.88
首蓿	1.52	0.63	0.45	0.24	0.04	0.02	0.17	0.38	0.16	0.05	0.2	0.88	0.33	0.55	0.65	0.23
油料（总）	0.21	0.17	0.2	0.61	0.43	0.53	0.11	0.21	0.29	0.46	0.38	0.43	0.9	0.43	0.53	0.23
其他（花生）	0	0	0.19	0.6	0.41	0.48	0.11	0.21	0.29	0.46	0.38	0.43	0.75	0.43	0.53	0.15
薯类	0	0	0.01	0	0	0	0	0	0.01	0	0.08	0.04	0.04	0	0	0.01
蔬菜	0.87	1.09	1.05	1.22	1.35	1.89	1.51	1.28	1.23	1.44	1.28	1.61	1.65	1.72	1.72	1.76
果用瓜	0.33	1.08	1.32	1.65	1.31	1.31	0.61	0.69	1.46	1.62	1.8	2.64	4.22	3.41	3.41	2.88
林地	3.03	3.06	7.665	6.87	22.845	25.665	25.98	10.365	9.72	9.72	9.72	11.805	15.885	15.885	15.885	15.885
果园	4.023	4.446	11.841	5.403	7.369 5	8.116 5	13.960 5	13.821	14.218 5	16.662	17.727	20.095 5	21.402	23.76	—	—
苹果	0.000 4	0.000 4	0.000 4	0.000 4	0.000 4	0.000 4	0	0	0	0	0	0	0	0	—	—
梨	0.001 3	0.001 3	0.001 3	0.001 4	0.000 9	0.000 9	0.000 8	0.001 6	0.001 1	0.013 5	0.000 7	0.000 7	0.001	0.001	—	—
葡萄	0.092 7	0.120 3	0.161 5	0.258 7	0.158 9	0.158 7	0.078 8	0.062 9	0.062 9	1.587	0.155 1	0.259 5	0.277 3	0.352	—	—
桃	0.002 1	0.002 2	0.002 2	0.000 7	0.000 3	0.000 3	0.000 7	0.001 3	0.167 2	0.000 3	0.000 2	0.000 2	0.005 8	0.010 5	—	—
果桑	—	—	—	—	—	—	—	—	—	—	—	—	—	—	—	—
杏	0.012	0.012	0.012 2	0.015 6	0.139 8	0.141 1	0.145	0.145	0.716	0.248 7	0.319 3	0.376 1	0.363 3	0.438 7	—	—
红枣	0.159 3	0.159 8	0.611 4	0.183 4	0.184 1	0.232 7	0.705 5	0.710 6	0	11.326 5	0.706 4	0.703 1	0.759 9	0.759 9	—	—
石榴	0.000 4	0.000 4	0.000 4	0.000 2	—	—	0	0	0.007 8	0	0	0	0.000 1	0.000 1	—	—
核桃	—	—	—	—	—	—	0.005 4	0.008 8	0.000 3	0.009 1	0.070 1	0.011 4	0.013 3	0.013 7	—	—
水产养殖	0.189	0.019 5	0.019 5	0.018	0.016 5	0.016 5	0.004 5	0.004 5	0.004 5	0.004 5	0.004 5	0.004 5	0.004 5	0.007 5	—	—

年份

表3-6　1991—2020年托克逊县牲畜养殖数量

单位：万头

牲畜养殖数目	1990	1991	1992	1993	1994	1995	1996	1997	1998	1999	2000	2001	2002	2003	2004
年末存栏头数:															
牛（总）	26.23	26.11	24.19	26.44	26.86	27.45	26.81	30.52	31.6	30.95	33.18	34.1	35.12	35.43	36.33
役、肉牛	1.65	1.67	1.54	1.67	2.19	2.12	1.94	1.79	1.79	1.73	2.22	2.3	2.56	2.88	2.97
乳牛	1.61	1.63	1.5	1.62	2.12	2.05	1.87	1.67	—	1.42	1.83	1.75	1.59	1.46	1.48
马	0.04	0.04	0.04	0.05	0.07	0.07	0.07	0.12	—	0.31	0.39	0.55	0.97	1.42	1.49
驴	0.18	0.2	0.23	0.24	0.22	0.23	0.19	0.14	0.15	0.15	0.16	0.16	0.17	0.17	0.17
骡	0.92	0.92	0.88	0.88	0.92	1.02	0.9	0.81	0.91	0.9	0.92	0.98	1.12	1.22	1.26
骆驼	0.1	0.1	0.1	0.11	0.14	—	0.15	0.15	0.15	0.15	0.12	0.13	0.13	0.14	0.14
猪	0.06	0.08	0.07	0.07	0.08	—	0.05	0.04	0.01	0.01	0.05	0.05	0.05	0.05	0.06
山羊	2.39	2.53	2.02	2.22	2.03	3.18	2.75	3.14	2.88	3.5	3.69	3.75	3.93	4.25	4.32
绵羊	20.86	20.53	19.3	21.19	21.24	20.66	21.64	24.45	25.71	24.51	25.92	26.63	27.05	26.61	27.3
年肉增加数:															
牛（总）	8.21	7.86	12.54	15.95	15.88	13.6	13.6	17.2	17.65	20.67	22.42	22.92	24.17	24.43	28.15
猪	0.41	0.51	0.64	0.67	1.86	1.03	0.85	1.26	1.25	1.3	1.4	2.23	2.61	3.06	3.82
山羊	0.06	0.03	0.02	0.03	0.01	0.01	0	0	0	0	0.12	0.11	0.07	—	—
绵羊	7.7	7.15	11.7	13.05	13.79	12.32	13.4	14.8	16.19	18.99	20.5	20.33	21.32	—	—
年肉出栏数:															
牛（总）	6.83	7.98	14.46	13.7	15.46	13.01	14.24	13.49	16.57	21.32	20.19	22	23.15	24.12	27.25
猪	0.48	0.49	0.77	0.54	1.34	1.1	1.03	1.41	1.25	1.36	0.91	2.15	2.35	2.74	3.73
山羊	0.07	0.02	0.05	0.02	0.03	0.04	0.01	0	0	0	0.02	0.11	0.06	—	—
绵羊	6.1	7.34	13.44	10.96	13.93	11.75	12.93	11.65	15.19	19.57	18.9	19.56	20.72	—	—

续表

牲畜养殖数目		年份															
		2005	2006	2007	2008	2009	2010	2011	2012	2013	2014	2015	2016	2017	2018	2019	2020
年末存栏头数：	牛（总）	36.8	36.83	38.86	35.46	35.5	36.53	36.8	33.68	33.89	33.5	32.48	33.31	35.24	34.98	2.65	—
	役、肉牛	3.23	2.94	3.19	1.38	2.28	2.53	2.48	2.26	2.46	2.47	2.39	2.61	1.73	1.75	1.66	1.59
	乳牛	1.35	0	1.31	0.2	0.4	0.42	0.12	0.23	0.32	1.42	1.34	1.56	—	—	—	—
	马	1.88	2.94	1.88	1.18	1.88	2.11	2.36	2.03	2.14	1.05	1.05	1.05	—	—	—	—
	驴	0.17	0.18	0.18	0.18	0.18	0.2	0.24	0.27	0.27	0.27	0.27	0.3	0.15	0.12	0.15	0.2
	骡	0.96	1.26	1.26	0.78	0.85	0.88	1.04	1.13	1.09	0.82	0.82	0.95	0.47	0.2	0.81	0.5
	骆驼	0.25	0.15	0.16	0.16	0.17	0.16	0.17	0.19	0.18	0.18	0.14	0.19	0.04	0.04	—	—
	猪	0.06	0.06	0.06	0.07	0.07	0.06	0.07	0.1	0.1	0.05	0.05	0.06	0.06	0.06	—	—
	家禽	0.07	0.15	0.21	0.19	0.06	0.05	0.05	0.06	0.06	0.09	0.09	0.1	0.02	0.03	0.03	0.14
	山羊	3.2	4.93	3.92	6.96	6.85	6.86	6.41	7.09	7.1	3	3.1	3.26	1.83	1.83	—	—
	绵羊	28.86	27.16	29.88	25.74	25.04	25.79	26.34	22.58	22.63	26.85	25.81	26.09	30.94	30.95	35.5	35.4
年肉增加数：	牛（总）	34.1	35.46	38.99	37.84	39.12	42.79	42.62	39.54	43.21	43.21	44.48	—	—	30.57	—	—
	山羊	4.06	3.97	4.31	3.72	5.05	6.43	5.38	5.41	5.57	5.57	3.97	—	—	1.14	—	—
	绵羊	—	—	—	—	—	—	—	—	—	—	—	—	—	27.76	—	—
年肉出栏数：	牛（总）	33.63	35.43	36.96	36.96	39.08	41.76	42.38	42.66	43.01	32.8	45.4	33.79	30.76	30.83	—	—
	马	3.8	4.26	4.06	4.14	4.15	6.18	5.46	5.63	5.38	2.42	4.05	2.39	1.08	1.12	—	—
	骆驼	—	—	—	—	—	—	—	—	—	—	—	—	—	0.05	—	—
	猪	—	—	—	—	—	—	—	—	—	—	—	—	—	0.03	—	—
	家禽	—	—	—	—	—	—	—	—	—	—	—	—	—	0.03	—	—
	山羊	—	—	—	—	—	—	—	—	—	—	—	—	—	1.85	—	—
	绵羊	—	—	—	—	—	—	—	—	—	—	—	—	—	27.75	—	—

单位：万亩

表3-7　1991—2020年伊州区农作物种植面积

农作物类型	1990	1991	1992	1993	1994	1995	1996	1997	1998	1999	2000	2001	2002	2003	2004
小麦	10.99	11.2	7.13	6.61	4.81	5.65	5.59	5.46	5.24	6.54	6.32	3.61	3.81	5.28	4.5
杂粮	6.75	6.53	3.37	2.25	1.97	2.71	3.13	3.07	2.67	1.65	1.38	0.99	1.72	0	0
豆类	1.27	1.33	1.02	1.08	0.92	0.69	0.75	0.72	1.04	0.9	0.48	0.29	0.15	0	0
棉花	0.54	2.58	2.76	2.74	4.03	4.74	4.68	6	6.73	9.36	8.54	7.31	4.9	6.8	8.93
苜蓿	0.28	0.24	0.17	0.21	0.15	0.13	0.14	0.24	0.26	0.36	0.52	0.51	1.33	0	0
油料（总）	2.31	2.61	1.53	1.24	1.33	1.26	1.03	0.79	0.77	1.74	1.83	0.89	0.75	1.06	1.84
油菜	0.07	0.1	0.06	0.06	0.06	0.07	0.05	0.03	0.03	0.04	0.06	0.03	0.01	0.35	0.61
胡麻	0.33	0.37	0.19	0.16	0.11	0.2	0.14	0.11	0.07	0.09	0.06	0.07	0.04	0	0
葵花	1.72	2.02	1.21	0.94	1.11	0.99	0.84	0.65	0.67	1.58	1.71	0.79	0.7	0.71	1.23
薯类	0.05	0.03	0.04	0.05	0.04	0.05	0.07	0.07	0.09	0.15	0.15	0.08	0.06	0.08	0.03
蔬菜	1.68	1.24	1.16	1.5	1.1	1.36	1.62	1.57	1.72	3.12	3.51	1.43	1.81	1.46	1.05
果用瓜	0.71	0.73	0.7	0.76	0.94	0.91	0.49	0.55	0.61	1.56	1.44	0.91	1.39	1.12	1.05
林地	7.04	7.05	4.035	4.035	4.035	4.035	4.035	4.035	4.26	4.71	4.74	4.5	6	5.25	5.4
果园	—	—	—	—	—	—	—	—	—	—	5.952	7.836	8.832	10.2525	10.3515
苹果	—	—	—	—	—	—	—	—	—	—	0.18	0.1695	0.114	0.0885	0.078
梨	—	—	—	—	—	—	—	—	—	—	0.303	0.2835	0.3195	0.225	0.216
葡萄	—	—	—	—	—	—	—	—	—	—	2.862	3.978	4.374	4.8495	4.4325
桃	—	—	—	—	—	—	—	—	—	—	0.009	0.018	0.0195	0.0015	0
杏	—	—	—	—	—	—	—	—	—	—	0.4695	0.4455	0.552	0.9255	1.416
红枣	—	—	—	—	—	—	—	—	—	—	2.106	2.922	3.4305	3.9	3.945
其他	—	—	—	—	—	—	—	—	—	—	0.0225	0.0225	0.021	0.2625	0.264
水产养殖	—	—	—	—	—	—	—	—	—	—	0.029	0.031	0.0333	0.041	0.0423

67

农作物类型	年份															
	2005	2006	2007	2008	2009	2010	2011	2012	2013	2014	2015	2016	2017	2018	2019	2020
小麦	3.46	3.55	3.55	2.41	4.15	2.65	2.1	2.33	2.71	2.74	2.9	2.52	1.92	1.79	0.94	1.15
杂粮	0	0	0	0.34	0.87	2.29	2.55	1.61	2.11	2.23	2.5	1.3	0.94	0.89	1.22	1.77
豆类	0	0	0	0.07	0.07	0.05	0.05	0.13	0.04	0.02	0.01	0	0.01	0.01	0	0
棉花	8.79	10.44	10.44	16.7	10.95	14.8	15.6	19.37	19.72	29.78	28.05	28.46	33.05	31.4	23.08	15.05
苜蓿	0	0	0	0.35	0.79	0.79	0.65	0.66	0.87	1	1.27	1.43	1.33	1.81	1.93	1.8
油料（总）	1.59	1.87	1.41	1.75	2.07	1.65	1.43	1.31	1.23	1.17	1.24	1.03	0.47	0.08	0.22	0.54
油菜	0.53	0.62	1.27	1.5	1.51	1.46	1.28	1.16	1.11	1.16	0.83	0.58	0.33	0.01	0.04	0.41
胡麻	0	0	0.01	0.01	0	0.01	0.01	0.03	0.05	0	0.04	0.07	0.02	0	0	0
葵花	1.06	1.25	0.13	0.24	0.56	0.18	0.14	0.12	0.07	0.01	0.37	0.12	0.12	0.07	0.02	0.13
薯类	0.05	0.04	0.04	0.05	0.03	0.03	0.04	0.04	0.03	0.02	0.02	0.04	0.02	0	0.21	0.01
蔬菜	1.03	0.94	1.6	1.55	1.78	1.66	2.36	1.91	1.75	1.4	1.41	1.82	1.4	1.35	1.02	1.09
果用瓜	1.99	1.7	2	2.37	2.58	2.73	2.57	2.5	3.01	2.88	2.34	2.27	2.73	2.61	3.18	3.01
林地	5.4	5.4	5.4	7.695	9.675	9.675	9.675	5.1	5.1	5.1	5.1	5.1	5.1	5.1	5.1	4.995
果园	10.737	11.37	18.519	23.805 6	35.228 2	38.796 3	40.33	40.373	40.361	40.361	40.361	40.664 6	40.918 2	22.062	23.851 5	—
苹果	0.078	0.078	0.064 5	0.026 1	0.021 4	0.021 4	0.026 1	0.026 1	0.026 1	0.026 1	0.026 1	0.026 1	0.026 1	0.025 5	0.106 5	—
梨	0.208 5	0.157 5	0.142 5	0.065 8	0.056 7	0.056	0.058 7	0.057 2	0.065 8	0.065 8	0.065 8	0.067 8	0.067 8	0.067 5	0.067 5	—
葡萄	4.447 5	4.491	4.977	4.825 1	4.884 4	4.884 4	4.884 4	4.925 9	4.925 9	4.925 9	4.925 9	5.144 3	5.397 9	8.256	10.293	—
桃	0.055 5	0.055 5	0.004 5	0.005 4	0.008	0.018 4	0.046 5	0.046 5	0.025 9	0.025 9	0.025 9	0.040 9	0.040 9	0.040 5	0.09	—
杏	1.383	0.996	1.705 5	1.793 1	2.731 8	2.731 8	2.731 8	2.734 8	2.734 8	2.734 8	2.734 8	2.803	2.803	2.808	1.926	—
红枣	4.302	5.424	11.562	17.073 6	27.499 8	31.058 2	32.582 5	32.582 5	32.582 5	32.582 5	32.582 5	32.582 5	32.582 5	10.864 5	10.885 5	—
核桃	—	—	—	—	—	—	0.296	0.303 5	0.303 5	0.303 5	0.303 5	0.339	0.339	0.348	0.348	—
其他	0.262 5	0.168	0.063	0.016 5	0.026 1	0.026 1	—	—	—	—	—	—	—	—	—	—
水产养殖	0.042 3	0.634 5	0.634 5	0.634 5	0.634 5	0.607 5	0.607 5	0.751 5	0.756	0.786	0.816	0.816	0.816	0.816	0.393	—

单位：万头

表3-8　1991—2020年伊州区牲畜养殖数量

牲畜种类	年份														
	1990	1991	1992	1993	1994	1995	1996	1997	1998	1999	2000	2001	2002	2003	2004
年末存栏头数：															
牛（总）	37.92	37.16	37.41	38.27	38.24	39.12	39.61	41.5	43.91	44.43	44.78	41.15	43.02	46.33	42.79
役、肉牛	1.9	1.89	1.89	1.97	1.98	2	2.05	2.09	2.02	2.14	2.43	2.46	2.48	2.14	2.07
乳牛	—	—	—	—	—	—	—	—	—	—	2.09	2.14	2.13	1.78	1.76
马	—	—	—	—	—	—	—	—	—	—	0.34	0.32	0.35	0.36	0.31
驴	1.06	1.06	1.02	1.03	0.98	0.9	0.93	0.91	0.86	0.95	1.08	1.15	0.89	0.68	0.61
骡	1.46	1.5	1.49	1.53	1.49	1.39	1.39	1.38	1.33	1.51	1.34	1.22	1.24	1.13	0.83
骆驼	—	—	—	—	—	—	—	—	—	—	0.25	0.26	0.27	0.27	0.22
猪	1.82	1.85	1.87	2.19	2.36	3.04	2.75	2.92	3.9	3.01	1.83	1.34	1.47	1.13	0.7
山羊	11.16	11.4	11.52	11.66	12.2	12.16	12.42	12.5	12.73	13.2	13.91	11.36	11.33	10.74	8.08
绵羊	19.6	18.56	18.79	19.09	18.48	18.89	19.29	20.94	22.39	22.89	23.42	22.78	24.81	29.8	29.81
年内增加数：															
牛（总）	10.55	12.64	12.2	12.99	13.76	16.19	18.74	28.22	30.59	31.71	35.28	30.1	38.82	—	—
猪	0.18	0.3	0.29	0.39	0.42	0.62	0.7	0.97	1.06	1.6	1.65	1.59	2.14	—	—
山羊	1.63	1.43	1.49	1.38	1.46	2.49	2.66	3.31	4.34	1.59	1.64	1.93	1.59	—	—
绵羊	8.77	10.56	10.23	10.92	11.53	12.74	14.95	23.45	24.8	27.42	31.18	28.53	33.96	—	—
年内出栏数：															
牛（总）	9.21	13.4	11.95	12.13	13.79	15.31	18.25	26.33	28.18	31.19	34.93	33.73	36.95	—	—
猪	0.17	0.31	0.29	0.31	0.41	0.6	0.65	0.93	1.13	1.48	1.36	1.56	2.12	—	—
山羊	1.62	1.4	1.47	1.06	1.29	1.81	2.95	3.14	3.36	2.48	2.82	2.42	1.46	—	—
绵羊	7.28	11.36	9.88	10.48	11.6	12.37	14.29	21.72	23.12	26.45	29.94	31.72	31.96	—	—

续表

年份

牲畜种类	2005	2006	2007	2008	2009	2010	2011	2012	2013	2014	2015	2016	2017	2018	2019	2020
年末存栏头数：																
牛（总）	41.4	40.27	40.3	38.41	40.45	41.25	41.7	42.93	43.86	45.11	46.03	46.93	47.02	43.83	40.56	—
役、肉牛	2.05	1.9	1.97	2.1	2.32	2.32	2.38	2.19	2.27	2.33	2.51	2.55	3.28	3.59	4.94	4.67
乳牛	1.78	1.66	1.56	0.82	1.09	0.81	0.53	0.32	0.58	1.09	—	—	—	—	—	—
马	0.27	0.24	0.41	1.28	1.23	1.51	1.85	1.87	1.69	1.24	—	—	—	—	—	—
驴	0.56	0.43	0.43	0.35	0.33	0.32	0.28	0.31	0.34	0.33	—	—	—	—	—	—
骡	0.71	0.6	0.6	0.4	0.36	0.37	0.33	0.29	0.27	0.27	0.31	0.32	0.28	0.1	0.3	0.17
骆驼	0.18	0.16	0.13	0.13	0.12	0.11	0.11	0.1	0.1	0.09	0.09	0.09	0.06	0.05	0.03	—
猪	0.6	0.59	0.59	2.1	2.49	2.89	2.65	2.43	2.54	2.78	2.89	2.91	1.83	2.24	0.98	1.04
山羊	7.18	5.84	5.84	5.26	7.41	7.98	8.02	6.62	6.26	6.37	7.14	6.95	8.97	8.18	6.48	—
绵羊	29.69	30.51	30.51	27.85	27.21	27.05	27.7	30.79	31.87	32.74	32.49	33.48	31.81	28.97	26.8	33.81
年内增加数：																
牛（总）	—	—	—	—	—	—	—	—	—	103.59	110.92	117.36	74.63	35.1	37.21	—
马	—	—	—	—	—	—	—	—	—	4.36	4.58	4.65	3.87	1.53	2.69	—
驴	—	—	—	—	—	—	—	—	—	0.08	0.18	0.15	0.27	0	0.38	—
骡	—	—	—	—	—	—	—	—	—	0.18	0.16	0.13	0.19	0	0.38	—
骆驼	—	—	—	—	—	—	—	—	—	0	0.01	0.01	0	0	0	—
猪	—	—	—	—	—	—	—	—	—	8.74	8.72	8.82	3.07	2.91	0.09	—
山羊	—	—	—	—	—	—	—	—	—	13.98	14	14.04	10.49	5.83	5.36	—
绵羊	—	—	—	—	—	—	—	—	—	76.15	83.21	89.5	56.58	24.84	28.2	—
年内出栏数：																
牛（总）	48.14	48.42	52.01	60.22	68.38	74.82	79.82	85.06	92.8	102.34	110	116.46	74.54	38.29	40.48	—
猪	—	—	—	—	—	—	—	—	—	4.3	4.4	4.61	3.14	1.22	1.34	—
山羊	—	—	—	—	—	—	—	—	—	13.87	13.23	14.23	8.47	6.62	7.06	—
绵羊	—	—	—	—	—	—	—	—	—	75.28	83.46	88.51	58.25	27.68	30.37	—

表 3-9　1991—2020 年巴里坤县农作物种植面积

单位：万亩

农作物类型	1990	1991	1992	1993	1994	1995	1996	1997	1998	1999	2000	2001	2002	2003	2004
小麦	22.15	17.59	13.7	10.54	9.1	10.46	10.16	11.61	11.21	17.43	15.02	9.2	8.06	8.69	10.14
杂粮	4.3	2.75	1.4	0.35	0.69	0.14	0.32	0.53	0.29	0.59	1.03	1.12	1.51	0	0
豆类	0	0	0	2.32	2.73	1.3	0.97	0.83	0.86	0.93	0.93	0.46	0.41	0	0
棉花	0	0	0.01	0	0	0	0.01	0.02	0.04	0.06	0.11	0.04	0.02	0.02	0.02
苜蓿	2.58	1.11	0.32	0.01	1.97	2.16	2.35	1.93	2.39	3.25	5.07	3.95	5.79	0	0
油料（总）	0.24	0.16	0.39	0.42	0.77	0.77	0.47	0.44	0.37	0.39	0.54	0.35	0.24	0.09	0.12
油菜	0.23	0.15	0.38	0.42	0.77	0.76	0.46	0.43	0.36	0.36	0.52	0.33	0.23	0.03	0.04
葵花	0.01	0.01	0	0	0	0.01	0.01	0.01	0.01	0.03	0.02	0.02	0.01	0.06	0.08
薯类	0.6	0.51	0.35	0.38	0.37	0.42	0.45	0.45	0.47	0.92	0.42	0.6	0.59	0.69	0.75
蔬菜	0.1	0.1	0.12	0.12	0.15	0.14	0.15	0.1	0.16	0.35	0.32	0.15	0.18	0.18	0.17
果用瓜	0.02	0.01	0.01	0.02	0.03	0.05	0.05	0.07	0.12	0.18	0.23	0.16	0.21	0.12	0.12
林地	0.27	0.27	0.165	0.165	0.165	0.3	0.3	0.3	0.3	0.3	0.3	6	9	9.21	11.7
果园	—	—	—	—	0.03	0.031 5	0.039	0.039	0.052 5	0.135	0.135	0.156	0.163 5	0.21	0.213
葡萄	—	—	—	—	0.001 9	0.001 9	0.001 7	0.001 7	0.002 6	0.008 1	0.008 1	0.009 5	0.01	0.012 8	0.013
杏	—	—	—	—	0.000 1	0.000 2	0.000 9	0.000 9	0.000 9	0.000 9	0.000 9	0.000 9	0.000 9	0.001 2	0.000 1 2
水产养殖	—	—	—	—	0.402	0.6	0.6	0.6	0.6	0.6	0.633	0.633	0.610 5	0.610 5	0.610 5

续表

农作物类型	年份															
	2005	2006	2007	2008	2009	2010	2011	2012	2013	2014	2015	2016	2017	2018	2019	2020
小麦	10.11	9.45	5.52	12.51	18.31	13.32	16.02	16.24	17.55	17.11	18.12	17.6	16.98	21.74	21.63	19.17
杂粮	0	0	0.01	0	0.03	0.04	0	0.47	0.01	0.01	0.01	0.01	0	0	0.04	0.02
豆类	0	0	0.23	0	0.1	0.12	0.19	0.05	0.02	0.03	0.01	0.06	0.07	0.01	0.02	0
棉花	0.06	0.1	0.12	0.13	0.11	0.16	0.19	0.25	0.23	0.16	0.13	0.18	0.22	0.22	0.19	0.2
苜蓿	0	0	4.02	2.35	2.31	2.4	1.74	1.47	2.59	3.82	4.16	6.36	7.72	6.82	6.85	4.58
油料（总）	0.06	0.12	0.17	0.19	0.18	0.33	0.26	0.12	0.16	0.1	0.11	0.12	0.14	0.67	1.37	3.18
油菜	0.02	0.04	0.16	0.19	0.18	0.32	0.25	0.11	0.1	0.1	0.11	0.11	0.01	0.18	0.12	0.37
胡麻	0	0	0.01	0	0	0.01	0.01	0	0.06	0	0	0	0.13	0.49	0	0
葵花	0.04	0.08	0.01	0	0	0.01	0.01	0.01	0.06	0	0	0	0.13	0	1.25	2.81
薯类	0.7	0.91	2.03	0.89	1.34	0.93	1.34	1	1.01	0.92	1.01	1.03	0.99	0.34	0.12	0.47
蔬菜	0.18	0.18	0.25	0.32	0.46	0.56	0.91	0.88	1.02	1.2	1.21	1.29	1.05	0.86	0.5	0.49
果用瓜	0.15	0.15	0.17	0.17	0.17	0.17	0.17	0.17	0.17	0.17	0.17	0.15	0.16	0.18	0.22	0.19
林地	11.7	10.62	11.625	11.625	11.67	11.67	11.67	4.17	4.17	4.17	4.17	4.17	4.17	4.17	4.17	4.17
果园	0.213	0.265 5	0.294	0.356	1.683	1.739 1	1.761 8	1.756 5	1.789 1	1.865 4	1.862 5	1.864 7	1.863 1	1.852 5	1.852 5	—
葡萄	0.013	0.247 5	0.276	0.277	0.288	0.288	0.338 6	0.352 2	0.397 5	0.580 6	0.574	0.582 4	0.586	0.589 5	0.589 5	—
杏	0.001 2	0.018	0.018	0.018	0.03	0.033	0.033	0.033	0.033	0.033	0.033	0.033	0.033	0.033	0.033	—
红枣	0	0	0	0.061	0.182 3	0.192 6	0.164 7	0.145 8	0.133 1	0.026 3	0.03	0.023 8	0.018 6	0.004 5	0.004 5	—
其他	0	0	0	0	1.18	1.225 5	1.225 5	1.225 5	1.225 5	1.225 5	1.225 5	1.225 5	1.225 5	0	1.225 5	—
水产养殖	0.610 5	0.379 5	0.379 5	0.379 5	0.379 5	0.379 5	0.379 5	0.379 5	0.379 5	0.379 5	0.379 5	0.379 5	0.381 5	0.102	0.102	—

表3-10 1991—2020年巴里坤县牲畜养殖数量

单位：万头

牲畜种类	1990	1991	1992	1993	1994	1995	1996	1997	1998	1999	2000	2001	2002	2003	2004
年末存栏头数：															
牛（总）	50.5	49.3	48.89	49.1	48.74	49.26	50.03	51.65	50.35	51.53	52.52	51.03	56.2	55.02	54.83
役、肉牛	2.69	2.63	2.66	2.63	2.58	2.62	2.64	2.81	2.47	2.54	2.64	2.69	3.01	3.28	3.3
乳牛	—	—	—	—	2.46	2.32	2.25	2.38	2	1.91	2	1.98	2.16	2.18	2
马	1.58	1.56	1.54	1.35	1.2	1.21	1.16	1.15	1.13	0.92	0.84	0.76	0.85	0.87	0.82
驴	1.42	1.45	1.45	1.48	1.44	1.39	1.3	1.22	1.26	1.27	1.37	1.37	1.13	1.09	1.07
骡	—	—	—	—	0.06	0.06	0.05	0.05	0.06	0.06	0.06	0.05	0.05	0.05	0.04
骆驼	—	—	—	—	0.67	0.65	0.63	0.64	0.49	0.51	0.45	0.44	0.39	0.43	0.44
猪	1.5	1.59	1.39	1.46	1.49	1.92	2.01	2.5	2.95	2.75	2.77	2.38	2.45	2.32	2.06
山羊	14.52	14.62	14.48	14.1	14.56	14.51	14.57	14.75	13.12	13.48	13.29	12.48	14.42	11.08	10.53
绵羊	28.01	26.68	26.6	27.34	26.74	26.91	27.67	28.53	28.87	30	31.1	30.86	33.9	35.9	36.57
年内增加数：															
牛（总）	15.32	17.24	18.35	18.64	20.07	19.32	18.6	23.73	19.03	24.69	26.09	24.89	32.71	—	—
猪	0.45	0.52	0.55	0.59	0.78	0.79	0.76	1.1	0.92	1.07	1.03	1.11	1.51	—	—
山羊	1.46	1.12	0.9	1.17	1.75	1.71	1.59	2.7	2.34	2.06	2.43	2.61	2.72	—	—
绵羊	13.31	15.15	6.46	16.41	16.87	16.11	15.7	19.43	14.9	20.72	21.76	20.37	27.65	—	—
年内出栏数：															
牛（总）	14.29	18.44	18.76	18.43	20.43	18.8	17.83	22.11	20.33	23.51	25.1	26.38	27.54	31.43	—
猪	0.39	0.58	0.52	0.62	0.83	0.75	0.74	0.93	1.26	1	0.93	1.06	1.19	—	—
山羊	1.45	1.03	1.1	1.1	1.72	1.28	1.5	2.21	1.89	2.26	2.41	3	2.65	—	—
绵羊	12.07	16.38	6.68	16.05	17.01	15.99	14.88	18.39	16.19	19.23	20.85	21.42	22.67	—	—

续表

牲畜种类	年份															
	2005	2006	2007	2008	2009	2010	2011	2012	2013	2014	2015	2016	2017	2018	2019	2020
年末存栏头数：	56.22	55.08	55.2	54.36	54.48	54.69	54.54	54.16	54.42	55.75	56.83	56.92	54.58	54.42	50.59	—
牛（总）	3.75	3.12	3.52	3.44	3.32	3.55	3.33	2.9	2.78	2.74	2.86	2.83	2.97	3.57	3.64	3.58
役、肉牛	2.37	1.47	2.14	2.09	2.17	2.33	2.1	2.13	2.15	2.14	—	—	—	—	—	—
乳牛	1.38	1.65	1.38	1.35	1.15	1.22	1.23	0.77	0.63	0.6	—	—	—	—	—	—
马	0.82	0.58	0.6	0.53	0.55	0.6	0.69	0.74	0.74	0.79	0.95	1.07	1.26	1.12	1.48	1.63
驴	1	0.59	0.56	0.59	0.57	0.48	0.43	0.33	0.34	0.36	0.42	0.53	0.64	0.28	0.61	0.57
骡	0.03	0.02	0.02	0.01	0.01	0.01	0.01	0	0	0	0	0	0	0	0	—
骆驼	0.58	0.52	0.48	0.52	0.57	0.57	0.49	0.41	0.38	0.39	0.52	0.75	0.82	0.81	0.74	—
猪	1.75	1.56	2.1	3.15	4.21	5.41	4.74	4.42	4.47	4.62	4.24	4.1	1.93	2.36	0.96	1.06
山羊	10.08	9.5	9.79	9.1	8.65	7.66	8.24	5.63	5.38	5.46	5.69	5.61	5.47	5.43	5.17	—
绵羊	38.21	39.19	38.13	37.02	36.6	36.41	36.61	39.73	40.33	41.39	42.15	42.03	41.49	40.85	37.99	38.92
年内增加数：	—	—	—	—	—	—	—	—	—	62.54	63.33	63.81	53.65	43.42	39.69	—
牛（总）	—	—	—	—	—	—	—	—	—	2.76	2.85	2.79	2.66	2.59	2.04	—
马	—	—	—	—	—	—	—	—	—	0.28	0.53	0.64	0.76	0.56	1.19	—
驴	—	—	—	—	—	—	—	—	—	0.17	0.17	0.32	0.37	0.03	0.8	—
骡	—	—	—	—	—	—	—	—	—	0	0.01	0	0	0	0	—
骆驼	—	—	—	—	—	—	—	—	—	0.15	0.32	0.48	0.32	0.3	0.29	—
猪	—	—	—	—	—	—	—	—	—	12.17	11.69	11.58	4.65	4.53	1.19	—
山羊	—	—	—	—	—	—	—	—	—	3.64	3.88	4.04	3.9	3.88	3.88	—
绵羊	—	—	—	—	—	—	—	—	—	43.37	43.88	43.96	40.99	31.53	30.29	—
年内出栏数：	34.18	37.65	39.91	43.98	47.12	51.68	50.38	53.79	59.58	61.21	62.25	63.72	55.99	43.58	43.52	—
牛（总）	—	—	—	—	—	—	—	—	—	2.8	2.73	2.82	2.52	1.99	1.97	—
山羊	—	—	—	—	—	—	—	—	—	3.56	3.65	4.12	4.04	3.92	4.14	—
绵羊	—	—	—	—	—	—	—	—	—	42.31	43.12	44.08	41.53	32.17	33.15	—

表 3-11 1991—2020 年伊吾县农作物种植面积

单位：万亩

农作物类型	年份														
	1990	1991	1992	1993	1994	1995	1996	1997	1998	1999	2000	2001	2002	2003	2004
小麦	1.42	1.41	0.91	0.74	0.63	0.54	0.54	0.51	0.54	0.7	0.83	0.49	0.31	1.39	2.07
杂粮	0.93	0.75	0.61	0.06	0.06	0.07	0.31	0.07	0.07	0.08	0.06	0.06	0.3	—	—
豆类	0.34	0.16	0.01	0.06	0.11	0.08	0.03	0.07	0.02	0.08	0.09	0.1	0.06	—	—
棉花	0.06	0.11	0.31	0.45	0.43	0.43	0.5	0.33	0.37	0.04	0.06	0.04	0.02	0.06	0.08
苜蓿	0.08	0.08	0.05	0.1	0.04	0.01	0.05	0.05	0.05	0.01	0.03	0.03	0.05	0	0
油料（总）	0.3	0.22	0.15	0.13	0.15	0.22	0.17	0.14	0.14	0.32	0.38	0.12	0.06	0.05	0.02
油菜	0.08	0.02	0.03	0.01	0.01	0.04	0.05	0.04	0.04	0.03	0.03	0.01	0.01	0.02	0.01
胡麻	0.1	0.11	0.08	0.08	0.09	0.09	0.08	0.06	0.06	0.09	0.09	0.05	0.02	0	0
葵花	0.05	0.04	0.02	0.04	0.03	0.09	0.04	0.03	0.03	0.2	0.26	0.06	0.03	0.03	0.01
其他（花生）	0.07	0.05	0.02	0	0.02	0	0	0.01	0.01	0	0	0	0	0	0
薯类	0.03	0.03	0.03	0.02	0.02	0.03	0.04	0.07	0.02	0.09	0.09	0.05	0.03	0.03	0.03
蔬菜	0.02	0.02	0.01	0.02	0.03	0.03	0.03	0.01	0.01	0.03	0.02	0.01	0.01	0.01	0.01
果用瓜	0.03	0.02	0.02	0.06	0.11	0.15	0.16	0.42	0.48	2.08	1.77	1.25	1.37	1.26	1.25
林地	0.2	0.195	0.15	0.15	0.15	0.15	0.15	0.15	0.15	0.18	0.18	0	1.5	2.475	2.475
果园	—	—	—	—	—	—	—	—	—	—	0.384	0.414	0.6225	0.6225	0.6225
苹果	—	—	—	—	—	—	—	—	—	—	0.0007	0.0007	0.0007	0.0007	0.0007
梨	—	—	—	—	—	—	—	—	—	—	0.0007	0.0007	0.0007	0.0007	0.0007
葡萄	—	—	—	—	—	—	—	—	—	—	0.0153	0.0163	0.0182	0.0182	0.0182
桃	—	—	—	—	—	—	—	—	—	—	0.0005	0.0005	0.0005	0.0005	0.0005
杏	—	—	—	—	—	—	—	—	—	—	0.0045	0.0055	0.0175	0.0175	0.0175
红枣	—	—	—	—	—	—	—	—	—	—	0.0022	0.0022	0.0022	0.0022	0.0022
其他	—	—	—	—	—	—	—	—	—	—	0.0017	0.0017	0.0027	0.0027	0.0027
水产	—	—	—	—	—	—	—	—	—	—	0.0001	0.0001	0.0001	0.0002	
养殖	—	—	—	—	—	—	—	—	—	—					0.002

续表

农作物类型	年份															
	2005	2006	2007	2008	2009	2010	2011	2012	2013	2014	2015	2016	2017	2018	2019	2020
小麦	1.79	1.77	0.21	0.34	0.5	0.49	0.42	0.34	0.34	0.24	0.45	0.92	0.58	0.91	0.76	0.63
杂粮	—	—	0.54	0.07	0	0.47	4.36	0.34	0	0	0.14	0	0	0	0	0
豆类	—	—	0.1	0.1	0.1	0.1	0.1	0.2	0.63	0.23	0.14	0.08	0.08	0.02	0	0.01
棉花	0.02	0.04	0.05	0.05	0.02	0.02	0.03	0.01	0.01	0.01	0.01	0.01	0.02	0.02	0.01	0.01
苜蓿	0	0	0.46	0.47	0.56	1	0.89	0.82	0.63	0.22	0.06	0.84	1.44	0	1.58	0.47
油料（总）	0.02	0.01	0.01	0.05	0.01	0.18	0.76	1.05	0.38	0.23	0.07	0	0.07	0.01	0	0.02
油菜	0.01	0	0	0.05	0	0.15	0.75	1.05	0.38	0.23	0.07	0	0.07	0.01	0	0
胡麻	0	0	0.01	0	0.01	0.02	0	0	0	0	0	0	0	0	0	0
葵花	0.01	0.01	0.01	0	0	0.02	0	0	0	0	0	0	0	0	0	0.02
其他（花生）	0	0	0	0	0	0.01	0.01	0	0	0	0	0	0	0	0	0
薯类	0.03	0.03	0.05	0.02	0.02	0.01	0.07	0.02	0.02	0.02	0.02	0.01	0.06	0.01	0.04	0.1
蔬菜	0.04	0.04	0.05	0.01	0.01	0.02	0.03	0.03	0.04	0.04	0.04	0.04	0.04	0.05	0.02	0.02
果用瓜	2.38	2.27	2.31	2.29	2.43	2.27	2.41	2.39	2.72	2.65	2.56	2.12	2.67	2.98	3.19	2.59
林地	3.165	3.81	4.41	4.71	4.71	5.025	5.445	4.65	4.485	4.485	4.485	4.485	4.485	4.785	4.485	6.465
果园	0.762	0.8085	1.0275	2.2482	2.265	2.3367	2.403	2.4035	2.414	2.4185	2.498	1.3425	1.2599	1.737	3.3375	—
苹果	0.0007	0.0105	0.0105	0	0	0	0.0255	0.0255	0.0255	0.03	0.1095	0.1095	0.1095	0.3675	0.3675	—
梨	0.0007	0.0105	0.0105	0	0	0	0	0	0	0	0	0	0	0	0	—
葡萄	0.0216	0.324	0.3435	0.3609	0.36	0.38	0.385	0.3855	0.396	0.396	0.396	0.396	0.401	0.603	0.603	—
桃	0.0005	0.384	0.5835	0.6652	0.7245	0.7245	0.7245	0.7245	0.7245	0.7245	0.7245	0.7245	0.6369	0.753	0.753	—
杏	0.0234	0.0465	0.0465	0.0421	0.06	0.1117	0.1125	0.1125	0.1125	0.1125	0.1125	0.1125	0.1125	0.0135	0.0135	—
红枣	0.0022	0.0255	0.0255	1.18	1.1205	1.1205	1.1555	1.1555	1.1555	1.1555	1.1555	0	0.087	0	1.6005	—
其他	0.0017	0.0375	0.0375	0.0375	0.0254	0.0254	0.0255	0.0255	0.0255	0.0255	0	0	0	0	0	0
水产																
养殖	0.0025	0.0375	0.0375	0.0375	0.0254	0.0254	0.0255	0.0255	0.0255	0.0255	0.087	0.087	0.087	0.006	0.0017	—

单位：万头

表 3-12　1991—2020 年伊吾县牲畜养殖数量

牲畜种类	1990	1991	1992	1993	1994	1995	1996	1997	1998	1999	2000	2001	2002	2003	2004
年末存栏头数：															
牛（总）	16.5	15.71	16.36	16	16.17	16.53	17.5	18.02	17	17.5	18	18	18.5	19.2	18.8
役、肉牛	0.91	0.94	0.99	0.96	0.92	0.93	1.02	1.09	1.15	0.99	1.02	1	1.07	1.13	1.04
马	0.71	0.7	0.75	0.68	0.67	0.67	0.67	0.69	0.55	0.45	0.45	0.43	0.43	0.43	0.38
驴	0.32	0.34	0.37	0.38	0.37	0.37	0.37	0.37	0.32	0.23	0.23	0.22	0.22	0.22	0.17
骡	—	—	—	—	—	—	—	—	—	—	0.01	0.01	0.01	0.01	0.01
骆驼	—	—	—	—	—	—	—	—	—	—	0.23	0.24	0.25	0.24	0.2
猪	0.07	0.05	0.05	0.03	0.06	0.1	0.1	0.09	0.08	0.08	0.08	0.1	0.11	0.35	0.3
山羊	4.86	4.28	4.26	4.22	4.33	4.45	4.65	4.78	3.9	4.07	4.15	4.18	4.33	4.27	5.07
绵羊	9.33	9.11	9.68	9.51	9.6	9.79	10.42	10.74	10.75	11.45	11.83	11.82	12.08	12.55	11.63
年内增加数：															
牛（总）	3.1	3.97	4.2	3.47	4.17	4.41	6.3	6.52	301.4	7.35	7.97	6.25	8.52	—	—
猪	0.12	0.17	0.11	0.07	0.09	0.07	0.16	0.18	0.17	0.17	0.33	0.27	0.4	—	—
山羊	0.03	0.02	0.02	0.02	0.05	0.05	0.03	0.01	0.05	0.05	0.07	0.11	0.06	—	—
绵羊	2.82	3.64	3.92	178.58	3.93	4.23	6	6.22	5.06	7.03	7.4	5.72	7.84	—	—
年内出栏数：															
牛（总）	2.6	4.76	3.55	3.83	4	4.05	5.33	6	302.42	6.85	7.47	6.25	8.02	—	—
猪	0.07	0.14	0.06	0.1	0.13	0.06	0.07	0.11	0.11	0.33	0.3	0.29	0.33	—	—
山羊	0.03	0.04	0.02	0.04	0.02	0.01	0.03	0.02	0.06	0.05	0.07	0.09	0.05	—	—
绵羊	2.44	4.44	3.37	178.79	3.73	3.92	5.17	5.77	5.93	6.16	6.94	5.7	7.43	—	—

年份

续表

牲畜种类	2005	2006	2007	2008	2009	2010	2011	2012	2013	2014	2015	2016	2017	2018	2019	2020
年末存栏头数：																
牛（总）	19	19.19	19.08	19.96	19.5	18.54	17.52	17.26	16.89	17.71	18.46	18.94	16.17	18.12	14.07	—
役、肉牛	1.05	1.06	1.15	1.25	1.18	1.17	1.2	1.21	1.35	1.64	2.07	2.07	1.44	1.69	1.4	1.41
乳牛	1.05	1.06	1.06	1.1	1.01	0.99	1.08	1.12	1.27	1.57	—	—	—	—	—	—
马	0.39	0.39	0.42	0.46	0.36	0.33	0.24	0.17	0.13	0.15	0.17	0.22	0.26	1.21	0.28	—
驴	0.17	0.16	0.16	0.17	0.14	0.14	0.1	0.08	0.06	0.06	0.05	0.13	0.19	0.13	0.21	0.4
骡	0.01	0.01	0.01	0.01	0.01	0.01	0	0	0	0	0.04	0	0.11	0	0	0.18
骆驼	0.21	0.22	0.24	0.25	0.25	0.23	0.2	0.18	0.17	0.16	0.15	0.24	0.25	0.34	0.34	—
猪	0.41	0.65	0.95	1.96	4.22	4.8	4.26	4.5	4.11	4.23	4.35	4.4	2.45	3	3.25	1.85
山羊	5.8	6.02	6.22	6.96	5.1	4	3.65	3.61	4.03	3.55	3.17	2.8	1.66	1.65	0.45	9.3
绵羊	10.96	10.68	9.93	8.9	8.24	7.86	7.87	7.51	7.04	7.92	8.5	9.08	9.92	10.1	8.14	—
年内增加数：																
牛（总）	—	—	—	—	—	—	—	—	—	28.27	30.29	31.99	24.88	20.06	14.99	—
马	—	—	—	—	—	—	—	—	—	0.93	1.25	0.99	0.37	1.37	0.86	—
驴	—	—	—	—	—	—	—	—	—	0.16	0.16	0.18	0.21	1.12	0	—
骡	—	—	—	—	—	—	—	—	—	0.05	0.04	0.11	0.11	0.01	0.15	—
骆驼	—	—	—	—	—	—	—	—	—	0	0	0	0	0.003	0	—
猪	—	—	—	—	—	—	—	—	—	0.06	0.06	0.1	0.1	0.21	0.12	—
山羊	—	—	—	—	—	—	—	—	—	6.13	6.14	6.46	3.08	4.22	4.13	—
绵羊	—	—	—	—	—	—	—	—	—	6.13	6.83	7.38	4.25	3.76	2.68	—
年内出栏数：																
牛（总）	9.94	10.52	11.34	14.76	18.57	18.27	20.36	21.26	23.18	27.45	29.54	31.51	27.65	18.11	19.04	—
猪	—	—	—	—	—	—	—	—	—	0.64	0.82	0.99	1	1.12	1.15	—
山羊	—	—	—	—	—	—	—	—	—	6.61	7.21	7.75	5.39	3.77	3.88	—
绵羊	—	—	—	—	—	—	—	—	—	13.93	15.23	16.19	15.92	9.19	9.77	—

年份

* 资料来源：1990—2020 年《新疆维吾尔自治区统计年鉴》与第三次新疆综合科学考察实际调查

（二）吐哈盆地工业生产现状

从 1991 年开始，吐哈盆地的工业生产主要集中在重工业和自然资源开发，尤其是石油和天然气的开采，这一时期的经济活动在很大程度上依赖于这些资源。随着国家对西部大开发战略的推进，基础设施得到显著改善，为区域内工业生产提供了强有力的支撑，同时也为后续的工业转型打下了基础。

进入 21 世纪的前 10 年，吐哈盆地开始尝试工业多元化，特别是一些区县开始发展与传统能源开采紧密相关的下游产业链，如石油化工和新材料。这一阶段，环境保护意识逐渐提升，推动了部分企业开始探索和实施更环保的生产技术。

2010—2019 年间，吐哈盆地的工业生产转型进一步加速，高新技术产业成为新的增长点。信息技术、生物技术、新能源等高新技术产业开始在某些区县萌芽，这些产业的发展不仅促进了经济结构的优化，也为地区经济的可持续发展注入了新的活力。同时，绿色转型成为这一时期的重要趋势，太阳能、风能等清洁能源的开发和应用得到了快速发展，清洁生产和环境保护标准在工业生产中的实施日益严格，详细工业总产值如表 3-13、表 3-14 所示。

表 3-13　1991—2019 年各区县年度工业总产值　　单位：万元

年份	区县名称					
	高昌区	鄯善县	托克逊县	伊州区	巴里坤县	伊吾县
1991	17 062.7	10 720.5	6 206.2	44 483.1	4 202.5	334.9
1992	19 948.1	13 964.6	6 633.9	46 429.8	4 372.4	232.9
1993	18 633.6	108 466.5	9 960.6	67 172.6	5 058.4	97.5
1994	1 178 694	—	—	1 185 873	—	—
1995	30 721.2	249 171	12 975.6	96 511.9	8 277.5	459.8
1996	35 488	317 225	14 809	112 162	9 841	564
1997	44 189	343 279	19 289	124 819	8 918	303
1998	12 350	252 998	3 109	55 151	1 754	67
1999	33 836.8	347 808.9	11 259.2	123 386	3 760.7	168
2000	38 612.2	540 690.3	10 614.1	139 849.8	4 037.3	128
2001	46 362.3	444 399.5	12 848.5	146 881.7	4 941.7	899.1
2002	47 625.9	413 978.5	14 794.6	152 615.7	8 323.4	2 598
2003	55 923.4	492 049.9	19 917.9	203 081.9	10 200.5	5 654.8
2004	69 311.7	652 265.5	25 403	283 786.2	13 313.3	8 840.9
2005	82 793.9	906 903	25 635.4	352 918.7	17 682.5	11 875.9
2006	159 164.4	1 108 691	56 767.5	418 217.3	23 781.4	12 986.3
2007	244 958.2	1 655 609	110 137.7	537 175.9	33 193.5	15 211.3
2008	290 914.2	1 386 883	186 669.6	668 245.7	51 352.8	24 596.9

年份	区县名称					
	高昌区	鄯善县	托克逊县	伊州区	巴里坤县	伊吾县
2009	288 933.3	839 034.9	288 856.2	649 824.5	62 343.1	16 948.2
2010	376 008.9	1 109 528	282 093.2	947 893.4	105 626.3	21 882.9
2011	438 563.5	1 440 749	341 222.1	1 146 666	129 724.6	43 464.7
2012	442 497.1	1 777 627	497 992.5	1 571 717	174 260.2	135 084.8
2013	279 485	1 847 425	652 581.4	2 309 602	186 671.9	281 540.3
2014	324 641.6	1 722 310	699 746	2 728 207	268 282.4	711 416.8
2015	345 247.1	1 148 161	606 379.2	3 597 404	248 214.4	410 299.7
2016	365 462	951 750.3	792 237.8	2 988 086	355 303.3	561 067.3
2017	405 407.7	1 204 465	1 391 744	3 214 522	491 548.8	757 092
2018	393 127.8	1 773 549	1 584 219	3 236 315	558 566.2	1 126 206
2019	366 508.8	1 786 230	1 670 212	3 620 409	583 622.1	1 318 662

* 上表"—"代表《新疆维吾尔自治区统计年鉴》中没有确切数据记录

表 3-14 吐鲁番地区、哈密地区主要工业产量及发电量

年份	吐鲁番地区				哈密地区		
	原煤 / 万 t	原油 / 万 t	天然气 / 万 m³	发电量 / （亿 kW·h）	原煤 / 万 t	原油 / 万 t	发电量 / （亿 kW·h）
1990	146.652 7	—	—	1.320 1	213.216 7	—	2.782 3
1991	124.565	5.105	—	1.078 7	213.089 6	—	2.831 7
1992	133.88	12	—	0.66	199.65	—	2.84
1993	161.97	115.19	—	0.63	192.42	—	3.21
1994	160.91	141	—	0.634	203.14	—	3.596 1
1995	172.185 4	220.816 8	—	0.849 6	256.639 9	—	4.151 4
1996	162.153 4	290.693 5	—	0.933 2	308.378 2	—	4.934 4
1997	147.480 5	300.08	—	3.793 7	280.862 8	—	5.295 3
1998	149.493 459	295.08	—	1.265 42	258.451 7	—	5.544 483
1999	117.696 815	289.910 3	—	0.94	255.356 2	—	6.13
2000	115.841 732	278.228 9	—	0.34	265.939 2	—	6.87
2001	108.63	249.32	104 779	0.31	278.35	—	7.13
2002	113.06	251	114 264	0.4	340.66	—	6.72
2003	166.14	235.01	123 443	0.43	413.04	—	10.75
2004	151.08	225	132 646	0.88	460.46	—	13.36

年份	吐鲁番地区				哈密地区		
	原煤/万 t	原油/万 t	天然气/万 m³	发电量/（亿 kW·h）	原煤/万 t	原油/万 t	发电量/（亿 kW·h）
2005	169.84	—	—	0.96	451.8	—	16.19
2006	316.06	205.73	165 403	5.39	507.65	—	20.13
2007	517.82	—	—	14.73	526.01	—	22.55
2008	733.31	—	—	19.6	815.47	—	22.63
2009	1 465.08	162.01	150 010	18.78	1 080.94	—	19.52
2010	1 113.8	163.03	125 100	23.15	1 213.01	—	21.37
2011	1 302.05	155	105 006	27.05	1 804.94	—	29.55
2012	1 262.9	156	105 012	29.16	2 413.99	—	62.4
2013	-	171.01	104 510	59.89	—	—	73.78
2014	1 323.4	200.01	100 019	72.91	2 790.1	—	138.9
2015	756.07	210.01	93 526	61.76	2 305.56	—	266.12
2016	1 116.69	200	72 501	82.9	3 859.96	—	356.79
2017	1 485.39	190	60 092	131.54	4 055.76	—	402.97
2018	1 683.8	185	50 171	148.36	5 136.58	5.5	434.7
2019	1 693.56	165.03	40 415	—	5 330.46	5.5	—
2020	1 578.79	157.01	31 559	—	6 335.55	5.91	—

　　1990—2020 年，吐哈盆地的工业面貌经历了深刻的变革，这一变化是在全球经济一体化的背景下，由多种因素共同推动的结果。随着全球市场的日益开放，吐哈盆地工业得以融入国际分工体系，引入外资和先进技术，促进了当地工业结构的优化和技术水平的提升。特别是在新能源、新材料、信息技术等领域，快速发展的科技为产业升级提供了有力支撑，推动了生产方式的变革。

　　各级政府在这一过程中发挥了重要的引导和支持作用，一系列针对性的政策措施，如税收优惠、财政补贴和产业指导，旨在鼓励技术创新和产业结构调整，吸引更多的投资流入高新技术产业。同时，面对日益严峻的环境挑战和资源压力，政府加大了对环保标准的制定和执行力度，促使工业企业加快绿色转型步伐，通过采用清洁生产技术和提高资源利用效率，减少对环境的负面影响。

　　此外，随着消费者需求的多样化和品质化，市场对高附加值产品的需求不断增长，促使吐哈盆地的工业向更加精细化、专业化的方向发展，生产出更多符合市场需求的高品质产品。这一需求的变化也反映了吐哈盆地工业从劳动密集型向技术密集型、从低端制造向高端制造转型的趋势。

　　科技进步特别是信息技术和自动化技术的广泛应用，改变了传统的生产管理模式，提高了生产效率和灵活性，使得吐哈盆地的工业能够更快速地响应市场变化，提升了其在国际竞争中的地位。吐哈盆地在过去三十年的工业发展既是对外开放和经济全球化趋势的积极响应，也是对内不断优化产业结构、提升技术水平和实现绿色发展目标的持续努力。这一时期的经验表明，通过科技创新驱动产业升级，积极适应市场和环境变化，以及政府的有效政策支持，是推动地区工业持续健康发展的关键。

二、吐哈盆地生产用水量现状及时空特征

（一）吐哈盆地年度用水量变化

1. 吐哈盆地农业年度用水变化

吐哈盆地农业用水占该地区总用水量的 90%，是支撑盆地农业生产不可或缺的资源，如图 3-1 所示。由于该地区的水资源分布不均，农业用水的供应和管理成为一个复杂的问题。尽管面临气候变化和水资源短缺的威胁，农业仍是吐哈盆地经济的重要支柱，提供了大量的就业机会，并保障了食品安全。然而，由于受到降水量不足和蒸发量大的双重影响，该地区的农业生产极度依赖灌溉系统来满足作物生长的水分需求。

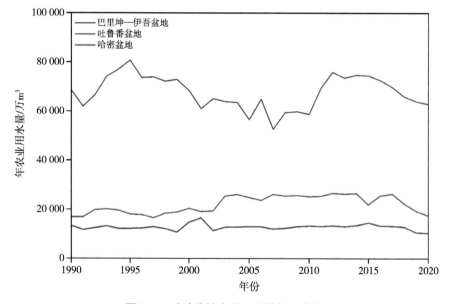

图 3-1　吐哈盆地农业用水量年际变化

在过去三十年间，吐哈盆地周边的三个主要盆地显示出了各自独特的农业用水量趋势，这些趋势受多种因素影响，尤其是气候条件和水资源的可用性。

吐鲁番盆地，以其极端的气候条件和不稳定的降水模式而著称，经历了显著的用水量变化。在 2000 年前和 2011—2015 年，其农业用水量高达 75 000 万 m³，表现出区域内强烈的水资源需求。这一时期的高用水量与该地区严苛的气候条件有直接关系。吐鲁番盆地位于深内陆，远离水源，其高温多风的环境增加了蒸发损失，导致灌溉需求显著增加，农业生产极度依赖于灌溉。这种高用水量可能是对频繁干旱和水资源稀缺的直接响

应，灌溉是维持该地区农业生产的关键。此外，吐鲁番盆地可能集中了高耗水作物的种植，如果园，这些作物对水的需求尤其高，加剧了水资源的压力。此外，降水的高度变异性使得农业对灌溉系统的依赖性增强，以确保稳定的水供应。

与此相反，巴里坤—伊吾盆地相对较为稳定的用水量在 13 000 万 m³ 左右则反映了该地区较为有利的水资源条件。这里的农业用水量之所以相对较低且稳定，部分原因是该地区可以从周围的山脉中获得冰川融水，这为灌溉提供了一个更稳定的水源。冰川和积雪融水在春季和夏季提供了必要的水流，降低了对不确定降水和地下水的依赖。尽管全球气候变化威胁到冰川的未来稳定性，但在过去的几十年中，这些天然的水库为巴里坤—伊吾盆地的农业生产提供了一定程度的缓冲。

哈密盆地则表现出在 2013—2017 年农业用水量维持在大约 25 000 万 m³ 的趋势。这个相对平稳的用水量表明了一种平衡状态的可能性，其中农业用水需求和水资源供应之间达到了一定的和谐。这种相对稳定的用水模式可能得益于该地区对水资源管理的持续关注以及可能的农业效率改进措施。另一个可能的解释是哈密盆地可能拥有更稳定的水源供应，或者当地的农业产量与用水量之间实现了更加协调的关系。然而，值得注意的是，这样的平衡可能是脆弱的，依赖于当前的气候模式和水资源管理策略的持续有效性。

总的来说，这些趋势揭示了该地区农业用水管理的复杂性，其中气候变化和水资源的地理分布对农业用水的可持续性构成了重要影响。吐鲁番盆地需要应对气候带来的极端挑战，而巴里坤—伊吾盆地则需要保护和管理其宝贵的冰川融水资源。哈密盆地的稳定用水量可能会因气候和人为因素的变化而面临风险。这些盆地的比较表明，有效的水资源管理必须考虑到地方特有的气候条件和水资源状况，以制定和实施适应性强的策略，确保区域水资源的长期可持续性。

2. 吐哈盆地工业年度用水变化

吐哈盆地，作为中国西北腹地的一个重要工业和农业中心，其蓬勃发展的工业经济在很大程度上建立在稳定的水资源供应之上。这一地区，以其丰富的矿产资源和战略地位而闻名，见证了从传统重工业到现代能源开发的转型，而水资源的使用和管理一直是这一转型过程中的关键要素。在这里，水不仅仅是生产的原材料，更是冷却、加工和产品转化过程中不可或缺的组成部分。

随着工业化进程的不断推进，吐哈盆地的工业用水需求也经历了显著的增长。煤炭开采、石油提炼和天然气处理等活动，每一个都对水资源有着巨大的需求，无论是在生产过程中还是在排放处理中。但这片干旱多风的盆地并非水资源丰富，对水资源的依赖成为制约其经济持续发展的瓶颈之一。

在这一背景下，理解和分析吐哈盆地的工业用水现状，探讨如何在保障工业快速发展的同时有效管理和合理利用水资源，不仅对于该地区的可持续发展至关重要，也为干旱区域的水资源管理提供了宝贵的案例。工业用水的有效管理直接关联到水资源的安全、环境的保护和经济的繁荣，它要求制定者采取前瞻性的管理策略，平衡工业发展和资源保护之间的关系。

从吐哈盆地及其周边三个盆地——哈密盆地、吐鲁番盆地和巴里坤—伊吾盆地（简称巴伊盆地）的工业用水历史数据和趋势，可以看到各自独特的增长模式和背后可能的驱动力。

  哈密盆地的工业用水量在过去三十年中表现出了缓慢但稳定的增长趋势，从 1990 年的 1 000 万 m³ 增加到 2020 年的 2 500 万 m³。这一逐步增加可能与该地区工业产能的扩张、工业结构的升级以及新工业项目的引进有关。哈密盆地的渐进式增长反映了一种较为有序的工业扩张和相应的水资源需求增长。这样的增长可能得益于当地对工业用水的规划和管理，以及对节水技术的逐步采用（图 3-2）。

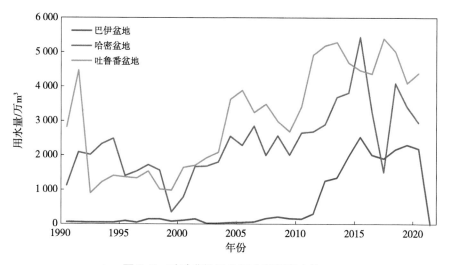

图 3-2 吐哈盆地工业用水量年际变化

  吐鲁番盆地的工业用水量近三十年保持在 3 000 万 m³ 左右的水平，这表明了该地区工业用水需求相对稳定。吐鲁番盆地可能拥有一定规模的工业基地，其用水量的稳定性可能与其成熟的工业系统和可能实施的有效水资源管理措施有关。此外，该地区的水资源使用策略可能在一定程度上适应了当地严苛的气候条件和有限的水资源供应。

  与之形成鲜明对比的是巴里坤—伊吾盆地，该地区的工业用水量从 1990 年的 100 万 m³ 显著增加到 2020 年的 500 万 m³。这一显著的增长可能指示了该地区工业活动的快速增长，尤其是在最近的几年里。巴里坤—伊吾盆地的显著增长可能与新工业项目的引入和现有工业活动的扩张有关。考虑到这个盆地相对较小的工业用水基数，五倍的增长可能反映了一种从低水平工业活动向更高水平的快速跃进。

  这三个盆地的数据显示了不同的增长模式和水资源利用效率。哈密盆地的稳健增长和吐鲁番盆地的稳定用水量可能表明这些地区的工业发展与当地水资源状况相匹配，而巴里坤—伊吾盆地的快速增长则可能需要特别关注，以确保其水资源的可持续利用。各地的工业用水增长与当地水资源政策、工业策略、技术进步以及对环境影响的考虑密切相关。未来，随着气候变化的影响加剧和工业活动的不断调整，水资源管理的有效性将对这些盆地的可持续发展起着决定性作用。

（二）吐哈盆地各区县年内生产用水变化

  巴里坤县位于新疆东部，以其高原山地特征为主，地势较为复杂，拥有广阔的草原和较为丰富的水资源。巴里坤的气候受高海拔影响，具有显著的高原气候特点，冷凉干燥。巴里坤县的农业用水量分布表现出了明显的季节性变化，这主要与当地的气候条件、农业种植模式以及水资源的可用性紧密相关。具体来说，1 月和 2 月的农业用水量占比相对较低，为 30%，这可能是因为这两个月处于冬季，当地气温较低，蒸发量减少，同时许多作物处于休眠期或生长缓慢，因此用水量较低。

从 4 月开始，农业用水量急剧上升至 80%。这一变化主要是因为春季是许多作物生长的关键时期，同时随着气温的升高，蒸发量增加，土壤开始解冻，需要大量的水来满足作物的生长需求和改善土壤条件。此外，4 月也可能是当地开始种植夏季作物的时间，如棉花、玉米等，这些作物对水的需求量较大，因而农业用水量大幅增加。

农业用水量一直保持在较高水平直到 8 月，这反映了夏季作物生长旺盛，气温高，蒸发量大，对水的需求持续增加。8 月是许多作物成熟收获的季节，之后随着作物收获的完成和秋季的到来，气温逐渐下降，蒸发量减少，新的种植季节还未开始，因此农业用水量开始缓慢下降。

从 8 月开始到 12 月，农业用水量缓慢下降至 20%，这是因为进入秋季和冬季后，农业活动减少，大部分作物已经收获，少数冬季作物的种植对水的需求相对较低。同时，低温导致蒸发量减少，降雨可能增加，自然降水能够满足部分需水需求，因此农业用水量降至较低水平（图 3-3、表 3-15）。

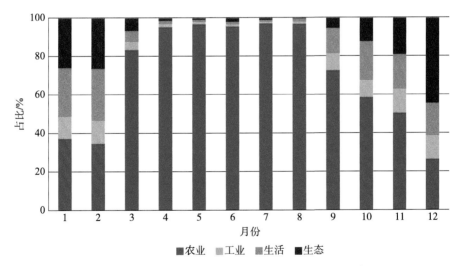

图 3-3 巴里坤县近三十年各类用水量逐月平均占比

伊吾县东临吐鲁番地区，地处两大盆地的交界处，具有干旱的沙漠气候。这一地区的水资源相对较为稀缺，主要依赖于地下水和少量的河流灌溉，这也成为该地区相较于农业发展更重视工业发展的原因。伊吾县的用水量分布体现了农业生产的季节性需求与工业用水的稳定高需求之间的复杂互动。在 1 月、2 月和 11 月、12 月，农业用水需求相对较低，分别为 20% 和 30%，这主要是因为这些月份处于农作物生长周期的开始，以及收尾阶段，农业活动不如其他季节频繁。然而，从 3 月开始，随着春季作物的播种，农业用水需求逐渐上升至 30%，4—10 月，随着夏季作物的灌溉需求达到高峰，用水量激增至70%～80%。

相比之下，伊吾县的工业用水量全年平均保持在较高水平，约占总用水量的40%～50%。这一显著的比例反映了伊吾县工业部门的发达状态，尤其是那些水密集型的行业，如矿产加工、化工和制造业等。工业用水需求的高占比，凸显了工业对水资源的重要依赖。

与之相比，巴里坤县的用水量分布则更多地受到农业周期的影响，工业用水量占比相对较低。这种差异可能源于两县经济结构的不同，巴里坤县更侧重于农业生产，而伊吾县则在经济活动中展现出较为显著的工业特征（图3-4、表3-16、表3-22）。

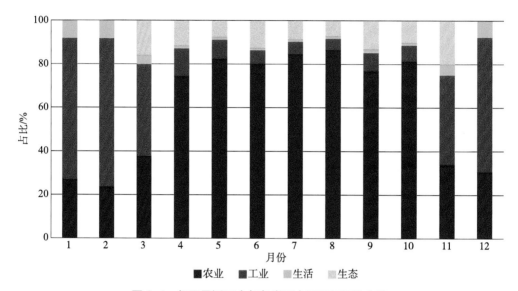

图3-4 伊吾县近三十年各类用水量逐月平均占比

伊州区作为哈密市的市辖区，位于新疆东部，是一个重要的交通枢纽。这一地区拥有多样的地貌，包括山地、沙漠和绿洲。伊州区的气候属于温带干旱气候，绿洲农业是其重要的经济支柱，伊州区的水资源主要来自降水和地下水，以及天山山脉的融雪水，支持着绿洲农业的发展。伊州区的农业主要集中在绿洲地带，依赖于灌溉水资源，种植水果、蔬菜和粮食作物。

在1月和2月，即深冬期间，农业用水需求相对较低，仅占大约15%，主要是因为这个时期大多数作物都处于休眠状态，农业活动减少。然而，即便在这个季节，工业用水需求依然相对较高，达到55%，说明工业生产对水资源有着持续的需求，不受季节变化的太大影响。

随着季节进入3—6月的春季和初夏，农业用水需求急剧增加，占比达到80%左右。这是因为春季是播种和作物生长的关键时期，需要大量的水来保证种子的萌发和幼苗的生长。此外，随着天气变暖，蒸发率增加，对灌溉的需求也随之上升。在这一阶段，工业用水的比例相对减少，可能是因为水资源管理策略调整，以优先满足农业的高峰需求。

进入7—10月的夏季和初秋，虽然仍处于农业生长季节，但农业用水量开始缓慢下降至63%。这一变化可能与部分作物进入成熟期并开始收获有关，减少了对水的需求。

此时期的气候转凉，降低了蒸发率，自然降水有时也能部分满足作物需水，因此灌溉需求相对降低。

到了年末的 11 月和 12 月，随着大部分作物收获完毕，农业用水量进一步下降至 17% 和 10%，反映出农业生产活动的显著减少。此时，工业用水比例略有上升，但总体上仍受到全年水资源分配策略的影响（图 3-5、表 3-17、表 3-23）。

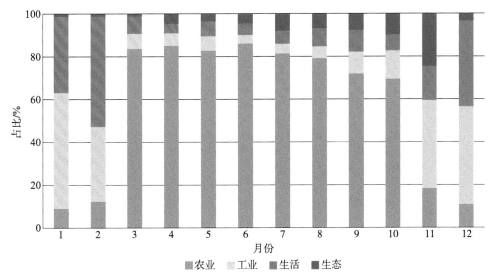

图 3-5　伊州区近三十年各类用水量逐月平均占比

吐鲁番高昌区位于吐鲁番盆地，是中国最热的地区之一，以其极端的干旱和高温著称。该地区的气候属于温带干旱气候，夏季长而炎热，冬季短而温和，降水稀少而蒸发量极大。这样的气候条件使得吐鲁番盆地拥有极其有限的自然水资源，主要依赖天山山脉的融雪水进行灌溉。

高昌区在 1 月、2 月的农业用水量维持在较低的 16% 左右，这是因为冬季期间农业活动相对较少。然而，从 3 月开始到 7 月，农业用水需求激增至 90%，主要原因是这一时期是作物生长的关键时期，尤其是在极端干旱的气候条件下，需要大量水分来支持作物生长和缓解高温带来的蒸发损失。8—11 月，虽然农业用水需求有所下降，但仍保持在 70%~80% 的高位，直到 12 月随着气温下降和作物收获，农业用水需求急剧减少到 10%。

工业用水在 1 月、2 月和 12 月占比较高，约 20%，反映了工业生产的基本水需求。而在其他月份，工业用水占比大幅降低至 5% 左右，可能是因为在农业用水需求高峰期，为了确保作物生长的水资源需求，优先保障农业用水，从而减少了工业用水的比例。

高昌区生活用水占比大于工业用水，这可能是因为人口生活用水是基本需求，在全年都需要保证其稳定供应，特别是在炎热的夏季，居民生活用水需求会增加，因此在水资源分配中占据了一定的优先级（图 3-6、表 3-18、表 3-24）。

鄯善县与高昌区农业用水占比基本一致，但在 11 月农业用水仍维持高达 90% 的现象，是由于该地区特有的作物种植结构，一些晚熟作物或是二季作的种植策略需要在晚秋仍需大量灌溉水。

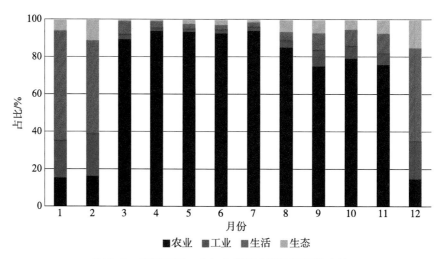

图 3-6　高昌区近三十年各类用水量逐月平均占比

　　鄯善县的气候支持较晚的作物生长期。该地区的特定气候条件，如较温和的秋季，可能允许农业生产活动比高昌区更晚地进入休眠期，从而导致 11 月仍需大量农业用水。

　　高占比的农业用水也反映了地区对于水资源的管理策略，特别是在确保农业生产稳定性和食品安全方面的优先级设置。

　　1 月、2 月和 12 月工业用水占比在 20%～30%，可能反映了工业生产的基础水需求，或是这些月份进行了生产力的增加以满足年初或年末的市场需求。在其他月份，工业用水占比下降至 4% 左右，这可能是由于在农业生产高峰期，特别是灌溉需求大幅增加时，水资源被优先分配给农业用途，以保证作物生长。这种调整体现了水资源管理中对农业和工业需求之间平衡的考量。

　　在整个年度，工业用水占比的变化还可能反映了对生活用水需求的优先保障，尤其是在炎热的夏季和农业活动旺盛期间，保证居民生活用水安全是水资源分配中的重要考虑（图 3-7、表 3-19、表 3-25）。

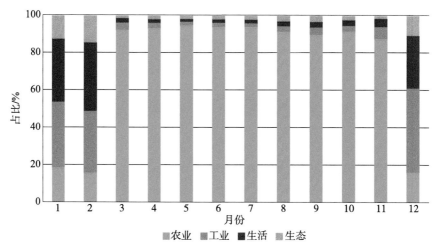

图 3-7　鄯善县近三十年各类用水量逐月平均占比

托克逊县在1月和12月的农业用水占比较低，分别为10%，这反映了这些月份农业活动较少，大部分作物处于休眠期或非生长季节。从2月开始，农业用水占比逐渐增加，到3月达到80%以上并维持至10月，这表明这一时段是托克逊县的主要农业生长期，需大量灌溉水来支持作物生长，尤其是在干旱的气候条件下。11月农业用水占比有所下降至20%，可能是因为部分作物已经收获，灌溉需求相应减少。托克逊县的农业生长季节与高昌区和鄯善县大致相似，但细微的气候差异和作物种植选择可能导致了不同的用水高峰时段。

1月和12月工业用水占比显著增加，分别达到70%和60%，这可能是因为农业活动减少释放了更多水资源供工业使用。2月工业用水占比下降至40%，随后在3—10月期间进一步降低至平均6%，显示出在农业生长季节，工业用水明显将大部分水量分配给农业用水。11月工业用水稍微增加至20%，可能是因为农业用水需求开始下降，部分水资源重新分配给工业使用。托克逊县的经济结构可能与高昌区和鄯善县有所不同，尤其是在工业部门的比重和种类上。托克逊县工业用水在非农业生长季节的显著增加可能反映了该地区工业部门对水资源的依赖程度较高或在冬季进行生产力的调整和维护。

吐鲁番盆地三个地区的水资源管理策略根据当地的水资源状况、经济活动和社会需求有所不同。托克逊县在保证农业生长季节的灌溉需求的同时，显著调整工业用水，以平衡不同用水需求，这反映了其独特的水资源管理策略和优先级设置（图3-8、表3-20、表3-26）。

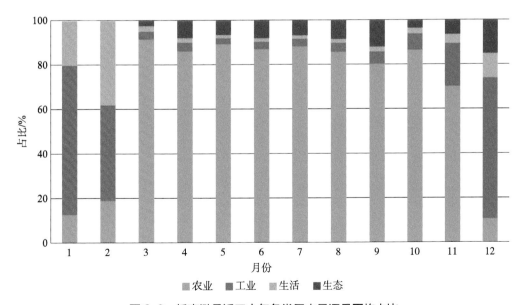

图 3-8 托克逊县近三十年各类用水量逐月平均占比

表 3-15　1990—2020 年伊吾县逐月农业用水量

单位：万 m³

年份	时间											
	1月	2月	3月	4月	5月	6月	7月	8月	9月	10月	11月	12月
1990	55.030 46	49.704 93	81.937 85	109.202 2	284.762 2	589.808 6	862.677 3	1 003.128	354.461 8	344.224 4	79.294 7	15.982 35
1991	13.382 83	12.087 72	23.735 63	73.132 61	254.427 1	486.520 6	736.345 4	884.755	308.736 5	294.765 1	22.969 96	16.676 44
1992	15.513 01	14.011 75	27.653 09	136.136 8	296.920 8	493.093 1	710.947	827.637 3	356.488 3	347.094 2	26.761 05	21.208 97
1993	13.169 9	11.895 4	189.701 8	301.977 9	428.616 9	544.804 7	652.685	733.400 8	438.936 2	430.279 3	183.582 4	12.782 45
1994	18.186 71	16.426 7	32.287 87	193.390 9	367.220 1	464.902 8	601.333 4	706.845 6	374.982 2	378.914 5	31.246 33	23.627 99
1995	17.239 6	15.571 25	30.772 26	183.206 5	328.383 5	430.352 7	559.067 5	650.754	345.506 3	362.273	29.779 61	22.614 72
1996	15.063 17	13.605 44	29.200 99	178.103 9	309.844 5	442.707	580.412 5	659.754 5	362.358 4	368.561 8	28.259 02	20.353 16
1997	17.439 4	15.751 71	33.775 69	155.339 6	312.406	412.907 8	545.513 1	660.215 8	395.969 6	433.305 6	32.686 15	23.406 17
1998	17.021 66	15.374 4	31.513 29	151.860 1	315.770 9	394.939 9	529.538 5	649.120 4	414.851 3	457.064 6	30.496 73	21.084 79
1999	9.824 297	8.873 558	20.022 03	48.329 44	255.029 7	375.728	556.345 7	757.116 6	530.250 1	675.873 7	19.376 16	12.810 31
2000	10.470 35	9.457 09	22.455 94	58.536 86	267.567 5	401.078 6	586.273 7	787.942 5	515.970 1	644.962 3	21.731 56	15.340 15
2001	22.998 03	20.772 41	41.876 71	61.152 16	270.246 8	399.759 2	580.636 1	781.797 1	555.436 4	690.312 9	40.525 85	27.838
2002	16.349 03	14.766 87	32.056 92	186.554 4	327.956 7	455.312	590.027	725.895 7	430.664 5	533.015 1	31.022 83	20.653 4
2003	15.054 52	13.597 63	21.506 45	250.077 3	455.634 3	498.688 1	673.620 4	871.895 8	416.023 7	506.908 9	20.812 7	19.355 81
2004	12.799 62	11.560 94	18.285 17	205.760 2	415.737 5	447.692 8	630.900 3	833.920 3	382.537 2	455.436 4	17.695 32	14.688 63
2005	10.593 57	9.568 39	15.133 68	214.961 7	440.244 7	486.663 3	671.665 3	891.336 6	481.512 7	602.937 4	14.645 49	13.152 74

续表

年份	1月	2月	3月	4月	5月	6月	7月	8月	9月	10月	11月	12月
2006	8.870 849	8.012 38	12.672 64	247.119 9	426.832 1	482.681 4	609.645 6	764.442	384.814 9	477.445 1	12.263 85	11.055 05
2007	8.185 88	7.393 698	11.694 11	259.988	359.264 4	513.179	574.486 2	641.682 5	346.619	393.338 2	11.316 88	10.422 93
2008	9.004 582	8.133 171	12.863 69	344.248 1	451.473	630.673 5	625.160 7	642.809	348.751 6	396.469	12.448 73	12.324
2009	9.963 885	8.999 638	14.234 12	336.213 2	452.064 5	652.928 3	628.483 3	657.858 7	366.969 1	410.609 3	13.774 96	13.126 14
2010	10.55786	9.536128	15.08265	335.7919	441.324	689.3675	710.7117	732.294	387.3353	385.499	14.59611	12.43644
2011	7.379337	6.665208	10.54191	250.9256	326.5794	727.5206	879.8283	895.3913	381.3389	389.6879	10.20185	8.137738
2012	9.924777	8.964315	14.17825	325.102	428.9163	698.0246	775.8429	794.5147	377.2344	394.2686	13.72089	11.81508
2013	10.01272	9.043751	14.30389	322.3085	440.2337	682.2032	707.2266	738.4261	389.4285	434.5299	13.84248	11.93152
2014	18.13308	16.37827	61.41071	361.6052	514.9683	663.053	716.9153	752.4498	368.834	439.6061	59.42972	24.34355
2015	20.17247	18.22029	68.38887	383.5033	552.3263	660.5353	730.5032	769.8194	373.194	457.4496	66.18277	21.81166
2016	14.6258	13.2104	59.96176	316.7062	436.0582	591.1902	711.91	754.3204	394.3482	395.2021	58.02751	21.74406
2017	14.71655	13.29237	45.51222	291.9024	411.2782	602.4059	731.2056	779.8054	457.7277	428.3928	44.04408	15.70687
2018	11.10632	10.03151	43.82388	317.0584	465.4513	554.9727	689.2568	734.0724	369.9722	467.3156	42.41021	18.9483
2019	10.70511	9.669133	30.44657	274.9213	433.9522	583.579	645.7906	680.3058	379.0135	364.912	29.46443	11.32227
2020	10.1186	9.139384	14.45515	245.872	344.962	385.6176	487.1956	585.4084	298.4126	341.792	13.98885	10.636

时间

表 3-16 1990—2020 年伊州区逐月农业用水量

单位：万 m³

年份	时间											
	1月	2月	3月	4月	5月	6月	7月	8月	9月	10月	11月	12月
1990	32.710 13	29.544 64	1 467.879	2 363.106	3 548.678	4 164.78	3 295.469	1 236.255	586.497 4	96.703 37	55.521 09	29.278 43
1991	22.475 47	20.300 42	1 389.36	2 370.859	3 468.371	4 058.816	3 208.76	1 394.67	668.049 7	220.642 1	41.922	27.376 87
1992	39.150 84	35.362 05	1 551.744	2 784.738	4 026.998	4 621.42	3 661.68	1 706.409	814.296 8	409.208 5	73.017 59	48.303 4
1993	42.877 7	38.728 25	1 634.831	2 915.957	4 163.727	4 802.399	3 679.981	1 582.187	739.573 4	445.313 2	80.982 98	54.706 94
1994	45.563 73	41.154 34	1 456.766	2 682.958	3 804.596	4 452.241	3 545.222	1 902.146	898.316 8	634.674 2	86.556 96	56.199 57
1995	37.574 15	33.937 94	1 297.596	2 458.099	3 453.92	4 008.817	3 239.011	1 885.118	907.421 4	608.091 1	77.442 73	47.720 41
1996	38.348 9	34.637 72	1 237.248	2 369.299	3 426.266	3 955.697	3 213.057	1 903.198	938.521 1	597.732 3	81.411	47.077 36
1997	33.524 8	30.280 46	1 089.558	2 197.291	3 090.033	3 545.244	2 900.715	1 951.786	955.662 5	662.723 9	82.118 56	42.844 1
1998	37.253 52	33.648 34	1 180.645	2 417.247	3 427.936	3 930.678	3 204.537	2 170.467	1 061.134	789.82	94.818 55	48.562 75
1999	32.845 53	29.666 93	1 188.299	2 538.382	3 621.899	4 068.671	3 299.367	2 127.351	998.657 6	863.245 6	77.788 39	39.470 18
2000	29.888 15	26.995 74	1 556.304	2 711.634	3 729.909	4 402.136	3 624.164	2 249.794	1 016.55	912.574 5	74.151 64	46.383 05
2001	43.113 76	38.941 46	1 600.159	2 535.297	3 127.235	3 948.544	3 277.673	2 353.658	1 074.242	992.941 7	94.363 42	48.966 78
2002	38.601 51	34.865 88	1 787.603	2 494.249	3 288.167	4 212.127	3 450.944	2 207.485	930.460 8	794.333 4	91.889 96	47.012
2003	50.407 53	45.529 38	2 456.19	3 722.695	4 169.905	5 485.57	4 269.335	2 604.581	1 223.168	1 225.491	69.687 83	58.305 04
2004	48.246	43.577 03	2 333.531	3 700.342	4 180.609	5 544.569	4 341.809	2 924.439	1 412.711	1 414.934	66.699 53	52.289 07
2005	42.307 23	38.212 99	2 263.628	3 465.084	3 885.958	5 183.983	4 215.058	2 900.433	1 377.646	1 379.596	58.489 26	48.329 07

续表

年份	时间											
	1月	2月	3月	4月	5月	6月	7月	8月	9月	10月	11月	12月
2006	35.728 07	32.270 52	2 042.189	3 253.997	3 648.78	4 768.985	3 920.975	2 928.345	1 464.118	1 465.765	49.393 65	39.564 21
2007	29.649 27	26.779 98	2 449.248	3 535.469	3 870.871	5 051.509	4 219.142	3 195.662	1 828.035	1 829.402	40.989 77	35.761 1
2008	21.735 81	19.632 35	2 214.861	3 299.525	3 636.797	4 651.592	3 969.381	3 467.675	2 050.984	2 032.72	30.049 51	26.924 31
2009	18.671 27	16.864 38	2 647.475	3 366.699	3 785.991	4 773.161	3 979.513	3 010.908	2 016.15	1 975.604	25.812 82	24.199 73
2010	17.627 22	15.921 36	2 460.208	3 198.415	3 577.154	4 464.012	3 889.335	3 292.047	2 179.35	2 083.346	24.369 43	21.986 42
2011	17.606 06	15.902 25	2 445.414	3 173.482	3 581.239	4 444.874	3 912.43	3 338.448	2 230.475	2 126.515	24.340 17	21.466 88
2012	18.705 06	16.894 9	2 389.341	3 337.317	3 696.185	4 389.98	3 991.403	3 793.167	2 492.861	2 423.455	25.859 53	22.298 27
2013	17.949 68	16.212 61	2 349.321	3 298.204	3 663.1	4 329.145	3 961.306	3 784.267	2 450.868	2 362.475	24.815 23	22.219 18
2014	28.860 95	26.067 96	2 121.346	3 292.172	3 570.48	4 295.143	4 002.43	4 151.279	2 462.384	2 386.173	129.691 3	35.809 52
2015	24.916 71	22.505 41	1 774.941	2 708.736	2 971.076	3 571.729	3 315.424	3 401.352	2 025.237	1 953.349	113.947 3	25.823 66
2016	29.581 45	26.718 73	2 074.033	3 193.753	3 462.01	4 167.996	3 834.603	3 940.878	2 333.947	2 292.642	135.895 2	30.108 23
2017	32.615 62	29.459 27	2 252.323	3 606.943	3 852.226	5 882.809	4 287.757	3 367.209	1 430.286	1 397.489	110.793 6	33.476 13
2018	33.370 81	30.141 37	1 588.786	2 891.285	3 153.541	4 535.485	3 764.049	3 470.89	1 347.698	1 315.301	77.988 74	32.655 22
2019	30.029 15	27.123 1	1 588.741	2 495.956	2 733.183	4 126.457	3 483.373	2 827.062	965.723 4	923.344 5	73.091 68	31.096 13
2020	64.821 47	58.548 42	766.349 3	2 024.013	2 605.998	3 094.052	2 785.43	3 211.609	1 397.706	1 263.04	89.614 94	60.641 39

表3-17 1990—2020年高昌区逐月农业用水量

单位：万 m³

时间

年份	1月	2月	3月	4月	5月	6月	7月	8月	9月	10月	11月	12月
1990	8.092 248	7.309 127	1 533.171	2 119.681	2 954.429	2 891.614	3 468.698	1 961.505	1 400.412	1 178.399	648.311 2	8.358 19
1991	9.838 968	8.886 81	1 500.214	2 259.199	3 314.178	3 186.29	3 804.423	2 132.524	1 436.242	1 173.85	519.889	9.633 457
1992	15.609 95	14.099 31	1 312.411	2 543.768	3 846.54	3 734.284	4 181.742	2 221.655	1 291.591	1 011.597	307.516 7	15.734 19
1993	16.667 19	15.054 24	1 334.9	2 784.445	4 129.819	3 976.953	4 393.513	2 227.721	1 222.542	973.277 1	327.333 7	17.001 67
1994	22.669 54	20.475 71	1 402.103	3 236.747	5 218.894	5 056.977	5 677.554	2 924.094	1 488.262	1 236.137	358.436 6	22.801 14
1995	39.637 96	35.802 03	1 985.379	2 208.847	4 150.778	4 280.96	5 670.017	3 883.332	2 888.048	2 310.097	623.511 7	39.574 41
1996	20.259 79	18.299 16	1 828.183	3 312.027	5 105.837	4 924.416	5 704.099	3 080.018	1 808.456	1 517.031	622.409 2	21.166 39
1997	21.969 35	19.843 29	1 831.293	3 382.628	5 225.705	5 046.318	5 870.535	3 145.392	1 834.527	1 549.564	644.897 2	22.131 44
1998	21.839 37	19.725 88	1 598.373	3 215.254	5 118.978	4 970.422	5 879.85	3 075.819	1 718.477	1 497.878	645.415 7	18.929 23
1999	17.994 29	16.252 91	1 266.576	3 067.753	4 911.215	5 019.718	6 042.974	3 149.925	1 813.61	1 478.843	541.797 9	17.986 58
2000	19.440 31	17.558 99	1 306.654	3 885.069	6 050.605	6 226.592	7 399.085	3 647.849	1 998.1	1 607.52	572.686 7	20.175 6
2001	17.808 82	16.085 39	915.974 9	3 412.488	5 349.197	5 208.551	6 112.177	2 633.481	1 066.391	1 068.597	591.503 2	18.510 48
2002	20.558 62	18.569 08	1 347.376	4 385.46	5 928.395	5 635.488	6 305.808	2 444.056	983.879	985.979 2	702.312	19.791 98
2003	16.481 38	14.886 41	1 147.665	3 761.644	5 342.224	5 183.97	6 188.827	2 533.637	1 155.469	1 156.538	772.074 2	17.328 62
2004	13.864 82	12.523 07	1 249.597	3 461.358	4 800.631	4 687.141	5 886.86	2 567.703	1 422.156	1 423.055	973.317 7	14.728 83
2005	14.488 37	13.086 27	855.694 6	3 550.129	5 102.196	4 999.925	5 852.809	2 412.147	1 046.313	1 047.263	601.831 2	15.362 32

续表

年份	1月	2月	3月	4月	5月	6月	7月	8月	9月	10月	11月	12月
2006	17.287 52	15.614 53	769.223 3	3 839.028	5 614.901	5 644.82	6 529.016	2 589.711	1 036.926	1 038.062	565.337 4	16.704 05
2007	6.508 306	5.878 47	296.442 3	1 535.539	2 251.532	2 255.837	2 741.126	1 092.417	467.970 5	468.508 6	278.543 4	7.180 346
2008	13.396 17	12.099 77	597.226 9	2 904.681	4 445.347	4 433.66	5 407.354	2 231.098	957.098 3	958.112 8	519.989 6	12.624 43
2009	12.830 05	11.588 44	567.492 4	2 925.635	4 337.778	4 341.036	5 280.855	2 109.726	893.649 3	894.540 4	524.260 1	11.755 79
2010	12.177 75	10.999 26	602.866 5	3 110.775	4 486.674	4 487.727	5 431.896	2 107.914	881.086 4	881.935 3	552.305	13.877 48
2011	13.567 32	12.254 36	581.077	3 032.421	4 472.381	4 480.465	5 468.117	2 154.042	907.370 5	908.253 3	541.549 2	13.036 28
2012	17.259 31	15.589 05	771.267 7	4 006.055	5 850.001	5 858.754	7 138.265	2 808.014	1 189.09	1 190.214	715.638	15.328 86
2013	15.142 77	13.677 34	541.410 2	3 499.483	5 231.082	7 193.462	7 268.208	2 808.499	790.365 2	660.803 6	709.147 3	20.131 01
2014	19.324 32	17.454 23	448.937 8	3 460.869	5 253.27	7 289.437	7 418.97	2 925.542	886.254 6	721.863	687.350 2	15.509 18
2015	15.120 21	13.656 96	426.843 4	3 325.183	5 029.391	6 955.22	7 093.852	2 759.849	831.691 8	682.392	398.110 7	14.716 73
2016	13.809 84	12.473 4	427.407 7	3 478.98	5 101.803	6 859.644	7 061.69	2 320.383	523.918 1	471.057 1	330.355 1	14.273 74
2017	13.803 36	12.467 55	394.226 7	3 324.566	4 891.644	6 652.151	6 820.308	2 308.182	534.864 6	482.764 9	320.088 7	8.586 174
2018	8.370 644	7.560 581	386.531 8	3 242.507	4 704.116	6 366.897	6 541.892	2 111.087	429.284 3	413.157 9	308.594 4	8.719 065
2019	29.846 49	26.958 12	1 181.56	2 612.61	3 224.381	4 598.193	5 185.006	2 832.532	1 435.383	1 424.258	1 154.938	31.435 36
2020	30.804 24	27.823 19	1 161.518	2 550.667	3 106.568	4 505.401	5 048.387	2 882.854	1 458.684	1 450.887	1 133.903	40.460 71

表3-18 1990—2020年鄯善县逐月农业用水量

单位：万 m³

年份	时间											
---	1月	2月	3月	4月	5月	6月	7月	8月	9月	10月	11月	12月
1990	8.284 191	7.482 495	3 080.577	4 191.193	5 777.321	5 420.667	5 299.421	3 586.331	2 512.056	1 994.858	922.231 9	19.220 32
1991	14.325 12	12.938 82	2 284.74	3 160.635	4 369.127	4 111.235	4 030.167	2 749.218	1 933.722	1 547.975	744.683 4	14.489 32
1992	24.550 45	22.174 6	2 262.689	3 740.339	5 341.998	5 034.325	4 971.188	3 032.213	1 871.424	1 467.904	583.443 6	23.852 31
1993	40.031 15	36.157 17	3 844.362	4 213.108	5 637.333	5 038.868	4 834.107	3 790.947	3 016.364	2 365.054	990.954 2	39.978 29
1994	41.011 79	37.042 91	3 011.582	3 346.08	5 308.646	4 993.319	5 369.876	4 093.11	3 047.131	2 520.265	1 018.371	41.590 19
1995	46.046 02	41.589 95	2 994.734	3 154.644	5 086.295	5 055.042	5 635.985	4 508.882	3 516.243	2 836.187	1 128.23	44.865 35
1996	31.562 86	28.508 39	2 734.371	2 982.47	4 709.99	4 312.95	4 538.072	3 456.822	2 542.728	2 108.403	791.079 4	33.421 15
1997	33.324 3	30.099 37	2 879.907	3 233.299	4 613.01	4 114.639	4 156.661	3 143.762	2 402.702	1 949.423	792.425 5	32.478 56
1998	38.073 75	34.389 19	2 356.695	2 853.708	4 920.09	4 407.179	4 957.97	3 486.078	2 372.038	2 162.301	924.338 2	37.065 85
1999	29.291 68	26.457	2 660.308	3 449.21	4 740.352	4 446.661	4 804.61	3 431.275	2 705.662	2 075.389	733.654 6	29.854 11
2000	20.619 27	18.623 86	1 704.328	2 242.315	3 146.919	2 956.543	3 244.468	2 296.459	1 788.3	1 393.514	508.183	21.018 95
2001	25.007 29	22.587 23	1 938.295	2 486.829	3 294.961	2 779.019	2 798.52	1 896.625	1 428.275	1 225.611	601.549	25.373 28
2002	33.867 19	30.589 72	2 359.169	3 126.66	3 768.289	3 031.957	2 807.434	1 794.344	1 386.621	1 098.012	428.911 5	34.156 01
2003	32.269 86	29.146 97	2 094.909	2 815.711	3 736.984	3 125.616	3 180.652	2 070.25	1 525.158	1 296.092	554.089 1	36.113 68
2004	34.167 27	30.860 76	1 734.301	2 404.374	3 618.472	3 115.868	3 438.299	2 230.924	1 543.446	1 379.105	549.425 3	34.967 27
2005	35.470 49	32.037 87	1 680.578	2 374.466	3 746.514	3 272.649	3 719.088	2 410.555	1 640.361	1 485.153	580.968 2	34.542 59

续表

年份	时间											
	1月	2月	3月	4月	5月	6月	7月	8月	9月	10月	11月	12月
2006	47.921 15	43.283 62	1 864.222	2 812.541	4 778.646	4 233.728	5 059.385	3 221.383	2 122.033	2 003.413	828.645 1	46.889 53
2007	37.980 65	34.305 11	2 138.021	2 935.313	4 532.58	4 177.337	5 026.29	3 510.078	2 614.893	2 617.182	1 760.343	37.446 58
2008	30.831 72	27.848	1 795.057	2 465.157	4 085.966	3 787.018	4 638.922	3 225.814	2 336.236	2 337.915	1 479.455	27.029 73
2009	24.006 52	21.683 31	1 632.265	2 280.842	3 473.333	3 185.444	3 842.469	2 657.781	1 989.949	1 991.315	1 328.431	24.761 04
2010	22.919 28	20.701 28	1 636.283	2 267.198	3 410.48	3 118.524	3 742.646	2 594.496	1 954.771	1 955.129	1 310.466	22.304 49
2011	25.703 12	23.215 72	2 092.961	2 772.999	4 064.634	3 730.837	4 385.06	3 123.257	2 397.048	2 397.438	1 636.283	24.716 93
2012	20.282 78	18.319 93	1 969.205	2 678.138	4 103.206	3 716.183	4 469.603	3 101.388	2 322.331	2 321.825	1 517.66	18.871 22
2013	26.448 25	23.888 74	1 724.6	2 491.278	3 852.995	4 109.06	4 085.423	2 888.582	2 194.585	1 773.828	2 126.015	26.467 8
2014	25.918 36	23.410 13	2 002.312	2 857.794	4 199.104	4 121.89	4 048.228	2 631.73	2 019.969	1 663.11	2 081.907	25.921 55
2015	30.308 4	27.375 33	2 037.972	3 007.39	4 350.647	4 404.246	4 387.732	2 782.679	2 160.065	1 842.632	1 441.036	29.741 19
2016	34.036 47	30.742 62	2 136.839	3 315.618	4 499.417	4 312.605	4 289.781	2 318.163	1 802.872	1 646.716	1 397.233	34.916 21
2017	32.119 79	29.011 42	2 097.024	3 264.068	4 347.719	4 095.028	4 082.658	2 108.26	1 669.249	1 567.092	1 379.007	30.293 01
2018	28.309 05	25.569 46	2 049.818	3 137.254	4 041.195	3 776.065	3 770.823	1 926.74	1 568.304	1 526.508	1 408	25.361 03
2019	28.735 35	25.954 51	2 270.775	3 020.197	3 797.242	3 244.019	3 242.713	1 888.04	1 751.799	1 703.931	1 580.005	30.998 23
2020	32.073 91	28.969 98	2 333.341	3 009.995	3 695.87	3 108.651	3 094.129	1 838.096	1 744.566	1 717.854	1 638.07	22.346 71

表 3-19 1990—2020 年托克逊县逐月农业用水量

单位：万 m³

年份	1月	2月	3月	4月	5月	6月	7月	8月	9月	10月	11月	12月
1990	17.271 16	15.599 76	1 906.34	2 068.206	3 175.106	2 837.622	2 873.007	2 076.445	1 471.593	1 079.383	143.918 4	17.554 26
1991	17.490 63	15.797 99	1 817.575	1 950.745	3 125.798	2 857.683	2 942.437	2 135.911	1 502.742	1 115.233	139.119 3	17.606 52
1992	27.536 48	24.871 66	1 718.542	1 867.413	3 157.494	2 940.761	3 029.812	2 170.429	1 470.678	1 121.15	135.264 5	25.638 47
1993	26.646 63	24.067 92	1 884.742	1 943.976	3 293.628	3 006.842	3 190.028	2 371.182	1 664.942	1 255.613	150.892 6	28.782 77
1994	28.470 9	25.715 65	1 480.859	1 522.372	3 038.164	2 815.623	3 253.277	2 365.138	1 577.733	1 255.686	159.771	30.763 2
1995	31.729 97	28.659 33	1 221.027	1 259.653	2 813.51	2 447.361	3 956.144	2 784.503	1 978.18	1 602.538	426.490 9	31.073 61
1996	25.764 16	23.270 85	1 588.345	1 614.972	2 863.386	2 650.366	3 196.825	2 246.763	1 601.965	1 298.054	352.902 8	23.259 6
1997	21.815 1	19.703 97	1 645.753	1 666.063	2 980.922	2 753.307	3 271.001	2 314.697	1 636.252	1 316.07	330.725 1	24.945 24
1998	22.334 71	20.173 28	1 430.499	1 472.875	2 657.449	2 474.633	2 909.548	2 033.953	1 412.74	1 164.454	300.882 6	17.542 57
1999	15.272 95	13.794 92	1 401.032	1 530.347	2 548.591	2 024.773	3 189.165	2 372.358	1 807.971	1 299.599	258.071 3	19.559 4
2000	18.962 03	17.126 99	1 427.142	1 605.891	2 515.245	2 004.657	3 114.924	2 315.596	1 797.819	1 264.046	257.425 2	21.216 67
2001	24.097 06	21.765 08	1 699.232	1 784.877	2 717.839	2 492.313	2 677.099	1 932.685	1 436.94	1 075.634	249.315 6	24.871 57
2002	29.725 48	26.848 82	2 358.512	2 535.339	2 819.446	2 574.834	2 035.614	1 517.035	1 318.537	891.367 1	300.963 1	31.429 29
2003	31.153 43	28.138 58	1 922.098	2 045.938	2 678.515	2 387.172	2 440.891	1 790.163	1 428.66	1 048.798	302.602 6	32.501 07
2004	32.290 72	29.165 81	1 877.962	2 007.239	2 823.518	2 536.121	2 714.331	1 968.971	1 513.015	1 142.486	308.520 9	33.202 32
2005	20.301 08	18.336 46	1 041.309	1 111.648	1 661.897	1 511.665	1 691.573	1 212.609	914.300 2	716.891 3	190.104 8	20.618 1

时间

续表

年份	时间											
	1月	2月	3月	4月	5月	6月	7月	8月	9月	10月	11月	12月
2006	19.749 23	17.838 02	863.297 5	975.563 1	1 707.907	1 587.378	1 871.642	1 280.917	875.490 2	751.304 5	183.689 8	19.622 43
2007	23.170 92	20.928 58	802.846 9	985.966	1 782.402	1 721.676	2 455.895	1 516.231	1 064.03	1 023.835	476.191 4	24.538 21
2008	19.864 54	17.942 16	556.044 5	731.111 4	1 690.022	1 664.75	2 391.618	1 472.656	940.387 4	916.629 2	349.352 5	15.293 54
2009	14.159 95	12.789 63	1 151.174	1 289.566	2 016.46	2 005.054	3 285.317	1 855.601	1 450.161	1 435.402	992.692 9	15.499 31
2010	12.840 48	11.597 85	1 041.664	1 177.332	1 803.405	1 787.331	3 002.242	1 688.177	1 338.916	1 323.639	924.986 9	13.409 35
2011	18.415 36	16.633 23	1 421.017	1 558.774	2 586.265	2 583.228	4 307.944	2 458.276	1 912.031	1 907.239	1 283.531	18.734 58
2012	30.058 46	27.149 57	1 107.513	1 322.939	2 872.648	2 871.503	4 482.649	2 771.36	1 941.307	1 863.468	861.451 5	28.244 33
2013	41.783 06	37.739 54	1 337.902	1 437.049	2 539.384	3 691.529	3 365.718	3 210.071	1 861.584	1 329.84	738.535 7	42.588 58
2014	26.024 21	23.505 74	789.636 2	1 467.23	2 614.224	3 999.18	3 810.528	3 442.604	1 935.885	1 409.383	451.970 7	25.261 51
2015	39.294 12	35.491 46	1 015.854	1 178.734	2 560.04	3 867.64	3 770.956	3 651.794	2 165.133	1 472.07	691.336 4	38.066 06
2016	53.522 36	48.342 78	1 440.278	1 663.372	2 499.276	3 628.021	3 449.415	3 277.161	1 828.111	1 414.415	886.987 2	57.058 46
2017	47.785 3	43.160 92	1 675.17	1 885.995	2 373.98	3 331.496	3 105.797	2 941.797	1 577.462	1 322.1	982.246	32.717 86
2018	30.144 19	27.227 01	1 542.178	1 737.188	2 261.247	3 164.468	2 939.496	2 775.867	1 492.905	1 241.776	893.951 3	29.290 15
2019	31.095 61	28.086 36	1 580.309	1 687.676	2 133.011	2 988.638	2 759.121	2 733.493	1 491.837	1 245.69	939.135	34.206 19
2020	27.476 72	24.817 68	1 476.876	1 568.571	2 042.388	2 941.818	2 748.101	2 740.355	1 500.787	1 258.031	935.275 7	26.786 49

单位：万 m³

表 3-20　1990—2020 年巴里坤县逐月工业用水量

年份	1月	2月	3月	4月	5月	6月	7月	8月	9月	10月	11月	12月
1990	4.151 82	3.784 858	6.664 61	6.302 537	6.401 499	6.929 285	6.325 485	6.351 239	6.441 462	3.832 412	6.101 319	6.113 475
1991	3.830 419	3.921 634	4.411 29	5.803 277	5.774 483	5.805 95	5.912 285	6.265 788	5.982 478	4.025 964	5.920 48	6.045 952
1992	5.199 759	5.198 166	4.189 95	5.394 777	4.550 977	5.422 166	5.403 541	5.018 081	5.556 06	5.005 299	5.042 697	2.018 525
1993	3.062 793	3.075 145	5.403 916	5.652 081	5.715 918	5.819 193	5.970 846	5.988 907	5.948 944	3.353 499	4.809 667	5.199 09
1994	3.162 22	3.437 264	5.127 497	5.576 97	5.676 141	5.661 5	5.679 154	5.601 735	5.039 999	3.121 2	4.807 696	5.108 623
1995	6.254 933	6.216 632	10.069 6	9.389 481	9.572 088	10.098 67	9.845 969	10.068 74	10.177 33	6.145 38	9.173 938	9.067 243
1996	2.994 579	2.982 672	5.710 177	5.789 242	5.733 099	5.445 716	5.246 759	5.248 894	5.603 9	3.508 363	4.981 68	4.754 921
1997	9.292 644	8.880 208	14.816 11	14.300 77	14.539 76	15.450 87	14.123 36	14.217 79	14.502 8	8.371 776	13.789 47	13.714 45
1998	9.316 642	9.428 334	15.067 2	14.089 84	14.415 79	15.552 24	14.253 55	14.383 44	14.588 6	8.036 118	13.401 65	13.466 6
1999	4.903 334	4.902 098	8.377 144	8.349 39	8.218 426	9.077 767	8.238 953	8.427 67	8.500 996	5.328 299	7.911 714	7.764 209
2000	5.964 808	5.977 044	10.935 06	11.098 29	11.258 88	11.603 44	11.853 56	10.732 66	10.832 98	7.013 332	10.640 88	10.959 06
2001	8.306 639	8.686 01	14.585 87	15.094 66	15.362 48	15.668 37	15.827 18	15.787 57	14.401 07	8.473 774	14.541 13	13.265 24
2002	1.774 144	1.768 728	2.532 642	2.865 627	2.916 018	2.901 618	2.891 097	2.935 191	2.985 855	1.500 599	2.480 312	2.448 17
2003	1.775 082	1.771 797	2.597 913	2.917 49	3.088 209	3.074 147	3.046 155	3.060 177	3.035 773	1.961 558	2.796 222	2.875 476
2004	2.459 112	2.380 07	4.003 299	4.077 962	3.749 283	3.710 312	3.771 177	3.795 709	3.828 024	2.175 887	3.502 598	3.546 568
2005	2.353 724	2.239 449	4.047 856	3.952 303	3.885 173	3.941 621	3.962 661	4.042 754	4.055 128	2.182 687	4.189 454	4.147 19

续表

年份	时间											
	1月	2月	3月	4月	5月	6月	7月	8月	9月	10月	11月	12月
2006	3.252 587	3.733 625	6.000 701	5.965 841	6.046 128	6.346 853	5.825 363	5.847 035	5.867 478	3.260 412	6.386 972	5.957 003
2007	8.123 3	8.080 831	14.358 42	14.555 56	14.799 68	15.372 08	15.496 96	15.421 93	15.547 66	8.488 442	12.518 79	12.936 34
2008	10.540 27	12.071 48	20.374 09	20.200 34	20.536 14	20.810 25	20.694 75	20.958 4	21.206 33	11.005 98	17.540 29	17.451 67
2009	8.802 73	8.368 897	14.570 48	14.266 09	15.092 06	15.301 37	15.133 1	15.165 31	14.961 61	8.349 062	13.727 22	14.222 07
2010	7.866 514	7.967 152	13.721 33	12.978 42	14.267 68	13.229 72	13.326 33	13.625 83	13.593 71	8.399 186	12.173 2	12.160 93
2011	17.292 2	17.525 92	27.015 43	26.015 88	26.530 29	28.273 4	26.018 29	26.179 06	26.123 45	16.668 85	24.701 98	23.055 24
2012	12.695 3	11.287 2	19.111 84	18.766 47	19.199 38	20.242 44	18.406 55	18.354 69	18.414 9	12.703 39	17.907 86	16.599 98
2013	23.319 68	23.529 37	34.104 45	36.541 82	37.376 4	38.445 11	38.305 52	38.878 37	35.216 82	23.271 49	31.216 11	31.404 85
2014	26.303 16	26.548 03	29.485 08	35.518 25	33.835 99	34.941 73	34.590 2	30.769 86	38.035 63	36.213 53	33.703 53	39.305 02
2015	21.862 77	21.898 01	36.005 39	36.974 91	36.286 76	35.643 25	36.079 03	36.800 92	36.526 28	22.157 51	38.928 07	35.837 1
2016	18.267 53	19.021 88	28.903 3	30.266 89	29.812 74	28.975 63	28.972 95	29.296 05	29.230 51	16.017 93	31.973 5	29.261 1
2017	16.292 3	16.234 02	25.074 76	28.728 99	28.304 96	29.802 64	29.397 14	30.215 26	30.260 14	17.134 47	24.513 65	24.041 65
2018	14.179 44	14.146 85	22.496 86	25.595 91	26.223 63	27.632 82	27.107 62	27.582 35	26.937 83	19.150 22	24.196 77	24.749 7
2019	15.307 3	16.024 76	25.878 21	27.601 62	28.003 82	28.216 8	28.627 43	28.477 53	28.426 61	17.357 29	23.642 6	22.436 03
2020	19.921 8	19.896 04	30.708 31	31.990 62	32.452 99	31.902 74	31.926 87	32.325 44	32.384 81	18.894 65	24.342 64	25.253 09

单位：万 m³

表3-21　1990—2020年伊吾县逐月工业用水量

年份	时间											
	1月	2月	3月	4月	5月	6月	7月	8月	9月	10月	11月	12月
1990	0.081 437	0.056 313	0.070 029	0.063 166	0.058 047	0.068 51	0.062 358	0.064 988	0.072 758	0.064 886	0.069 142	0.055 064
1991	0.078 786	0.078 894	0.065 607	0.067 236	0.069 977	0.072 791	0.069 546	0.069 86	0.059 977	0.070 927	0.069 96	0.059 239
1992	0.091 376	0.072 59	0.076 617	0.080 145	0.083 672	0.086 26	0.082 016	0.084 081	0.089 564	0.071 461	0.081 474	0.079 042
1993	0.062 599	0.051 584	0.053 647	0.055 103	0.049 657	0.057 943	0.055 334	0.048 837	0.061 412	0.044 575	0.056 799	0.066 603
1994	0.074 142	0.048 857	0.057 602	0.052 353	0.053 671	0.063 261	0.067 56	0.058 897	0.068 649	0.063 761	0.059 547	0.064 961
1995	0.076 409	0.061 532	0.058 083	0.062 882	0.057 561	0.067 922	0.064 775	0.063 89	0.073 095	0.058 281	0.067	0.069 87
1996	0.071 451	0.052 509	0.057 92	0.060 599	0.061 784	0.063 959	0.068 008	0.061 155	0.068 171	0.051 134	0.064 593	0.066 618
1997	0.039 883	0.030 745	0.031 173	0.028 106	0.029 519	0.033 848	0.032 073	0.032 622	0.035 701	0.025 673	0.032 909	0.038 848
1998	0.016 813	0.014 522	0.014 445	0.014 694	0.013 783	0.015 968	0.015 272	0.015 27	0.015 035	0.013 214	0.015 809	0.018 276
1999	0.005 677	0.004 712	0.004 734	0.004 792	0.004 274	0.005 281	0.005 073	0.004 955	0.005 545	0.004 268	0.005 243	0.005 647
2000	0.082 371	0.063 896	0.063 183	0.064 06	0.056 94	0.069 703	0.066 762	0.067 316	0.073 848	0.056 347	0.068 616	0.067 056
2001	0.101 853	0.080 064	0.083 375	0.087 119	0.093 676	0.076 496	0.089 98	0.090 498	0.087 66	0.075 957	0.097 391	0.099 73
2002	0.138 399	0.111 676	0.117 863	0.122 03	0.110 543	0.129 609	0.124 987	0.125 182	0.126 276	0.103 313	0.125 936	0.150 985
2003	0.266 474	0.234 875	0.240 075	0.246 4	0.249 975	0.258 789	0.277 169	0.207 711	0.279 933	0.215 646	0.249 072	0.272 481
2004	1.193 192	0.983 235	0.875 545	0.935 95	0.971 213	1.010 694	0.894 268	0.873 302	0.978 225	0.803 125	0.964 48	1.058 17
2005	1.047 975	1.128 825	1.170 914	1.201 275	1.274 791	1.330 282	1.413 29	1.452 633	1.373 256	1.230 768	1.288 326	1.087 665

续表

年份	时间											
	1月	2月	3月	4月	5月	6月	7月	8月	9月	10月	11月	12月
2006	0.648 099	0.733 961	0.713 295	0.711 549	0.751 375	0.780 169	0.840 08	0.823 954	0.834 474	0.743 265	0.795 496	0.624 285
2007	1.184 305	1.306 535	1.163 836	1.391 47	1.434 563	1.494 053	1.591 529	1.622 517	1.726 357	1.477 103	1.378 445	1.229 287
2008	0.480 415	0.458 488	0.495 139	0.518 877	0.546 206	0.559 353	0.594 889	0.609 466	0.579 514	0.509 47	0.536 443	0.441 739
2009	1.106 266	1.234 099	1.253 662	1.270 949	1.274 919	1.314 076	1.413 603	1.398 012	1.414 454	1.397 119	1.307 456	1.065 386
2010	1.159 536	1.209 2	1.250 255	1.312 179	1.357 857	1.416 407	1.505 59	1.464 807	1.544 995	1.377 414	1.284 56	1.117 2
2011	1.871 016	1.860 156	1.651 592	1.827 725	1.906 195	1.975 12	1.888 561	2.344 241	2.105 66	1.922 762	2.056 24	1.590 734
2012	76.317 55	84.948 26	86.477 82	87.399 95	87.790 14	90.823 32	96.004 5	97.623 61	96.790 23	97.501 19	89.823 87	73.499 55
2013	69.778 34	75.247 54	76.082 01	79.000 15	84.587 17	84.474 12	80.470 04	91.419 75	88.495 38	78.977 43	81.211 15	67.220 63
2014	108.848	131.592 9	126.544 4	128.109 5	129.587 2	133.853 8	144.181 3	144.704 6	142.004 6	134.485 4	143.658 2	113.030 3
2015	154.435 3	170.228 9	191.092 5	174.898 9	178.992 5	185.826 8	198.797 9	200.020 5	189.734 9	155.836 6	196.375 6	148.759 6
2016	122.718 5	134.250 3	133.646 2	138.955 8	142.560 5	148.161 6	158.275 5	159.958 5	155.818 8	149.658 4	139.781	118.215
2017	117.024 4	124.149 6	126.899 4	132.460 4	136.612 3	142.299 6	151.551 8	170.782 1	148.128 6	131.069 4	112.743 2	112.743 2
2018	146.846 7	137.288 1	149.281 4	155.414 4	160.025 2	166.571 2	177.568 5	180.620 7	173.945 8	165.601 8	154.575 4	132.260 7
2019	146.105 3	159.086 3	156.917	165.405	177.072 6	170.173 2	188.852 2	191.820 1	185.206 5	164.934 5	176.674 8	140.752 4
2020	134.332 6	152.153 6	149.519 9	148.053 7	155.400 1	161.192 7	171.016 2	173.075 6	172.664 7	166.029 2	155.188 5	129.389 9

表3-22　1990—2020 年伊州区逐月工业用水量

单位：万 m³

年份	1月	2月	3月	4月	5月	6月	7月	8月	9月	10月	11月	12月
1990	107.9377	46.57834	73.80722	101.0406	142.9868	103.5978	106.239	99.85248	114.1912	93.98556	75.98798	70.79531
1991	185.7423	88.66559	141.5462	184.5521	267.3846	189.2812	198.7921	181.093	176.3402	218.125	139.271	131.9806
1992	189.4156	81.51617	136.6125	178.1195	258.0649	182.6838	191.8632	174.781	168.1649	206.4633	134.4166	127.3804
1993	209.2947	98.79014	157.709	205.6258	297.9167	210.8949	221.4918	201.7717	191.791	245.3752	155.174	147.0513
1994	240.9689	90.46713	168.382	219.5415	318.0783	225.1672	236.4813	215.4266	207.2719	256.9781	165.6755	157.003
1995	89.75889	107.0468	124.7155	95.65319	127.9113	180.6915	120.5875	122.3779	128.6545	143.2823	94.11567	86.20497
1996	134.0721	65.48308	104.5375	136.2991	197.4742	139.7918	146.8159	133.7444	131.7877	162.647	102.8572	97.47298
1997	160.6047	68.12636	117.0877	152.6625	221.1819	156.5744	164.4419	149.8011	147.6094	178.6947	113.4662	109.1751
1998	145.8523	65.02791	106.3326	138.6396	200.8652	142.1923	149.337	136.0411	127.7322	163.8603	104.6234	99.14679
1999	28.87685	18.26042	20.8623	31.94682	39.00551	43.68546	30.77183	34.98804	30.8894	34.11845	27.74845	22.84646
2000	87.7856	48.612	51.4512	67.8128	103.3264	67.212	78.8304	64.8968	70.2888	67.3056	55.8656	36.6128
2001	148.4143	77.06994	103.5896	151.5027	211.2713	154.1113	157.0128	147.8906	148.1263	166.7699	112.0399	106.2015
2002	131.4338	68.2822	145.0644	150.9022	215.6586	155.2355	165.9846	136.0357	142.2237	172.4344	111.7444	105.0005
2003	157.3062	78.01612	119.5995	161.9181	156.0122	166.1933	179.7032	224.6936	151.171	192.2502	119.6322	113.5043
2004	200.9999	131.292	147.0677	232.9056	308.3254	254.0725	245.1505	228.6845	207.4893	273.8743	157.1213	179.017
2005	226.492	82.06747	150.9778	202.4098	289.5993	212.6469	217.0717	197.244	196.4157	224.4211	156.3115	145.3427

时间

续表

年份	1月	2月	3月	4月	5月	6月	7月	8月	9月	10月	11月	12月
2006	244.299 8	94.965 71	192.708 5	251.285 5	309.089 5	283.751 9	270.668	246.847 9	271.584 2	296.979	221.109 5	179.710 5
2007	171.658 6	66.812 01	135.435 2	176.689 6	255.978 6	181.116 9	210.2968	173.2685	172.866	208.686 9	133.221 5	126.379 3
2008	220.761	111.026	174.285	227.216	239.351 4	232.638 2	331.787	222.052	219.47	271.11	170.412	161.891 4
2009	173.306 8	87.361 2	135.693	180.384 7	257.230 2	182.407	189.4848	174.318	172.295 7	210.718 5	132.052 9	126.997 3
2010	229.216	89.287 62	178.575 2	234.013 5	339.826	240.676 8	275.0592	230.282 1	227.883 3	280.656 3	174.310 8	165.515 3
2011	232.74	112.32	181.17	235.98	344.79	250.29	251.37	232.74	230.04	284.85	176.85	166.86
2012	251.386 3	96.485 84	195.877 9	253.13	371.703	263.883	300.7917	249.352	247.317 6	306.313 5	190.646 7	179.312 5
2013	315.851 4	122.934	245.867 9	318.813 7	480.997 6	335.846 7	386.9457	318.813 7	356.212 2	349.176 9	246.608 5	224.761 8
2014	314.974	127.598 9	246.767 9	336.048 9	506.180 8	349.077	400.0399	336.0489	365.936 9	362.105 1	255.581 1	231.440 7
2015	449.625	182.575	349.345	475.785	722.67	497.04	566.8	476.875	518.84	517.205	360.79	332.45
2016	273.963 5	110.897 8	247.715 5	288.071 8	437.685 4	309.726 4	101.711	288.071 8	295.29	408.484 5	220.811 3	298.571
2017	129.082 8	34.442 4	98.755 2	136.398	205.282 8	145.542	82.296	112.928 4	135.636	189.128 4	102.260 4	152.247 6
2018	348.684 3	50.105 4	264.490 8	365.112 3	557.319 9	397.146 9	264.9015	301.864 5	365.933 7	509.268	275.169	407.003 7
2019	293.863 9	79.367 2	213.470 4	297.284 9	471.071 7	337.652 7	203.5495	241.180 5	297.969 1	417.362	229.549 1	338.679
2020	255.238 2	101.266 2	181.805 4	254.349 9	408.321 9	263.232 9	177.0678	211.711 5	254.942 1	361.538 1	198.090 9	293.435 1

表 3-23 1990—2020 年高昌区逐月工业用水量

单位: 万 m³

年份	1月	2月	3月	4月	5月	6月	7月	8月	9月	10月	11月	12月
1990	59.278 55	36.971 32	97.879 69	146.143 5	206.016 3	277.536 8	287.337 2	339.416 1	241.930 5	241.850 8	158.206 7	60.432 56
1991	145.687 1	90.604 01	100.745 8	374.718 3	252.041 1	523.253 2	485.860 3	684.401 7	510.958 5	349.065 8	172.695 2	106.969 1
1992	6.517 476	4.108 489	7.796 646	15.839 11	22.551 6	30.035 33	38.598 55	31.139 98	26.904 28	25.637 46	12.740 91	11.130 18
1993	6.191 276	4.155 089	7.726 746	15.652 71	22.761 3	34.695 33	31.608 55	35.753 38	29.280 88	25.637 46	6.376 977	13.160 31
1994	7.822 692	5.359 113	9.281 682	17.168 32	24.791 87	33.592 53	40.861 9	40.049 93	31.729 51	28.848 85	14.011	7.482 609
1995	6.987 492	5.933 313	9.333 882	17.612 02	25.496 57	33.592 53	43.184 8	41.772 53	27.527 41	27.935 35	14.611 3	7.012 809
1996	6.204 492	5.724 513	8.185 482	17.716 42	25.235 57	32.496 33	36.216 1	39.162 53	38.463 31	29.318 65	13.697 8	8.578 809
1997	9.924 72	3.258 58	11.664 12	6.858 54	29.298 88	35.829 82	38.469 34	51.804 48	23.287 94	22.602 32	15.725 32	11.275 94
1998	5.534 4	4.146 6	6.732 4	13.775 8	18.717 6	23.781 4	27.131 8	30.269 6	30.693 8	22.466 4	10.916 4	5.833 8
1999	9.634 4	2.506 6	8.972 4	15.275 8	14.137 6	29.561 4	21.591 8	28.049 6	28.113 8	25.586 4	15.096 4	1.473 8
2000	5.954 4	4.566 6	6.932 4	12.715 8	18.977 6	25.121 4	27.951 8	39.769 6	19.173 8	19.886 4	13.536 4	5.413 8
2001	3.987 2	1.343 3	3.866 2	6.367 9	9.288 8	12.870 7	13.975 9	15.204 8	13.736 9	11.253 2	5.428 2	2.676 9
2002	7.318	6.608 25	9.615 5	15.919 75	23.422	33.626 75	32.189 75	40.312	32.617 25	27.408	13.645 5	7.317 25
2003	10.131 6	8.469 9	9.738 6	20.723 7	25.046 4	38.672 1	40.397 7	57.344 4	32.330 7	30.279 6	17.364 6	9.500 7
2004	8.241 6	7.119 9	19.913 7	11.058 6	36.242 1	29.606 4	30.074 4	59.387 7	39.920 7	30.759 6	19.884 6	7.790 7
2005	38.342 1	8.619 9	9.948 6	29.306 4	20.273 7	5.361 6	41.537 7	44.954 4	36.380 7	37.029 6	11.210 7	17.034 6

时间

续表

年份	时间											
	1月	2月	3月	4月	5月	6月	7月	8月	9月	10月	11月	12月
2006	18.17	25.53	34.86	66.38	88.69	127.81	167.96	150.25	134.57	102.93	55.48	27.37
2007	32.76	44.1	62.82	119.52	174.06	230.04	287.1	192.24	325.08	183.06	99.9	49.32
2008	22.08	30.84	41.4	80.16	117.36	153.96	167.04	120.48	233.16	132.6	67.56	33.36
2009	12.81	18.83	24.36	46.69	69.23	89.18	96.04	70.98	136.08	77.84	38.64	19.32
2010	26.741	35.464	49.049	95.238	142.857	180.752	226.226	146.432	222.222	186.043	79.365	39.611
2011	20.79	27.39	37.95	73.37	109.78	139.15	153.01	.53	214.83	119.02	61.27	30.91
2012	35.53	45.22	65.17	126.54	189.81	240.16	302.48	194.56	333.26	209.19	105.45	52.63
2013	31.54	41.5	56.44	111.22	166	209.16	250.66	169.32	302.12	182.6	92.96	46.48
2014	18	25.2	38.4	81.6	121.2	150	188.4	127.2	224.4	130.8	63.6	31.2
2015	20.48	30.72	39.68	79.36	134.4	162.56	175.36	136.96	249.6	147.2	69.12	34.56
2016	27.94	34.29	44.45	86.36	128.27	144.78	175.26	130.81	251.46	142.24	71.12	33.02
2017	21.6	32.4	43.2	75.6	108	118.8	151.2	108	216	118.8	64.8	21.6
2018	23.25	25.11	32.55	60.45	97.65	106.95	147.87	88.35	175.77	106.95	51.15	13.95
2019	19.5	23.25	33.75	48	79.5	87	108.75	70.5	141.75	87	40.5	10.5
2020	14.85	20.35	23.65	34.65	58.85	64.35	73.15	51.15	108.35	64.35	29.15	7.15

单位：万 m³

表 3-24　1990—2020 年鄯善县逐月工业用水量

年份	1月	2月	3月	4月	5月	6月	7月	8月	9月	10月	11月	12月
1990	3.076 462	3.271 592	5.852 582	5.544 62	5.541 405	5.835 26	5.738 74	5.688 874	5.413 591	3.392 48	4.891 419	5.752 975
1991	3.090 141	3.272 116	5.490 26	5.592 615	5.724 674	5.614 053	5.812 472	6.578 043	5.473 897	3.679 282	4.869 684	4.802 762
1992	3.155 257	3.448 029	5.535 693	5.552 059	5.607 122	5.649 013	6.098 851	5.720 734	5.619 69	3.684 14	5.068 573	4.860 839
1993	4.116 029	4.122 849	7.323 221	7.691 626	7.340 339	7.386 14	7.827 532	8.627 881	7.772 328	4.161 35	6.683 304	6.947 401
1994	22.446 81	21.278 97	36.821 53	37.083 38	35.518 14	34.694 54	34.687 1	34.659 94	34.786 33	22.821 76	30.902 24	33.299 27
1995	21.279 09	19.573 46	36.821 6	34.619 93	36.164 23	35.828 13	36.541 52	36.164 77	34.190 93	23.206 78	31.326 25	33.283 3
1996	21.057 72	19.683 84	36.233 95	36.118 16	35.798 72	36.098 77	36.020 43	35.555 86	35.412 62	23.776 89	32.395 62	30.847 42
1997	21.100 92	21.580 49	35.089 62	36.269 75	36.377 55	37.295 12	36.253 3	35.177	35.603 08	22.787 7	30.431 98	31.033 49
1998	19.411 58	22.136 08	35.233 11	36.141 66	36.006 28	37.405 54	35.262 78	37.551 48	36.063 55	22.803 04	30.302 13	30.682 76
1999	19.196 07	21.012 06	36.991 43	36.825 94	35.684 55	37.059 99	36.437 04	36.130 79	34.830 39	26.709 5	28.987 97	29.134 27
2000	38.176 1	36.921 84	63.286 86	65.111 25	66.594 54	68.173 99	68.585 45	67.993 21	69.451 19	48.701 13	56.338 01	50.666 42
2001	41.177 7	39.401 8	64.191 02	70.833 96	64.601 07	66.659 71	67.752 24	70.374 09	69.885 65	39.107 5	57.54	58.475 27
2002	38.487 89	42.223 17	66.908 63	67.167 75	67.289 71	69.594 76	65.546 25	65.619 13	65.818 32	41.841 02	59.667 11	59.836 26
2003	57.903 38	50.446 55	94.489 92	94.377 16	94.121 17	91.548 35	90.576 31	90.991 81	93.511 82	68.958 01	85.143 12	87.932 41
2004	103.543 7	105.244 9	163.649 1	172.045 5	168.399 4	163.692 9	166 .755 4	177.287	164.416 8	106.493 7	152.696 7	155.775 4
2005	117.589 2	124.679 5	204.132 6	204.191 2	207.259 7	206.827 2	213.843	219.326	219.016 2	128.837 4	177.825 6	176.472 4

时间

续表

年份	1月	2月	3月	4月	5月	6月	7月	8月	9月	10月	11月	12月
2006	94.785 13	99.459 92	157.738 9	154.100 8	155.454 6	155.849 3	156.681 7	171.729 1	168.349 6	111.465 2	138.044 6	136.341 1
2007	86.969 07	85.674 18	138.715 5	141.965 7	142.709	140.479 1	146.478 9	143.897 5	140.770 3	100.827	112.533 6	118.980 2
2008	92.160 47	88.222 31	158.245 2	153.356	151.317 4	148.871 9	159.549	149.492 2	146.684 4	107.876 6	119.537 2	124.687 4
2009	90.993 59	90.681 54	154.316 9	158.237 4	161.886 1	163.398 5	160.272	160.876 9	169.809 4	113.598 2	137.205 4	138.724 1
2010	94.914 33	93.798 2	154.317	154.554 1	157.185 4	159.426 8	168.711 3	163.126 9	168.919 1	108.507 2	137.839 4	138.700 2
2011	104.129 6	113.916	201.286	194.113	190.658 3	196.042 1	198.890 9	186.766 4	167.45	136.923 2	174.205 8	165.618 8
2012	2 272.235	2 157.022	3 614.684	3 687.292	3 755.536	3 956.877	3 674.577	3 701.129	3 601.611	2 654.592	3 248.833	3 385.611
2013	100.005 4	94.336 55	152.925 5	152.357 3	154.239	163.477 5	163.799 4	158.806 2	151.492 6	107.276	138.074	143.210 5
2014	79.578 3	73.279 08	136.434 6	131.682 8	131.611 4	138.651 1	132.441 2	126.986 9	123.940 2	93.876 04	114.103 3	117.415 1
2015	76.300 87	69.886 43	125.714 8	118.541 4	117.703 5	124.743 2	128.439 1	118.716 7	113.526 9	82.636 9	105.619 1	108.171 5
2016	70.493 84	67.044 7	127.135 7	126.881 1	117.627 8	127.708 2	120.479 6	119.333 5	123.155 4	81.227 81	99.678 19	99.234 11
2017	62.287 24	66.492 57	105.959 7	104.771 7	105.926 2	107.339 5	110.803 2	105.389 1	103.628 4	71.289 83	93.097 41	93.015 17
2018	74.997 03	77.906 16	123.568 3	128.673 1	127.648 5	129.304 5	137.166 4	124.349	136.366 3	86.711 67	112.443 4	110.865 6
2019	53.707 77	58.373 08	97.591 3	96.624 62	99.457 47	103.302	100.361 8	97.484 54	103.612 4	66.454 37	93.358 19	89.672 41
2020	71.514 94	76.818 07	124.290 9	133.634 7	122.934 7	128.409 8	134.521 1	125.941 6	131.252 3	94.092 44	105.903	100.686 5

时间

表 3-25　1990—2020 年托克逊县逐月工业用水量

单位：万 m³

年份	1月	2月	3月	4月	5月	6月	7月	8月	9月	10月	11月	12月
1990	81.449 16	20.612 14	32.658 26	41.971 46	36.671 01	56.451 74	56.458 27	60.121 42	57.709 98	25.923 91	71.874 44	78.098 22
1991	82.685 55	21.108 01	56.768 26	32.346 46	25.676 01	41.733 98	55.828 32	59.501 41	58.329 96	37.912 56	70.634 29	77.475 18
1992	85.776 51	25.056 26	41.140 27	57.543 24	31.566 97	57.951 41	59.879 91	41.016 45	22.347 68	54.269 77	67.533 94	75.917 58
1993	114.408 5	37.879 18	47.720 37	61.716 4	57.362 74	82.286 97	84.512 77	87.106 12	103.708 1	31.763 05	87.740 42	123.795 5
1994	100.601 8	99.193 18	41.556 91	53.161 32	71.666 91	70.560 16	76.572 63	25.182 8	44.260 15	32.988 21	71.961 09	92.294 89
1995	97.803 79	30.823 09	38.830 35	49.981 59	67.533 67	71.461 82	69.175 64	24.838 32	44.361 37	67.080 25	85.193 55	92.916 55
1996	94.121 95	64.866 82	29.516 73	37.184 74	42.847 29	47.900 92	68.422 72	66.513 22	64.217 99	23.944 94	81.455 72	89.006 97
1997	121.724	31.126 67	47.384 73	61.184 99	37.612 99	83.412 15	87.150 72	85.795 32	56.010 32	81.758 56	103.308 9	113.530 7
1998	55.327 57	18.275 96	23.024 66	29.946 06	41.652 76	42.286 51	43.236 23	29.319 44	16.040 14	39.615 59	49.466 62	61.808 46
1999	58.525 45	40.773 8	15.306 71	16.889 63	21.278 46	39.085 9	39.047 4	36.552 23	27.788 78	28.205 87	45.328 75	51.217 01
2000	98.024 47	23.442 97	32.689 34	41.179 32	52.322 21	68.066 94	68.461 34	75.977 23	40.385 84	71.491 48	92.664 67	95.294 2
2001	86.978 29	32.072 83	37.139 98	46.789 8	58.379 28	60.731 86	84.003 64	85.967 72	100.942 6	80.569 03	112.341 9	124.083 1
2002	130.305 7	33.207 52	40.663 04	51.226 84	59.533 82	89.632 48	94.246 62	92.002 98	66.041 68	88.441 84	112.039 8	122.657 7
2003	108.286 4	27.875 97	41.335 05	50.521 44	32.810 47	53.543 86	75.976 02	76.064 44	89.540 84	71.232 12	73.649 36	99.164 05
2004	143.315	56.124 6	61.928 64	101.892 2	78.021 04	143.173 8	149.504	103.421 5	134.024 9	166.205 4	187.795 7	214.593 3
2005	179.164 5	59.657 42	44.304 13	75.152 57	77.198 48	95.846 76	127.512 9	126.086 4	130.287 1	138.558	167.897 8	178.333 8

续表

年份	1月	2月	3月	4月	5月	6月	7月	8月	9月	10月	11月	12月
2006	59.318 2	20.856 83	22.295 6	36.837 2	28.089 66	51.503 2	52.394 53	54.925 06	38.729 22	48.173 22	67.726 6	79.150 66
2007	25.393 95	25.875 09	6.489 12	8.442 521	11.428 86	13.615 79	18.112 35	19.594 01	18.416 13	10.635 5	18.411 34	23.585 35
2008	27.271 01	7.048 973	8.162 633	10.283 47	13.347 66	19.116 11	18.462 34	18.894	12.830 61	17.707 48	22.185 19	24.690 52
2009	37.017 88	9.013 868	13.023 64	20.768 41	16.405 86	26.718 53	26.724 22	28.521 98	15.341 03	30.291 01	37.178 23	38.995 34
2010	39.171 59	20.354 73	9.877 642	12.591 81	15.862 73	27.258 52	29.211 01	27.804 19	17.503 74	27.436 02	35.017 98	37.910 05
2011	240.054 8	61.281 32	74.543 27	93.909 08	121.163 2	110.068 7	164.811 1	169.345	172.746	162.082 2	205.067 3	224.927 9
2012	56.962 45	76.702 4	123.231 6	96.624 74	162.111 1	163.945 2	178.146 1	99.255 19	167.512	215.868 5	229.286 3	230.354 4
2013	263.347 3	67.512 34	80.777 49	121.815 1	101.763 7	131.557 8	179.950 9	185.377 9	187.121 2	175.504 1	221.335 3	243.936 7
2014	269.175 8	67.128 02	89.150 27	112.306 4	117.479 8	143.448 4	189.549 7	192.109 4	250.166 4	194.586	206.997 1	267.902 7
2015	255.486 6	128.421 3	65.331 81	78.945 95	99.455 86	175.073 9	182.920 7	180.075 9	171.603 1	117.560 1	216.835 1	238.289 7
2016	251.354 4	65.229 91	74.322 24	93.633 62	121.780 6	119.232 4	169.387 9	171.965 1	175.827 4	161.103 4	201.164 3	224.998 8
2017	108.432 7	132.777 3	167.271 3	194.396 1	215.646 3	292.677 5	307.744 1	300.417 9	365.844 2	288.789 7	400.515	425.487 9
2018	357.601	190.038 3	79.842 78	150.666 3	119.606 7	241.773 7	278.378 2	262.295	134.136 5	240.460 5	331.418 6	343.782 5
2019	322.789 8	84.742 22	92.031 02	151.736 2	115.946 6	156.763 6	214.616 8	224.435 1	245.928 6	199.010 6	212.681	279.318 5
2020	293.816 7	81.513 89	105.331 6	132.692 3	170.005 8	226.654 3	244.425 1	230.701 6	143.862	229.639	316.922	324.435 7

第四章

生活用水调查

在 21 世纪的今天，随着全球化进程的加速和人口数量的持续增长，水资源的稀缺性已经成为制约社会经济发展的关键因素之一。特别是在中国西北的干旱地区，如吐哈盆地，水资源的合理利用和管理已经迫在眉睫。吐哈盆地覆盖多个区县，包括经济发展水平和自然环境条件各异的区域，这使得该地区的水资源管理面临着独特的挑战和需求[31]。

为了深入理解吐哈盆地的生活用水现状，本研究团队在过去的三年中（2021—2024 年），对该地区的六个主要区县进行了全面的生活用水调查。通过采用问卷调查、面对面访谈以及对当地水务系统的数据分析等多种方法，收集了包括家庭用水量、用水习惯、水资源满意度以及面临的水相关问题等多维度的数据。

本章的目的是展示吐哈盆地居民的用水行为，分析不同社会经济背景下居民用水量的变化趋势，以及探究该地区生活用水中存在的问题和挑战。在全球气候变化的大背景下，吐哈盆地如何实现水资源的可持续利用，保障居民的水安全，对于地方政府、水资源管理者以及每一位居民而言都具有重要的现实意义。

通过对吐哈盆地生活用水的深入调查和分析，旨在为水资源的高效管理和节约利用提供科学依据和实践指南，以期促进该地区乃至整个干旱区水资源的可持续发展，为实现更加绿色、环保的未来贡献力量。

第一节　生活用水概念及计算

一、生活用水概念

生活用水，是指人类日常生活所需用的水。包括城镇生活用水和农村生活用水。城镇生活用水由居民用水和公共用水（含服务业、餐饮业、货运邮电业及建筑业等用水）组成，农村生活用水除居民生活用水外还包括牲畜用水在内，本书将牲畜用水划分至农业用水中。

二、生活用水计算

本次生活用水调查主要通过与各区县水利局和水务公司的合作进行，利用他们提供的官方数据作为基础信息来源。这些数据包括但不限于居民的用水量记录、水资源分配情况以及近年来的水质报告等。通过分析这些数据，我们能够获得该地区水资源使用的宏观视角，了解基础设施的现状及其对居民日常用水的影响。与各区县水利局和水务公司的合作不仅限于获取他们的官方数据，我们还进一步与这些机构的专家和技术人员进行了深入讨论。这些讨论有助于理解数据背后的情况，例如水资源分配的具体政策、基础设施维护的挑战以及近期实施的节水措施等。为了保证数据的时效性和准确性，我们特别关注了过去五年内的数据变化，以观察和分析趋势。

为了深入了解居民的用水行为和态度，本研究还采用了面对面访谈的方法。访谈对象包括家庭用户、商业用户以及水资源管理和政策制定者等。通过这种直接沟通的方式，我们能够收集到更为详细和个性化的信息，如居民对当前水资源管理政策的看法、存在的具体问题和挑战，以及他们对未来水资源管理方案的期望和建议。

此外，研究团队还设计了一系列调查问卷，针对吐哈盆地的不同社区进行了广泛发放和收集。问卷内容涵盖了家庭用水习惯、节水措施的认知与实践情况，以及对水资源短缺的感知等方面。这些问卷数据经过整理和分析后，有助于了解从居民角度出发的生活用水全貌。

通过以上的调查方法和数据来源，结合现有文献和研究报告的参考，本研究旨在构建一个全面、多角度的吐哈盆地生活用水现状和需求分析。这不仅为后续的水资源管理策略提供了科学依据，也为相关政策制定提供了民意基础，最终旨在推动该地区水资源的可持续发展和合理利用。

$$W_{生活，月基础} = W_{生活，总}/12 \tag{4-1}$$

式中，$W_{生活，月基础}$为生活供水月均基础供水量，$W_{生活，总}$为生活供水年总供水量。

$$W_{生活，旅游} = W_{生活，月基础} \times 1.3 \tag{4-2}$$

式中，$W_{生活，旅游}$为旅游月份生活月级供水量

$$W_{生活，非旅游} = (W_{生活，总} - W_{生活，旅游} \times i)/(12-i) \tag{4-3}$$

式中，$W_{生活，非旅游}$为非旅游月份生活月级供水量，i为一年内旅游月份数。

根据调研情况以及当地旅游发展情况，对旅游月份以及相对稳定月份进行划分。例如：旅游月份，生活供水依照均值上调30%。具体调整系数参考中华人民共和国住房和城乡建设部发布的国家标准《室外给水设计标准》（GB 50013—2018）。

第二节　吐哈盆地生活用水统计与分析

一、生活用水现状分析

在过去的三十年中，对吐哈盆地各区县的生活用水量进行逐月平均分析揭示了一种总的趋势（图4-1，表4-1~表4-6）。特别是在夏季的6月、7月、8月，各区县的生活用水量普遍高于年内其他月份。这一现象可以归因于两个主要因素：气候条件和旅游季节的影响。夏季尤其炎热，平均温度往往超过30℃，最高温度甚至能达到40℃以上。在这样的气候条件下，水分蒸发快速，土壤容易干燥，从而导致居民和农业的用水需求显著增加。夏季，由于高温持续，居民的生活用水量增加，主要用于日常饮用、洗浴、空调冷却等，以缓解高温带来的不适。此外，高温也加速了水体的蒸发，减少了地表水和地下水的有效积

累，这进一步加剧了水资源的紧张状况。另一方面，夏季也是旅游旺季，特别是对于吐鲁番等拥有丰富旅游资源的地区，游客的增加同样推高了当地的用水量，旅游业对水资源的需求在夏季达到高峰。

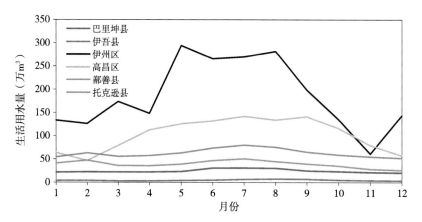

图 4-1　吐哈盆地近三十年各区县逐月平均生活用水量

伊州区的生活用水量明显高于其他区县，这可能与其地理位置和气候条件有关。伊州区作为区域中心，不仅常住人口较多，而且在旅游季节接待的游客数量也显著增加，这直接导致了生活用水需求的增长。伊州区的人口密度较高，或城市化进程较快，那么居民生活、工业生产、服务业等对水资源的需求也会相应增加。城市居民的生活用水标准通常高于农村地区，尤其是在城市公共设施、绿化养护、商业活动等方面的用水。伊州区的旅游资源以其自然风光和人文景观为主，其中哈密瓜享誉世界，是伊州区的一张名片。除了享受美味的哈密瓜，游客还能探访众多自然与人文景观。比如，哈密国家地质公园，这里有着形态各异的雅丹地貌。另外，天山神秘大峡谷以其壮观的红色岩壁和独特的地质结构吸引着众多旅行者。并且夏季气温的上升，尤其是在干旱的吐哈盆地地区，居民和游客的用水量都会随之增加，用于饮用、洗浴和空调冷却等方面的水消耗都会上升（表 4-3）。

紧随其后的是吐鲁番地区的高昌区、鄯善县和托克逊县。这些地区同样受到夏季高温和旅游季节的影响，但由于吐鲁番市以其独特的自然和文化景观吸引了大量游客，这进一步加剧了夏季用水量的增加（表 4-4、表 4-5、表 4-6）。相比之下，巴里坤县和伊吾县的生活用水量较低，部分原因是这些地区的工业活动较少，常住人口和旅游人口也相对较少。

伊吾县作为一个以工业为主的县，其常住人口和旅游人口相对较少，这解释了其生活用水量相比其他区县较低的现象。尽管工业用水占据了伊吾县总水量的较大比例，但其生活用水需求却因人口规模较小而相对较低（表 4-2）。

吐鲁番市与哈密市之间的气候差异对生活用水量的影响不容忽视。吐鲁番地区以其极端干热和低降水量著称，这导致了夏季高温期间生活用水需求的显著增加。而哈密市，尽管同样位于干旱区，其相对较高的降水量和不同的气候条件使得生活用水需求有所不同。

总的来说，通过对吐哈盆地各区县生活用水量的深入分析，我们可以看出气候条件和旅游活动是影响水资源需求的重要因素。这一发现对于制定有效的水资源管理策略、确保水资源的可持续利用具有重要意义。未来的水资源管理需要考虑到这些因素，采取综合措施应对夏季用水量的增加，同时促进水资源的节约和保护。

表 4-1　1990—2020 年巴里坤县逐月生活用水量

单位：万 m³

年份	1月	2月	3月	4月	5月	6月	7月	8月	9月	10月	11月	12月
1990	29.310 52	27.011 41	29.310 52	27.011 41	25.892 32	37.676 25	38.991 01	36.648 2	26.202 09	28.369 9	27.317 41	25.618 95
1991	8.544 428	16.544 18	16.783 97	15.805 02	17.222 39	17.490 35	18.785 94	19.270 33	17.414 15	17.160 12	15.878 72	13.780 41
1992	15.310 61	14.886 23	14.823 46	14.311 03	14.515 81	20.438 41	19.563 9	20.678 16	17.417 05	15.215 14	13.884 77	13.635 42
1993	2.383 536	2.374 504	2.244 496	2.284 65	2.354 886	2.892 037	3.207 608	2.775 097	2.575 245	2.373 691	2.378 294	2.155 957
1994	2.296 244	2.344 538	2.254 601	2.244 331	2.238 392	3.134 551	3.217 369	2.874 436	2.825 69	2.268 43	2.194 95	2.106 469
1995	44.199 4	39.703 54	38.710 68	39.242 99	41.424 94	57.445 13	58.565 92	56.512 75	49.043 47	47.847 53	39.464 97	39.418 68
1996	2.694 435	2.653 54	2.216 75	2.276 731	2.298 569	3.048 92	3.042 761	3.014 67	2.365 396	2.159 442	2.113 841	2.114 945
1997	2.804 176	2.608 454	2.407 9	2.415 718	2.571 133	3.615 752	3.528 505	3.420 953	2.587 003	2.365 163	2.347 609	2.327 633
1998	3.510 921	3.665 918	3.234 695	3.330 809	3.381 766	4.587 215	4.620 15	4.669 625	4.442 893	3.951 768	3.321 27	3.282 971
1999	4.752 384	4.652 408	4.439 031	4.492 088	4.541 786	6.373 371	6.372 533	6.661 403	5.067 842	4.932 708	4.364 179	4.350 266
2000	48.200 05	53.029 56	48.364 01	52.374 4	55.377 04	65.816 77	65.884 4	67.669 98	53.867 76	52.241 85	47.430 52	46.733 65
2001	67.008 57	68.517 36	70.240 55	71.135 24	73.155 9	91.863 45	94.000 64	92.805	72.903 86	70.912 05	65.716 14	63.101 25
2002	103.690 2	105.996 4	105.337 4	104.855 9	106.873 9	149.846 7	149.598 8	137.327 4	115.910 6	109.192 6	99.785 62	84.584 59
2003	13.251 62	13.696 6	13.309 04	13.386 61	13.541 66	18.668 42	18.650 25	17.929 87	14.369 71	14.134 97	13.463 87	12.597 36
2004	10.861 81	11.016 24	10.365 11	10.451 27	11.442 6	15.836 88	15.559 27	14.842 14	12.620 37	10.564 77	10.288 21	10.151 34
2005	9.852 222	11.977 79	9.885 223	10.140 4	10.179 83	14.349 07	13.984 99	15.174 14	11.526 66	10.473 14	9.818 189	9.638 343

续表

年份	时间											
	1月	2月	3月	4月	5月	6月	7月	8月	9月	10月	11月	12月
2006	14.000 59	14.115 76	12.324 19	12.535 79	13.328 38	17.071 03	18.338 85	17.091 65	15.133 82	12.064 94	12.011 06	11.953 94
2007	11.292 39	11.533 33	12.098 26	12.221 51	12.147 46	15.700 89	15.658 97	16.061 27	12.634 51	12.271 55	11.230 98	10.818 87
2008	11.389 24	11.629 29	11.742 66	11.825 23	11.931 13	15.161 62	16.256 19	15.494 53	13.038 84	12.108 36	11.013 13	10.949 77
2009	13.662 04	13.698 79	13.854 03	13.860 25	14.424 87	19.055 28	18.560 29	18.537 65	14.822 4	13.615 22	13.466 37	12.672 8
2010	13.154 9	13.491 17	13.507	13.491 57	14.338 77	18.904 61	19.031 18	19.574 51	15.453 96	13.531 56	13.033 41	12.717 36
2011	13.101 06	13.374 04	13.064 51	13.212 94	14.767 54	18.308 66	18.680 26	18.276 99	15.616 85	14.590 14	13.086 35	12.660 67
2012	13.728 85	14.493 52	14.596 18	14.764 65	15.458 34	19.142 28	19.285 21	19.132 62	16.050 84	15.063 22	13.974 68	13.709 61
2013	13.452 17	14.247 24	13.835 55	14.367 68	14.915 04	19.517 75	19.173 24	20.462 91	15.837 1	14.494 17	14.567 9	13.229 24
2014	14.443 81	14.893 83	14.812 71	14.802 05	14.980 19	19.702 15	21.913 41	20.491 32	16.190 58	15.022 76	14.851 82	14.295 37
2015	35.297 14	37.363 53	35.384 55	35.554 21	35.588 15	52.769 13	48.632 98	51.245 2	42.280 34	37.629 63	34.524 46	33.730 7
2016	34.984 25	37.143 38	37.101 51	37.545 22	38.944 79	50.494 1	49.902 16	51.429 38	43.066 45	39.830 37	36.541 35	35.017 04
2017	33.445 88	35.007 52	35.687 37	35.732 06	36.629 25	51.316 53	47.503 58	47.036 88	40.314 27	39.129 72	34.574 3	33.622 65
2018	34.433 35	36.365 33	36.149 02	36.688 68	39.170 89	49.620 58	53.282 12	50.613 87	43.932 87	38.522 85	35.986 11	35.234 32
2019	32.156 58	33.033 65	32.750 38	32.675 11	33.890 96	47.872 22	48.122 19	45.661 32	39.027 84	34.507 27	32.140 11	32.162 36
2020	33.485 08	35.076 43	33.253 79	35.189 65	41.316 52	52.273 55	51.316 61	50.427 12	36.770 27	36.148 31	34.350 53	33.392 15

表 4-2 1990—2020 年伊吾县逐月生活用水量

单位：万 m³

| 年份 | 时间 | | | | | | | | | | | |
---	1月	2月	3月	4月	5月	6月	7月	8月	9月	10月	11月	12月
1990	2.303 253	2.418 368	1.662 014	1.481 07	1.945 66	2.279 646	2.429 772	3.078 344	1.670 549	1.670 192	2.614 572	1.693 261
1991	0.989 16	1.375 372	2.358 487	1.569 362	1.957 246	2.323 342	2.977 825	3.406 923	3.571 964	2.034 598	1.874 98	2.274 142
1992	1.794 015	0.999 334	1.398 785	2.267 431	2.141 794	2.507 282	3.237 412	3.747 831	3.682 594	1.694 235	1.681 17	2.617 216
1993	—	1.647 24	2.562 436	1.750 354	—	—	3.601 196	4.074 782	3.081 779	2.046 267	1.412 936	1.535 833
1994	2.493 546	1.000 319	1.444 854	1.745 29	2.445 574	2.279 988	3.292 609	3.957 753	4.053 208	2.028 72	2.592 569	1.892 271
1995	2.981 344	2.539 256	1.942 443	2.461 685	3.088 073	3.254 206	3.993 673	4.973 823	5.133 38	2.575 935	3.520 793	3.270 191
1996	2.263 766	2.757 567	1.870 734	2.063 142	2.322 921	2.741 12	3.782 014	3.679 539	3.849 364	2.827 03	1.886 787	1.442 816
1997	2.353 636	2.864 886	1.597 642	1.985 886	2.734 599	2.985 519	3.866 471	3.709 12	4.044 604	2.003 818	2.593 708	2.091 512
1998	3.065	3.014 392	2.318 839	1.927 953	2.491 847	2.755 217	3.733 228	4.068 333	4.113 3	2.513 839	1.910 028	1.611 323
1999	3.038 818	3.107 76	1.784 515	1.981 149	2.452 951	3.037 98	3.898 315	4.432 895	4.500 085	2.853 208	1.920 577	1.880 847
2000	3.078 804	3.261 289	1.823 212	2.096 547	2.669 06	3.151 788	4.058 802	4.621 136	5.298 367	3.389 042	1.511 121	1.350 533
2001	3.385 131	3.135 196	1.935 9	2.462 782	2.912 831	3.279 55	4.353 867	5.082 243	4.483 375	3.161 984	3.385 131	2.349 715
2002	2.819 1	3.435 205	2.074 875	2.298 66	2.872 212	3.380 609	4.352 489	5.015 73	5.360 076	2.396 755	3.435 205	1.882 468
2003	6.752 538	8.977 386	5.928 461	6.102 133	7.453 773	8.672 205	11.263 65	12.986 38	14.031 53	6.255 626	5.186 833	6.389 493
2004	9.046 533	6.595 524	4.762 448	5.723 261	7.242 202	8.714 015	11.069 75	12.598 43	16.264 7	7.190 241	5.669 744	5.123 15
2005	3.656 922	3.986 027	2.296 963	2.842 398	3.531 725	4.065 182	5.302 313	6.201 827	4.954 108	2.218 375	2.341 22	2.602 941

续表

年份	时间											
	1月	2月	3月	4月	5月	6月	7月	8月	9月	10月	11月	12月
2006	1.506 269	1.772 926	46.7	3.612 69	4.107 836	3.002 945	2.766 376	3.840 152	3.661 258	5.159 014	5.963 937	6.938 74
2007	2.551 317	2.900 994	2.120 71	1.953 642	2.711 953	2.585 617	3.643 346	4.211 791	4.900 207	2.736 917	1.046 596	1.616 91
2008	1.565 879	3.831 06	3.409 589	3.278 212	3.522 535	6.312 8	7.475 472	6.026 396	6.211 504	2.611 08	—	2.944 082
2009	3.605 635	4.518 019	2.896 111	3.782 924	4.390 501	5.048 393	7.339 723	6.606 591	6.984	4.138 217	4.518 019	3.501 572
2010	4.038 623	5.182 292	3.837 252	3.216 75	4.999 707	4.167 544	6.333 469	6.358 055	7.076 203	3.819 314	3.244 456	3.730 635
2011	4.461 788	5.554 901	3.016 748	3.604 464	4.064 257	7.999 327	6.941 965	7.966 109	7.576 506	5.211 444	3.218 954	2.943 538
2012	5.643 945	6.550 122	3.911 605	3.261 286	4.845 413	7.068 068	7.425 663	8.138 369	8.319 678	4.083 612	3.811 936	3.440 303
2013	5.104 885	5.621 11	2.826 534	3.383 666	4.154 503	5.006 497	6.441 638	7.067 167	7.319 974	4.158 597	3.168 035	3.567 393
2014	7.086 381	4.971 382	5.100 255	4.235 522	6.471 203	7.599 969	8.937 434	10.636 1	9.466 081	8.158 474	7.866 729	5.682 793
2015	0.754 983	0.889 75	—	—	1.820 462	2.042 064	2.713 215	3.078 656	2.672 371	2.597 752	1.641 48	1.181 271
2016	7.112 584	4.415 985	7.315 501	6.844 129	8.076 463	8.943 186	11.852 76	12.564 57	12.955 26	8.190 21	9.379 137	6.300 216
2017	3.514 559	4.139 012	6.564 51	7.185 286	8.425 17	9.305 154	12.270 57	14.109 66	13.595 86	8.885 537	10.915 15	12.089 54
2018	5.770 191	5.280 365	7.721 822	5.453 318	7.941 722	9.747 378	12.397 76	14.725 9	9.623 865	16.014 58	9.976 899	7.346 207
2019	5.123 72	4.627 909	5.071 907	4.254 116	7.495 915	6.370 151	9.948 36	10.077	10.277 91	13.751 74	8.102 271	5.898 996
2020	18.130 81	23.691 86	16.712 61	19.961	25.590 32	31.934 49	39.218 19	42.325 1	37.646 23	43.785 65	31.829 01	23.174 74

表4-3　1990—2020年伊州区逐月生活用水量

单位：万 m³

年份	1月	2月	3月	4月	5月	6月	7月	8月	9月	10月	11月	12月
1990	49.182 55	32.630 8	52.426 93	45.748 23	95.644 18	86.271 38	86.952 15	92.507 1	66.682 6	44.881 85	19.654 75	52.417 5
1991	47.453 98	55.277 44	45.009 15	44.191 51	96.927 8	87.216 13	87.230 1	93.672 69	67.334 69	45.474 59	20.007 17	45.492 24
1992	47.800 5	49.818 36	56.724 2	45.937 79	99.993 67	90.662 57	90.677 09	97.374 27	69.995 49	47.271 57	20.797 78	47.289 91
1993	57.828 2	35.050 07	58.351 88	54.385 88	102.271 1	92.024 09	92.038 83	98.836 58	71.046 65	47.981 47	11.800 25	54.206 66
1994	47.896 17	47.606 56	58.897 22	55.589 26	106.046 8	95.421 49	95.436 77	102.485 5	73.669 59	49.752 87	21.889 46	49.772 18
1995	175.607 9	87.556 34	218.259 6	193.465 8	369.574 4	311.867 4	325.524 1	341.202 5	254.620 3	165.562	79.480 41	198.279 3
1996	183.073 6	187.799	205.1877	176.051 8	379.824 8	341.768 3	341.823	367.069 2	263.860 2	178.198 4	78.400 83	178.267 5
1997	169.861	186.805 7	216.954 5	210.609 3	396.044 9	356.363 2	356.420 3	382.744 6	275.128 1	185.808 2	81.748 88	185.880 3
1998	228.658 5	138.591 5	218.458 5	215.047 2	379.849	363.872 5	363.930 8	390.809 8	280.925 6	189.723 5	83.471 49	214.338 6
1999	113.937 4	172.909 4	140.789 9	172.732 3	309.862 9	268.904 5	275.618 2	288.180 8	215.454 8	138.105 8	63.043	140.461
2000	188.123	202.553 4	233.1977	174.292 9	381.416 7	335.573 5	333.308 6	376.988 4	271.950 4	154.216 2	83.839	164.540 2
2001	282.924 2	167.628 5	306.724 7	251.580 5	480.527 2	534.034 7	485.060 4	518.531	367.747 2	246.091 2	116.308 5	293.992
2002	224.902 5	341.308 1	230.949 8	331.878 5	575.776 4	524.892 1	543.138 4	581.101 8	413.939	281.688 8	121.717 4	368.707
2003	140.384 3	149.173 3	175.810 6	167.087 4	305.554 1	263.940 3	277.144 9	304.785 6	226.953 6	141.108 1	56.893 5	141.164 5
2004	153.202 8	126.415 6	193.714 4	153.354 9	284.086 1	287.179 7	314.005 5	311.283 8	222.846 5	129.149 4	66.436 65	173.324 6
2005	167.781	163.472 5	159.151 8	152.512 8	309.907	291.103 9	287.968	326.619 5	221.73	152.867 8	62.693 28	152.192 2

年份	时间											
	1 月	2 月	3 月	4 月	5 月	6 月	7 月	8 月	9 月	10 月	11 月	12 月
2006	120.612	95.22	173.512	152.352	283.544	256.036	251.804	269.79	193.783 3	130.874 6	57.555 2	130.916 9
2007	112.967 6	114.418 6	168.311 4	145.303 3	273.195	245.834 1	245.834 1	264.074 7	189.868 5	128.306 3	56.380 16	128.306 3
2008	107.682	109.057 5	159.165	137.55	258.397 5	233.835	232.263	250.930 5	179.404 5	121.83	53.055	121.83
2009	120.247 4	96.562 29	147.940 7	109.680 2	240.494 8	218.631 6	216.809 7	231.385 1	163.973 7	112.048 7	49.374 3	114.781 6
2010	100.396 2	100.214 3	147.866 1	124.949 6	240.805 3	218.798 2	216.797 6	231.165 9	162.052 5	111.490 7	49.106 83	115.128 2
2011	100.776 9	98.746 56	164.639 1	120.341 6	248.250 7	220.749 3	222.041 3	232.746 6	160.947 7	111.482 1	50.019 28	114.989
2012	107.988 2	98.482 16	170.727 8	124.718 7	255.521 3	226.623	234.037 7	230.995 8	165.594 5	116.733 7	51.712 64	118.064 5
2013	121.646 2	115.106 1	195.985 6	142.792 6	295.177 4	257.680 7	270.543	262.694 8	192.061 5	131.674 4	61.477 13	133.200 4
2014	138.149	124.285 4	214.276 8	161.741 3	332.481 7	290.891 1	295.025 9	303.052 1	210.142 1	146.175 2	68.344 82	147.634 5
2015	192.385	189.208	313.464	230.156	481.845	420.776	444.78	428.542	304.639	212.506	99.899	211.8
2016	127.279 8	135.947 6	199.359 4	144.843 5	319.111 9	271.210 9	285.581 2	276.457 2	182.48	137.088 1	64.096 1	137.544 3
2017	93.983 1	86.765 7	135.404 7	101.357 4	217.620 3	187.809 3	195.026 7	191.888 7	122.382	96.022 8	45.814 8	94.924 5
2018	112.095 9	115.456 8	171.405 9	127.911 9	274.605 3	236.251 5	246.531 9	242.182 5	156.183	120.794 7	55.751 4	117.829 2
2019	151.542 4	156.078	230.782	172.086	370.051 6	319.359 6	332.166	327.897 2	208.104	163.281 6	77.105 2	159.546 4
2020	160.693	143.072	227.758	169.898	363.203	314.548	328.224	321.649	206.455	161.219	75.744	157.537

表 4-4　1990—2020 年高昌区逐月生活用水量

单位：万 m³

年份	1月	2月	3月	4月	5月	6月	7月	8月	9月	10月	11月	12月
1990	4.137 804	2.068 659	5.861 079	7.388 091	8.549 388	8.718 921	9.467 604	8.649 261	8.987 355	7.996 644	5.400 189	3.775 005
1991	61.830 94	66.772 52	76.932 04	115.427 7	131.926 4	146.13	143.554 5	152.499 4	132.330 4	102.679 6	100.633 2	85.283 38
1992	58.874 03	63.643 97	67.684 93	87.834 63	121.283 9	121.275 9	134.182 8	123.617 8	127.376 3	109.776 4	76.880 41	55.568 94
1993	63.469 23	35.639 77	100.505 5	125.918	139.178 3	148.065 7	154.459 2	149.467 6	144.040 5	133.08	84.612 61	69.563 54
1994	64.840 57	67.682 64	82.785	125.315	138.366 4	151.910 1	155.565 4	153.348 4	148.886 9	135.428 9	93.586 23	65.284 52
1995	84.340 87	45.278 04	78.082 8	121.304 3	138.643	161.867 7	149.480 2	161.646 4	148.748 6	163.227 2	78.096 63	52.284 32
1996	46.701 31	58.328 75	68.864 11	110.739 2	119.892 9	126.892 7	132.666 1	129.392 2	125.974 6	116.711 2	73.430 99	58.405 84
1997	57.680 51	68.607 15	71.784 11	85.744 05	118.724 9	127.009 5	132.666 1	124.720 2	129.595 4	114.959 2	80.322 19	56.186 64
1998	47.869 31	42.911 15	79.960 11	115.294 4	118.257 7	129.695 9	119.234 1	138.853	116.280 2	126.172	65.955 79	67.516 24
1999	45.621 46	49.267 57	44.140 69	94.877 38	97.340 81	109.762 8	107.862 6	120.288 5	97.638 91	84.500 3	62.599 4	57.099 66
2000	38.685 6	41.255 1	53.063 1	88.029 9	80.323 2	115.236 9	102.045 6	99.792 9	95.179 5	89.031 6	57.392 1	39.964 5
2001	52.484	25.639	72.459	90.311	105.648	102.341	117.884	105.781	111.555	95.724	68.969	51.205
2002	46.249 8	46.777 05	54.966 05	82.850 45	97.325 6	103.304	109.044 8	105.052	102.462 3	94.642 8	60.485 55	46.839 75
2003	52.660 8	59.926 8	69.430 8	107.773 2	121.977 6	123.409 2	143.860 8	124.297 2	133.146	119.908 8	82.522 8	61.086
2004	92.950 8	35.686 8	49.180 8	125.097 6	111.253 2	139.300 8	129.649 2	128.137 2	132.786	122.428 8	74.962 8	58.566
2005	135.395 4	93.042 6	51.434 6	57.377 6	151.257 4	145.947 2	162.517 6	150.753 4	155.057	138.633 6	77.656 6	80.927

时间

年份	时间											
	1月	2月	3月	4月	5月	6月	7月	8月	9月	10月	11月	12月
2006	28.686	25.718	49.322	64.897	72.975	75.628	81.256	76.916	76.685	68.614	45.829	33.474
2007	73.8	66.6	127.8	167.4	187.2	194.4	208.98	196.92	197.28	176.4	117.9	85.32
2008	20.75	18.75	35.75	46.75	51.5	53.5	58.2	54.55	54.9	49.1	32.6	23.65
2009	22.26	26.53	50.19	65.38	72.17	74.97	89.04	75.95	76.72	68.11	45.71	32.97
2010	47.676	43.152	82.708	110.664	120.06	124.816	130.732	126.208	127.484	113.796	76.676	56.028
2011	49.8	45.24	86.16	114.24	124.44	129.48	134.64	129.72	131.04	118.2	79.44	57.6
2012	41.1	37.2	71.3	95.4	103.5	107.6	112.7	108.8	109.9	98.1	66.1	48.3
2013	63.96	57.72	110.76	148.2	162.24	168.48	176.28	170.04	171.6	152.88	102.96	74.88
2014	91.2	68.4	144.4	186.2	190	193.8	207.1	195.7	228	180.5	127.3	87.4
2015	82.32	62.16	129.36	159.6	171.36	179.76	188.16	174.72	203.28	147.84	105.84	75.6
2016	97.9	39.16	117.48	176.22	183.34	192.24	215.38	190.46	226.06	137.06	129.94	74.76
2017	108.6	36.2	126.7	181	181	199.1	217.2	199.1	235.3	144.8	108.6	72.4
2018	103.35	39.75	103.35	151.05	166.95	151.05	198.75	166.95	214.65	135.15	103.35	55.65
2019	110.22	43.42	106.88	156.98	177.02	160.32	207.08	173.68	227.12	143.62	106.88	56.78
2020	107.2	43.2	100.8	148.8	171.2	155.2	196.8	164.8	219.2	139.2	100.8	52.8

表 4-5　1990—2020 年鄯善县逐月生活用水量

单位：万 m³

年份	1月	2月	3月	4月	5月	6月	7月	8月	9月	10月	11月	12月
1990	5.720 896	6.113 217	5.975 124	6.506 113	6.443 297	8.116 124	8.116 242	8.428 518	6.496 925	6.123 65	6.116 367	5.843 528
1991	5.625 237	6.344 182	5.714 668	6.172 337	6.251 626	8.012 082	8.116 019	8.615 316	6.815 322	6.971 643	5.732 328	5.629 24
1992	5.770 728	6.809 709	5.627 459	5.716 021	6.522 012	8.043 405	8.521 843	8.020 369	7.210 73	6.171 603	5.904 27	5.681 852
1993	7.213 715	7.634 102	7.521 507	7.979 501	7.971 521	10.945 2	10.115 4	10.135 65	8.514 353	7.503 416	7.431 466	7.034 163
1994	7.150 265	8.714 53	7.431 649	7.451 235	8.653 404	9.548 745	10.854 27	9.754 534	7.715 402	8.140 424	7.410 365	7.175 177
1995	7.165 143	8.141 265	7.450 337	7.322 654	8.715 402	9.671 436	9.871 578	10.541 35	8.512 151	8.143 764	7.301 465	7.163 449
1996	7.302 487	8.565 748	7.502 665	7.704 041	8.669 552	9.323 9	10.190 99	9.144 045	8.873 478	8.146 143	7.429 431	7.147 515
1997	7.295 38	8.203 694	7.443 275	7.623 503	8.759 003	10.458 87	9.790 855	9.110 794	8.902 939	7.997 5	7.400 213	7.013 968
1998	7.134 357	8.422 675	7.625 269	7.637 396	8.679 215	9.828 451	10.044 49	10.588 95	7.602 993	8.088 432	7.255 495	7.092 271
1999	14.192 9	17.207 19	14.602 59	15.391 71	17.525 73	18.447 85	21.352 09	19.188 09	17.502 27	15.737 77	14.674 63	14.177 17
2000	49.158 82	60.316 41	51.035 23	54.965 66	61.872 95	63.179 87	65.418 34	76.324 42	62.149 76	55.750 82	50.575 31	49.252 41
2001	55.867 37	59.391 35	57.767 5	57.879 55	65.945 1	69.970 22	77.416 82	76.370 91	75.436 12	61.325 9	57.526 44	55.102 72
2002	55.670 97	64.559 4	55.777 53	56.491 31	64.756 89	71.456 99	78.117 75	75.478 45	72.520 82	64.109 4	55.623 82	55.436 66
2003	56.538 27	68.826 54	57.626 9	59.419 72	70.579 11	74.390 42	77.197 65	85.444 43	71.161 94	62.755 55	59.396 97	56.662 5
2004	58.544 23	70.273 89	59.420 94	59.961 64	67.754 05	72.361 44	77.042 82	85.485 19	70.754 9	61.690 56	58.499 84	58.210 49
2005	78.984 74	89.07	82.267 98	82.974 16	85.711 32	108.316 5	120.997 6	109.946	97.042 45	85.807 62	79.923 37	78.958 28

时间

123

续表

年份	时间											
	1 月	2 月	3 月	4 月	5 月	6 月	7 月	8 月	9 月	10 月	11 月	12 月
2006	57.443 44	64.791 54	58.529 41	59.605 83	68.179 17	73.666 36	80.067 52	87.108 01	71.824 11	63.226 66	58.508 26	57.049 69
2007	78.347 26	98.268 88	81.008 58	82.277 57	97.630 79	107.631 5	113.285 3	101.720 3	94.598 54	88.172 08	78.708 11	78.351 07
2008	83.307 88	93.624 12	81.275 91	83.597 65	93.544 39	100.981 7	116.932 3	101.776 4	97.867 19	89.258 98	79.484 54	78.348 94
2009	59.186 96	67.419 91	60.747 26	60.421 62	62.119 74	71.855 39	79.997 16	84.494 72	70.984 31	63.881 55	60.503 15	58.388 24
2010	65.190 99	72.255 09	69.600 94	68.385 1	78.884 71	81.389 43	95.474 71	83.297 25	81.140 87	75.862 43	65.096 95	63.421 54
2011	69.997 98	76.073 87	69.758 61	71.841 51	78.113 17	90.722 44	102.446 6	96.240 28	88.667 62	70.783 76	68.528 84	66.825 31
2012	2 970.977	3 162.493	2 929.748	2 950.538	3 485.648	3 713.481	4 031.87	4 304.563	3 274.673	3 070.769	2 951.4	2 863.841
2013	77.173 58	86.427 52	77.809 26	79.503 29	101.779 9	132.817 5	98.032 77	89.167 46	92.535 09	82.275 26	76.696 47	75.781 89
2014	51.946 41	61.791 72	54.130 34	54.932 16	55.748 86	61.228 82	80.393 84	66.115 65	55.841 28	54.938 39	53.506 27	49.426 25
2015	76.695 61	93.206 94	78.564 51	80.018 65	83.770 92	104.949	108.000 3	132.022	83.967 73	86.556 89	77.964 11	64.283 28
2016	65.268 48	88.209 61	75.600 86	80.240 18	81.812 19	110.344 9	133.774 4	110.738 6	81.123 13	77.875 5	71.134 3	63.877 78
2017	73.359 02	87.564 44	75.171 39	75.502 16	78.201 47	93.543 01	121.756 7	98.857 45	88.205 03	73.472 94	72.244 65	62.121 74
2018	86.816 07	102.175 3	89.303 55	96.487 01	98.040 36	123.181 8	139.848 4	121.576	111.184 5	93.042 97	90.182 66	88.161 33
2019	144.003 3	165.278 4	144.133 2	158.247 2	160.124 6	182.113 8	254.082 8	194.196 7	163.176 8	149.390 4	144.28	120.972 7
2020	121.535	140.420 3	124.279 7	131.366 5	145.832 2	203.907 2	153.430 9	148.960 1	139.609 4	135.843 8	125.638 3	119.176 5

表 4-6　1990—2020 年托克逊县逐月生活用水量

单位：万 m³

年份	1月	2月	3月	4月	5月	6月	7月	8月	9月	10月	11月	12月
1990	27.897 51	28.120 44	24.283 69	23.378 97	23.788 74	32.704 67	32.378 68	22.266 09	21.815 52	20.744 89	16.725 33	15.895 47
1991	22.568 92	27.027 57	27.686 15	20.962 67	24.248 98	31.399 26	30.638 69	25.153 69	25.095 6	21.815 52	17.377 8	16.025 14
1992	27.198 43	28.581 56	24.233 31	22.485 97	26.231 33	29.440 8	33.099 58	32.131 71	27.292	23.320 04	18.808 76	17.176 52
1993	24.966 43	30.554 96	21.927 25	23.999 29	23.456 38	36.448 62	30.813 41	36.595 68	23.939 23	23.320 04	17.134 84	16.843 86
1994	22.669 87	27.541 39	21.035 26	24.538 99	25.531 22	25.443 69	30.058 69	30.964 13	26.737 59	21.815 52	17.595 29	16.068 36
1995	34.935 17	34.912 75	22.783 27	21.28	23.465 13	22.567 78	29.449 51	29.579 44	23.527 51	24.401 06	16.336 28	16.762 1
1996	23.888 01	34.588 05	25.801 88	25.239 32	22.237 65	29.935 98	29.573 49	34.115 69	26.206 43	23.320 04	18.064 8	17.028 67
1997	25.460 57	29.751 55	28.357 53	23.531 73	28.223 63	29.355 8	30.095 12	32.246 72	30.608 23	24.072 3	20.375 44	17.921 38
1998	30.071 03	29.133 75	25.237 8	23.371 53	27.717 52	31.888 22	33.207 02	28.715 8	28.863 59	24.072 3	19.895 47	17.825 99
1999	23.147 24	34.551 43	30.518 29	26.821 5	24.925 92	29.759 53	33.680 21	27.787 84	27.819 8	24.072 3	19.223 5	17.692 45
2000	33.201 24	31.465 33	26.933 51	24.917 35	29.789 87	31.780 75	34.772 3	30.850 54	30.327 59	25.576 82	21.393 92	18.990 79
2001	34.369 36	34.287 88	26.629 21	24.861 71	27.515 98	40.521 48	40.477 7	28.607 91	27.659 06	26.329 07	19.660 78	19.079 86
2002	27.139 42	43.074 2	25.391 81	27.582 14	27.367 78	35.626 94	42.759 57	36.071 29	28.705 27	27.081 33	19.682 54	19.517 69
2003	32.726 86	38.547 2	30.090 37	28.733 79	33.974 75	44.389 66	43.700 25	37.999 36	33.533 09	30.878 93	23.429 41	21.996 33
2004	32.886 87	38.467 34	30.934 62	28.773 84	33.773 43	43.380 25	44.149 59	37.839 37	34.134 75	30.090 37	22.020 18	23.549 4
2005	89.067 36	106.898 9	67.848 56	63.479 54	68.955 35	68.419 45	107.685 5	90.178 24	71.763 19	67.703 34	49.206 35	48.794 22

续表

年份	1月	2月	3月	4月	5月	6月	7月	8月	9月	10月	11月	12月
2006	50.979 4	53.098 82	36.649 39	34.515 45	35.308 47	37.612 96	65.825 24	63.889 68	36.868 44	33.504 4	25.086 98	26.660 78
2007	7.278 57	8.873 687	9.447 114	7.852 004	8.561 723	10.165 07	10.527 24	9.119 865	8.954 083	7.522 593	6.142 337	5.555 718
2008	29.988 63	36.533 25	22.407 33	21.009 65	22.385 11	23.321 06	37.095 16	30.659 37	22.567 78	21.905 2	15.952 14	16.175 32
2009	29.895 21	25.985 17	23.660 44	21.910 8	27.059 61	28.191 59	31.131 58	27.312 89	26.921 06	22.567 78	18.652	16.711 87
2010	22.567 78	33.112 19	23.200 97	24.665 15	25.330 07	28.850 5	32.535 19	28.379 53	25.601 06	21.580 38	17.662 05	16.515 13
2011	45.308 66	48.885 03	40.130 23	37.018 65	45.825 37	45.987 63	46.868 44	48.525 75	43.099 49	37.612 96	32.586 59	28.151 2
2012	50.480 22	52.098 88	36.997 47	36.308 49	34.765 77	62.389 22	63.825 25	37.612 96	35.006 53	37.868 44	25.836 94	26.809 82
2013	44.935 96	55.661 83	41.780 15	47.917 96	49.727 39	62.437 37	63.668 79	54.635 1	49.319 97	43.631 04	34.320 62	31.963 83
2014	47.884 5	54.586 8	38.807 51	37.612 96	41.508 59	54.586 8	53.425 32	46.899 24	42.817 64	36.067 43	29.736 74	27.584 84
2015	36.067 43	49.377 79	42.817 64	38.807 51	41.508 59	47.884 5	53.425 32	46.899 24	43.068 44	37.612 96	29.736 74	27.584 84
2016	38.986 5	53.789 01	45.557 07	36.032 96	43.422 47	46.868 85	46.083 15	44.951 07	43.217 44	36.860 7	31.199 9	27.442 11
2017	53.771 14	53.789 01	39.123 47	41.922 48	43.459 41	63.167 82	63.346 5	45.175 28	43.794 7	41.374 26	31.060 5	30.015 43
2018	88.727 65	118.957 8	82.247 84	96.747 47	101.181 1	106.752 4	114.865 3	103.054 5	100.272 7	85.005 3	69.408 41	62.779 61
2019	102.165 9	124.628 9	73.054 21	97.921 48	103.460 4	145.888 1	144.960 8	124.157 8	106.159 2	96.289 19	91.307 32	70.006 71
2020	117.398 7	122.682 5	104.685 2	96.660 94	121.141 5	130.044 4	125.169 7	121.485 3	114.230 6	98.545 97	84.394 42	73.560 89

时间

二、生活用水中的问题和挑战

（一）自然环境

1. 水资源短缺

吐哈盆地位于中国西北部，是一个典型的内陆干旱区，这里的水资源短缺问题尤为突出，对当地的生态环境和社会经济发展构成了重大挑战。吐哈盆地的水资源短缺主要表现在以下几个方面。

自然条件的限制是导致吐哈盆地水资源短缺的根本原因。该地区属于典型的温带干旱气候，年降水量少，蒸发量大，降水分布不均，时间上集中于夏季。这种极端的气候条件导致了地表水资源的极度匮乏。此外，吐哈盆地的水资源还受到地形的影响，盆地周围的山脉虽然可以形成一定的降水，但由于地形的阻挡，使得这些水资源难以有效补给盆地内部[6]。

人类活动对水资源的过度开发和利用加剧了水资源短缺的状况。随着吐哈盆地经济的快速发展和人口的持续增长，对水资源的需求急剧增加。农业灌溉是吐哈盆地水资源消耗的主要部分，由于灌溉技术和管理水平的限制，灌溉效率普遍不高，大量的水资源被浪费。此外，工业和城市生活用水需求的增加也对水资源形成了巨大压力。这些因素共同作用，使得水资源的供需矛盾日益尖锐[11]。

水资源分配不均也是吐哈盆地面临的一个重要问题。由于地理位置和开发条件的差异，吐哈盆地内部各地区在水资源的获取上存在较大差异。一些地区由于靠近水源或者开发条件较好，可以获得相对充足的水资源，而另一些地区则因为地理位置偏远或者开发条件不利，面临更为严重的水资源短缺问题。这种不均衡的水资源分配加剧了地区间的经济和社会发展不平衡。

为了应对吐哈盆地的水资源短缺问题，需要采取综合性的措施。首先，提高水资源的利用效率，特别是在农业灌溉领域，通过推广节水灌溉技术和改善灌溉管理，减少水资源的浪费。其次，加强水资源的保护和管理，合理规划水资源的开发利用，避免过度开发。同时，加大水资源再生和回用的力度，提高水资源的循环利用率。再次，还需要通过科技创新，开发新的水资源供给途径，如海水淡化、雨水收集等，以缓解水资源短缺的压力。最后，加强区域间的水资源合作，通过跨区域的水资源调配，优化水资源的区域分布，实现水资源的合理利用和可持续发展。

2. 气候变化

气候变化对人类生活用水的影响是深远和复杂的，这些影响不仅体现在水资源的可用性上，还涉及水资源管理和保护的各个方面。

气候变化通过改变降水模式、增加蒸发量和影响河流流量等方式，直接影响水资源的可用性。根据《气候变化2014：影响、适应与脆弱性》（IPCC第五次评估报告），全球变暖导致的极端天气事件，如洪水和干旱的频率和强度增加，这对水资源的稳定供应构成了威胁。例如，干旱可以显著减少地表水和地下水的可用量，而洪水虽然增加了短期内的水量，但也可能破坏水质和水供应系统，影响长期的水资源可用性[14]。

气候变化还通过多种途径影响水质。增加的降水量和洪水事件可以将更多的污染物冲入水体，包括农业化肥、有害化学物质和城市污水，从而恶化饮用水源的水质。同时，气候变化导致的温度升高可以促进某些水生病原体和有害藻类的生长，进一步恶化水质。这些变化不仅增加了饮用水处理的难度和成本，还可能直接威胁到人类健康。

气候变化对水资源管理提出了新的挑战。随着水资源变得更加稀缺和不可预测，传统的水资源管理策略可能不再适用。这要求政府和水资源管理机构采取更加灵活和适应性的管理方法，以应对不确定的未来。这可能包括开发新的水资源（如海水淡化）、改进水资源分配机制、提高水利用效率和促进水循环利用等措施。

水资源是社会经济发展的基础。气候变化导致的水资源短缺和水质恶化，可能对农业生产、工业供水和电力生产等产生负面影响，从而影响经济发展和人民生活水平。特别是对于那些高度依赖自然水资源的发展中国家，这一影响尤为严重。缺水还可能加剧食品安全问题，增加贫困和社会不稳定的风险。

水资源的减少和水质的恶化还可能直接影响人类健康。缺乏安全的饮用水可以导致脱水和水传播疾病的风险增加，如霍乱、痢疾和肠道寄生虫病。此外，气候变化导致的极端天气事件还可能破坏水供应基础设施，进一步加剧这些健康风险。

（二）人类活动

1. 经济与社会影响

水资源的限制性问题对于农业生产、工业发展以及居民生活质量等方面产生了深远的影响。

在农业方面，吐哈盆地的水资源短缺直接限制了灌溉农业的发展。由于该地区降水量少，蒸发量大，农业生产高度依赖于灌溉。然而，水资源的不足导致灌溉水量难以满足需求，这不仅影响了作物的产量和质量，还迫使农民种植更多的耐旱作物，进而影响到农民的经济收入和地区的粮食安全。此外，由于缺乏高效的水资源管理和节水技术，大量的水资源在灌溉过程中被浪费，加剧了水资源的紧张状况。

工业方面，吐哈盆地的水质问题对工业发展产生了制约。工业活动需要大量的水资源，不仅用于生产过程，还需要用于冷却和清洁等。水质的恶化不仅增加了企业的水处理成本，还可能影响到产品的质量，降低企业的竞争力。特别是对于那些高度依赖清洁水源的高新技术产业和食品加工业，水质问题成为制约其发展的重要因素。

对于居民生活而言，水资源的短缺和水质的恶化严重影响了居民的日常生活。在水资源极度匮乏的地区，居民面临着饮用水安全问题，不仅生活用水成本增加，而且还可能因为水质问题而面临健康风险。此外，水资源问题还影响了居民的生活方式和社会福利，比如限制了公共绿地的灌溉和维护，降低了居住环境的质量。

水资源的短缺和水质恶化直接关系到居民的饮用水安全。在水质不达标的情况下，居民可能摄入含有有害物质的水，如重金属、有机污染物和病原体等，这些有害物质可能导致消化系统疾病、皮肤病，甚至长期暴露还可能增加患癌症的风险。特别是对于儿童和老年人这样的敏感人群，不安全的饮用水可能对其健康产生更为严重的影响。

水资源短缺常常导致居民为了获得生活用水而不得不支付更高的费用。在一些极端情况下，居民可能需要从远处购买水或依赖水车供水，这不仅增加了家庭的经济负担，还可能因为水价的波动而影响到家庭的经济稳定性。此外，水质问题还可能迫使居民投资于家用水处理设备，如净水器、水质过滤系统等，这也是一笔不小的开支。

水资源的短缺和水质问题还可能影响居民的日常生活质量。例如，水资源的限制可能导致居民无法充分满足日常洗浴、清洁和烹饪等需要，影响到居民的生活卫生和舒适度。在极端情况下，水资源的严重短缺还可能限制居民的个人卫生习惯，增加疾病的传播风险。此外，水资源问题还可能影响城市绿化和公共卫生设施的维护，降低居住环境的整体质量。

长期的水资源问题还可能影响到社会福利和社区凝聚力。水资源的短缺和分配不公可能加剧社会不平等，导致资源富裕群体和资源贫乏群体之间的差距扩大。此外，水资源的竞争还可能引发社区内部或邻近社区之间的矛盾和冲突，影响社会稳定和谐。

从社会影响的角度来看，水资源的短缺和水质问题还可能导致社会矛盾和冲突的加剧。随着水资源竞争的加剧，不同用户群体之间可能会出现利益冲突，比如农业用水与城市生活用水的竞争、上游地区与下游地区的水资源分配问题等。

2. 水质问题

工业污染是导致吐哈盆地水质恶化的主要原因之一。随着该地区工业化进程的加快，众多工业企业排放的废水中含有大量的有害物质，如重金属、有机污染物等，这些污染物未经有效处理就直接排放到河流和地下水中，严重影响了水体的自然净化能力，导致水质逐渐恶化。特别是在一些工业集中区域，水质问题尤为严重，不仅影响了当地居民的饮用水安全，也对水生生物的生存造成了威胁。

农业活动也是吐哈盆地水质问题的一个重要因素。该地区的农业生产主要依赖于化肥和农药，这些化学物质的大量使用不仅降低了土壤的自然肥力，还通过地表径流和地下渗透进入水体，导致水中氮、磷等营养物质含量增高，引发水体富营养化。此外，畜牧业产生的粪便等有机废弃物如果处理不当，也会污染水体，加剧水质问题。

城市化进程中产生的生活污水也对吐哈盆地的水质构成了压力。随着城市化速度的加快，城市生活污水量急剧增加，而污水处理设施建设和管理滞后，导致大量未经处理或处理不彻底的生活污水直接排入河流，增加了水体的有机污染负担，影响了水质安全。

此外，自然因素也在一定程度上影响了吐哈盆地的水质。该地区干旱少雨，水资源稀缺，自然更新能力弱，一旦受到污染，其自净能力较弱，污染物在水体中的滞留时间长，难以通过自然过程迅速降解，从而加剧了水质问题。

3. 供水系统的不足

基础设施建设滞后是吐哈盆地供水系统面临的主要问题之一。由于经济发展水平和投资能力的限制，该地区的供水基础设施，包括水库、输水管线、处理设施等建设不足或老化严重。这不仅影响了供水的稳定性和安全性，也大大降低了水资源的利用效率。在一些偏远地区，甚至还存在着供水设施完全缺失的情况，导致当地居民无法获得稳定和安全的饮用水。

水资源管理体系不健全也是一个突出问题。吐哈盆地的水资源管理还存在着部门间协调不足、信息共享机制不完善等问题。这导致了水资源的分配和调度效率低下，无法有效应对干旱等极端天气条件下的水资源供需矛盾。此外,缺乏有效的水资源监测和评估体系,使得水资源管理决策往往缺乏科学依据,难以实现水资源的合理分配和高效利用。

水资源利用效率低下也是吐哈盆地供水系统的一个重大不足。在农业灌溉领域,由于缺乏高效节水技术和设备,大量的水资源被浪费。同时,由于公众水资源节约意识不强和节水措施不到位,城市生活用水和工业用水的浪费现象也比较严重。这些因素共同导致了吐哈盆地水资源利用效率远低于国家平均水平,加剧了水资源短缺的状况。

此外,环境污染对供水系统构成了严重威胁。随着工业化和城市化进程的加快,水体污染问题日益严重,尤其是地表水和地下水的污染,直接影响了供水水源的质量。由于缺乏有效的污水处理和水质净化设施,污染水体的治理工作难以取得实质性进展,进一步限制了供水系统的改善和优化。

针对上述问题,吐哈盆地的供水系统改善需要采取多项措施。首先,加大基础设施建设和改造力度,提高供水系统的覆盖范围和服务质量。其次,建立和完善水资源管理体系,加强部门间的协调合作,提高水资源的分配和调度效率。再次,推广高效节水技术和设备,提升水资源利用效率,同时加强公众的水资源节约意识。最后,加强环境保护和污染治理,保障水源水质,为吐哈盆地的可持续发展提供坚实的基础。

4. 节水意识与行为

尽管许多人可能认识到节水的重要性,但这种认知并不总是转化为实际的节水行为。根据《环境心理学》杂志上的研究,存在一个"认知—行为差距",即人们的环保意识并不总能直接导致环保行为。这种差距可能由多种因素造成,包括习惯的力量、缺乏及时的反馈、感知到的个人影响力不足等 [23]。

社会和文化因素也对节水意识和行为产生影响。不同地区的文化背景、社会规范和价值观念对水的使用和节约有着深刻的影响。例如,一些地区可能由于历史上水资源的丰富,形成了较低的节水意识;而在水资源极为稀缺的地区,节水则可能成为一种深入人心的习惯和文化。此外,社会经济地位、教育水平和信息获取渠道的不同,也会影响个人的节水意识和行为。

经济因素是影响节水行为的另一个重要因素。在许多情况下,节水设备的安装和使用需要前期的经济投入,这对于经济条件较差的家庭或地区来说是一个不小的挑战。此外,缺乏相关技术和知识也是限制节水行为转变的一个因素。即使一些用户愿意节水,但由于不了解节水技术或缺乏获取节水设备的途径,也难以实现节水目标。

有效的政策和法规支持是推动节水意识和行为转变的关键。然而,在一些地区,缺乏强有力的政策引导和法律约束,使得节水行为缺乏必要的外部动力。例如,如果水价设置过低,缺乏足够的经济激励来促进节水;或者在缺乏对过度用水行为的处罚机制的情况下,公众的节水动力会大大降低。

教育和宣传在提高节水意识和促进节水行为转变中发挥着至关重要的作用。通过教育可以提高公众对水资源短缺问题的认识,通过宣传可以传播节水的技术和方法。然而,有效的教育和宣传需要持续的投入和创新的方式,以确保信息能够覆盖更广泛的人群并产生实际影响。

第五章
生态用水调查

吐哈盆地地理位置独特，气候条件严峻，水资源相对匮乏，以高温少雨、干旱少水为主要特征。随着经济的快速发展和人口的不断增加，吐哈盆地的水资源面临着日益严峻的挑战，水资源的过度利用和水源污染威胁着该地区的生态平衡和生物多样性。在这一背景下，生态用水作为维护吐哈盆地生态系统健康的关键因素，成为水资源管理的重要组成部分。本章首先阐释了生态用水的概念及分类，并分析吐哈盆地 1990—2020 年的生态用水变化，介绍了艾丁湖和哈密河生态修复实例，并着重探讨了艾丁湖生态系统服务价值是否高于其生态补水成本，最后阐述了吐哈盆地生态用水及生态环境治理现状，并对吐哈盆地生态用水趋势及生态用水保障作出展望，以期为吐哈盆地生态文明建设及实现水资源的可持续利用提供深入理解和有效指导。

第一节　生态用水概念及分类

一、生态用水概念

生态用水也称生态环境用水、环境生态用水等，旨在通过合理调控水资源的利用方式，保护和维护生态系统的完整性、稳定性和可持续性，即在最大限度保护生态环境的基础上，满足生态系统对水资源的需求。生态用水对于水资源相对匮乏的地区至关重要，其作用具体体现在以下几个方面：维护生态平衡，减少生态系统的退化和破坏；保护生物多样性，通过提供适宜的生态环境和栖息地，促进物种的繁衍和生态系统的稳定；防治生态灾害，生态用水可以调节生态系统的结构和功能，增强其抵抗自然灾害的能力，减少生态灾害的发生和影响，保障区域生态安全；提供生态服务，如水源涵养、水质净化、洪水调节等，从而为该地区社会经济发展提供重要支持和保障。总之，生态用水对于维护生态系统健康具有重要意义，是实现水资源可持续利用和生态环境保护的关键措施之一。

生态用水的研究，国外始于 20 世纪 70 年代，国内则是在 20 世纪 90 年代以后，随着经济、社会和生态环境可持续发展战略的实施，生态用水才受到广泛的关注。1989 年，汤奇成首先提出生态用水是为了保证塔里木盆地各绿洲的存在和发展、保护各绿洲的生态环境所需要的水。1998 年，贾宝全等提出了生态用水的粗略概念："在干旱区内，凡是对绿洲景观的生存与发展及环境质量维护与改善起支持作用的系统（或组分）所消耗的水分，本文称之为生态用水。"这代表着我国生态用水研究的真正开始[1]。2000 年，生态用水研究全面展开，中国工程院"21 世纪中国可持续发展水资源战略研究"项目组发表的《中国可持续发展水资源战略研究综合报告》对生态用水的概念作了界定："从广义上说，维持全球生物地理生态系统水分平衡所需用的水，包括水热平衡、水沙平衡、水盐平衡等，都是生态环境用水；狭义的生态环境用水则是指为维护生态环境不再恶化并逐步改善所需要消耗的水资源总量。"然而截至目前，因其环境主体不明确，生态用水的定义尚未统一。

生态用水的概念描述根据现有研究的不同可以归纳为三类[5-6]：①从自然地理的角度出发，生态用水即指维持自然某种平衡所需要的水分，多见于研究区域生态环境和综合报告中的有关论述；②从生态系统的角度出发，生态用水即维持或改善生态系统所需要的水分，其实质属于生态学范畴，多用于生态学相关方面研究；③从水资源计算的角度出发，生态用水即与生态系统稳定相关的水分，在计算过程中通常忽略一些难以统计或无关的水量。生态用水的主体为生态系统，所以综合现阶段研究成果并从生态系统的角度出发，生态用水的概念可以概括为：在一定来水条件下，为维护生态系统的特定结构、生态过程和生态系统服务功能，在天然生态保护和人工生态建设过程中所用的水量。就特定区域而言，维持生态系统结构的用水指植被恢复、湿地重建、城市绿化和人类的经济生活用水等；维持生态过程与生态服务功能的用水指河流湖泊输沙排盐等维持健康生命用水、回补地下水、污染物稀释和自净用水等。此定义表明生态用水取决于生态系统本身的特点及其所处的环境特征，并且涉及人为的水资源调配。

二、生态用水分类及计算

（一）生态用水分类

按照水资源循环系统的空间格局或按水量作用的不同区域，可将生态用水划分为河道内生态用水和河道外生态用水[10-11]。河道内生态用水包括河道和河口生态用水，如河流基流生态用水、河口生物用水、输沙用水等；河道外生态用水主要是用于造林种草、城市绿化、水土保持等途径的用水。按水资源消耗变化情况，可将生态用水划分为消耗性生态用水和非消耗性生态用水。消耗性生态用水是指用于林草建设、水土保持建设过程中所消耗的水量。非消耗性生态用水是指维护陆地水盐平衡、河流水沙平衡、保护和维护河流生态系统基本径流量所需要的水量。具体分类见图 5-1。

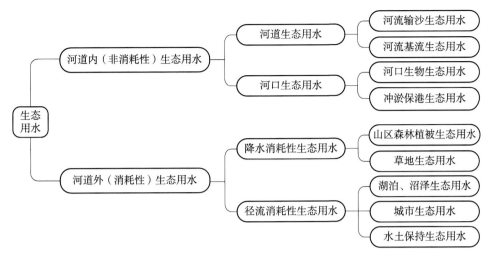

图 5-1 生态用水分类

（二）生态用水量计算

1. 河流基流生态用水量

河流基流生态用水量，即能维持年内各时段的河川径流量都在一定的水平上，并且不出现诸如断流等可能导致河流生态环境功能遭到破坏状况时所需水量。常用方法为采用河流最小月平均实测径流量的多年平均值作为河流生态需水量，计算公式如下：

$$W_b = \frac{T}{n} \sum\nolimits^n \min\left(Q_{ij}\right) \times 10^{-8} \tag{5-1}$$

其中，W_b 为河流基本生态用水量（亿 m^3），Q_{ij} 表示第 i 年第 j 个月的月均流量（m^3/s），T 为换算系数，其值为 31.536×10^6 s，n 为统计年数。

2. 河流输沙生态用水量

为维持水沙平衡（主要是指河流中下游的冲淤平衡、输沙排沙）以及冲刷与侵蚀的动态平衡，需要一定的生态环境用水量与之匹配，这部分水量就称之为河流输沙生态用水量。计算汛期输沙用水量的公式如下：

$$W_s = 0.1 \times nS_t / \sum\nolimits_i^n \max\left(C_{ij}\right) \tag{5-2}$$

其中，W_s 为输沙用水量（亿 m^3），S_t 表示多年平均输沙量（万 t），C_{ij} 为第 i 年第 j 个月的月均含沙量（kg/m^3），n 为统计年数。

3. 植被生态用水量

植被的生态用水量具有一定的区域性，因此需要根据不同区域的典型植被类型（防风固沙林、山丘区天然林、天然草地等）耗水特征选择相应方法计算。植被生态用水量计算方法主要分为两种：径流性植被生态用水量计算方法和降水性植被生态用水量计算方法。

（1）径流性植被生态用水量。径流性植被生态用水量计算方法通常采用定额法，计算生态补水，公式如下：

$$W_i = \frac{q_i \times A_i}{10\ 000} \tag{5-3}$$

其中，W_i 为第 i 类植被年平均生态用水量，或称生态补水量（万 m^3），i 为乔木、灌木、草本，A_i 为第 i 类植被面积（hm^2）。q_i 为第 i 类植被年平均灌溉定额（m^3/hm^2），计算公式如下：

$$q_i = 10(ET_i - P_i) \tag{5-4}$$

其中，P_i 为第 i 类植被生长期年平均降水量（mm），ET_i 为第 i 类植被年平均蒸散发量（mm），当 $ET_i < P_i$ 时，不需要灌溉。ET_i 可通过如下公式确定：

$$ET_i = k_i \times ET_0 \tag{5-5}$$

式中，k_i 为第 i 种植物系数，ET_0 为参考植物蒸散量（mm），其值只与气象因素有关，可采用国际粮农组织（FAO）推荐的彭曼—蒙蒂斯（Penman-Monteith）方法计算。

（2）降水性植被生态用水量。降水性植被生态用水量计算方法通常采用定额法或水保法计算生态减水，水保法参见本部分下文的"5.水土保持生态用水量"计算，定额法公式如下：

$$W_j = \frac{q_j \times A_j}{10\ 000} \tag{5-6}$$

其中，W_j 第 j 类植被年平均生态用水量，或称生态减水量（万 m^3），j 为乔木、灌木、草本，A_j 为第 j 类植被面积（hm^2），q_j 第 j 类植被年平均生态用水定额（m^3/hm^2）。

4. 湖泊生态用水量

湖泊生态环境用水量被认为是为维持湖泊蓄水、水生生态条件消耗的水量。根据水量平衡的原理，在无取水的自然条件下，对于湖泊有：

$$\Delta W_1 = P + R_i - R_f - E + \Delta W_g \tag{5-7}$$

其中，ΔW_1 为湖泊蓄水量的变化量，P 为降水量（mm），R_i 入湖径流量（mm），R_f 出湖径流量（mm），E 蒸发量（mm），ΔW_g 地下水变化量。为维持湖泊生态环境稳定，要求湖泊水量不发生变化，即 $\Delta W_1 = 0$。对北方湖泊而言，由于蒸发 $E > P$，因此在维持地下水位动态平衡的条件下（$\Delta W_g = 0$），必须有相当一部分的入湖水量消耗于水面蒸发。因此，湖泊的生态环境用水可以认为是用以维持库区水量平衡而消耗于蒸发的水量，其计算公式如下：

$$W_1 = \Sigma A_i (E_i - R_i - P) \tag{5-8}$$

其中，W_1 为水面蒸发量，可以表示为湖泊生态环境用水量，A_i 为水面面积（km^2）；E_i 为相应的水面蒸发能力（mm）。

5.水土保持生态用水量

由于水土保持措施一般不进行灌溉，因此可以依据各区域水土保持治理度，即定额法计算水土保持生态用水量，公式如下：

$$W = \frac{q \times A}{10\,000} \qquad (5\text{-}9)$$

其中，W 为水土保持措施生态用水量（万 m^3），A 为水土保持措施生态有效保存面积（hm^2），q 为水土保持措施生态用水定额（m^3/hm^2）。

6.城市生态用水量

（1）城市绿地生态用水量。城市绿地生态用水的计算通常是采用定额法，计算生态补水，公式如下：

$$W_{绿地} = \frac{q_{绿地} \times A_{绿地}}{10\,000} \qquad (5\text{-}10)$$

其中，$W_{绿地}$ 为绿地生态用水量（万 m^3），$q_{绿地}$ 为绿地灌溉定额（m^3/hm^2），$A_{绿地}$ 为绿地面积（hm^2）。

（2）城市环境卫生生态用水量。城市环境卫生生态用水量，同样通常按照定额法计算：

$$W_{环卫} = \frac{q_{环卫} \times A_{环卫}}{10\,000} \qquad (5\text{-}11)$$

其中，$W_{环卫}$ 为城市环境卫生生态用水量（万 m^3），$q_{环卫}$ 为环境卫生用水定额（m^3/hm^2），$A_{环卫}$ 为建城区面积（hm^2）。

第二节　吐哈盆地生态用水统计与分析

一、吐哈盆地生态用水统计

（一）吐哈盆地年度生态用水统计

随着生态用水概念的提出以及生态环境保护需求的不断增强，各地纷纷响应国家号召，制定相应的水资源分配方案，确保生态用水得到合理的配置和管理。在吐鲁番市的一区两县中，高昌区和托克逊县于 2000 年正式设置生态用水项，并分别于 2006 年、2005 年之后持续划分一部分水资源用作生态用水，鄯善县起步稍晚，于 2004 年正式设置生态用水项，2006 年之后持续供给生态用水。在哈密市的一区两县中，伊州区、巴里坤县与伊吾县，分别于 2003 年、2004 年以及 2005 年设置生态用水项，并在此之后持续划分部分水资源用作生态用水。吐哈盆地 2000—2020 年生态用水量（本节不考虑损耗等其他因素，假设供水量等于用水量）获取自新疆水利规划设计院，具体数据如表 5-1 所示。

表 5-1　吐哈盆地年尺度生态用水量　　　　　　　　　单位：万 m³

年份	吐鲁番市			哈密市		
	高昌区	鄯善县	托克逊县	巴里坤县	伊吾县	伊州区
2000	100.00	0	100.00	0	0	0
2001	0	0	0	0	0	0
2002	0	0	0	0	0	0
2003	0	0	0	969.00	0	2 200.00
2004	400.00	300.00	0	775.00	0	2 104.00
2005	0	0	2 900.00	785.00	316.40	1 706.00
2006	800.00	200.00	4 500.00	786.84	728.30	1 868.00
2007	300.00	300.00	5 600.00	995.00	1 483.95	3 315.63
2008	2 200.00	300.00	6 600.00	511.69	1 317.70	3 577.80
2009	2 100.00	2 200.00	4 300.00	372.73	1 231.23	2 743.37
2010	970.00	2 100.00	3 800.00	269.69	1 027.63	2 690.82
2011	1 600.00	1 560.00	1 750.00	266.37	1 107.50	2 680.00
2012	1 900.00	1 600.00	1 800.00	185.80	781.60	3 133.40
2013	1 810.00	2 010.00	2 100.00	222.00	846.36	3 117.79
2014	900.00	900.00	600.00	392.80	865.70	3 244.70
2015	1 100.00	570.00	200.00	225.00	207.00	0
2016	1 100.00	630.00	520.00	192.00	87.00	1 626.00
2017	1 500.00	650.00	680.00	180.00	333.00	2 495.00
2018	2 310.00	2 030.00	1 570.00	636.00	1 280.00	4 685.00
2019	3 370.00	3 180.00	3 550.00	167.00	737.00	5 353.00
2020	3 760.00	3 320.00	4 470.00	400.00	1 305.00	4 000.00

（二）吐哈盆地月度生态用水估算数据

获取生态用水的月尺度数据通常十分困难，主要是因为过去许多生态用水监测系统更倾向于以年为单位进行数据统计，再加上机构改革、变更等原因，最终造成月尺度数据的不完整。虽然近几年开始越发强调精细化管理用水，逐步向月尺度记录的方式过渡，但以往的数据并不具备这种精度。在这种情况下，只能依靠现有的年度数据、月度数据以及特定方法（即根据现有年份的月生态用水量数据计算出月度生态用水分配系数，进而利用月度分配系数对年度生态用水数据进行划分）来推算每个月的生态用水量，以填补月尺度数据的缺失。尽管通过这种途径得到的月度数据不及直接监测数据的准确度，但它仍然是理解和分析生态用水现状以及变化趋势的有效手段。

在当地政府部门的支持下，科学考察过程中获取到了吐鲁番市 2021—2022 年的月尺度生态用水量数据以及哈密市 2022 年的月尺度生态用水量数据。具体数据如表 5-2 所示。

表 5-2　吐哈盆地 2021—2022 年月尺度生态用水量　　　　单位：万 m³

年份	月份	吐鲁番市			哈密市		
		高昌区	鄯善县	托克逊县	巴里坤县	伊吾县	伊州区
2021	1	0.18	178.00	0.00			
	2	0.43	183.00	0.00			
	3	27.03	214.00	225.76			
	4	148.21	275.09	505.10			
	5	376.27	287.67	698.43			
	6	539.14	279.00	1174.10			
	7	182.85	281.77	1013.50			
	8	596.77	279.01	1176.03			
	9	299.52	293.87	1304.08			
	10	192.89	268.73	329.96			
	11	187.67	163.45	279.00			
	12	0.00	185.54	100.00			
2022	1	3.41	4.00	0.00	57.80	0.00	8.99
	2	9.80	4.80	0.00	53.30	0.00	7.09
	3	26.17	71.59	0.00	64.56	11.54	48.49
	4	24.00	293.73	569.38	33.50	30.86	439.09
	5	207.04	375.71	576.92	35.60	28.69	448.97
	6	287.17	363.01	736.31	84.95	73.86	736.81
	7	336.51	425.07	745.96	63.02	50.39	1 138.06
	8	590.58	401.28	378.00	16.76	44.58	729.31
	9	314.52	314.99	130.38	25.95	62.60	441.26
	10	212.89	133.48	93.27	34.32	47.46	528.97
	11	137.00	10.00	44.40	57.20	18.03	258.01
	12	95.00	10.00	37.89	126.00	0.00	46.74

基于上述数据，可以根据以下公式获得一年内每个月的生态用水占比，即月度生态用水分配系数[15,19]：

$$\alpha_i = \frac{W_i}{W} \qquad\qquad (5\text{-}12)$$

其中，W_i 是第 i 个月的生态用水量，W 代表 1—12 月的生态用水总量。生态用水月度分配系数计算结果如表 5-3 所示，其中吐鲁番市所呈现的分配系数为 2021—2022 年计算结果的平均。基于生态用水月度分配系数以及年度生态用水统计数据，最终可以得到吐哈盆地生态用水月尺度数据。

表 5-3 吐哈盆地月度生态用水量分配系数

月份	吐鲁番市			哈密市		
	高昌区	鄯善县	托克逊县	巴里坤县	伊吾县	伊州区
1	0.000 75	0.034 36	0.000 00	0.088 52	0.000 00	0.001 86
2	0.002 13	0.035 46	0.000 00	0.081 63	0.000 00	0.001 47
3	0.011 09	0.053 92	0.022 31	0.098 87	0.031 36	0.010 04
4	0.035 91	0.107 39	0.106 19	0.051 30	0.083 86	0.090 88
5	0.121 65	0.125 24	0.126 04	0.054 52	0.077 96	0.092 92
6	0.172 33	0.121 21	0.188 80	0.130 10	0.200 70	0.152 49
7	0.108 31	0.133 45	0.173 89	0.096 51	0.136 93	0.235 53
8	0.247 62	0.128 43	0.153 58	0.025 67	0.121 13	0.150 94
9	0.128 06	0.114 95	0.141 77	0.039 74	0.170 11	0.091 32
10	0.084 63	0.075 93	0.041 83	0.052 56	0.128 95	0.109 48
11	0.067 71	0.032 75	0.031 96	0.087 60	0.049 00	0.053 40
12	0.019 81	0.036 92	0.013 63	0.192 97	0.000 00	0.009 67

二、吐哈盆地生态用水分析

（一）吐哈盆地年度生态用水变化趋势

由于 2000 年之前吐哈盆地生态用水项基本为零，故而以下内容只涉及 2000—2020 年间的生态用水量分析。吐哈盆地 2000—2020 年的年度生态用水量变化如图 5-2 所示。2000 年，吐哈盆地首次划分水资源用作生态用水，年生态用水总量为 200 万 m³。2001—2002 年，生态用水量持续为 0。2003—2008 年，吐哈盆地的生态用水量呈现逐年快速增长的态势，并于 2008 年达到峰值，年生态用水总量也从 2003 年的 3 169 万 m³ 增长至 14 507.2 万 m³。2008—2011 年，吐哈盆地年度生态用水总量持续下降，并于 2011 年降至 8 964 万 m³。2011—2013 年，生态用水量出现小幅度增长，并于 2013 年重新突破10 000 万 m³。2013—2015 年，生态用水量再次呈现下降趋势且降幅较大，并于 2015 年降至谷值，生态用水总量低至 2 302 万 m³。2015—2020 年，生态用水量恢复增长且涨幅较大，并于 2020 年达到新的峰值，年生态用水量超过 17 000 万 m³。

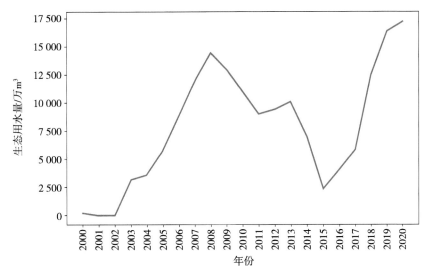

图 5-2 吐哈盆地 2000—2020 年年度生态用水量变化

　　吐哈盆地地处大陆腹地，且四周有高山阻隔，导致湿润气流极难进入盆地内形成降水，再加之盆地内光照充足，最终形成极端高温、降水稀少的气候特征，也因此吐哈盆地成为新疆荒漠化面积最大、分布最广、危害最严重的地区之一。水是区域环境状态的主导性因素，也是生态环境系统最为关键、敏感的控制性因子，吐哈盆地高温少雨的气候条件，导致了其生态系统的脆弱性，同时提高了其实现自然平衡的困难度。20 世纪 70 年代末实行改革开放政策以来，吐哈盆地进入了经济社会快速发展、综合实力明显增强、各族群众得到实惠最多的时期。但也正是因为经济的快速发展和需求的不断增加，吐哈盆地水资源超限度开采和水资源短缺的问题日益凸显，与此同时，其生态环境也在不断恶化。2000 年，国家开始实施西部大开发战略，目标是努力实现西部地区经济又好又快发展，人民生活水平持续稳定提高，基础设施和生态环境建设取得新突破，重点区域和重点产业的发展达到新水平，教育、卫生等基本公共服务取得新成效等。这一战略把促进新疆发展摆在更加突出的位置，生态环境改善也因此得到了前所未有的重视，吐哈盆地各区县积极响应国家号召先后设置生态用水项，划分部分水资源用于生态保护、生态恢复与生态建设。2003 年以后，吐哈盆地的生态用水量呈现逐年增长的态势。2013—2015 年，吐哈盆地的生态用水量有所下降，主要原因是该时间段吐哈盆地出现严重的旱情，需水期降水偏少，且河流流量也大幅度低于历年同期，因而划分为生态用水的水资源量也大幅度下降。2016 年以后，旱情有所缓解，生态用水量逐渐恢复。2017 年，党的十九大指出要加大生态系统保护力度，实施重要生态系统保护和修复重大工程，优化生态安全屏障体系，提升生态系统质量和稳定性，哈密市和吐鲁番市再次积极响应党的号召。也因此，2017—2020 年，吐哈盆地的生态用水量快速上升，并创下历史新高。

　　图 5-3 呈现了吐哈盆地各区县 2000—2020 年的年度生态用水量变化。2000 年，托克逊县和高昌区率先划分部分水资源用作生态用水，生态用水量均为 100 万 m³。2001—2002 年，所有区县的生态用水量均为 0。与总体变化趋势相同，从 2003 年开始，各区县的生态用水量逐年上升，其中伊州区和托克逊县的涨幅最为显著。伊州区和巴里坤县以及

鄯善县和伊吾县分别于 2003 年、2004 年实现生态用水量零的突破，年生态用水总量分别为 2 200 万 m³、969 万 m³、300 万 m³ 及 400 万 m³。伊州区的生态用水量始终保持在较高水平，2003—2014 年，呈波动增长趋势，并分别于 2008 年和 2014 年达到两个小峰值，生态用水总量分别为 3 578 万 m³、3 245 万 m³。2015 年，伊州区的生态用水量为 0。2016 年之后，生态用水量重新呈现显著的上升趋势，并于 2019 年达到历史峰值，年生态用水量为 5 353 万 m³。托克逊县的生态用水量在 2004—2008 年呈现激增态势，年生态用水量涨幅可达 6 600 万 m³。2008—2011 年，生态用水量持续下降，降幅超过 4 900 万 m³。2012—2015 年，生态用水量短暂回升后再次呈现下降趋势，并于 2015 年降至 200 万 m³。2016—2020 年，托克逊县生态用水量再次回升，5 年内涨幅超过 4 000 万 m³，2020 年的年生态用水量为 4 470 万 m³。高昌区生态用水量在 2003—2008 年呈波动上升趋势，2008 年的生态用水总量达 2 200 万 m³。2009—2013 年，除 2010 年生态用水量短暂降至 1 000 万 m³ 以下外，其余年份的生态用水总量持续在 2 000 万 m³ 上下浮动。2014 年，高昌区的生态用水量降至 900 万 m³，之后呈现持续上升的态势，并于 2020 年达到历史新高，年生态用水量为 3 760 万 m³。鄯善县的年生态用水量在 2004—2008 年呈缓慢上升趋势，直到 2009 年才大幅度增长，生态用水量达 2 200 万 m³。2009—2013 年，其生态用水量在 1 500 万~2 000 万 m³ 波动变化，并于 2014—2017 年维持在 500 万 m³ 上下。2018—2020 年，鄯善县的生态用水量大幅增长，并于 2020 年达到历史新高，年生态用水总量为 3 320 万 m³。2003—2007 年，巴里坤县的生态用水量在 900 万 m³ 上下浮动，用水分配较为稳定。2008 年之后，巴里坤县的生态用水量持续维持在较低水平，除 2018 年外，其余年份的生态用水量均在 400 万 m³ 以下。伊吾县的生态用水量在 2004—2007 年持续增长，并于 2007 年达到最高值 1 484 万 m³。2008—2016 年，其生态用水量缓慢下降，并于 2016 年降至 87 万 m³。2017—2020 年，伊吾县的生态用水量呈现波动上升趋势，并于 2020 年增至 1 305 万 m³。

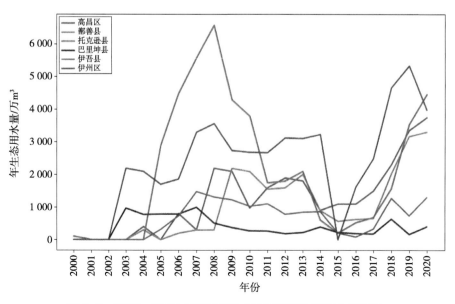

图 5-3　2000—2020 年吐哈盆地各区县年度生态用水量变化

　　高昌区是吐哈盆地的中心，属于典型的干旱荒漠气候，"西部大开发计划"政策下发后，高昌区制定了一系列的生态环境改善措施，例如建立生态效益补偿机制以激励生态保护行为、清淤增容乌拉泊水库以提高用水质量、同时开工建设多项水利工程以保障用水等[17]。2007—2013年，高昌区绿洲面积也不断增加，生态治理成效显著。托克逊县被荒漠戈壁包围，且具有"旱极"之称，为改善恶劣的生态环境、推动经济发展，2005—2008年，托克逊县先后开展了农业改革、推进重点水利工程建设以及水污染治理等工作，致力于打造戈壁滩上的绿洲，故而在此期间生态用水量较大。2008年之后，治理成效逐渐凸显，生态用水量也随之下降。鄯善县位于吐鲁番东部，光热资源充足，为改变生态脆弱、环境不断恶化的现状，鄯善县致力于建设生态型的精品绿洲，走生态农业和可持续发展之路。2008—2013年，鄯善县不断加大退耕还林还草力度，人工草场面积也逐步扩大，水利设施建设不断完善，水资源得到有效保护和合理且充分的利用。党的十九大之后，吐鲁番市积极响应生态文明建设的号召，生态用水投入持续升高。自2006年哈密市被国家环保总局正式列为全国第四批国家级生态示范区建设试点以来，哈密市把"生态立市"作为实现市域经济社会可持续发展的重要战略全力推进，大力发展生态产业、加强生态保护，促进了人与自然和谐相处及经济与环境协调发展。伊州区作为市政府驻地，被致力于打造为宜居城市，大量水资源被用于人工林种植、天然草地保护、湖泊生态环境修复等，生态环境得到明显改善，人民生活幸福度也大幅提高。巴里坤县属温带大陆性冷凉干旱气候区，平均海拔较高，冬季严寒，夏季凉爽，光照充足，巴里坤湖和巴里坤草原，生态环境良好，因此生态用水量较其他区县一直处于较低水平。巴里坤以资源型工业、农牧业和旅游业为主，故而生态用水多用于城市建设、生态环境维护等。伊吾县素有"生态之城"之称，资源条件优越，草场辽阔，风景独特，同巴里坤县一样，生态用水量低于其他区县。伊吾县始终坚持生态优先、绿色发展，因此其生态用水多用于伊吾河、代尔昆代郭勒、琼河坝、四道白杨沟、吐尔干沟和托勒库勒湖等河湖治理与水生态修复[26]。

（二）吐哈盆地月度生态用水变化趋势

　　生态用水的月度变化是一个复杂的过程，需要综合考虑气候、植被、土壤和人为等因素的相互作用，分析月尺度生态用水变化有助于了解水资源利用的周期性模式并制定有效管理策略。吐哈盆地月度生态用水占全年生态用水比重，即生态用水月度分配系数如图5-4所示。1月和2月的生态用水量占全年生态用水总量的比重相似，均可近似为0.020 1。从3月开始，生态用水量逐步上升，并于6月达到峰值，6月生态用水量占全年生态用水总量的0.160 9。6月之后，生态用水量呈下降趋势，并于12月降至0.045 5，但相较于增长过程，其下降幅度稍缓。

　　吐哈盆地各区县生态用水月度分配系数如图5-5所示。与总体变化趋势相似，多数区县的生态用水从3月呈现增长态势，并于6—7月达到峰值，之后则缓慢下降。巴里坤县的生态用水月度分配与其他区县存在明显差异，主要体现在1—3月其生态用水占比相较于其他区县较高，且8月之后的生态用水量占比反而呈现明显的增长趋势，并于12月达到年内的最高值。鄯善县的年内生态用水变化曲线较为平滑，相较于其他区县，年内生态用水分配较为均匀。1—5月，生态用水量逐步上升，6—8月，生态用水量维持在稳定水平，9—

12月，生态用水量逐步下降，与植被季节性变化吻合。高昌区和伊州区在 1 月和 2 月的生态用水量占比几乎为 0，月度分配系数分别为 0.000 7 和 0.001 9。高昌区的生态用水量分配在年内出现双峰，6 月和 8 月的占比分别为 0.172 3 和 0.247 6，9 月之后，呈现持续下降的趋势。伊州区的生态用水量在上半年和下半年分配较为平均，1—7 月，稳定增长，并于 7 月达到峰值，分配系数 0.235 5，8—12 月，生态用水量呈波动下降趋势。托克逊县和伊吾县在 1 月和 2 月的生态用水量占比均为 0，且伊吾县在 12 月的生态用水分配系数也为 0。3—6 月，托克逊县的生态用水量持续增长，并于 6 月达到峰值，月度生态用水量占全年生态用水总量的 0.188 8。6 月之后，托克逊县的生态用水量持续降低。伊吾县的生态用水量分配同样在年内出现双峰，分别于 6 月和 9 月出现峰值，分配系数分别为 0.200 7 和 0.170 1。9 月之后，伊吾县的生态用水量呈现下降趋势，并于 12 月重新恢复至零值。

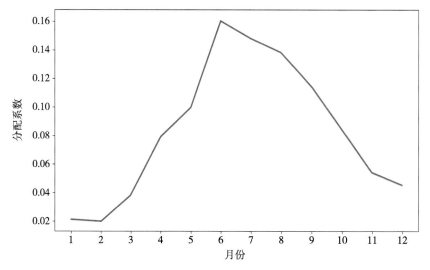

图 5-4 吐哈盆地生态用水月度分配系数

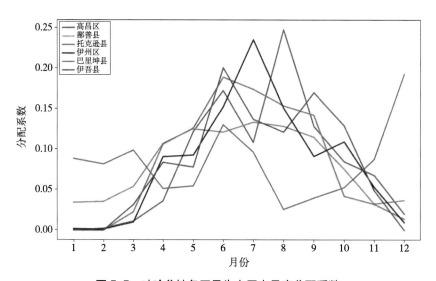

图 5-5 吐哈盆地各区县生态用水月度分配系数

生态用水的月度变化受多种因素的综合影响，需要根据当地的实际情况进行具体分析。吐哈盆地年内生态用水量变化是由植被生长周期、气候季节性变化及其他多种因素交互影响的结果。首先，气候因素，包括降水量、温度和风速，会直接影响水资源的供应情况和植被的水分蒸发速率。春季伊始，吐哈盆地温度开始回升，冰川、积雪融水增加，河流径流量增加，地下水位上升，地表水和地下水的供给相应增加，促进了生态系统的水资源利用。并且春夏季节气温逐渐升高，水的蒸发速率较快，导致土壤和生态系统对水的需求增加。其次，植被生长周期在生态系统用水量的季节性变化中起着关键作用，植被生长周期的不同阶段会影响植被需水量的季节变化，生长期内植物对水的需求量大，而休眠期则需求减少，进而导致吐哈盆地生态用水量的季节变化。在春季和夏季，随着气温升高和日照时间增长，植被进入生长期，此时，植被对水分的需求量增加，这种季节性的植被需水量增加会导致生态用水量的上升。随着夏秋季节的到来，植被逐渐进入成熟期、衰老期，生长速度开始减缓，对水分的需求量相对稳定或减少，此时，生态用水量在植被需水量达到峰值后开始下降。到冬季，植被进入休眠期，用水需求进一步减少，生态用水量也因此下降。另外，土壤状况也是重要因素，如土壤水分含量和土壤类型会影响植物的水分摄取能力，而地形和地貌特征如地势起伏和地表覆盖会影响水资源的分布和土壤水分的蒸发情况。此外，人为因素如水资源利用方式和管理措施也会对生态系统用水量产生影响。总之，生态用水月度分配，不仅受政府策略的宏观调控，更受自然要素的牵制，关键是要在摸清植被生理特性、物候节律以及需耗水机理的背景下制定符合当地实情的供水策略，真正做到水尽其用，实现生态环境保护与水资源可持续利用的目标。

第三节　吐哈盆地生态用水管理实践

吐哈盆地作为中国西部重要的生态区域之一，生态用水管理、调控与配置成为保护和恢复其生态环境的重要举措。在水资源稀缺和生态环境恶化的背景下，吐哈盆地采取了一系列创新性的生态用水管理举措。通过建立水资源监测网络以及实施生态补水工程等措施，有效调控了盆地内的水资源利用，提升了生态系统的稳定性和健康度。同时，吐哈盆地还注重生态保护与经济发展的协调，积极实践绿色发展理念，促进了当地生态环境与社会经济的可持续发展。这些生态用水管理实践为吐哈盆地乃至全国生态环境治理提供了宝贵经验，同时促进了水资源节约型社会和美丽中国的构建。艾丁湖和哈密河在吐哈盆地扮演着重要角色，它们的生态状况关系当地居民的生活质量和整个生态系统的稳定。近年来，针对这两个水域的生态环境治理工作已经取得了一定的成效，这为吐哈盆地的生态环境保护和可持续发展奠定了坚实基础[28,33]。

一、艾丁湖生态保护治理

艾丁湖位于我国新疆维吾尔自治区吐鲁番市，是西北干旱地区典型的内陆尾闾湖泊。近年来，随着社会经济的快速发展，艾丁湖湖区内社会经济用水迅速增加。水资源紧缺与生态系统退化的矛盾日趋严重，也因此艾丁湖生态环境遭到了严重的破坏，已从常年性湖泊演变成季节性湖泊[59]。吐鲁番地区日照强烈、气候炎热、大风盛行，导致艾丁湖蒸发强烈，但同时艾丁湖蒸发也能使区域内白天增温和夜间降温趋缓，从而有效调节该地区的温度和湿度。如果艾丁湖水面面积进一步萎缩，巨大的干盐滩会使该区域白天迅速增温、夜间迅速降温，从而导致区域对流进一步加强，增加风灾、沙（盐）尘等危害。此外，近年来艾丁湖周边大片芦苇、红柳、盐节木和骆驼刺枯死，土地荒芜，植被稀疏，生物多样性逐渐丧失。艾丁湖的生态环境问题已经严重威胁到其特有生物的生存，如果不开展有效治理，合理处理湖区内水资源开发利用和生态保护之间的关系，艾丁湖或将面临干涸的风险，由此带来的损失也将不可估量。为加强艾丁湖湿地保护修复，筑牢绿色生态屏障，艾丁湖生态保护治理项目正在全面展开。该项目计划总投资 36 亿元，分为两期建设，项目一期于"十三五"期间完成，开展了水资源管理系统及农田水利设施建设等 7 个子项目，新建防渗渠道 363.16 km，新建供水管道 14.51 km，河道治理 4.67 km，并打通了高昌区大河沿至艾丁湖、煤窑沟至艾丁湖两条应急补水通道。项目二期分 3 个年度实施，总投资 10.04 亿元，计划建设输水管道（渠道）132 km，改造农田防渗渠道 812 km，改造加固坎儿井 99 条，安装计量设施 1 990 处，对吐鲁番市 18 处饮用水源地进行保护等。截至目前，该项目已初见成效，项目治理前后艾丁湖生态环境差异如图 5-6 所示。

图 5-6　项目治理前后艾丁湖生态环境差异（左图摄于 2013 年，图源《中国国家地理》；右图摄于 2023 年，图源"第三次新疆综合科学考察"）

（一）艾丁湖概况

1.生态区概况

艾丁湖是我国著名的内陆咸水湖，是吐哈盆地的最低点，平均海拔 -154 m。艾丁湖生态区主要涉及吐鲁番市所辖高昌区、鄯善县和托克逊县，面积 4.56 万 km²。艾丁湖生态区主要由盐湖（主湖区、季节性湖区）、干盐湖、河口湿地与盐生草甸四部分区域组成。生态区内自然环境恶劣，大部分为戈壁荒漠，并且由于地势高差变化，形成了显著的植物自然地理垂直分布。山区岩石大部裸露，植被稀少；山前倾斜平原土质为粗颗粒砂砾石，下渗强烈，低洼处生长零星梭梭、铃铛刺、骆驼刺、盐嵩等灌木或草本植被；平原区以荒漠戈壁为主，植被覆盖程度较低，潜水埋深较浅处生长有片状零星分布的红柳、白刺、骆驼刺等耐旱植被[19,28,33]。

2. 水文气象

艾丁湖生态区为典型干旱荒漠气候，夏季炎热，冬季干冷，气温年较差 40～47.5℃，春秋两季气温变化剧烈，各月气温年内分配极不均匀，且区域内降水十分稀少而蒸发十分强烈。多年平均年降水深 82.6 mm，年际变化较大，最大、最小年降水量相差 16 倍；平原区水面蒸发能力 1 800 mm，多年年际变化相对稳定，但年内分配极不均匀，多年平均最大、最小月蒸发量相差 25 倍，区域内降水大都耗于蒸散发。另外区域内多大风，常造成风灾，多年年最大风速平均值为 23.0 m/s。艾丁湖生态区有大河沿河、塔尔朗河、煤窑沟河、黑沟河、恰勒坎河、二塘沟河、柯柯亚河、坎尔其河、白杨河、阿拉沟河等 10 条主要河流，流域总面积 5.31 万 km²，其中河流产水面积 1.38 万 km²。流域径流补给来源主要是大气降水和季节性融雪水（来源于吐鲁番北部和西部天山山脉），流量年内分配不均，汛期径流量占年径流的 60% 以上。

3. 水文地质

艾丁湖生态区非山区地下水区域按吐鲁番北盆地、南盆地划分。吐鲁番北盆地和南盆地四周是以单一结构的潜水含水层为主的砾质平原，含水层岩性以卵砾石、砂砾石为主；南盆地中部是以多层结构的潜水—承压水（自流）含水层为主的细土平原，含水层岩性以中砂、细砂和粉砂为主。盆地平原区浅层地下水补给来源主要为河道渗漏，其次为山区河谷潜流的侧向流入和大气降水入渗补给，几乎没有山区地下水的侧向流入补给。北盆地地下径流方向为由北至南，以火焰山葡萄沟、胜金沟、吐峪沟、连木沁沟、树柏沟等的发源处为中心形成汇流区并溢出地表形成泉集河；以盐山与火焰山间的吐鲁番构造缺口为主要汇流通道进入南盆地，并向艾丁湖及周边地下水浅埋区汇流。盆地平原区浅层地下水排泄以潜水蒸发和人工开采为主，环艾丁湖地区细颗粒地层面积及地下水位埋藏小于 5 m 区域面积较大，潜水蒸发量较大，长期以来形成结晶的芒硝、盐碱地等；人工开采方式有坎儿井和机电井。

4. 艾丁湖生态环境演变

艾丁湖流域同其他西北内陆盆地一样，生态环境十分脆弱。其中，植被的生长状态决定着流域生态环境的好坏。近年来，由于艾丁湖逐渐萎缩，骆驼刺大量枯死，风蚀、风积作用加剧，土地沙化面积增加明显。20 世纪 80 年代末草地资源调查资料显示，艾丁湖周边分布着总面积达 1 466.7 km² 的骆驼刺群落生长区域，到 2012 年已降至 1 056.4 km²，退化约 413 km²，植被退化趋势明显。艾丁湖流域降水主要集中在山区，因而降水对平原区植被的生长贡献不大，平原区植被的生长主要依靠上游来水和地下水的供给。虽然地表水对植被的生长很重要，但是随着流域经济社会的发展，流域水资源开发利用强度逐渐增大，流域上游大量修建水库，大大减少了原本只有在丰水季节才能进入平原区的地表水进入平原区天然绿洲的机会。所以说，艾丁湖流域平原区自然旱生植被的生长主要依赖于地下水。地下水埋深直接影响着土壤中水分的含量、养分的动态，而植被又主要通过根部从土壤里获得水分和养分，因而地下水能够决定干旱荒漠区植被的生长、分布及种群演替。随着流域内水资源开发利用的加剧，艾丁湖周边地下水位下降，艾丁湖湖区附近约 64% 的草地、80% 的林地生长受到不同程度的抑制，再加上人口持续增加、工业经济规模扩大、土地压力增加，人工改造扩大绿洲的趋势也加剧，自然旱生植被面积将持续减少，绿洲外围的生态效益降低。具体表现为自然植被由生物量大的植被群落逐渐演变为生物量小、结构单一的物种，且植被越来越不发育，直至退化。

（二）艾丁湖湖面面积变化及驱动因素

1. 艾丁湖湖面面积变化

湖泊水面面积是评价湖泊生态环境质量的重要指标之一，水面面积的大小直接反映了湖泊的整体生态状况，水面面积的变化指示着湖泊生态平衡状态的变化。较大的水面面积通常意味着更广阔的生态空间，有利于维持湖泊生物多样性和生态稳定性；水面面积的缩减则可能意味着湖泊生态系统受到压力，相应湖泊的水质、气候调节能力以及周边生态环境也会随之发生改变。因此，监测和评估湖泊水面面积的变化对于科学有效地保护和管理湖泊生态环境至关重要。1990—2020年艾丁湖月尺度湖面面积数据来源于中国科学院地理科学与资源研究所，通过遥感解译方式获得。据吐鲁番市人民政府的报道，艾丁湖从20世纪的50年代至90年代，经历过三次的干涸再"复活"："20世纪50年代初，艾丁湖东西长40 km，南北宽8 km，湖水面积近152 km²。到了1958年，湖面变得近似椭圆形，根据航空照片观察计算，此时的艾丁湖东西长7.5 km，南北宽3 km，水深0.8 m左右，面积为22.5 km²。1962年8月，经航片解译，湖面全部干涸。1973年，经美国陆地卫星MSS4波段解译，艾丁湖湖水面积恢复至29 km²。80年代初，湖面又缩至17 km²。1984年，由航片解译，湖水又全部干涸。1989年TM卫星影像显示，此时的艾丁湖呈新月形，湖水面积恢复至11 km²，湖周湿地约为72 km²。1993年，湖底变硬，可行汽车，实地勘察水面为3 km²，到1994年，湖面面积不足3 km²，呈零星片状水洼。1999年，美国探空卫星拍摄到的影像中能重新看到艾丁湖，艾丁湖再次复活。"除了气候干燥、蒸发量大、风大且多等因素外，河流和地下水补给量多少以及人为利用水量多少也是造成艾丁湖时而有水、时而干涸现状的原因。1990—2020年艾丁湖月尺度湖面面积变化如图5-7所示。在30年的时间跨度内，艾丁湖的湖面面积呈现出明显的年内变化，年际变化趋势较弱。这可能是由于多种因素的综合影响，例如气候变化、人类活动以及地质因素等。要更准确地理解这种变化背后的原因，需要更深入的研究和数据分析。

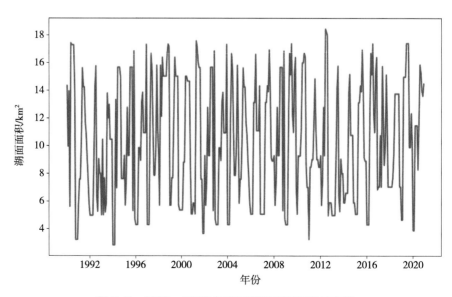

图5-7 1990—2020年艾丁湖湖面面积逐月变化

1990—2020 年艾丁湖年均湖面面积变化如图 5-8 所示。1990—1992 年，湖泊面积呈显著减小趋势，年均面积从 11.4 km² 降至 7.96 km²。1993—1998 年，湖面面积呈显著增加趋势，其中以 1997—1998 年的涨幅最大，年均面积从 10.11 km² 升至 14.22 km²。造成这一现象的主要原因是 1996 年吐鲁番盆地发生了一次特大洪水，阿拉沟河、大河沿河等 4 条河流暴发洪水，大量的水由高向低泄入艾丁湖区，再加上 1997—1998 年又连续丰水，河流水继续流入湖内，使得艾丁湖的湖面面积持续增加。1999 年，湖泊面积骤降至 9.74 km²。2000—2006 年，艾丁湖湖面面积平稳变化，年均面积持续在 10 km² 上下浮动。2007—2013 年，湖面面积出现短暂上升后呈现波动下降趋势，并于 2013 年降至谷值，年均面积为 7.96 km²。2014—2020 年，湖面面积重新呈现波动上升的态势，年均面积恢复至 11.29 km²。总体而言，1991—2020 年，艾丁湖湖面面积经历了先迅速萎缩再持续扩张的一次较大波动，以及随后平稳过渡逐渐萎缩又恢复的动态变化过程。

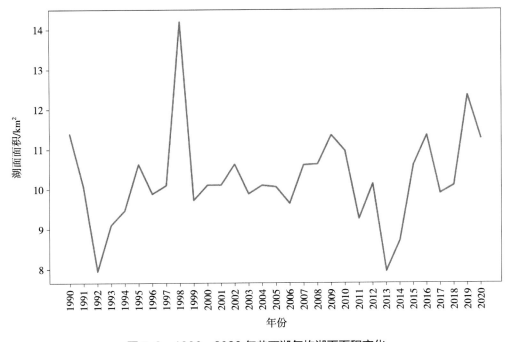

图 5-8　1990—2020 年艾丁湖年均湖面面积变化

将 1990—2020 年艾丁湖各月湖面面积作多年平均，得到月均湖面面积变化，如图 5-9 所示，艾丁湖湖面面积在年内整体上呈现出先升高后降低的变化趋势。湖泊通常在 3—7 月持续扩张，并于 7 月达到最大值，其多年平均值为 14.6 km²。随后湖面在 8 月至翌年 2 月呈下降趋势，2 月湖面将萎缩至全年最小，多年均值为 5.85 km²。总体而言，1990—2020 年期间，艾丁湖湖面面积变化具有明显的季节性特征，春季开始，湖面逐渐扩张，并在夏季达到年内最大面积，随后逐渐下降，冬季萎缩至年内最小面积。各月面积差异显著，平均年内面积最大变化幅度达到 8.75 km²。

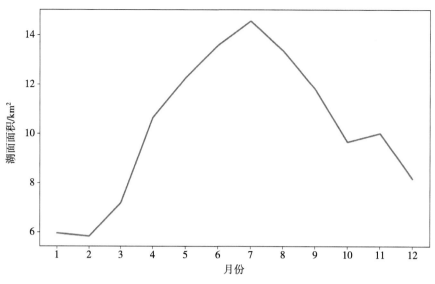

图 5-9　1990—2020 年艾丁湖月均湖面面积变化

2. 艾丁湖湖面面积变化驱动因素

（1）气候变化驱动。影响内陆湖泊变化的主要气象因素为降水和气温，其中降水与湖面面积变化正相关。相关研究显示[61]，20 世纪 90 年代末艾丁湖流域降水量有一定增加趋势，1998 年出现湖泊面积峰值的直接原因就是 1998 吐鲁番地区降水充沛。但进入 21 世纪后，流域降水量整体呈波动下降趋势，这与湖面缩小的趋势较为一致。气温对湖面面积变化的影响较为复杂，20 世纪 90 年代以来，受全球气候变化影响，艾丁湖流域年均气温呈显著上升态势。气温升高一方面加剧了水面蒸发和土壤蒸发，其中水面蒸发是艾丁湖水量损失的主要方式，也是造成湖面面积萎缩的关键原因；另一方面气温升高同时加速了流域上游的冰雪融水现象，艾丁湖作为冰雪融水为主要补给源的河流的尾闾，气候变化控制的河流径流量大小是决定湖面面积变化的决定性因素，其融水在一定程度补给了艾丁湖的入湖水量，有助于扩大湖面面积。这体现出气温升高对艾丁湖湖面面积变化产生作用的两面性，但冰雪融水增加的代价是上游冰川面积的萎缩。21 世纪后，由于冰川萎缩，艾丁湖入湖水量中冰雪融水的占比逐渐下降，这一定程度削弱了冰川对湖面面积的调节能力。对于类似艾丁湖的干旱区季节性湖泊，山区水储量，包括冰雪、冻土和地下水储量的季节变化也是影响干旱区季节性湖泊面积变化的主要因素。

（2）人类活动影响。除上述气候因素以外，人类活动对艾丁湖面面积变化也产生了重要影响。人类活动主要包括在流域上游建设蓄水、引水工程，截取大量地表、地下水用于当地的工农业生产和生活用水，导致最终汇入艾丁湖的水量逐渐减小、湖面逐渐萎缩。吐鲁番地区长期以来在水资源开发利用上形成了以农业经济为主的用水结构，农业用水量占全地区总用水量的 90%，除农业引水造成白杨河、阿拉沟等河流入湖流量明显减少外，地下水超采也造成了湖区原有承压自流水水位下降，导致地下水对湖泊补给量减小。吐鲁番地区水资源开发利用程度过高也是影响艾丁湖面面积变化的重要原因，地下水开采量与湖面变化负相关，2015 年之后，随着当地开始推行水源涵养等举措，湖面面积的萎缩才在一定程度上得以减缓。

（三）艾丁湖生态补水

艾丁湖湖面面积不断萎缩、湖泊水质与生态环境持续恶化的现状引起了社会各界的广泛关注，出于对湖泊生态系统健康的重视，艾丁湖生态保护治理项目全面展开。旨在通过采取一系列科学有效的措施（包括湿地修复、水质改善、水体保护等）以及建立和完善四大工程体系（节水、水资源配置、生态环境保护、水资源与生态监测），实现对湖泊生态环境的保护和恢复。此举不仅是对生态文明建设和可持续发展理念的积极响应和实践，更有助于提升当地生态环境质量、改善居民生活环境。

针对艾丁湖生态治理与修复，实施的关键措施之一就是生态补水，尤其是当湖泊水位下降到临界点甚至出现干涸时，生态补水变得至关重要。湖泊水位的下降可能导致湖泊生态系统的崩溃，影响周边的生态平衡和人类生活。在这种情况下，通过生态补水，可以补充水量，恢复湖泊的水文生态系统，促进水生生物栖息地的恢复，维持湖泊的生态功能和生态平衡。此外，生态补水还有助于改善湖泊水质，减轻水资源的紧张状况，提升生态环境质量，从而保护和促进当地生态系统的健康发展，维护水资源的可持续利用。将生态补水作为艾丁湖生态环境治理的重要举措之一，不仅有助于应对湖泊水位下降的紧急情况，也为湖泊生态系统的长期恢复与保护提供了有效途径。

为探究艾丁湖实施生态补水所产生的生态系统服务价值与生态补水所耗费的成本是否匹配，需要获取生态补水数据，然而，生态补水数据并未公开。在缺乏具体生态补水数据的情况下，为了探究这一科学问题，我们提出了一种可能的解决方案，即利用近似估算的入湖水量来指示生态补水量。入湖水量是反映水体补给情况的重要指标，其变化能够间接地反映生态补水的影响。通过监测入湖水量的变化，可以初步了解生态补水对水体的增加效果。尽管这种方法可能受到其他因素（例如降水量和河流流量）的影响，不如直接获得补水数据那样准确，但它仍然为评估和监测生态补水的影响提供了一种简单而有效的途径，并为我们的进一步研究和分析提供一定的参考依据。

1. 艾丁湖入湖水量推算

由于艾丁湖湖区附近无监测计量的站点，因此艾丁湖的入湖水量只能利用水量平衡方程来推求。再加上能够获取到的数据十分有限，所以尽可能地简化了计算过程。艾丁湖湖区的来水量主要用于蒸散发，因此，艾丁湖的入湖水量可以用如下公式计算[52-56]：

$$W_入 = W_末 - W_初 + E \qquad (5-13)$$

其中，$W_入$ 为时段入湖水量，$W_末$ 为时段末湖泊水量，$W_初$ 为时段初湖泊水量，E 为时段内总蒸发量。$W_末$ 和 $W_初$ 可以根据时段初、末的湖面面积和湖容曲线推求，E 可以根据湖面面积和湖面蒸发强度相乘得到。

（1）时段初、末湖泊水量计算。由于并未对艾丁湖的高程进行实地测量，缺乏数据支撑，因而直接采用相关研究依据湖面面积和湖体容积建立的艾丁湖面积—容积曲线来计算时段初、末的湖泊水量，面积—容积曲线公式如下 [52-56]：

$$y=0.518x^2+31.24x+182.3 \tag{5-14}$$

其中，x 为湖泊面积，y 为湖泊容积，即湖泊水量。在这里，将上月的湖泊水量视为本时段初的湖泊水量，本月的湖泊水量视为本时段末的湖泊水量，以 2 月为例，1 月的湖泊水量作为 2 月初的湖泊水量，2 月的湖泊水量则作为 2 月末的湖泊水量。基于 1990—2020 年月尺度的湖泊面积数据以及上式，计算出了相应时间的湖泊水量，具体如图 5-10 所示，湖泊水量和湖泊面积呈现相似的变化特征和趋势。

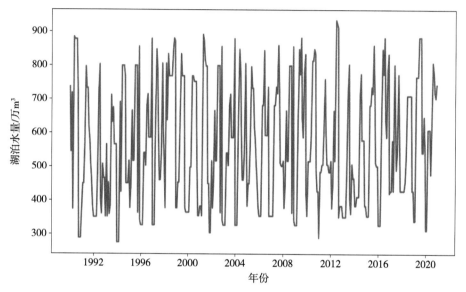

图 5-10　1990—2020 年艾丁湖湖泊水量逐月变化

（2）蒸发量计算。同样由于缺乏气象数据，直接采用其他研究计算得到的艾丁湖多年平均湖面实际蒸发强度数据以及现有湖面面积数据来计算湖面蒸发量 [57-58, 60]，具体数据如表 5-4 示。

表 5-4　不同月份艾丁湖多年平均湖面实际蒸发强度　　　　单位：mm

时间	1 月	2 月	3 月	4 月	5 月	6 月	
蒸发强度	9.9	27.4	80.6	117.3	196.2	221.7	合计：1 320
时间	7 月	8 月	9 月	10 月	11 月	12 月	
蒸发强度	229.8	193.5	133.3	76	25.4	8.7	

基于 1990—2020 年月尺度的湖泊面积数据及表 5-4 计算出了相应时间的蒸发量，具体如图 5-11 所示。蒸发量与湖泊面积、实际蒸发强度成正比，年内蒸发量多在 5—7 月达到峰值，与湖泊面积和实际蒸发强度变化一致。

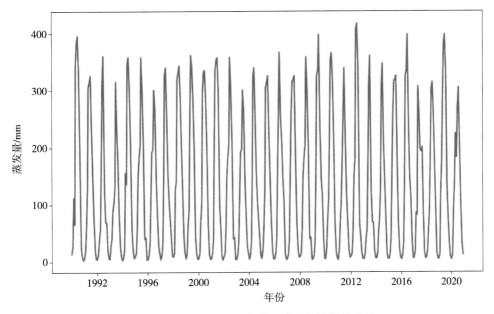

图 5-11 1990—2020 年艾丁湖蒸发量逐月变化

（3）艾丁湖入湖水量。基于时段初、末湖泊水量以及蒸发量，计算得到了 1990—2020 年月尺度的入湖水量，具体变化如图 5-12 所示。

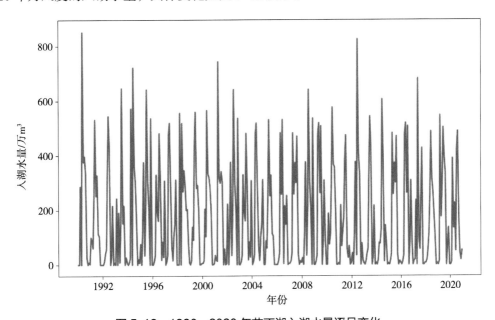

图 5-12 1990—2020 年艾丁湖入湖水量逐月变化

入湖水量呈现出季节变化特征，对 1990—2020 年各月的艾丁湖入湖水量作平均，结果如图 5-13 所示。入湖水量在 1—7 月上升，并于 7 月达到峰值。2—4 月的涨幅较大，从 35.36 万 m³ 涨至 275.51 万 m³；4—7 月，涨幅降低，入湖水量于 7 月达到峰值，为 378.08 万 m³。7—12 月入湖水量下降，7—10 月降幅较大，从峰值降至 80.0 万 m³。10—

12 月入湖水量呈现先上升再下降的趋势，总体下降 54.98 万 m³。

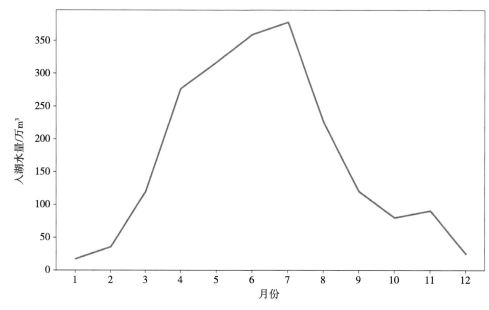

图 5-13　1990—2020 年艾丁湖月均入湖水量变化

　　1990—2020 年艾丁湖年入湖水量数据分别如图 5-13 所示。1990—1993 年，艾丁湖入湖水量呈现下降趋势，从 2 284.85 万 m³ 降至 1 647.12 万 m³，降幅为 27.9%。1993—1995 年，入湖水量回升 856.44 万 m³，涨幅为 34.2%。1994—2003 年间，发生了 3 次类似于此的上升再下降过程。2005 年，入湖水量降至 1 724.23 万 m³，随后入湖水量回升，并于 2006—2020 年间呈现 4 次上升再回落的变化过程。其中，2014 年的入湖水量为 30 年来的最低值，为 1 563.96 万 m³。整体来看，1990—2020 年的入湖水量变化可以分为三个阶段：1990—2003 年，入湖水量呈现波动上升趋势；2003—2005 年，入湖水量下降；2005—2020 年，入湖水量再次呈现波动上升趋势。

　　入湖水量年际变化（图 5-14）与艾丁湖湖面面积年际变化（图 5-8）呈现出相似的变化特征，但相较于湖面面积，入湖水量具有更为明显的变化趋势。尤其是在 1999—2011 年间，入湖水量波动较大，变化范围为 1 610.58 万～2 649.91 万 m³，而湖泊面积持续维持在 10～11 km²。由此看来，湖泊的入湖水量是多种因素综合作用的结果，包括自然和人为因素，具体可以概括为以下几个方面：①降水量，周围地区的降水量直接影响着湖泊的入湖水量。降水量多的地区，通常会导致更多的水流入湖泊，并且降水量的季节动态变化也会导致入湖水量的变化；②湖泊流域的大小和特征，流入湖泊的河流数量、丰枯、流速以及流域的地形特征会影响入湖水量河流；③地下水补给，地下水的流入对接收地表径流较少的湖泊来说至关重要；④人类活动影响，人类活动如水库的建设、水资源的利用与调度、河道的调整、排污等会改变湖泊入湖水量的情况；⑤气候变化，气候变化导致的气温升高会影响冰雪融水以及降水模式，从而间接影响湖泊的入湖水量。

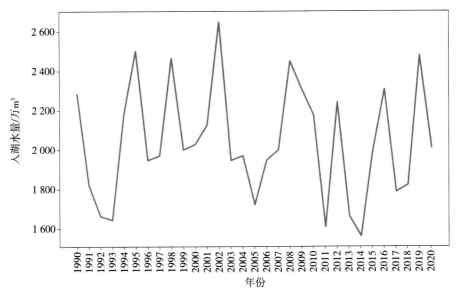

图 5-14　1990—2020 年艾丁湖入湖水量年际变化

2. 艾丁湖生态补水成本

由于目前无法获取通过外部途径对艾丁湖输水、补水的具体数据，导致无法评估生态补水成本（或说通过生态补水所损耗的水的成本价值）。因此，假设艾丁湖的入湖水量全部来自外部输水，基于入湖水量以及吐鲁番市自来水收费标准（绿化环卫消防用水价格，0.8 元 /m³，2012 年调整至 0.6 元 /m³），计算得到生态补水成本的上限，结果如表 5-5 所示。生态补水成本与入湖水量成正比，多年平均值为 1 634.57 万元，最大值为 2 119.93 万元，最小值为 1 251.16 万元。

表 5-5　1990—2020 年艾丁湖生态补水成本

年份	生态补水成本 / 万元	年份	生态补水成本 / 万元	年份	生态补水成本 / 万元
1990	1 827.88	2001	1 702.44	2012	1 794.46
1991	1 459.38	2002	2 119.93	2013	1 333.03
1992	1 333.03	2003	1 558.89	2014	1 251.16
1993	1 317.70	2004	1 577.35	2015	1 597.48
1994	1 746.87	2005	1 379.38	2016	1 846.39
1995	2 002.85	2006	1 559.08	2017	1 431.74
1996	1 558.89	2007	1 601.49	2018	1 459.59
1997	1 577.35	2008	1 961.95	2019	1 984.67
1998	1 973.68	2009	1 846.39	2020	1 610.86
1999	1 602.35	2010	1 742.37		
2000	1 624.57	2011	1 288.47		

（四）艾丁湖生态系统服务价值

为了全面、综合性地了解生态系统对人类社会和经济的重要性，并为环境管理和决策制定提供有力的科学依据，有必要进行生态系统服务价值评估。通过评估生态系统服务价值，可以准确地衡量自然资源的经济和社会利益，识别生态系统提供的各种服务对人类福祉的贡献，从而更好地平衡生态保护和经济发展之间的关系。此外，生态系统服务价值评估还有助于认识到生态系统的潜在威胁和风险，为制定环境政策和规划提供科学依据，以及引导资源的有效利用和管理。生态系统服务定义为生态系统与生态过程所形成的、维持人类生存的自然环境条件及其效用，它是通过生态系统的功能直接或间接得到的产品和服务，也是由自然资本的能流、物流、信息流构成的生态系统服务和非自然资本结合在一起所产生的人类福利，生态系统服务价值则是对生态系统服务和自然资本用经济法则所做的估计。依据现有研究与数据，对艾丁湖的生态系统服务价值进行了评估。

Costanza 等将生态系统服务细分为干扰调节、土壤形成、营养循环、废物处理、授粉、生物控制、栖息地、基因资源、娱乐、文化等 17 种类型，谢高地等根据中国民众和决策者对生态服务的理解状况，将生态服务重新划分为食物生产、原材料生产、景观愉悦、气体调节、气候调节、水源涵养、土壤形成与保持、废物处理、生物多样性维持共 9 项服务功能。基于谢高地等的研究[42-45,47]，提取中国区域水生态系统单位面积生态系统服务价值数据，如表 5-6 所示，即每公顷水生态系统所产生的年均生态系统服务价值为 40 676.4 元。按照生态服务类型分解，食物生产价值占 0.22%，原材料生产价值占 0.02%，景观愉悦价值占 9.44%，气体调节价值占 0%，气候调节价值占 1.0%，水源涵养价值占 44.33%，土壤形成与保持价值占 0.02%，废物处理价值占 39.55%，生物多样性维持价值占 5.42%。

表 5-6　中国区域水生态系统单位面积生态服务价值　　　　　单位：元 /hm²

气体调节	气候调节	水源涵养	土壤形成与保护	废物处理	生物多样性保护	食物生产	原材料	景观愉悦	气体调节	合计
0	407.0	18 033.2	8.8	16 086.6	2 203.3	88.5	8.8	3 840.2	0	40 676.4

基于1990—2020 年艾丁湖的年均湖面面积以及单位面积生态系统服务价值总值（40 676.4 元/hm²），可以计算得到1990—2020 年间艾丁湖所产生的生态系统服务价值，结果如表 5-7 所示。艾丁湖生态系统服务价值与年均湖面面积成正比，多年平均生态系统服务价值为 4 180.44 万元，最大值为 5 783.97 万元，最小值为 3 235.97 万元。

表 5-7　1990—2020 年艾丁湖生态系统服务价值

年份	生态系统服务价值 /万元	年份	生态系统服务价值 /万元	年份	生态系统服务价值 /万元
1990	4 637.23	2001	4 116.01	2012	4 127.12
1991	4 096.07	2002	4 327.28	2013	3 235.97
1992	3 235.97	2003	4 025.74	2014	3 545.80

年份	生态系统服务价值/ 万元	年份	生态系统服务价值/ 万元	年份	生态系统服务价值/ 万元
1993	3 708.53	2004	4 112.26	2015	4 320.35
1994	3 855.97	2005	4 096.07	2016	4 624.69
1995	4 327.28	2006	3 926.78	2017	4 032.09
1996	4 025.74	2007	4 320.35	2018	4 111.71
1997	4 112.26	2008	4 327.28	2019	5 032.33
1998	5 783.97	2009	4 624.69	2020	4 592.63
1999	3 961.22	2010	4 464.53		
2000	4 115.34	2011	3 770.39		

（五）艾丁湖生态补水效益评估

生态工程涉及对自然生态系统的干预和管理，其目的在于改善生态环境、保护生物多样性、提供生态系统服务，并最终实现人类社会和自然环境的和谐共生。在开展生态工程前，必须充分考虑其可能带来的生态效益。在生态工程实施后，同样需要评估其带来的生态效益。因为生态效益评估不仅可以帮助全面评估修复措施的可行性和效果，还可以将生态系统服务转化为经济价值，使决策者更好地理解生态修复对社会经济的贡献，从而更有效地分配资源和制定政策。艾丁湖作为当地重要的水域生态系统，其生态服务对当地社区和生态环境都具有重要意义。艾丁湖生态恢复治理项目是针对艾丁湖生态环境不断恶化的现状制定的，截至目前，该项目正在开展二期工程，相关报道指出艾丁湖的生态环境持续向好，生态治理成效显著。但是关于艾丁湖开展生态修复工程所带来的生态效益评估目前尚未有公开资料，关于每年向艾丁湖大量输水是否值得，或者说艾丁湖生态服务价值能否超过生态补水成本这一问题仍然需要进一步探究。

由于缺少艾丁湖每年实际的外部输水量，因此在第三小节"艾丁湖生态补水"中，推算了1990—2020年艾丁湖每年的入湖水量，并假设入湖水量全部为生态补水，即得到生态补水的上限。而后基于绿化用水水价和入湖水量，进一步计算得到了生态补水成本上限，具体如表5-6所示。另外，基于中国区域水域生态系统单位面积生态系统服务价值以及1990—2020年的艾丁湖湖面面积，计算得到了1990—2020年艾丁湖的生态系统服务价值，具体如表5-7示。对两者作差，即可得到艾丁湖生态补水产生的实际经济价值，计算结果如表5-8所示。由于并不清楚生态补水具体始于哪一年，因此计算结果包含了艾丁湖1990—2020年共30年所产生的理论上的实际经济价值。统计发现，生态系统服务价值始终远高于生态补水成本，生态系统服务价值与生态补水成本的比值在2.04~2.97变化，多年平均值为2.58。实际经济价值在1 902.94万~3 047.67万元变化，多年平均值为2 545.87万元。艾丁湖生态保护治理项目一期工程在"十三五"期间（2016—2020年）建设完成，在此期间，艾丁湖产生的实际经济价值持续增长，并于2019年首次突破3 000万元，达到30年来的峰值。这在一定程度上也说明了我们的研究结果符合实际状况，具备可参考性。

表 5-8　1990—2020 年艾丁湖生态补水后产生的实际经济价值

年份	实际经济价值 / 万元	年份	实际经济价值 / 万元	年份	实际经济价值 / 万元
1990	2 809.35	2001	2 413.57	2012	2 332.66
1991	2 636.69	2002	2 207.35	2013	1 902.94
1992	1 902.94	2003	2 466.85	2014	2 294.64
1993	2 390.83	2004	2 534.91	2015	2 722.87
1994	2 109.10	2005	2 716.69	2016	2 778.30
1995	2 324.42	2006	2 367.70	2017	2 600.35
1996	2 466.85	2007	2 718.86	2018	2 652.12
1997	2 534.91	2008	2 365.32	2019	3 047.67
1998	3 810.29	2009	2 778.30	2020	2 981.77
1999	2 358.87	2010	2 722.16		
2000	2 490.78	2011	2 481.92		

　　计算结果清晰地表明，对艾丁湖进行生态补水其生态系统服务价值明显高于生态补水成本，这意味着实施生态补水方案将为艾丁湖带来显著的生态效益。对艾丁湖来说，生态补水措施不仅有助于涵养水源、改善湖泊水质、保护周边生态系统，还会激发丰富的生态系统服务功能，如水资源供给、气候调节、生物多样性维护等，这将为改善生态环境、促进可持续发展提供有力支撑。研究结果也突出了投资于生态补水的重要性，并呼吁更多的关注和资源投入以推动生态补水和生态系统保护的进程，科学有序开展水资源管理与保护、流域水生态修复、水环境质量监测等，为流域水生态保护、生态修复提供科学支撑，同时促进艾丁湖流域生态环境更加良好、河湖面貌不断改善。

二、哈密河生态修复

　　哈密河，又称"古尔班通古特河"，是新疆哈密市的一条重要河流，源头位于天山山脉南麓。它是塔里木河的支流，是整个哈密盆地的主要水源之一。哈密河流域面积约为 5.4 万 km²，历史上一直是当地农业、工业和城市生活用水的重要来源。然而，随着工业化和城市化的快速发展，哈密河面临着严重的生态危机。首先，过度开采地下水资源导致了河水流量急剧减少，甚至在部分季节干涸。农业灌溉和工业用水的需求持续增长，而水资源的补给却无法满足这种增长。其次，工业和农业活动带来了大量的污染物排放，导致河水水质恶化，影响了当地生态系统的健康。此外，气候变化也对哈密河流域产生了影响。持续的干旱和高温天气使得河流水量更加不稳定，加剧了生态环境的脆弱性。这些生态危机对哈密河流域的生态系统、农业生产和居民生活都造成了严重影响。为了解决这些问题，当地政府和社会组织正在采取一系列措施，包括加强水资源管理、推动节水技术应用、加强污染治理等，以恢复和保护哈密河的生态环境，实现可持续发展。

（一）哈密河概况

哈密河位于中国新疆维吾尔自治区的哈密市境内，地理位置处于塔里木盆地东南部。这条河流源自天山山脉南麓，途中流经哈密盆地，最终汇入塔里木河。哈密河河道总长度约为 38.9 km，穿过哈密城区，由西河坝、东河坝两个分支组成。东哈密河总长度约 7.6 km，西哈密河分为西支和东支，西支长度约 6.7 km，东支长度约为 6.1 km。东哈密河和西哈密河交汇后，经 13.7 km 后进入鹤鸣湖。哈密河是哈密各族人民群众赖以生存的母亲河，具有调节哈密绿洲气候的重要作用，被哈密人民形象地称为生态"两叶肺"[73-74]。同时哈密河也是湿绿洲的生命线，是哈密生态环境的基础，对改善哈密城市环境，提高居民幸福指数、保障农业生产灌溉、维护区域内生物多样性具有至关重要的作用。20 世纪 70 年代，受石城子水库的建设、下游土地大规模开发以及其他因素的影响，东、西河坝水流量迅速下降。20 世纪末，沿河道分布的众多泉眼干涸消失，哈密河完全断流。水资源过度开采、水质污染以及生态系统退化等问题对当地社会经济可持续发展和生态平衡造成了严重影响，亟须采取有效的措施加以治理和解决。

（二）哈密河生态恢复工程

近年来，哈密市自觉践行习近平生态文明思想，坚决贯彻落实党的二十大决策部署，积极贯彻落实"绿水青山就是金山银山"理念，大力推进生态文明建设。为解决哈密河存在的生态环境问题和面临的生态环境危机，哈密市于 2019 年正式启动哈密河生态恢复工程。据了解，哈密河生态恢复工程涉及建设总长度 8.5 km，其中，东河坝南北长度 3.8 km，西河坝南北长度 4.7 km，河道最宽的地方逾 400 m，最窄处也逾 80 m。城区段规划建设面积 3 720 亩，约 248 hm²，计划总投资 5.75 亿元。哈密市委表示出对哈密河生态恢复工程的高度重视，并提出"良好生态环境是最普惠的民生福祉，哈密河生态恢复工程是哈密的'一号'重点工程、'头号'民生工程""要建设成经得住历史检验的民心工程，让各族群众看到实实在在的变化，获得实实在在的幸福""构建人与自然和谐共生的河湖生态环境，最大限度满足哈密人民对美好生态环境的需要"等诸多明确要求。

哈密河生态恢复工程分为近期、中期、远期三个阶段推进，近期以中心城区的修复为突破口，中期向南延伸向北扩展，远期完成哈密河全流域的系统治理。一般城市治理项目都是"各自为战"，比如生态项目单纯修复生态，棚户区改造项目单纯改造房子，导致各类城市资源很难统筹兼顾，最终造成重复建设、资源浪费等问题。而哈密河生态恢复工程则将生态修复、文化建设、棚户区改造、道路建设等相关工作进行一体设计、一体规划、一体建设，以一条河的治理带动了一座城的社会综合治理。此外，该工程以"上游水源涵养、中游生态提升、下游生态修复"为治理手段，以提高水资源调控能力、水安全保障能力为中心，以水环境改善、水生态保护为重点，坚持不破坏原有植被、不破坏原有林木、不破坏原有水系生态的原则，在构建起东西河坝两条蓝色水系廊道、实现生态恢复的同时，致力于将哈密河打造为融文化、生态、游赏、休闲于一体的沙漠绿洲河道走廊。整体来看，哈密河生态恢复工程是一项系统的生态治理工程，它的实施是哈密市落实"绿水青山就是金山银山"理念、坚持"生态优先、绿色发展"道路的具体实践。

2019年哈密市全面推进哈密河生态恢复工程，先后开展了哈密河有害生物防控、湿地生态水管理、栖息地保护与恢复等七大工程。该项目计划于2020年完成投资2.5亿元，规划建设面积1 148亩，分4个标段（片区）执行，到了2020年底，整个哈密河生态恢复工程建设已完成60%，并计划于2021年5月1日向公众开放。2021年，该工程实现新增绿地2 157亩（合143.8 hm²），是恢复前的3.8倍，绿化率由18%提高到78%。此外，26 km健身慢行步道全线贯通，19万m²的科普植物园建成，20万m²左右的开敞空间向各族群众开放。2022年，总投资7.04亿元、总面积5 300亩的哈密河生态恢复工程全面竣工。得益于哈密河生态恢复工程的实施，北接天山、南接沙漠的哈密河全线贯通，两条绿色水系廊道、同心园及豫园等主题各异的十个公园和两个广场沿哈密河也相继建成，哈密河沿线生态环境得到明显改善，生态恢复工程实施前后的生态环境差异如图5-15所示。

图5-15　哈密河生态恢复工程实施前后生态环境差异

（上图为治理前，下图为治理后；图源央视新闻网）

哈密河生态恢复工程不仅改善了城市生态环境，也带动了城市建设升级。这项融生态、民生、安全、稳定、文化、团结于一体的"一号"重点工程，在筑起城区的生态屏障的同时，还增进了民生福祉、铸牢了各族干部群众心中的中华民族共同体意识。党的十九届六中全会提出"坚持人民至上"，哈密河生态恢复工程打造出的让各族群众在更大绿色空间里休闲娱乐、享受美好生活的民生愿景，正是这一理念的体现。如今的哈密河两岸呈现出"推窗见绿、开门即景"的美丽景象，生态文明建设惠及千家万户。整体来看，哈密河生态恢复工程的实施，为改善生态环境、保护水资源、减少灾害风险、促进经济发展等方面带来了诸多好处，同时对当地社区和生态系统的可持续发展也具有重要意义。

第四节　吐哈盆地生态用水现状及未来展望

农业发展、工业化以及城市化推进过程中污染物的大规模排放、自然资源的过度开发，导致吐哈盆地的生态系统遭到严重破坏。随着环境问题的加剧以及生态文明理念的深入人心，人们开始逐渐重视环境治理，政府和相关机构也相继出台了一系列关于调度生态用水用于生态环境治理的政策和措施，因此近些年来生态用水比例逐渐增加。然而，相较于其他用水，如农业用水，生态用水比例仍然偏低，吐哈盆地生态用水也仍然面临着调度困难、用水额度被挤占等诸多问题与挑战。

一、吐哈盆地生态用水现状

（一）1990—2020 年吐哈盆地各类用水量及占比变化

1990—2020 年吐哈盆地各类用水量及用水总量变化如图 5-16 所示。1990—2012 年，吐哈盆地用水总量持续上升，2012 年增长至 14.5 亿 m³；2012—2020 年，用水总量呈现下降趋势，并于 2020 年降至 12.6 亿 m³。1990—2010 年，吐哈盆地的农业用水量在 10 亿 m³ 左右浮动，变化幅度较小；2011—2018 年，农业用水量持续高于 10 亿 m³，其中 2010—2012 年，农业用水量呈现出较为明显的增长趋势，涨幅为 19.3%；2012—2020 年，农业用水量则呈现出缓慢下降的趋势，并于 2020 年降至 9.07 亿 m³，总降幅为 21.7%。1990—1999 年，吐哈盆地工业用水量缓慢下降，由 4 040.19 万 m³ 降至 1 450 万 m³；1999—2012 年，工业用水量持续增长，由 1 450 万 m³ 增长至 1.18 亿 m³；2012—2020 年，工业用水量波动变化，维持在 1.0 亿 m³ 上下。1990—2002 年，吐哈盆地的生活用水量呈

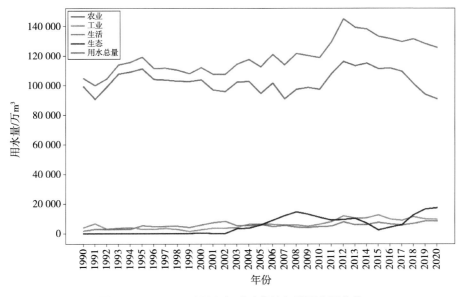

图 5-16　1990—2020 年吐哈盆地各类用水量变化

现增加趋势，由 1 560 万 m³ 增长至 8 030 万 m³；2002—2009 年，生活用水量波动下降；2009—2020 年，生活用水量重新呈现增长趋势，并于 2020 年增至 8 060 万 m³。2002—2008 年，生态用水量呈现显著增长趋势，由零增长至 1.45 亿 m³；2008—2015 年，生态用水量波动下降，并于 2015 年降至 2 300 万 m³；2015—2020 年，生态用水恢复增长，并于 2020 年增长至新的峰值，用水量为 1.73 亿 m³。

　　1990—2020 年吐哈盆地各类用水占比变化如图 5-17 所示。1990—1999 年，农业用水占比维持在 0.94 左右；1999—2007 年，农业用水占比持续下降，由 0.95 降至 0.80；2007—2016 年，农业用水占比波动上升，由 0.80 升至 0.85；2017 年以后，农业用水占比重新呈现下降趋势，且降幅较大，至 2020 年占比已降至 0.72。1990—1999 年，工业用水占比持续下降，由 0.04 降至 0.01；1999—2020 年，工业用水占比呈现波动上升趋势，由 0.01 增长至 0.08。1999—2002 年，生活用水占比持续增长，由 0.01 增长至 0.07；2002—2020 年间生活用水占比呈现先降低后增长的趋势，2020 年吐哈盆地生活用水占比为 0.06。2002—2008 年，吐哈盆地生态用水占比增长迅速，由 0 增长至 0.12；2008—2015 年生态用水占比持续下降，由 0.12 降至 0.02；2015 年以后，生态用水占比重新呈现增长趋势，并于 2020 年增长至 30 年来的峰值（0.14）。

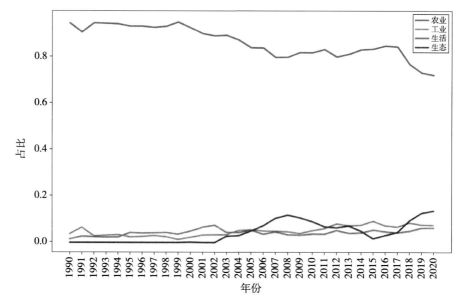

图 5-17　1990—2020 年吐哈盆地各类用水占比变化

　　1990—2020 年吐哈盆地各区县生态用水占比变化如图 5-18 所示，所有区县的生态用水占比均呈现出先上升再下降而后重新上升的态势。其中伊吾县和托克逊县生态用水占比变化幅度较大，两者生态用水占比分别在 2007 年和 2008 年达到峰值（0.32 和 0.37），随后逐渐下降，于 2015 年分别降至 0.03 和 0.008；2016 年以后，生态用水恢复增长，并于 2020 年分别增长至 0.21 和 0.17。高昌区和鄯善县的生态用水占比分别在 2008 年和 2009 年达到峰值（均为 0.08），随后逐渐下降，于 2015 年分别降至 0.03 和 0.02；2016 年以后，生态用水占比重新呈现增长趋势，并于 2020 年分别增长至 0.13 和

0.12。巴里坤县和伊州区在 2002—2007 年间具有相似的生态用水占比和变化特征，2007—2017 年，巴里坤县的生态用水占比持续下降，降幅达 87.2%；2017 年以后生态用水占比恢复增长，并于 2020 年增至 0.05；2006—2014 年，伊州区的生态用水占比小幅度变化后维持在 0.08～0.09；2015 年伊州区的生态用水占比降至 0，2016 年以后恢复增长，并于 2020 年增长至 0.15。

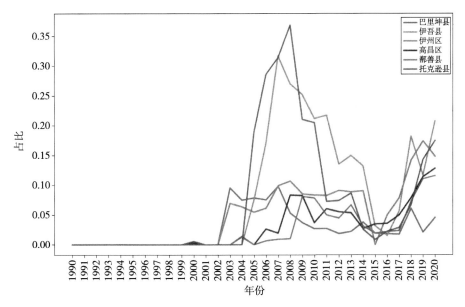

图 5-18　1990—2020 年吐哈盆地各区县生态用水占比变化

（二）吐哈盆地水资源开发利用及生态用水现状

吐哈盆地为干旱缺水荒漠区，其水资源开发利用程度已远远超过其承载能力。在经济社会快速发展以及气候不断变化的背景下，吐哈盆地水资源供求结构发生了巨大变化，新型工业化发展和生态环境保护对水资源的需求日益凸显。2020 年吐哈盆地、吐鲁番地区及哈密地区的水资源总量分别为 15.86 亿、7.28 亿、8.58 亿 m³，其中，地表水资源量分别为 12.55 亿、5.51 亿、7.04 亿 m³，地下水资源量分别为 12.59 亿、6.84 亿、5.75 亿 m³，重复计算量分别为 9.29 亿、5.07 亿、4.22 亿 m³。吐哈盆地的农业用水量、工业用水量、生活用水量及生态用水量分别为 17.2 亿、1.26 亿、0.67 亿、1.97 亿 m³，用水结构为 26.93∶1.97∶1.05∶3.08。吐鲁番地区农业用水量、工业用水量、生活用水量及生态用水量分别为 10.56 亿、0.52 亿、0.3 亿、1.2 亿 m³，用水结构为 83.15∶4.09∶2.36∶9.45。哈密地区农业用水量、工业用水量、生活用水量及生态用水量分别为 6.64 亿、0.74 亿、0.37 亿、0.77 亿 m³，用水结构为 77.30∶8.61∶4.31∶8.96。

生态用水量和当地生态环境状况、可利用水资源量、生态用水政策息息相关，1990—2020 年吐哈盆地生态用水及生态用水占比总体上呈现先增加后下降而后恢复增长的趋势。目前，生态用水量以及生态用水占比已显著提高，但和其他类型的用水相比（如农业用水）仍然处于较低水平。一方面，随着城镇化和工业化的快速发展，吐哈盆地资源性缺水和工程性缺水愈发严重，局部水体水质较差、河湖生态系统服务功能受损、水源地污染等问题未得到根本解决，生态用水短缺和水生态环境形势依然严峻。另一方面，部分地区水资源开发利用程度过高，在用水总量保持不变的情况下，生产和生活用水量持续增加，生态用水被挤占，导致生态用水量占用水总量的比例较低。除此之外，河湖水域及其缓冲带水生植被退化、水生态系统失衡、水环境污染依然严重等问题仍然存在，导致可用水量的进一步减少，加剧了水资源短缺和生态用水的亏缺。

二、吐哈盆地生态用水未来展望

（一）吐哈盆地生态用水趋势

随着国家对生态环境的重视程度日益提高，作为生态环境脆弱区和中国西部重要的生态区域之一的吐哈盆地，成为生态环境治理的重点，其生态用水也备受关注。区域人口增长和经济的快速发展，使得吐哈盆地对水资源的需求不断增加，这对盆地内的生态系统造成了巨大的压力。首先，农业灌溉是吐哈盆地最大的水资源使用部门之一，农业用水量的增加导致了湖泊和河流水位的下降、湿地生态系统的退化并使生物多样性受到威胁。其次，工业和城市化的发展也加剧了对水资源的需求，排放的工业废水和城市污水进一步污染了当地水体，影响了水生生物的生存繁衍。因此，吐哈盆地的生态环境面临着严峻挑战，亟须采取有效的措施来保护当地的生态环境，包括加强水资源管理、提高水资源利用效率、推动生态补水等措施，以实现生态与经济的可持续发展。

为改善吐哈盆地的生态环境，吐哈地区政府部门已采取了一系列措施，除了直接作用于生态用水管理与调度，还通过一些途径来间接调节生态用水量。在农业方面，通过改变农作物种植结构、更新灌溉技术在一定程度上降低农业用水量，尤其在可用水资源量有限的背景下，这将有效避免生态用水被挤占情况的发生。在工业方面，尽可能降低工业占比，充分发挥流域自然资源优势，选择绿色产业，开展低耗水、低污染的项目，从源头上降低水损耗以及对水生态环境的污染。在生活方面，大力宣扬节水理念，建立政府主导、各方协同、市场调节、公众参与的节水机制，努力构建全民参与的节水型社会，进而将会余下更多的水被用于生态环境治理。2015 年之后，吐哈盆地的生态用水量呈现持续增长的态势，生态用水占比也日益升高。2020 年是 1990—2020 年 30 年来生态用水量最高的年份，这源于吐哈地区政府部门对党和国家颁布政策法规的积极响应以及对生态文明建设、生态环境治理的重视。总体来看，在国家政策以及日渐深入人心的生态文明理念的指导下，吐哈盆地生态用水量将进一步增长。

（二）吐哈盆地生态环境治理困境及生态用水保障对策

吐哈盆地生态环境保护面临的结构性、根源性、趋势性压力尚未根本缓解，水环境质量改善不平衡不协调问题突出，河湖生态用水保障不足，生态破坏问题凸显，生态环境风险依然较高，与美丽中国建设目标要求仍有不小差距。基于吐哈盆地生态环境状况及生态用水现状（如面临水资源短缺导致的生态用水亏缺、生态用水被挤占等问题），有必要了解吐哈盆地生态环境治理现状及生态用水管理政策和措施，进而探讨解决这些问题的途径和策略，以实现生态系统健康和水资源可持续利用的目标。

1. 吐哈盆地生态环境治理困境

吐哈盆地生态环境治理与修复已取得显著成效，但生态环境问题具有长期性、艰巨性、复杂性，生态环境质量改善从量变到质变的拐点尚未到来，生态环境保护、治理、修复工作依然任重道远。吐哈盆地的空气质量得到明显改善，但吐哈盆地的可吸入颗粒物仍有超标现象，臭氧污染呈上升趋势，重污染天气尚未消除，氮氧化物、挥发性有机物排放量大，治理技术有待提升。另外，吐哈盆地空气质量波动较大，这既有污染物排放量变化的影响，也有气候因素的影响，反映了大气污染治理的长期性和艰巨性。

吐哈盆地水污染治理成效显著，但水环境治理短板问题仍然突出。据统计，2020年，全国地表水"十四五"国控断面存在1.9%的劣Ⅴ类水质，其中西北诸河劣Ⅴ类水质占比5.9%，仅次于全国十大流域中的松花江[65,67]。并且尽管地表水优良水质断面占比继续提升，但吐哈盆地的水污染防治的总体形势依然严峻，许多地区在氮磷等营养物质控制、流域水生态保护等方面仍存在突出问题。另外，城市密集区水网污染比较严重，城市黑臭水体尚未实现长治久清；江河源头水环境质量不佳，水源地达不到全年水质合格标准；部分湖泊和水库水体富营养化，湿地功能退化，水环境污染风险隐患加大。

吐哈盆地生态环境本底脆弱，生态、农业、城镇空间质量有待进一步提升。长期的水土资源开发活动，使吐鲁番各类生态系统受到不同程度的干扰和破坏。生态空间质量有待提升，主要表现在山区天然林、平原河谷林及荒漠林局地退化问题突出，草地退化形势依然严峻，河湖湿地萎缩导致湿地功能不同程度退化，水资源匮乏造成湿地补水困难，局部地区土地沙化问题依然严重，农业空间生态功能有所退化，主要体现在农田防护林树种单一、功能退化，地膜残留给农田土壤健康带来风险，农村人居环境"短板"突出；城镇空间品质尚需进一步提升，主要表现在原生生态风貌趋于消失，城镇空间破碎化程度增加。

水资源瓶颈问题突出，生态保护修复压力依旧较大。水资源匮乏、生态系统脆弱、资源环境承载力低、生态系统自然恢复力弱，是吐哈盆地生态保护修复必须面临的先天障碍。近几十年水土开发，绿洲规模持续扩大，导致水资源过度利用，再加上荒漠灌木林植被退化、河湖湿地萎缩、生物多样性下降，彻底扭转这种趋势需要一个长期过程。吐哈盆地属于资源性、结构性和工程性缺水并存的地区，全域用水量已超过水资源承载能力，存在地表水过度利用、地下水超采利用的问题，水资源可持续利用面临挑战，河湖的水面维持任务艰巨。

多元化投入机制尚未建立，生态系统保护修复系统性仍需进一步加强。生态保护和修复具有公益性、外部性特征，加之生态补偿机制不够完善，生态产品价值实现缺乏有效途径，政府主导、企业主责、社会参与的生态保护修复体系尚未健全，缺乏激励社会资本投入生态保护修复的有效政策和措施。另外，权责对等的管理体制和协调联动机制尚未建立，部分生态工程建设目标、建设内容和治理措施缺乏系统性、综合性，生态保护修复体系和生态保护修复现代化能力建设有待进一步加强。

2. 吐哈盆地生态用水保障

吐哈盆地的生态系统对水资源的需求极大，而其水资源的供应却因气候变化、人类活动和不合理的水资源利用等因素面临着诸多压力。生态用水是吐哈盆地生态治理与修复过程中面临的"卡脖子"问题，近年来，吐哈盆地生态环境治理成效显著，但生态用水保障程度仍然较低。生态用水可以用于缓解甚至解决河流干涸、湖泊萎缩、生物多样性受损、生态服务功能下降等问题，生态用水事关生态文明建设大局。保障生态用水对于促进生态系统休养生息、遏制生态退化趋势、提升河湖生态系统功能和稳定性具有显著作用，对于促进经济社会发展与水资源承载能力相协调、构建河湖水系生态廊道、保障生态安全至关重要。因此，切实保障生态用水，对保护和改善吐哈盆地生态环境、推动吐哈盆地经济社会可持续发展具有重要意义。基于上述吐哈盆地生态环境治理现状、困境以及生态用水现状，提出以下生态用水管理与保障对策。

（1）建立健全生态用水保障机制。建立健全生态用水保障机制是保护水资源、维护生态平衡、促进可持续发展的重要举措，需要各方共同努力，加强合作，共同推进，以确保水资源的可持续利用和生态环境的健康发展。

要统筹推进生态用水的立法、规划、配置、调度，切实做到"四水四定"，建立生态用水长效机制，在保障社会经济高质量发展的同时，又让生态环境得到有效保护。首先，立法层面应当加强对生态用水的法律法规建设，明确生态用水的概念和范围，在保障生活用水的前提下，确立生态用水的优先地位，规范各类生态用水行为，明确责任主体，建立健全监管和处罚机制，加强生态环境行政执法与刑事司法衔接工作，以法治的手段保障生态用水的合理利用。其次，规划方面需要制定具体可行的生态用水规划，明确生态用水的需求和供给，结合地区实际情况，科学合理地划定生态用水保护区和水资源保护区，合理规划水资源利用和保护的同时，拓宽生态用水供给渠道，既开源、又节流，多措并举筹集生态用水配给份额。再次，配置方面应当优化水资源配置结构，加大对生态用水的投入，提高生态用水的利用效率，加强水资源的调配和保护，确保各类水资源的有效利用和生态环境的稳定。最后，调度方面需要建立健全的生态用水调度机制，科学合理地安排生态用水的时间、地点和数量，统筹考虑各类用水需求，合理调配水资源，保障水资源的可持续利用。

除此之外，还要进一步健全多元共治的政策制度保障机制，加强协调推进。一是健全党委领导、政府主导、企业主体、社会组织和公众共同参与的环境治理体系，明确相关部门（单位）的生态环境职责，构建一体谋划、一体部署、一体推进、一体考核的制度机制。二是建立健全财政资金投入机制，鼓励多元投入的资金筹措机制，积极探索生态保护和修复的生态用水和生态补水保障措施，建立多元化、市场化生态用水补偿机制，为提出适宜的生态用水保护目标提供科学依据。三是强化科技支撑，推动科学技术与生态修复紧密结合，统筹水环境、水资源、水生态、气象、航运等相关监测资源，建立健全相关部门之间的监测数据共享机制，建立水生态环境大数据平台，力求用科学的方法指导生态用水立法、规划、配置、调度等各环节工作。四是严格评估监管，搭建吐哈盆地生态用水监测、监管和生态效益评估"一张网"。五是鼓励公众参与，构建全民行动格局，加强生态文明建设宣传与生态保护法治教育，推动生态工程全民共建、生态产品全民共享以及美丽河湖保护与建设。

（2）节水。节水对于保障生态用水具有重要作用和深远意义。首先，节水可以直接降低水资源需求量，缓解水资源供给压力，生态用水将得以保障。其次，节水可以直接降低水资源的开采量，湿地、河流、湖泊、森林等生态系统的健康状态得以维持，额外的生态用水配额也会相应降低。最后，节水将间接促进生态系统的恢复与稳定，为生物多样性的维护和生态服务功能的发挥创造良好条件，从根本上维护了生态平衡。通过节约用水，不仅可以保障生态系统对水资源的需求，还能够促进生态环境的健康发展，实现人与自然的和谐共生，为可持续发展注入强大动力。党的十八大以来，以习近平同志为核心的党中央着眼生态文明建设全局，明确提出"节水优先、空间均衡、系统治理、两手发力"的治水思路。吐哈盆地应积极响应国家号召，坚持以水定人、以水定地、以水定产、以水定城，提高生态用水比例及保证水平，并致力于将节水打造为全民行动。

大力发展节水农业。吐哈盆地农业用水占比一直较高，在总水资源量有限的情况下，降低农业用水量可以有效提高生态用水配额。发展节水农业的具体措施可以概括为：因地制宜调整农业结构和种植结构，改进耕作方式，减少高耗水作物种植规模；推进以水定地、量水生产、适水种植，严控灌溉规模，稳妥有序推进退地减水工作；加强工程节水，推进农田水利设施提档升级，加快大中型灌溉区续建配套与节水改造，开展重点灌区现代化改造试点，发展农业高效节水灌溉，提高输水效率和效益；以高效节水灌溉设施建设和膜下滴灌、微灌和水肥一体化等高效节水技术应用为重点，持续推进高标准农田建设。

大力发展绿色产业，有效避免生态用水被挤占。发展绿色产业的具体措施可以概括为：关停高耗水、高污染、低产值产业，发展低耗水、低污染、高产值的环境友好型产业；改进工艺技术，采用高效节水的生产工艺，如闭路冷却系统、高效节水洗涤技术等，减少工业用水量；推广水循环利用技术，通过回收再利用废水，减少对水资源的需求；更新老旧设备，采用节水型设备，如节水冷却系统、节水型水泵等，降低工业生产中的水耗量；建立水资源管理制度，制定用水定额，监测和控制生产用水量，提高水资源利用效率。

大力宣扬节水理念，营造全民惜水、爱水、护水、节水的社会氛围。降低生活用水量的具体措施可以概括为：提倡合理用水，避免浪费，养成良好的用水习惯，如关水龙头、修复漏水等；安装节水型厕所、节水淋浴头、节水龙头等节水设备，降低家庭废水量；推广家庭废水处理再利用系统，如雨水收集、废水处理再利用等，降低家庭用水的排放；加强水资源节约宣传教育，提高公众的节水意识，倡导绿色低碳的生活方式，力求让每一位公民成为节约用水的倡导者、科学用水的践行者、节水护水的监督者。

（3）提高水资源利用效率，科学利用再生水。提高水资源利用效率并充分利用再生水是实现水资源可持续利用和生态平衡的重要路径之一。开源和节流是解决吐哈盆地水资源短缺的两个主要途径，在水资源供应不断减少的今天，其核心在于水的循环利用，即通过污水资源化、雨水资源化、节约用水等措施，增加水源的间接供应，尽量减少水的使用量，延长水的使用周期，这样不仅可以减轻供水压力，还可以相应降低污水排放对生态环境的影响。另外，生态用水并不像其他一些用途对水质要求那么严格，通过科学处理和净化，可再生水的应用范围完全可以延伸至生态用水领域，尤其是在城市绿化、湿地修复、景观水景等方面，再生水的利用具有重要意义。因此，提高水资源利用效率并充分利用再生水也是保障生态用水的重要举措。

提高水资源利用效率并充分利用再生水的具体措施可以概括为：按照因地制宜、统筹施策的原则，加大污水收集处理及再生利用设施建设，完善城镇与农村污水收集处理体系；将城镇生活污水资源化利用作为突破口，以工业利用和生态补水为主要途径，推动污水资源化利用；加快工业污水、废水回用设施建设，以工业用水重复利用、热力和工艺系统节水、工业给水和废水处理等领域为重点，支持企业积极实施节水技术改造，实现园区内的水资源循环利用；在重点排污口下游、河流入湖口、支流入干流处等关键节点因地制宜建设人工湿地水质净化等工程设施，进一步提升出水生态品质，优先利用河道、洼地、坑塘等天然条件，储蓄和输送再生水，构建"污水厂出水 + 人工湿地水质净化系统 + 再生水调蓄、储存设施"为一体的区域再生水回用体系。

（4）水资源合理配置。吐哈盆地是资源性缺水地区，靠区域内节水、调整产业结构来解决生态用水问题，只能满足近期生态文明建设对水的需求。随着生态文明建设的日益推进，对水的需求也会日渐增加，考虑中远期发展，吐哈盆地生态需水量缺口仍然很大。保障生态用水应遵循优先使用本地水、用足用好外调水、科学利用再生水的规律，将河道内和河道外生态用水纳入流域、区域水资源统一配置。基于此，吐哈盆地应采取科学合理的管理措施、工程措施对水资源在时间、空间上进行调配，以实现水资源的有效利用并确保生态系统对水资源的需求得到充分满足。

水资源优先分配。首先需要科学评估生态系统对水资源的需求，包括湿地、河流、湖泊、森林等生态系统的水量需求以及水质要求，确定生态用水的基本需求和优先级。在水资源供给不足时，将水资源优先分配给等级较高的生态系统，确保生态系统的基本生存需求得到满足，从而保障生态系统的稳定和健康发展。

水资源蓄存。建设水库、水塘、水坝等水利工程设施，在丰水期蓄存水资源，以满足生态系统在旱季或枯水期对水的需求。另外，还可以在丰水季节借助工程措施，将地表水引入地下，从而达到在时间和空间上对地下水进行合理调配、补偿枯水季节损失水量的目的。

水资源调度。解决水资源亏缺和时空分布不均问题的有效措施便是跨流域调水工程的实施，这是实现水资源优化配置的重要手段。吐哈盆地应按照"确有需要、生态安全、可以持续"的原则，合理规划建设跨流域、跨区域引调水工程。在保护生态的前提下，以自然河湖水系、调蓄工程和引排工程为依托，因地制宜实施河湖水系连通工程，加快置换挤占的生态用水。基于新疆水资源时空分布，可以考虑自水量丰沛的额尔齐斯河调水，来保障吐哈盆地未来经济发展以及生态文明建设对水的需求。近期为巴里坤县三塘湖地区，远期向伊吾淖毛湖、哈密大南湖、鄯善县沙尔湖、托克逊工业园区等区域供水。长距离调水工程对吐哈盆地生态环境改善以及资源配置优化起到十分重要的作用。

水资源管理与规划。制定水资源管理政策和规划，强化水资源刚性约束，科学规划和管理水资源的利用，加强水资源监测和调查，及时调整水资源分配方案，保障生态用水的持续供给。另外，要严控无序调水和人造水景工程，防止以恢复生态为由，过度追求大水面、大景观。

第一节　吐哈盆地供水特征概述

一、吐哈盆地总供水量变化趋势

1990—2020 年吐哈盆地多年年均供水量达 18.55 亿 m³，总体呈现上升趋势（0.09 亿 m³/ 年）。其中，1991—1995 年与 2007—2012 年两个时段内呈现出显著上升趋势（0.75 亿 m³/ 年、0.76 亿 m³/ 年）；1996—2006 年供水总体保持平稳，多年年均供水量在18.4 亿 m³ 左右浮动；2012 年后盆地内供水量则呈现出显著降低趋势（-0.42 亿 m³/ 年），供水量由 2012 年 21.42 亿 m³ 降低至 2020 年 18.04 亿 m³（图 6-1）。

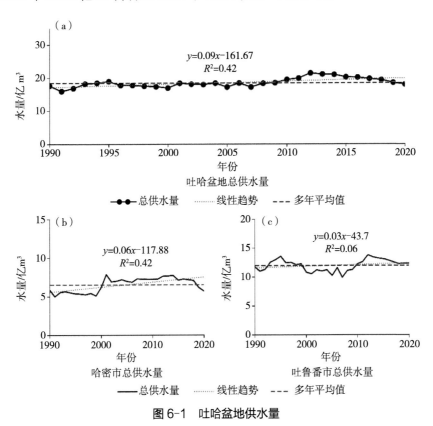

图 6-1　吐哈盆地供水量

哈密市总供水量呈现"三段式"供水特征，1990—1998 年为低水平供水时段，年均供水量为 5.41 亿 m³；1999—2012 年为快速增长时段，供水量急速增长，速率达 1.38 亿 m³/年；2013—2018 年为高水平供水时段，年均供水量为 7.38 亿 m³；2018 年后供水量有所降低，但供水总量仍高于低水平供水时段年均供水量。

吐鲁番市总供水量呈现"双峰"供水特征，1990—2000 年为次高峰时段，其中 1995 年为峰值期，供水量达 13.58 亿 m³；2001—2008 年供水总体平稳，年均供水量为 10.85 亿 m³；2009—2020 年为主高峰时段，2012 年为峰值期，供水量达 13.79 亿 m³。特别地，自 2016 年后供水量呈现出微弱降低趋势，年供水量逐年减少。

年代际供水中，1990—2020 年吐哈盆地总供水量呈现上升趋势（表 6-1），但在哈密市与吐鲁番市存在差异。哈密市供水量在三个时段内均呈现出增加的趋势，尤其是在 2000—2010 年期间，增长速率较快。相比之下，吐鲁番市的供水量在 2000—2010 年整体上仍呈现增加趋势，尤其在 2010—2020 年期间增加更为显著。

表 6-1　1990—2020 年吐哈盆地供水总量统计　　　　单位：亿 m³

时间	哈密市	吐鲁番市	总计
1990—2000 年	5.41	12.26	17.67
2000—2010 年	7.08	10.89	17.97
2010—2020 年	7.09	12.79	19.89
多年年均	6.55	12.01	18.55

根据不同年代的供水量数据，清晰地显示出吐鲁番市供水量常年高于哈密市。相较之下，哈密市的年代平均供水量相对较低，尽管近年来哈密市的供水量有所增加，但增幅仍无法赶超吐鲁番市。

二、分水源总供水量

吐哈盆地地下水仍为主要供水来源（图 6-2），多年年均高达 58.02%，远高于地表水供水量与中水供水量的 41.8%、0.18%。尤其在 2013 年盆地内地下水供水量占总供水量比例达近 30 年最高（65.36%），地表水与中水供水占比仅为 34.50%、0.14%。

从供水占比变化趋势看，地下水供水量呈波动上升趋势（年均增长 0.1%）且周期性变化明显。1990—2006 年为第一周期，供水占比先增后减；2007—2020 年为第二周期，2016 年后地下水供水占比急降，速率达每年 -1.1%，多年占比降至 54.54%。地表水供水量呈波动下降趋势（年平均 -0.1%），也存在周期性。中水供水占比相对较低，为 0.18%，近 30 年实现"由无到有"且自 2009 年后不断上升。

哈密市供水量变化特征如下：多年年均地表水、地下水、中水供水量分别占总供水量的 43.07%、56.48%、0.45%，地下水主导供水结构。2001 年地下水占总供水量比例最高（68.32%），地表水和中水占比分别为 31.22% 和 0.46%。地下水供水比例以每年 0.3%

增长，1993—2001 年增速达每年 3.9%；2002—2015 年地下水供水量在 60%±4% 浮动，2016 年后占比逐年降低。地表水供水量总体以每年 0.4% 下降，其变化趋势与地下水相反。中水供水量占比变化与盆地总体一致。

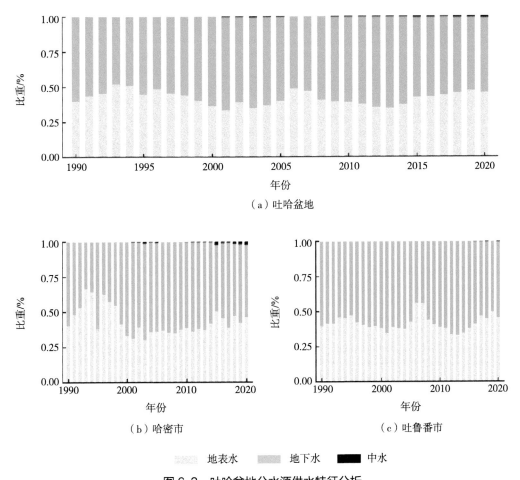

图 6-2　吐哈盆地分水源供水特征分析

吐鲁番市多年地下水供水占总供水量的 58.48%，地表水和中水占比分别为 41.49% 和 0.03%。从供水占比变化趋势看，地表水和中水供水占比微升，地下水占比下降，2016 年后地下水年均占比降至 54.47%。

三、分行业总供水量

农业作为主要供水行业（图 6-3），年均供给比例达 91.22%，工业、生活、生态供水分别为 3.24%、2.72%、2.82%。20 世纪 90 年代，农业供水占比高达 93.11%，生态供水占比极低（表 6-2）。21 世纪以来，农业供水比例逐渐降低，但始终在 90%±3% 浮动，2016 年后降低趋势加强。其余行业供水占比均为增长趋势，生态供水增长最快（年增长 2.44%），工业次之（年增长 1.43%），生活最低（年增长 0.59%）。

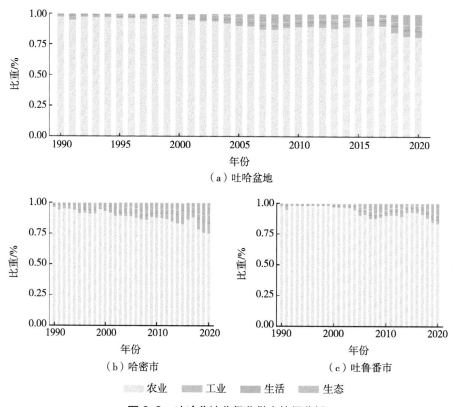

（a）吐哈盆地

（b）哈密市　　　　　　　　　　（c）吐鲁番市

农业　　工业　　生活　　生态

图 6-3　吐哈盆地分行业供水特征分析

表 6-2　1990—2020 年吐哈盆地行业供水结构统计　　　　单位：%

时间	哈密市				吐鲁番市			
	农业	工业	生活	生态	农业	工业	生活	生态
1990—2000 年	93.11	3.26	3.63	0	92.98	1.44	1.24	0
2000—2010 年	88.66	3.02	4.43	3.89	92.29	2.53	2.14	3.05
2010—2020 年	83.13	7.11	3.89	5.88	89.32	3.65	2.73	4.31
多年年均	88.30	4.46	3.98	3.26	92.98	2.54	2.03	2.45

　　哈密市农业供水也为主要行业供水单元，贡献占比为 88.30%；工业、生活、生态供水在 1990—2020 年间占比分别仅为 4.46%、3.98%、3.26%。从各行业供水占比变化趋势来看，农业供水占比自 1990 年开始总体呈现降低趋势，各年代占比由 20 世纪 90 年代的93.11% 持续减少至现阶段的 83.13%。反观工业、生活、生态供水占比却呈现上升趋势，年上升速率分别达：0.001 9%/ 年、0.000 2%/ 年、0.003%/ 年。

　　吐鲁番市历史时段年均农业供水占比（92.98%）虽高于哈密市多年平均水平，但自20 世纪 90 年代后，农业供水占比年降低速率（-0.004%/ 年）高于哈密市，2016 年后年降低速率更是高达 -2.41%。工业、生活、生态供水占比在 1990—2000 年呈现显著的上升趋势，年上升速率分别达：0.1%/ 年、0.000 7%/ 年、0.23%/ 年，其中，工业供水占比增长出现在 1990—2006 年，生活供水占比则出现于 2009—2019 年间，生态供水占比在2000 年前始终保持较低水平，2000 年后占比开始持续上升，2016 年后生态供水开始了急速增长，年均速率达 2.12%/ 年。

四、各盆地分水源总供水量

吐哈盆地因其地形及气候因素在地域内存在分异性，其供水量统计及分析中将其划分为：巴里坤—伊吾盆地、哈密盆地、吐鲁番盆地三个子盆地，为便于后续供水量及供水特征分析，吐哈盆地各盆地将特指三个子盆地供水特征及趋势分析。吐哈盆地及三个子盆地的多年平均分水源供水占比中子盆地的地表水和地下水使用比例各有不同的变化趋势，地下水是主要的供水来源（图 6-4）。中水近十年逐渐被引入，占比较低。巴里坤—伊吾盆地和哈密盆地在 2000—2010 年间地表水使用比例有所下降，后有所恢复。吐鲁番盆地的地表水使用比例相对稳定，略有下降。

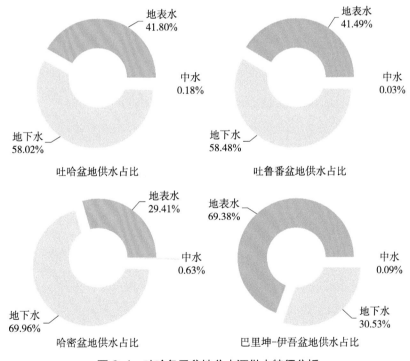

图 6-4　吐哈各子盆地分水源供水特征分析

子盆地供水占比也存在差异（表 6-3），巴里坤—伊吾盆地 1990—2000 年内地表水使用占比为 76.51%。2000—2010 年：地表水使用占比下降到 63.74%，减少 12.77 个百分点，可能由于地下水资源的开采增加或地表水资源减少所致。2010—2020 年：地表水使用占比回升至 68.02%，地表水的使用有所恢复。哈密盆地在 1990—2000 年内地表水使用占比为 38.55%，而在 21 世纪初地表水使用占比下降至 21.24%，2010 年后地表水供水占比有所回升。吐鲁番盆地内年均地表水供水占比为 41.53%，地表水在吐鲁番盆地供水结构中保持着稳定的供水占比。

表6-3　1990—2020年吐哈盆地行业供水占比统计　　　　单位：%

时间	巴里坤—伊吾盆地			哈密盆地			吐鲁番盆地		
	地表水	地下水	中水	地表水	地下水	中水	地表水	地下水	中水
1990—2000年	76.51	23.49	0	38.55	61.45	0	42.02	57.97	0
2000—2010年	63.74	36.26	0	21.24	78.32	0.45	42.39	57.61	0
2010—2020年	68.02	31.72	0.21	28.54	70.10	1.37	40.18	59.73	0.09
多年年均	69.42	30.49	0.09	29.44	69.95	0.61	41.53	58.44	0.03

巴里坤—伊吾盆地和哈密盆地的地下水使用比例总体上升，但在2010—2020年有所回落，吐鲁番盆地1990—2020年的地下水供水比例相对稳定，略有上升。具体而言，巴里坤—伊吾盆地1990—2000年内地下水使用占比为23.49%，相对较低。2000—2010年地下水使用占比增加到36.26%，2010—2020年内地下水使用占比降至31.72%，高于1990—2000年的水平。哈密盆地内年均地下水供水占比69.95%，主导地位相对显著，其中2000—2010年地下水供水占比显著增加，增长至78.32%，地下水开发力度加大，2010年后供水占比有所降低。吐鲁番盆地地下水多年年均供水占比为58.44%，供水占比相对稳定，多年间虽有所变化但浮动不大。吐哈各子盆地在2010—2020年都开始引入中水利用，中水供给占比在哈密盆地的增长最为显著，但比例仍然很小。不同年代的供水占比中，20世纪90年代中水始终为0%，说明中水处理和使用技术尚未普及或应用，21世纪初中水利用开始逐步进入该地区的供水系统，2010年后占比有所上升，中水供给仍处于起步阶段。

五、各子盆地分行业总供水量

吐哈盆地内各子盆地行政区县虽有所区别，子盆地所含区县与市县行政范围存在部分重合，因而在子盆地分行业与分水源供水分析中，重点分析巴里坤—伊吾盆地与哈密盆地（图6-5），吐鲁番盆地、哈密盆地与吐鲁番市、哈密市伊州区所含行政区域一致，因而不再赘述。

巴里坤—伊吾盆地的行业供水结构仍以农业供给为主导，其他行业辅助供给，供给结构相对单一（表6-4）。2005—2020年，巴里坤—伊吾盆地内多年年均农业供水量占盆地总供水量的88.78%，工业、生态供水量占比分别为5.25%、4.58%，而生活供水量相对于其他行业供水量占比仅为1.39%。而从2005年及2020年各行业的供水占比变化中，农业和生态行业均呈现出下降趋势，分别降低9.94%和2.45%，工业和生活的供给能力有所增加，供水份额分别增长10.87%和1.51%。2016—2017年变化幅度最大，为-4.88%；生活供水各年占比变化相对较小，多数年份供给率波动范围为-0.01%～0.21%，仅2014—2015年生活供给量占比突增，变化幅度为0.92%。

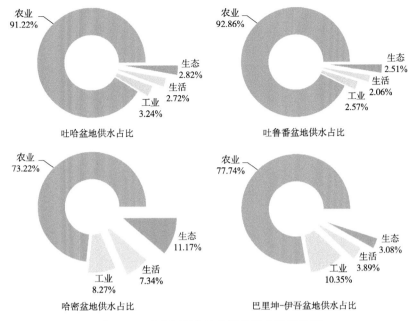

图 6-5 吐哈各子盆地分行业供水特征分析

表 6-4 1990—2020 年吐哈各子盆地分行业供水占比统计　　　　单位：%

时间	巴里坤—伊吾盆地				哈密盆地				吐鲁番盆地			
	农业	工业	生活	生态	农业	工业	生活	生态	农业	工业	生活	生态
1990—2000 年	89.79	4.93	5.28	0	89.79	4.92	5.28	0	97.32	1.44	1.24	0
2001—2010 年	86.61	4.21	5.61	3.57	86.61	4.21	5.61	3.57	92.28	2.53	2.14	3.05
2011—2020 年	81.38	7.15	4.91	6.56	81.38	7.15	4.91	6.65	89.32	3.64	2.72	4.31
多年年均	85.92	5.43	5.27	3.38	85.93	5.43	5.26	3.37	92.97	2.53	2.03	2.45

　　哈密盆地分行业供水结构特征中，农业供水占比仍为主导地位，总体呈现降低趋势，农业供水占比正逐年降低。生活供水占比虽有所上升，但增长缓慢；特别地，在工业供水占比与生态供水占比方面，哈密盆地增长速率水平相对较高，占比年增长速率分别达：1.1%/ 年、0.34%/ 年。

第二节　农业供水量

一、哈密市各区县农业供水量年变化趋势

　　农业供水在哈密市总供水占比中始终主导，涵盖种植业、林果业、牧草业、渔业、

畜牧业等多元化单元。各区县农业结构及种植面积不同，供水特征也各异（表 6-5），但传统水浇地种植业始终是各区县主要的供水单元[4]。

表 6-5　特征年供水单元统计分析

年份	行政区县	农业灌溉面积 / 万亩				林牧渔供水面积 / 万亩				牲畜 / 万头		
		水田	水浇地	菜田	合计	林果地	草场灌溉	鱼塘补水	合计	大牲畜	小牲畜	合计
1990	伊州区	0	21.6	1.36	22.96	3.67	1.12	0	4.79	24.62	32.71	57.33
	巴里坤县	0	21.89	0.21	22.1	22.1	0.2	2.7	25.0	27.01	42.62	69.63
	伊吾县	0	3.37	0.03	3.4	3.4	0.18	0.59	4.17	10.89	13.1	23.99
1995	伊州区	0	22.56	2.04	24.6	7.05	1.6	0.11	8.76	23.74	35.61	59.35
	巴里坤县	0	20.87	0.21	21.08	0.41	3.28	0	3.69	28.7	42.93	71.63
	伊吾县	0	3.05	0.03	3.08	0.27	1.28	0	1.55	10.89	13.58	24.47
2020	伊州区	0	30.96	0	30.96	23.6	2.78	0.08	26.5	4.3	38.08	42.38
	巴里坤县	0	26.81	0	26.81	3.43	5.34	0	8.77	6.68	36.2	44.09
	伊吾县	0	5.74	0	5.74	5.51	0.63	0	6.14	2.25	23.56	25.81

说明：2020 年菜田面积为 0 为统计变更所致，实际已纳入水浇地。

伊州区农业供水 1990—2020 年总体呈上升趋势（0.03 亿 m^3/ 年），年均供水量为 3.69 亿 m^3（图 6-6），自 20 世纪 90 年代以来年代际年均供水量分别为：3.07 亿 m^3、4.15 亿 m^3、3.85 亿 m^3。此外，农业供水量呈现三个典型时段（1990—1999 年低水平供水期、2000—2016 年高水平供水期、2016 年后急速减低期），三个时段内多年年均供水量分别为 3.09 亿 m^3、4.15 亿 m^3、3.85 亿 m^3。

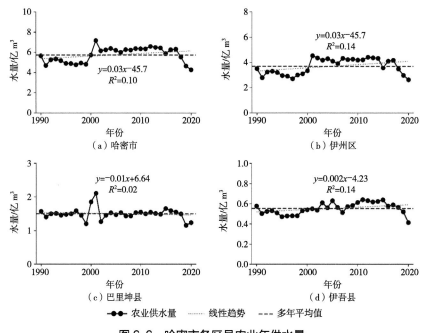

图 6-6　哈密市各区县农业年供水量

巴里坤县农业供水量多年来基本维持在 1.5 亿 m³。1990 年后巴里坤县农业供水量快速增长，2001 年达到峰值 2.11 亿 m³，并迅速回落。2016 年后农业供水急剧下降，变化趋势与哈密市农业供水趋势相似。

伊吾县农业供水量在哈密市农业供水总量占比相对较低，多年年均供水量仅为 0.65 亿 m³，1990 年以来年代际年均农业供水量分别为 0.51 亿 m³、0.57 亿 m³、0.58 亿 m³。多年变化趋势中，1990—2020 年呈现上升趋势（图 6-6），年增长速率为 0.002 亿 m³，但这种上升趋势主要表现为 1990—2016 年这一时段，这一时期增长速率为 0.005 亿 m³/年，远高于历史平均水平，2016 年后增长趋势发生改变，农业供水量急速降低，年降低速率达 -0.039 亿 m³，区域农业供水均值降至 0.52 亿 m³，2020 年更是降至近 30 年最低水平，仅为 0.41 亿 m³。

伊州区与巴里坤县在农业灌溉面积、林牧渔供水面积、牲畜数量等方面基本一致，但由于气候条件和经济发展差异，伊州区农业供水量远高于巴里坤县（表 6-6）。调研和资料显示，伊州区农业供水量偏高主要由于其种植结构不同，除传统粮食作物外，还大量种植高耗水的棉花等经济作物，种植面积占吐哈盆地总量的 75.24%。优化种植结构是伊州区农业供水改革的重要议题。

表 6-6　2020 年吐哈盆地供水量统计分析　　单位：亿 m³

行政分区		供水量（分水源）				供水量（分行业）				
		地表水	地下水	中水	供水总量	农业	工业	生活	生态	供水总量
吐鲁番	高昌区	1.64	2.54	0.01	4.2	3.60	0.06	0.16	0.38	4.2
	鄯善县	1.29	2.67	0.03	3.99	3.36	0.14	0.17	0.33	3.99
	托克逊县	2.65	1.49	0	4.14	3.31	0.25	0.13	0.45	4.14
	小计	5.58	6.70	0.04	12.33	10.27	0.44	0.46	1.16	12.33
哈密	伊州区	1.09	2.37	0.12	3.58	2.62	0.3	0.26	0.4	3.58
	伊吾县	0.54	0.23	0	0.77	0.41	0.19	0.04	0.13	0.77
	巴里坤县	1.01	0.34	0.01	1.36	1.24	0.03	0.05	0.04	1.36
	小计	2.64	2.94	0.13	5.71	4.27	0.52	0..36	0.57	5.71
合计		8.22	9.64	0.17	18.04	14.55	0.96	0.81	1.73	18.04

资料来源：水资源公报。

二、吐鲁番市各区县农业供水量年变化趋势

农业种植结构主导着吐鲁番市农业供水，播种面积及种植制度都将影响农业供水量变化（表 6-7），1990—2020 年吐鲁番市农业年均供水量为 11.15 亿 m³，总体呈现出轻微的下降趋势，数据波动较大且呈"双峰"状态。20 世纪 90 年代峰值期为 1994—1999 年，多年年均供水量达 12.35 亿 m³，1995 年农业供水量更是高达 13.26 亿 m³。2000s 峰值期为 2012—2015 年，多年年均供水量浮动在 12 亿 m³。2016 年后农业种植面积及种植制度都相应发生了巨大变化。吐鲁番市各区县农业灌溉总面积在 2016—2020 年普遍减少，而

在林牧渔供水面积方面，高昌区和托克逊县的供水面积相对稳定，鄯善县在 2020 年林地灌溉面积增加[12]，种植结构变化也使得农业供水量发生改变。

表 6-7　特征年年供水单元统计分析

年份	行政区县	农业灌溉面积 / 万亩				林牧渔供水面积 / 万亩			
		水田	耕地	园地	合计	林地	草场灌溉	鱼塘补水	合计
2016	高昌区	0	20.73	26.86	47.59	18.99	1.66	0	20.65
	鄯善县	0	23.31	30.8	54.11	6.95	2.13	0	9.08
	托克逊县	0	27.05	2.65	29.7	14.82	7.46	0	22.28
2018	高昌区	0	15.49	26.3	41.79	18.99	1.66	0	20.65
	鄯善县	0	15.19	32.55	47.74	8.25	1.97	0	10.22
	托克逊县	0	22.32	3.1	25.42	15.89	6.46	0	22.35
2020	高昌区	0	15.67	26.21	41.88	18.65	1.09	0	19.74
	鄯善县	0	13.3	8.26	21.56	32.55	1.97	0	34.52
	托克逊县	0	20.51	3.1	23.61	15.89	6.46	0	22.35

高昌区农业供水量在 1990—2020 年总体微升，年均 3.6 亿 m³。1990 年以来逐年升高，1995 年后保持在 4.2 亿~4.5 亿 m³，2016 年后开始下降，峰值期 4.93 亿 m³ 降至 3.6 亿 m³。2000s 供水量长期维持高水平，分别为 3.87 亿 m³、4.18 亿 m³、4.04 亿 m³。伊州区相较于其他区县，水浇地和粮食种植面积较低，耕地逐年减少，草场灌溉和畜牧业供水占比较低。主要供水单位为园地与林地，蔬菜、瓜果、葡萄等特色林果业面积较大。2020 年，高昌区葡萄种植面积 28.19 万亩，农作物种植面积 29.39 万亩，西瓜、甜瓜、蔬菜分别占种植面积的 20.28%、17.76%、21.5%，部分棉花种植也提高了供水需求，使农业供水量居高不下（表 6-8）。2016 年后，供水量下降趋势主要因种植面积减少、节水灌溉政策和高标准农田建设。

鄯善县多年年均农业供水量为 3.36 亿 m³，基本与高昌区一致，但变化趋势与伊州区显著不同。鄯善县农业供水量总体呈下降趋势，20 世纪 90 年代年均 4.6 亿 m³，最高达 5.28 亿 m³，远高于高昌区和巴里坤县。2000 年后急速下降，年均 3.51 亿 m³，保持较低水平。2010 年后有所回升，年均 3.72 亿 m³。2016 年后种植结构变化，耕地面积减少，园地播种面积降低，林地面积上升，导致农业供水量显著降低。

表 6-8　2020 年吐哈盆地农作物播种面积统计分析　　　　单位：khm²

行政分区		粮食					棉花
		水稻	小麦	玉米	豆类	薯类	
吐鲁番	高昌区	0	0.02	0.08	0	0	0.09
	鄯善县	0	0	0.21	0.06	0	0.36
	托克逊县	0	0	0.63	0	0.01	4.88
	小计	0	0.02	0.92	0.06	0.01	5.34

续表

行政分区		粮食					棉花
		水稻	小麦	玉米	豆类	薯类	
哈密	伊州区	0	1.15	1.77	0	0.01	15.05
	伊吾县	0	0.63	0	0.01	0.1	0.01
	巴里坤县	0	19.17	0.02	0	0.47	0.2
	小计	0	20.95	1.79	0.01	0.57	15.26
合计		0	20.97	2.71	0.07	0.58	20.6

资料来源：2021 年新疆统计年鉴。

托克逊县作为吐鲁番市重要的粮食生产基地，2016 年后农业种植结构显示，尽管部分棉花等高耗水作物存在，但农业结构逐渐由传统种植业向特色农业转变，传统耕地面积逐年减少，园地和林地等特色林果业迅速发展，这些变化也体现在农业供水量的年际变化趋势上。

托克逊县农业供水量在 1990—2020 年微弱上升（图 6-7），农业供水量波动显著，特别是 21 世纪初的急速下降与回升。20 世纪 90 年代供水量相对稳定，年均约 0.35 亿 m³。21 世纪初显著下降，2000—2010 年年均 0.27 亿 m³，2007 年降至 0.19 亿 m³ 的 30 年最低水平。2010 年后供水量回升，年均 0.36 亿 m³，呈正态分布，随后又开始下降。这一变化与当地供水政策变革密切相关。

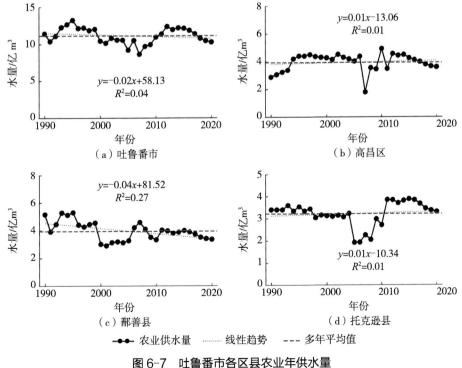

图 6-7　吐鲁番市各区县农业年供水量

三、哈密市各区县农业分水源供水量

哈密市农业结构主要分为种植业和畜牧业，种植业中水浇地是主要供水需求单元，多年来主要依赖地下水[2]。2010年，哈密市农业供水量达6.34亿m³，农田灌溉4.13亿m³，林牧渔业2.92亿m³，其中农业供水中地下水供给量为3.84亿m³，占比60.57%。畜牧业主要为林草地灌溉与牲畜饮水，总供水量为2.92亿m³，其中地下水供给1.02亿m³，占比34.93%。林牧渔业供水主要为林果地供水占72.57%，草场灌溉24.7%，鱼塘补水0.26%，牲畜用水2.46%。区域地表水管道供水集中于城市及乡镇，农村农业用水、林果及畜牧用水也主要依赖地下水（表6-9）。

表6-9 哈密市各区县特征年农业供水分水源统计分析

年份	行政区县	农业供水量 / 亿 m³	地下水供水量 / 亿 m³	占比 /%
2005	伊州区	4.09	3.13	76.54
	巴里坤县	1.47	0.38	23.32
	伊吾县	0.63	0.13	20.81
2007	伊州区	4.32	4.32	78.13
	巴里坤县	1.43	0.34	23.51
	伊吾县	0.51	0.25	48.41
2010	伊州区	4.18	3.19	76.33
	巴里坤县	1.55	0.43	27.97
	伊吾县	0.61	0.22	36.11
2014	伊州区	4.32	3.25	75.23
	巴里坤县	1.49	0.42	28.39
	伊吾县	0.62	0.23	37.71
2019	伊州区	2.97	2.38	80.01
	巴里坤县	1.16	0.31	26.99
	伊吾县	0.52	0.23	44.09
2020	伊州区	2.62	1.92	73.21
	巴里坤县	1.24	0.30	24.30
	伊吾县	0.41	0.19	46.01

伊州区2000—2016年农业高水平供水期内，农业分水源供水结构相较于20世纪90年代也发生了巨大变化，种植业大面积发展使得农业供水量急剧上升，而在地表水资源有限的情况下，农业供水中的地下水供水量急速增长。2005—2014年农业供水中地下水供给量多年年均达3.26亿m³，占比为77.07%，高峰年（2013年）地下水供应量突破3.41亿m³，地下水供给占区域农业供水总量的78.01%。2016年后受区域地下水管理限制，农业供水总量降至3亿m³内，地下水供给量也逐年降低，2019年区域地下水供应量降低至2.38亿m³，至2020年地下水供给量更是降至1.92亿m³，地下水占比随之降

至 73.21%，基本与 21 世纪初比重持平。

21 世纪以来，伊州区农业供水结构发生了变化。2016 年后，地下水供水量逐年降低，然而，地下水供给在农业总供水中的比重仍然保持在 78%±2% 内，部分年内超过 80%。退耕减水和节水灌溉等管理方法在一定程度上遏制了地下水持续超采的问题，农业供水中的"节流"政策效果显著。农业分水源灌溉结构基本未发生较大改变，仍主要依赖地下水灌溉。在区域水资源有限的情况下，"节流"政策虽然可以在短期内缓解水资源短缺问题，但优化水量利用的方法存在极限。考虑到农业作为第一产业的重要性，地区供水政策可能需要逐渐朝着"开源"方向转变[71]。

巴里坤县农业供水量多年来始终在 1.5 亿 m³ 左右浮动，但在 2005—2014 年却呈现微弱的上升趋势，相应地下水供水速率也随之提升（0.019 亿 m³/年），巴里坤县内 2005—2007 年地下水供水量存在部分波动，但年际间多浮动于 0.35 亿 m³，而在 2008 年后，巴里坤县内农业供水量中的地下水供水量却逐年增高，由 2005 年的 0.38 亿 m³ 逐年提升至 2015 年的 0.6 亿 m³ 左右，其地下水供给占比也由 25% 提升至 40%。然而，自 2016 年以来，地区水资源管理政策调整导致农业供水量逐年下降，地下水供水量占比下降。截至 2020 年，巴里坤县农业供水量中地下水供给占比降至 24.3%，地下水供给占比已回归到 21 世纪初的水平。

伊吾县 1990—2020 年总体上升趋势，农业供水急速增长时段为 2007 年后，农业供水量由 20 世纪 90 年代及 21 世纪初的 0.5 亿 m³，逐渐提升至 0.6 亿 m³，2016 年后开始逐年降低至 0.5 亿 m³ 水平。伊吾县农业供水量急速上升时期，其农业供水中的地下水供水量也逐年增多，由 2005 年的 0.13 亿 m³ 不断提升至 2014 年的 0.23 亿 m³（表 6-9），2016 年后农业供水量不断降低，地下水供给量相应减少。2005 年，地下水对农业供水的贡献仅为 20.81%，但到了 2007 年，这一比例迅速增至 48.41%，但地下水贡献占比仍持续保持在 0.38%±0.2%。至 2019 年和 2020 年，地下水占比与巴里坤县相反，分别高达 44.09% 和 46.01%。综合来看，自 2016 年以来，农业总供水量和地下水供水量均呈现下降趋势，但地下水供给速率下降的幅度远低于农业供水总量的下降速度。这导致了农业和地下水补给量的减少，农业灌溉方式却发生改变[46]。原本由地表水灌溉的部分区域已转变为地下水灌溉，并且灌溉的比例逐年增加，对伊吾县的地下水水位产生持续影响[34]。

四、吐鲁番市各区县农业分水源供水量

吐鲁番市农业结构主要分为种植业与特色林果业两类，其中种植业中水浇地是主要供水需求单元，主要由地下水供给[72]，吐鲁番市 2012 年农业供水量 12.39 亿 m³，农田灌溉供水量 7.56 亿 m³，其中地下水供给量高达 2.22 亿 m³，地下水供应在农田灌溉中的占比达 86.23%（表 6-10）。特色林果业主要为林草地灌溉为主，林牧渔业供水总和为 2.92 亿 m³，其中地下水供给量为 1.02 亿 m³，占比仅为 47%。林果地供水、草场灌溉、鱼塘补水、牲畜用水分别占林牧渔业供水总量的 88.63%、8%、0.21%、3.19%。吐鲁番市地下水供水量自 20 世纪 90 年代开始，多年年均地下水供水量达 6.7 亿 m³，而地表水年均供水量为 5.58 亿 m³，且地下水供水量峰值集中于 2010—2016 年。

表6-10　吐鲁番市各区县特征年农业供水分水源统计分析

年份	行政区县	农业供水量/亿m³	地下水供水量/亿m³	农业灌溉中地下水占比/%
2012	高昌区	4.571	3.63	79.41
	鄯善县	3.971	3.04	76.56
	托克逊县	3.848	2.07	53.79
2013	高昌区	4.442	3.55	79.92
	鄯善县	3.922	3.04	77.51
	托克逊县	3.711	2.06	55.51
2014	高昌区	4.5	3.36	74.67
	鄯善县	3.88	2.83	72.94
	托克逊县	3.82	2.14	56.02
2016	高昌区	4.12	2.657	64.49
	鄯善县	3.894	2.532	65.02
	托克逊县	3.846	1.757	45.68

自1990年起，高昌区的农业供水主要依赖地下水。2010—2016年，哈密市地下水供水量急剧增加，并在此期间保持较高水平。特别是在高昌区地下水供水高峰时期，地下水的年供水量大约维持在3.5亿m³，并且其在农业供水总量中的比例常年超过75%，峰值年限供给占比更是超过80%。此时期，地下水灌溉成为农业供水的主要方式。以2012年为例，高昌区农田灌溉的供水量为2.58亿m³，其中地下水供水量为2.54亿m³，占比高达98.37%。相较之下，林牧渔畜等特色农业的供水量为1.99亿m³，地下水供水量为1.09亿m³，占比54.8%。2016年以后，地下水的总供水量有所下降，这也导致农业用水中地下水的供水量和占比减少。在高昌区，虽然传统耕地的地下水供水量及其占比持续下降，但特色农业中的地下水供水量却有所增加[49]。地下水的这种转移不仅响应了特色农业和农业经济的发展需求，也部分弥补了因耕地面积减少造成的供水损失。

1990—2020年鄯善县农业供水中地下水供水高峰期相对于高昌区较早且地下水供水量变化趋势与高昌区地下水供水量变化趋势相似，20世纪90年代区域农业供水中的地下水供水量就处于相对高水平，2000年后有所降低，但在2010年后再次回归至历史平均水平，鄯善县农业供水量中地下水供水相对较高的2012年内，其农田灌溉供水量为2.55亿m³，其中地下水供水量为2.32亿m³，占比达90.94%；林牧渔畜供水量1.42亿m³，地下水供水量仅为0.72亿m³，占比仅为50.7%。2016年后，农业供水中农田灌溉供水量减少，且地下水供水量与供水占比也分别降至0.87%、65.94%，林牧渔业在保持其供水量呈现上升趋势的同时，地下水供水量与供水占比也随之上升，表明鄯善县农业种植结构与种植制度发生重大变化所致。

托克逊县农业供水峰值期也出现在 2010 年后，但农业供水中的地下水供水量变化却有着显著不同，体现在其地下水供水量在农业供水量中的占比相对较低，与此同时，农田灌溉供水量与林牧渔畜供水量中的地下水供水量及占比也相对较低。2012 年内托克逊县农田灌溉供水量为 2.43 亿 m³，其中地下水供水量为 1.66 亿 m³，占比达 68.37；林牧渔畜供水量为 1.42 亿 m³，地下水供水量仅为 0.41 亿 m³，占比仅为 28.9%。托克逊县以往的农业供水模式中，大量使用地下水，地表水供水量也占据着全县农业供水的较高比重，尤其在林草业以及特色林果业的供水量占比中，灌溉方式仍以地表水灌溉为主。2016 年后托克逊县农业供水量中的地下水供水量及贡献占比显著降低，地下水供水量为 1.14 亿 m³，占比降低至 40%，林牧渔畜供水量为 0.994 亿 m³，地下水供水量仅为 0.616 亿 m³，但占比升至 61.6%。

总的来看，托克逊县农业供水量中的地下水供水量多年间时常处于较低水平，但随着区域农业灌溉政策与种植结构变化，区域农业生产中的地下水供水量占比多年来持续上升，需要加强地下水供水监测的地区，尤其在其农业结构中除特色林果业这一较高水平供水需求的单元外，地区存在着棉花种植面积多年来虽有所降低，但参考整个哈密盆地而言，其种植面积也仍相对较高。

五、哈密市各区县农业月供水量

哈密市各区县因其自身地理位置、气候条件、种植结构等存在差异，各区县农业供水量、农业种植结构发生改变，供水量显著变化的背景下，月尺度及季节尺度农业供水特征分析也将是哈密市农业供水特征分析的重要环节。

1990—2020 年，伊州区农业供水总体呈现正态分布，主要集中在每年的 2—11 月。特别是 2—6 月，供水量迅速上升，6 月达到峰值，之后逐渐减少。在 1990—2000 年，农业供水量从 2 月的 0.003 亿 m³ 增至 6 月的 0.705 亿 m³，7 月以后逐步降低。进入 2000 年后，6 月的供水峰值高于 20 世纪 90 年代，并在 9—10 月出现第二高峰，秋季灌溉量增加。2010—2020 年期间，尽管 6 月的峰值供水量大幅下降，7 月和 8 月的供水量占比显著提高。伊州区的农业供水量在夏秋季节发生显著变化，供水高峰期逐渐从 6 月转移至 7 月。此外，9—10 月的秋灌也是重要的供水时段。在冬季（12 月至翌年 2 月），1990—2007 年，伊州区的农业供水量相对稳定，约为 40 万 m³。2008 年以后，农业供水量下降至 20 万 m³，但从 2013 年开始逐渐回升至 40 万 m³，并持续增长。春季（3—5 月）农业供水量除 3 月外呈下降趋势，特别是在 2016 年后更为明显。夏季和秋季作为供水最多的季节，直接反映了哈密盆地高温高蒸发区域的农业灌溉面积和技术发展。尤其是 6 月和 7 月的供水量降低趋势，以及 8 月的供水量稳步上升，从 1990 年的 0.25 万 m³ 增至 2014 年的 0.68 万 m³。9—10 月的农业供水量也表现出与 8 月类似的增长趋势，与 90 年代相比，秋季供水量已显著增多，形成了伊州区的农业用水次高峰现象。

1990—2020 年，巴里坤县农业供水量总体呈正态分布，月供水高峰期主要在 7 月，且供水时段主要集中在 2—9 月。7 月的供水峰值多年来基本维持在 0.4 亿 m³。与 20 世纪 90 年代相比，21 世纪初农业供水的起始月份提前到 2 月，且供水量有显著增加。巴里坤县年内供水变化最为显著的月份是 2 月、3 月和 7 月。在 2 月，尽管 1990—2020 年间显示出轻微的降低趋势，但 1990—2006 年供水量始终处于较高水平。2001 年 2 月的供水量高达 39 万 m³，远高于历史平均的 28 万 m³。2014—2017 年期间，2 月的年均供水量也保持在 36 万 m³ 的高水平。然而，2018 年后，2 月的供水量出现大幅下降。3 月，作为春季农业开始灌溉的月份，在 20 世纪 90 年代供水量相对较低且稳定。2000 年后，供水量急剧上升并达到峰值，2001—2010 年保持在 0.1 亿 m³ 的水平。2010 年后，3 月的供水量呈现波动下降趋势，虽然仍高于早期水平，但整体供水量减少，逐渐回落到 90 年代的平均水平。20 世纪 90 年代供水量相对稳定，波动在 0.35 亿～0.4 亿 m³。2001 年达到 0.58 亿 m³ 的峰值后，供水量迅速下降，直至 2016 年后出现持续的下降趋势。农业供水期由 3 月提前至 2 月可能与区域气候变暖、2 月积温持续上升有关，这可能促使农业春灌提前。巴里坤县供水高峰时段的农业供水量多年来相对稳定，表明区域农业灌溉及种植结构较为稳定。农业供水政策一直较为稳健，但 2016 年后农业供水量的降低主要受地区政策变化的影响。

伊吾县的农业供水量在多年年内呈正态分布特征外，还表现出"双峰"分布，即在一年中有两个供水高峰期。供水时段主要从 3 月延续到 10 月，其中，3—7 月供水量持续上升，8 月达到全年最高峰，10 月则是次高峰期，之后主要供水过程基本结束，"晚熟"农业结构特征显著[36]。从不同年代的农业供水量变化来看，20 世纪 90 年代后，伊吾县 3—7 月的供水量逐年上升，显示出明显的年代分层现象。2010s 的供水量最高，2000s 次之，而 1990s 则相对最低。此外，8 月的供水高峰逐渐向 7 月转移。在两个峰值时段内，8 月的供水峰值多年保持在 0.12 亿 m³，而在 10 月这一冬灌时段内，2010s 与 1990s 的供水量均保持在 0.06 亿 m³，2000s 则相对较高，达到 0.08 亿 m³。在 1990s 的 4—7 月，尽管供水量有所波动，但整体上维持在较低水平。2000 年之后，伊吾县的农业供水量开始急速增加，特别是在 2007—2010 年达到高峰期。2010s 初期供水量基本维持在高水平，但后期呈现降低趋势。4 月的供水增速最高，从 1990 年的 0.01 亿 m³ 增长到 2008—2015 年稳定在 0.05 亿 m³ 水平，2016 年之后供水量逐年减少，到 2020 年降至 0.037 亿 m³。这一逆转趋势是由地区水资源管理政策引起的，尽管如此，供水量相对于 20 世纪 90 年代仍处于较高水平。5 月与 6 月的供水量变化趋势相对较低，近三十年间供水量初期较低，中期达到较高水平，后期再次降低。7 月的供水量增速较缓，总体上升速率低于 4 月，但 2003—2018 年供水量在 0.1 亿～0.12 亿 m³ 缓慢上升，2011 年 7 月更是达到近 30 年来的历史最高水平，为 0.15 亿 m³。2017 年后供水量急速降低，2020 年降至近 30 年最低水平，仅为 0.07 亿 m³。1990—2020 年，8 月一直是伊吾县农业供水量的峰值月，多年的年均月供水量为 0.12 亿 m³，尽管存在浮动，但幅度较小。

六、吐鲁番市各区县农业月供水量

吐鲁番市作为典型干旱区，农业用水具有供水来源多样化、季节性变化明显、政府调控与管理水平高、水质要求较高的特征。吐鲁番市农业供水主要依靠地下水、地表水和坎儿井。坎儿井是当地一种传统的地下水利工程,利用地形优势,通过地下渠道引水,是吐鲁番农业供水的一个重要特色[64]。农业供水量受季节变化影响显著,春季和夏季是农业灌溉的高峰期,供水需求大,而冬季则相对较少。加之气候干旱、降水稀少,吐鲁番市的水资源相对匮乏,农业供水面临较大的压力。特别是在夏季高温时期,蒸发量大,水资源需求与供给之间的矛盾尤为突出。为了应对水资源短缺问题,吐鲁番市在农业灌溉方面采用了一些高效的节水技术,如滴灌、喷灌等。政府调控和管理:当地政府对农业用水实行严格管理,通过政策调控、用水配额等手段,确保水资源的合理分配和使用。同时,还通过建设水利基础设施、实施节水灌溉项目等方式,提升供水保障能力。由于吐鲁番市土壤盐碱化问题较为严重,农业用水的水质要求较高,需要防止水源的污染和盐碱化,以保障农作物的正常生长。

高昌区1990—2020年的农业供水年内呈现正态分布状态,供水主要集中在2—11月间。特别是2—5月,供水量急速上升,达到7月的灌溉峰值期,之后逐渐降低。从年代月供水变化看,20世纪90年代,区域农业供水从2月的0.176亿 m³上升至6月的0.7亿 m³,之后开始逐渐降低。进入2000年后,虽然整体保持正态分布,但5—7月的峰值期供水量相比90年代有所升高。特别是在2010—2020年期间,5—7月的供水量出现大幅上升,而9月和10月的供水量占比则显著降低。伊州区的农业供水结构变化主要集中在夏秋季,多年来农业供水峰值期均出现在7月,并且自20世纪90年代后峰值期水量不断升高。同时,秋季的供水量及其占比逐年降低,反映出可能的种植结构调整或灌溉需求变化。高昌区的春秋季农业供水量多年保持相对稳定,而夏季及秋季供水量变化尤为突出。尤其是在5月,历史数据显示供水量从一个低水平急速上升至高水平,然后迅速降低。1990s及21世纪初5月通常是次高峰时段,5月的多年平均供水量大约为0.79亿 m³,尽管1995—2015年显示出较大的波动。6月虽然供水量低于7月,但增速最快,从1990s初的0.46亿 m³逐年升高至2016年的1.06亿 m³,2014年更是达到1.12亿 m³的峰值。9月的供水量在近30年中呈现下降趋势,从20世纪90年代的0.26亿 m³降至近0.1亿 m³,2019年后有所回升,接近历史平均水平。这种变化可能与地区的农业政策、水资源管理及气候变化等多种因素有关。

鄯善县农业供水量受季节变化影响显著,春夏季均存在着供水量峰值期,春季供水峰值期为5月,夏季供水峰值期为7月,供水时段为3—11月,供水初始时间稍晚于高昌区,且在秋季农业供水量变化中,冬灌供水量却呈现上升趋势。此外,从年代际供水量年内变化特征来看,2000s与2010s农业供水量年内分布特征及供水量变化基本一致,而20世纪90年代鄯善县农业供水量年内变化趋势虽与2000年后基本保持一致,但其在各月农业供水量方面却远高于2000年后,其农业供水量在20世纪90年代后各月农业供水整体降低,仅在秋季部分月份内出现了升高趋势,其20世纪90年代农业供水春季高峰供水月内供水量多年平均为0.8亿 m³,而在2000年后降低至0.6亿 m³,夏季农业供水高峰月内供水量也由0.75亿 m³降低至0.6亿 m³水平,其余月份均存在着不同程度的降低。秋季鄯善县农业供水量呈现出显著增长趋势,鄯善县秋季开始农作物冬灌供水量在1990—2006年都保持在这一相对低水平供水量变化区间内,11月农业供水量在0.1亿 m³浮动,

2006—2009年急速上升至0.25亿m³且在后续多年内都保持着较高水平，至2013年区域11月农业供水量达到近30年最高水平，达0.32亿m³，2016年后虽有所降低，但仍保持在0.22亿m³水平。

托克逊县的农业供水在3—11月呈现出"双峰"特征，3—6月供水量持续上升，5月为次高峰，而7月达到年内最高峰。从不同的年代来看，农业供水量在3—7月呈现持续上升的趋势，并显示出明显的年代分层现象，其中2010s供水量最高，其次是1990s，2000s则相对最低。特别地，托克逊县在7月的供水量不仅持续升高，而且6月和8月的供水量也逐渐增加。在1990s和2000s，年内供水量呈现春夏双峰的特征，但到了2010s，这种双峰特征逐渐转向单峰，尤其是7月的供水量明显增强，呈现出更加明显的正态分布特征。在年内主要供水时段（5—11月），除5月的供水量呈现下降趋势外，其他月份均表现出上升趋势，且上升速率存在明显差异。特别是1990—2004年和2016—2020年，5月的供水量呈现两个主要的下降时段。例如，从20世纪90年代的0.6亿m³缓慢降至21世纪初的0.5亿m³，而在2016—2020年期间，供水量的降低速率更为明显，从0.5亿m³降至0.4亿m³。6—11月的供水量大多呈现上升趋势。1990s各月的供水量较为稳定，波动性较低。2005—2010年间，区域农业供水量整体偏低，此时段内各月供水量达到了近30年来的较低水平。2010年之后，各月的农业供水量波动性明显增强，尤其是在2016年，供水量的变化从之前的波动上升转变为微弱的下降趋势，但保持在较为平稳的水平。以1990—2020年7月的供水量来看，在20世纪90年代，农业供水量基本保持在0.6亿m³的水平，但在21世纪初呈现下降趋势，2005年甚至降至0.32亿m³，标志着近30年来的最低供水量。2010年之后，7月的峰值供水量逐年升高，达到近30年最高水平后开始不断降低，这一趋势可能与区域未来的农业生产需求和水资源禀赋的变化有关。

第三节　工业供水量

一、哈密市各区县工业供水量变化趋势

近30年来，哈密市的工业供水量在总供水量的占比较低，总体呈现出增长的趋势（图6-8），年代波动明显。这与哈密市的工业化进程密切相关，特别是随着新疆地区能源开发和重工业的发展，工业用水需求大幅增加。1990s这一时期哈密市的工业化进程刚刚起步，工业供水量增长较为缓慢。2000s进入快速增长期，尤其是在2000年后，由于煤炭、石油、天然气等能源产业的快速发展，工业供水量明显增加。2010s以来增长速度有所放缓，但仍然保持在较高水平。随着工业结构调整和环保政策的推进，一些高耗水的传统工业逐渐减少，但新兴工业和高技术产业的兴起继续推动工业供水量的增长，哈密市近30年工业结构变化主导着地区工业供水量。

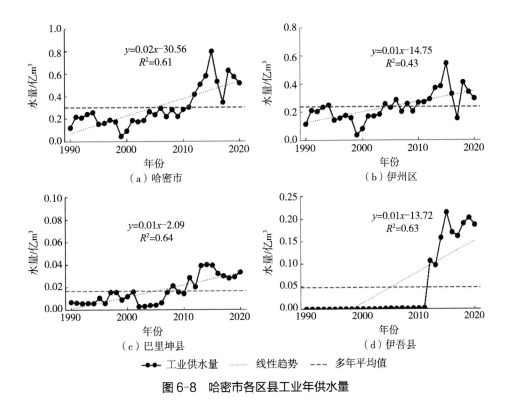

图 6-8　哈密市各区县工业年供水量

伊州区工业供水量受工业产业结构限制，1990—2020 年年均工业供水量为 0.24 亿 m³，总体呈上升趋势，并在不同年代有明显的波动，2010 年后工业供水量增速明显且波动更加显著。20 世纪 90 年代伊州区工业供水量虽然也存在着部分波动，但其多年年均供水量基本均维持在 0.17 亿 m³ 水平，2000 年后虽有所上升且存在波动，但其年均工业供水在 0.2 亿 m³ 浮动，2010 年后伊州区工业供水量急速上升，尤其在 2012 年后，工业供水量急速升高，至 2015 年伊州区工业供水量达到近 30 年最高水平，达 0.55 亿 m³，2016 年随着水资源管理改革的落实，伊州区工业供水量有所降低，但基本维持在了 0.39 亿 m³ 这一水平。

巴里坤县工业供水量相对于伊州区，其工业供水量在 1900—2020 年量级较低，区域内多年年均工业供水量仅有 0.02 亿 m³，20 世纪 90 年代，巴里坤县工业供水量更是常年处于 0.01 亿 m³ 以下，区域工业化水平较低，工业产业较少使得当地工业供水量也整体偏低。而地区工业供水量开始突破 0.01 亿 m³ 并开始快速增长主要是在 2007 年后，当地工业供水量由 0.01 亿 m³ 逐年提升至 0.04 亿 m³，2016 年后虽呈现出了减低趋势，但工业供水量也基本维持在 0.035 亿 m³。

伊吾县年均工业供水量仅为 0.05 亿 m³，且工业供水量主要在 2011 年后才开始了显著提升，此前伊吾县工业供水量在 1990s 与 2000s 均不达 0.000 1 亿 m³，随着 2010s 以来采矿业发展，工业供水量在 2012—2015 年急速升高，工业供水量由原本不到 0.001 亿 m³ 提升至 0.2 亿 m³，并在后续多年间虽有所浮动，但浮动较低，工业供水量基本保持在 0.2 亿 m³。哈密市工业供水量相比于农业供水量，多年来总量与占比变化相对较低，供

水量高速增长也主要集中在 2010 年后，节水型新兴工业和高技术产业的兴起使得虽然当
地工业产值增长较快，但工业供水水平相对稳定、工业耗水系数较低。

二、吐鲁番市各区县工业供水量变化趋势

吐鲁番市自 1990 年以来的工业供水经历了从缓慢增长到快速增长（图 6-9），使得
现阶段吐鲁番市工业供水量基本保持在 0.5 亿 m^3。在工业供水不同年代的变化中，20 世
纪 90 年代吐鲁番市的工业化进程较为缓慢，主要依赖农业和初级产业，工业用水需求不
高，工业供水量增长有限。2000 年后，吐鲁番市的工业化进程加快，工业供水量显著增
加。能源开发和重工业的兴起，如煤炭、电力、建材等产业的发展，导致工业用水需求
大幅上升，工业供水量增长显著。2010 年后，吐鲁番市继续推进工业化，但更加注重可
持续发展和环保。新兴产业如高新技术产业、旅游业等发展迅速，这些产业的用水需求
也逐渐增加[72]。同时，节水措施和环保政策的实施，如提高水资源利用效率、推广循环
用水等，使得工业供水量的增长趋于平稳。

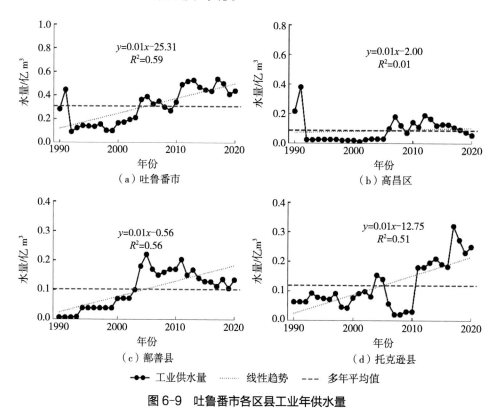

图 6-9　吐鲁番市各区县工业年供水量

高昌区在 1990—2020 年工业产业结构发生了重大转折（表 6-11），在 20 世纪 90 年
代，区域工业产业大多以轻工业为主，包含食品制造业、饮料制造业、纺织业等行业，
这些行业部门供水需求较低且当地工业产业发展速率较低，导致当地工业供水量常年维
持在 0.025 亿 m^3。2000 年伴随着当地工业产业结构发生了重大变革，煤炭采选业、化学
工业、建筑材料业的重工业部门工业产值的快速提升，当地农业供水需求大增，工业供

水量也提升至 0.15 亿～0.2 亿 m³，而后在 2016 年后高昌区工业供水量开始呈现降低趋势，近年来工业供水量更是逐年降低至 0.05 亿 m³。

表 6-11　特征年吐鲁番市工业产值统计分析　　　　单位：万元

年份	行政区县	工业总产值	轻工业	重工业	煤炭采选业	石油和天然气开采业	纺织业	化学工业
1991	高昌区	14 086	6 740	5 399	247	0	3 968	1 062
	鄯善县	12 139	6 740	5 399	247	0	4 323	3 388
	托克逊县	12 015	9 120	2 895	1641	0	5 809	388
1993	高昌区	24 262	13 680.4	10 581.6	1 331.8	0	3 882.5	5 836.1
	鄯善县	15 198.7	8 468.4	42 630.2	774.6	30 086	3 769.1	4 603.2
	托克逊县	16 385.8	9 494.2	6 891.6	4 280.9	0	4 645.6	166.6
2000	高昌区	29 371.3	11 778	17 593.3	2 169.5	0	6 840.4	7 766.1
	鄯善县	113 757.6	2 606.5	111 151.1	1 420.3	93 441	917.5	1 427
	托克逊县	13 848.3	6 325	7 523.3	2 938.3	0	2 855.3	1 326.8
2005	高昌区	82 716	19 907	62 809	2 285	0	14 735	12 279
	鄯善县	859 100	5 147	909 743	702	819 638	1 160	455
	托克逊县	37 276	7 378	29 898	13 893	0	4 490	6 854
2012	高昌区	713 030	34 722	403 119	4 199	0	20 316	75 804
	鄯善县	1 976 138	4 650	1 772 977	0	882 868	0	12 294
	托克逊县	534 118	6 506	491 486	108 077	0	0	259 543
2020	高昌区	381 574	117 647	263 928	7 867	0	51 765	35 372
	鄯善县	1 535 662	48 195	1 487 467	20 038	346 479	0	294 387
	托克逊县	1 629 929	20 586	1 609 343	241 708	0	0	871 871

资料来源：吐鲁番市统计年鉴。

鄯善县在 20 世纪 90 年代就基本形成了以建材、轻工为主的工业结构，在 2000—2010 年受益于国家西部大开发战略，鄯善县的工业化进程加速，基础设施建设大规模推进，工业园区逐步建立。与此同时，煤炭、石油、天然气等资源的开发成为工业发展的主要推动力，能源产业迅速发展，相关配套产业如电力、化工也得到快速发展，尤其是油气资源开发、建材、冶金、化工等重工业发展迅速。2010 年后鄯善县农业产业结构开始了转型升级，推动传统工业向绿色工业、高新技术产业转型，逐步实现工业结构优化。鄯善县工业产业结构变化也使得鄯善县工业供水量在 1990—2000 年呈现上升趋势。从多年的变化趋势来看，在 1990—2000 年工业供水量变化较小，数据保持在一个相对较低且稳定的水平。特别是在 1990—1997 年供水量几乎没有显著增长。从 1998 年开始，鄯善县工业供水量出现了明显的增长趋势，尤其是在 2000—2007 年增长速度加快，并在 2005 年达到第一个峰值期，供水量达 0.22 亿 m³。2008 年后鄯善县供水量在整体趋势发生改变的同时，出现了较大的波动，工业供水量也逐年降低至 0.13 亿 m³ 水平，区域的工业产业结构与农业发展方针变化直接导致了地区工业供水量在年代际的变化。

托克逊县工业产业结构自 1900 年以来也发生了重大变革，20 世纪 90 年代托克逊县主要以纺织业为主，采盐业、食品与饮料制造业为辅，同时存在着部分煤炭选采业。2000 年后传统轻工业产值逐年降低，而以煤炭采选业、采盐业为主的工业部门迅速增长，同时以矿产资源为基础的工业高附加值的化学工业开始初具规模；2010 年后区域重工业都开始了井喷式发展，化工材料和新型建材在内的化工产业发展使得当地工业产值增长迅速，但传统轻工业部门则进一步衰落，尤其对于传统纺织业，自 2010 年后托克逊县纺织业基本没落。托克逊县工业产业结构由轻工业向重工业变革的过程也直接导致了托克逊县工业供水年际间变化剧烈，20 世纪 90 年代托克逊县工业主要以低耗水量的轻工业部门为主，当地工业供水量增速较缓，长时间处于较为稳定的状态，2000 年后区域工业产业部门转变为对用水量需求较低的采选业后，区域工业供水量达到近 30 年较低水平，2005 年后工业供水量更是常年保持在 0.03 亿 m³ 水平；2010 年后随着以矿产资源为基础的工业高附加值的化学工业不断发展，工业供水需求也不断提升，工业供水量以 0.01 亿 m³/ 年的速率不断提升，至 2020 年托克逊县工业供水量已达 0.25 亿 m³。

三、哈密市各区县工业分水源供水量

哈密市工业发展主要集中在 2000 年后，工业供水量总量随工业产值增长而增大，哈密市作为中国典型的干旱半干旱区，工业供水中分水源供水结构也发生了重大变化，工业供水在 21 世纪初期基本由地下水供给，部分年限个别区县工业供水基本全由地下水供给（表 6-12），2010 年后地下水供给量开始呈现明显的降低趋势，地表水供水量与中水供水量逐年上升，但中水供给比重较低且供水量时段主要出现在 2016 年后。

表 6-12　哈密市各区县特征年工业供水分水源统计分析

年份	区域	工业供水量 / 亿 m³	地下水供水量 / 亿 m³	占比 /%
2005	伊州区	0.230	0.215	93.44
	巴里坤县	0.004 3	0.003 9	90.7
	伊吾县	0.015	0.015	100
2010	伊州区	0.267	0.201	75.43
	巴里坤县	0.014	0.01	71.64
	伊吾县	0.001 6	0.001 6	100
2014	伊州区	0.383	0.169	44.09
	巴里坤县	0.039	0.032	80.65
	伊吾县	0.158	0.008	4.99
2020	伊州区	0.296	0.066	22.12
	巴里坤县	0.033	0.023	68.07
	伊吾县	0.187	0.006 7	3.59

21 世纪初期，工业供水量基本由地下水供给，区域工业供水中的地下水供给水量常年维持在 0.2 亿 m^3，供水量占比基本保持在 90%，其余工业供水量则主要由地表水补给，中水在 21 世纪初期的哈密市供水结构中基本为 0，工业供水中也基本不作为主要的供水来源。而在 2010 年后，伊州区工业供水量中的地下水供水量开始了明显的降低，2010—2014 年间工业供水中地下水供水量急速降低，由原本的 0.201 亿 m^3 逐年减少至 0.169 亿 m^3，在工业供水量总体呈现上升趋势时，工业地下水供水量则逐年减少，供水比重也随之降低，已由 21 世纪初的 93.43% 降低至 44.09%；2016 年后工业供水量中的地下水供给量更是降低至 0.066 亿 m^3，地下水供给占比也随之减少，占比仅为 22.12%，且值得注意的是在 2016 年后工业中水利用率也逐年增高，中水使用用途主要为工业园区生态景观供水，直接再次参与工业再生产过程的水量相对降低。

巴里坤县在工业供水主要增长时段，工业用水常年以地下水供给为主，工业供水中的地下水供水量自 2005 年后显著增长，增速为 0.003 亿 m^3/ 年，供水量也由 21 世纪初的 0.003 9 亿 m^3 增加至 0.032 亿 m^3。在工业供水中的地下水供给量多年持续增加的同时，其工业供水中的地下水供水占比呈现出了微弱的降低趋势，地下水供给比重在 2014 年为 80.65%，相对于 21 世纪初基本降低了 11.07%。2016 年后巴里坤县工业供水中地下水供水量虽基本维持在 0.025 亿 m^3 水平，地下水供水占比基本保持在较高水平，供水比重保持在 70% 这一水平。

伊吾县作为未来哈密市工业高质量发展的区县，发展潜力巨大。伊吾县工业供水中地下水虽然也是重要的水量来源单元，地下水供给占比变化在 2012 年前后呈现了较大反转。2012 年前地下水常年补给量为 0.001 亿 m^3，工业供水基本由地下水供应，多年以来地下水在工业供水中的占比为 100%，地表水基本不参与伊吾县的工业生产。而在 2012 年后不仅区域工业供水量逐年提升，并增速，常年基本维持在 0.005 亿 m^3/ 年，2012 年后工业供水中的地下水占比常年维持在 4% 水平，至 2020 年伊吾县工业供水中的地下水占比已降至 3.59%。

四、吐鲁番市各区县工业分水源供水量

吐鲁番市近年来随地下水超采问题而备受关注，作为吐鲁番市经济社会发展的重要支柱的工业，工业产值不断增高，但地区工业供水量却呈现了降低趋势，这也使得工业供水来源变化成为分析当地工业供水结构变化的重要议题（表 6-13）。从哈密市下属各个区县 2010 年后的工业供水来源来看，当地工业供水也由地下水供给为主，地下水供水在工业用水中的占比常年维持在较高水平，工业供水中地下水供给过高也是区域地下水超采的成因之一。

具体就高昌区工业供水中的地下水供给量与供给占比进行分析后发现，当地农业供水中的地下水占比自 2016 年后出现了供给量与供给占比均呈现降低趋势的现象，2016 年工业供水中地下水补给量已降低至 0.1 亿 m^3 以下，供水比重也降低至 75.59%，但在 2016 年前高昌区工业供水的地下水供水量却呈现出微弱的上升趋势，上升速率较缓，2012—2015 年内工业供水中的地下水供水量达到历史较高水平，这

一时段内高昌区工业供水中的地下水年均供给量为 0.11 亿 m³。地下水在工业供水中的供给比重也在 2012—2015 年急速升高,供给占比由最初的 57.89% 升高至 91.67%,区域工业发展基本全由地下水供给,这也加重了当地地下水水位不断降低的程度。2016 年后随着水资源管理更加严格,当地地下水供水量有所降低,但其在工业供水中的占比仍多年保持在 65% 及以上水平,中水等利用率虽有所上升,但在地下水供水量相对较高的背景下,难以逆转当地工业供水中地下水供给比重较高的现状,反而随着当地经济与工业产业的不断发展,当地因工业供水导致的地下水超采现象可能将会更加严重。

表 6-13 吐鲁番市各区县特征年工业供水分水源统计分析

年份	区域	工业供水量 / 亿 m³	地下水供水量 / 亿 m³	占比 /%
2012	高昌区	0.19	0.11	57.89
	鄯善县	0.15	0.14	93.33
	托克逊县	0.52	0.37	71.15
2014	高昌区	0.12	0.11	91.67
	鄯善县	0.14	0.1	71.43
	托克逊县	0.47	0.37	78.72
2016	高昌区	0.13	0.09	75.59
	鄯善县	2.53	0.09	75
	托克逊县	0.44	0.27	62.56

鄯善县工业供水量自 2010 年后主要呈现降低趋势,工业产业在不断优化的同时,区域工业供水中的地下水补给需求也逐年降低,区域工业供水中的地下水供水量更是在 2012—2015 年间急速减少,供水量由原本的 0.14 亿 m³ 逐年降低至 0.11 亿 m³ 水平,至 2016 年鄯善县工业供水中的地下水供水量更是降低至 0.11 亿 m³ 以下,地下水供给量正逐年减少。而由地下水在工业供水中的贡献占比来看,地下水在 21 世纪初工业供水占比基本保持在 90% 这一较高水平,2010 年后占比才有所降低,至 2013 年地下水供给比重基本稳定在 71.43% 这一水平,后续年份内占比虽有所变动,但基本仍维持在 50% 以上水平。

托克逊县工业供水中的地下水供水量及贡献占比变化趋势相对特殊,近 10 年来,当地工业供水量相对稳定的同时,地下水供水量也相对稳定,多年间当地工业供水中的地下水供水量保持在 0.37 亿 m³ 左右,2016 年后虽有所降低,但供水量总体仍保持在 0.27 亿 m³,地下水供给相对稳定。而从地下水在工业供水的贡献占比变化来看,当地在 2016 年前虽有所浮动,但维持在 75% 这一水平,而在 2016 年后供水占比显著减少,逐年降低至 62.56%,并仍有着进一步降低的趋势。

五、哈密市各区县工业月供水量

哈密市拥有丰富的矿产资源，如煤炭、石油、天然气和铁矿石，这些资源为能源工业和重工业提供了坚实的基础。作为新疆的重要能源基地，哈密市的煤炭开采和火力发电在工业中占据重要地位。此外，哈密市还拥有丰富的风能和太阳能资源，为新能源产业的发展创造了有利条件。随着新能源的发展，哈密市逐渐成为风电和太阳能发电的重要基地，推动了能源结构的优化和转型。因而，在哈密市工业供水变化分析中开展月供水量变化趋势分析将对于整个工业发展与水资源优化有着重要意义。

1990 年以来，伊州区的工业供水量在不同年代表现出了明显的变化趋势和特点。整体来看，工业供水在年内比较平稳，但特别是在 5 月和 10 月，供水量达到年内的两个高峰期。在年代分层现象中，2010s 的工业供水量是最高的，其次是 2000s，而 1990s 则是最低。在 1990s，工业供水在全年中相对平稳，2 月出现一个低谷，这可能与春节期间工厂的休假和维护有关，5 月则达到峰值，月供水量维持在 0.02 亿 m³，随后逐渐减少，反映出冬季工业活动的减少以及春季和初夏工业活动的增加。进入 21 世纪后，伊州区工业供水的年内变化与 20 世纪 90 年代相比有所不同。1 月供水量较高，2 月达到最低点，这依然与春节期间工业活动的减少有关。然后在 4 月和 5 月达到较高的峰值，夏季和秋季则相对平稳。2010 年后，工业供水的月值变化幅度较大，在 5 月达到最高峰，峰值工业供水量达到了 0.045 亿 m³，之后迅速下降，并在夏季和秋季维持较高水平，10 月出现了次高峰，供水量达到 0.037 亿 m³。在整个 30 年的时间跨度中，2 月的供水量增速较低，这与春节相关的工业减产有关。其他月份的工业供水量也呈现上升趋势，但增速存在明显差异，其中 5 月和 10 月的供水峰值期供水量增速较高。具体来看，5 月的供水增速从 1990 年至 2010 年呈缓慢增长，从 0.02 亿 m³ 增长到 0.03 亿 m³。2010—2016 年为高速增长期，供水量以每年 0.004 亿 m³ 的速率提升，2014 年 5 月的供水量达到 0.07 亿 m³。2016 年后，供水量有所下降且波动性增加，平均供水量约为 0.05 亿 m³。10 月的供水量变化趋势基本与 5 月一致，但供水变化速率及峰值水量均略低于 5 月。这些变化反映了伊州区工业供水需求与地区工业活动、政策调整及季节性因素等多重因素的交互影响。

巴里坤县逐月供水量变化情况与伊州区相似，年内工业供水量表现为冬季整体偏低，但其余月份供水量基本维持着相同的年内分配比例，并且在年代际变化方面 1990s 与 2000s 工业供水量与年内供水配比基本在年内保持一致，但在 2010 年后，工业供水量年内在配水比例未发生明显变化的情况下，供水量量级在每个月份均上升了 0.002 亿 m³，工业供水量得到了整体提升。并由逐月供水量变化分析来看，巴里坤月供水变化基本一致，主要在 2010 年后才发生整体性提升这一现象，年均各月供水量也由 20 世纪 90 年代的 0.008 7 亿 m³ 提升至 0.031 9 亿 m³。

伊吾县逐月工业供水变化与巴里坤变化特征高度相似，供水量表现为冬季整体偏低，夏秋季较高，并且 2010 年后工业供水在各月才出现了显著的集体性升高现象，这也表明当地工业发展也主要出现在 2010 年后。但在年均各月供水量提升速率上，伊吾县相对较高，年均各月供水量也由 20 世纪 90 年代的 0.6 万 m³ 提升至 0.015 亿 m³。

六、吐鲁番市各区县工业月供水量

高昌区在过去 30 年的工业结构发生了重大变革，工业供水量的逐月变化也明显地反映出这一点。在年代际的观察中，高昌区的工业供水显示出明显的季节性变化，这种变化在不同的年代有所不同。具体来看，高昌区工业供水量在年初通常较低，随着月份增加逐渐上升，并在夏季（8 月或 9 月）达到全年的峰值。然而，进入秋冬季节（11 月和 12 月），供水量则显著下降。在 1990s，年内供水量主要集中在夏季，峰值期通常出现在 8 月。但进入 2000 年后，峰值期开始后移，峰值月份逐渐变为 9 月。在供水能力方面，1990s 与 21 世纪初的高昌区工业供水量基本保持一致，增长幅度较小。然而，2010 年后，工业供水量显著增加，年内的供水能力也有所提升。这种变化与哈密市伊吾县的工业供水量变化特征有部分相似之处。在具体月份的变化上，高昌区工业供水量在 7 月和 9 月最为突出。从 1990 年开始，7 月的供水量主要呈现增长趋势，尤其是在 2006 年后，地区供水量从 1990s 的 0.004 亿 m³ 急速增长至 0.02 亿 m³。然而，到了 2020 年，工业供水量降至 0.007 亿 m³。同样，9 月的供水峰值期增长趋势与 7 月相似，也主要出现在 2006 年后，但峰值工业供水量略低，峰值时段的供水量在 0.03 亿 m³ 左右浮动。2016 年后，工业供水量的降低速率高于 5 月的降低速率，到 2020 年，工业供水量已降至 0.01 亿 m³。这些数据表明高昌区的工业供水量与地区工业活动和结构调整密切相关，反映了区域经济发展和产业政策的变化对资源需求的影响。

鄯善县工业供水量在年代际变化趋势中呈现鲜明的阶段特征，20 世纪 90 年代供水量在全年中相对平稳，供水量略有上升和下降，但总体变化不大，保持在 20 万～30 万 m³。平稳趋势反映这一阶段工业活动相对稳定，季节性变化对供水量的影响不大。而在 2000s 与 2010s 工业供水量在年内均呈现出了整体上升，而在年内供水量变化中 1—3 月和 10—12 月的供水量较低，分别为 80 万 m³ 和 120 万 m³ 左右，4—9 月保持在 140 万～150 万 m³，显示出一个相对稳定的高水平状态，年均各月供水量也由 20 世纪 90 年代的 21 万 m³ 提升至 0.14 亿 m³。

第四节　生活供水量

一、哈密市各区县生活供水量年变化趋势

伊州区生活供水量近 30 年年均供水量为 0.22 亿 m³，呈现出轻微的上升趋势（图 6-10），并在不同年份间存在显著波动。在 20 世纪 90 年代初期，伊州区生活供水量基本维持在 0.07 亿 m³ 水平，1995 年后供水量快速提升至 0.27 亿 m³，后续年份内供水量虽有所波动，并在 2002 年生活供水量达到近 20 年最高水平，达 0.454 亿 m³，但区域生活供水量基本稳定在 0.2 亿 m³ 水平。

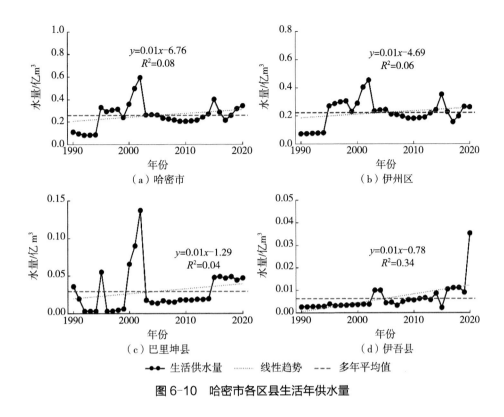

图 6-10 哈密市各区县生活年供水量

巴里坤县多年年均生活供水量在 1990—2020 年间要低于伊州区，且年际供水量阶段性明显，1990—2014 年巴里坤县生活供水量年均为 0.02 亿 m³，但年际波动显著，生活供水量可以在 2002 年达到 0.137 亿 m³，又可以出现 0.003 亿 m³ 的低水平供水年。而在 2003 年后区域供水量开始总体区域稳定，在 2003—2014 年生活供水量基本稳定在 0.02 亿 m³ 水平，2015 年后供水量也稳定提升至 0.047 亿 m³ 水平，虽存在小幅波动，但远低于 21 世纪初供水量波动状态。

伊吾县的生活供水量水平总体低于哈密市其他区县，多年来年均供水量仅为 0.01 亿 m³。然而，伊吾县的供水量保持了稳定的增长速率，年际波动较小。从具体数据来看，伊吾县的生活供水量在 20 世纪 90 年代只有 0.003 亿 m³，而现阶段已经稳步提升至 0.01 亿 m³。尽管总体水平较低，但供水量的逐年增长为当地居民的生活提供了持续保障。

二、吐鲁番市各区县生活供水量年变化趋势

高昌区生活供水量存在显著波动，但其总体趋势是上升的（图 6-11）。从初期 1990—2000 年的快速上升，到中期 2000—2010 年的频繁波动，再到后期 2010—2020 年的整体上升。在 20 世纪 90 年代初期高昌区生活供水量快速上升，由 1990 年的 0.008 亿 m³ 提升至 0.13 亿 m³ 水平，20 世纪 90 年代供水量虽有着小幅波动，但基本维持在 0.11 亿 m³ 水平；2000 年后供水量开始频繁波动，供水量在 0.05 亿～0.18 亿 m³ 内浮动；2010 年后生活供水整体上升，在多年内始终维持在 0.16 亿 m³ 水平，区域生活供水状态趋于稳定。

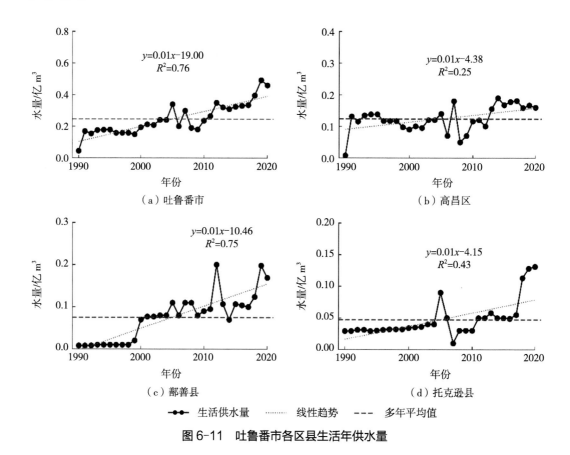

图 6-11　吐鲁番市各区县生活年供水量

鄯善县生活供水量虽然总体也呈现上升趋势，但在生活供水量主要集中增长于 2000 年后，20 世纪 90 年代鄯善县生活供水量常年保持在 0.01 亿 m³ 水平，供水量并未出现明显的年际波动。2000 年后供水整体提升至 0.1 亿 m³ 水平，但供水量波动频率显著提升，在 2012 年与 2019 年出现两个主要的生活供水量峰值期，区域供水量在两个峰值期分别为 0.2 亿 m³、0.198 亿 m³。

托克逊县生活供水量在 1990—2020 年虽然整体也呈现上升趋势，但供水量年代差异性较大。在托克逊县 1990—2016 年供水量变化中，区域生活供水量常年保持稳定的增长趋势，供水量也由 0.029 亿 m³ 逐渐升高至 0.05 亿 m³。但在 2016 年后，供水量显著升高，至 2020 年生活供水量提升至 0.131 亿 m³。

三、哈密市各区县生活分水源供水量

伊州区 2015—2020 年生活供水中的地下水供给量总体呈现降低趋势，其供水量由 2005 年的 0.25 亿 m³ 逐年降低至 2004 年的 0.17 亿 m³。并在 2019 年生活供水量中的地下水供水量仅有 0.11 亿 m³。随着生活供水中地下水供给量在 2005 年后呈现降低趋势，其地下水在生活供水中的供水比重也随之降低。2005—2010 年间地下水供水量基本维持在生活供水量的 90% 及以上水平，2010 年后供水量占比有所降低，降低至 80%，随着供水政策与供水结构的优化，至 2019 年，伊州区生活供水量中的地下水供给占比已降低至 41.3%，供水结构优化成果显著。

2005 年后，巴里坤县生活供水量开始呈现显著增加趋势，但生活供水量中的地下水供给比重及供水量则在 2005—2014 年主要呈现了微弱的降低趋势，生活供水中的地下水供给量基本保持在 0.014 亿 m³ 水平，而地下水在生活供水中的占比也呈降低趋势。在 21 世纪初期地下水在生活供水中的占比常年居于 95% 及以上水平。2010 年后地下水贡献率显著降低至 70% 及以下水平，后续年份地下水占比也趋于稳定。

伊吾县在常住人口较低的情况下，区域生活供水量也相对较低，但在 2005—2014 年生活供水量显著增长时段内，生活供水中的地下水供给量也逐渐升高，由 2005 年的 0.004 亿 m³ 逐年上升至 0.08 亿 m³，地下水供给量逐年升高。2020 年伊吾县生活供水中的地下水供水量更是高达 0.012 亿 m³，其地下水供给量明显提升。在地下水供水量上升的同时，其供水量在生活供水中的占比却逐年降低。在 21 世纪初期伊吾县生活供水量基本由地下水供给为主，地表水基本未参与城市生活供水过程。而 2016 年后，地下水供给在生活供水中的占比开始呈现显著的降低趋势，在供水中的贡献占比率也降低至 2020 年的 36.61%。

四、吐鲁番市各区县生活分水源供水量

高昌区在特定年份内，地下水始终是生活供水的主要来源，并在供水结构中发挥了关键作用，其变化对供水系统的稳定性有重要影响。以 2012 年和 2016 年为例，高昌区 2012 年的生活供水中，地下水供水量为 0.04 亿 m³，占供水总量的 40%；而到 2016 年，地下水供水量增至 0.143 亿 m³，占供水总量的 80.34%。在供水量增长的年份，地下水供水量的增长尤为显著。

鄯善县的生活供水量及地下水供水量相对于高昌区较高，多年来主要依赖地下水供给。根据 2012—2014 年的数据，生活供水量与地下水供水量基本持平，常年维持在 0.05 亿 m³ 左右。至 2016 年，生活供水量和地下水供水量均未发生显著变化，生活供水量与地下水供给量仍然相等。2016 年后，鄯善县生活供水中的地下水供给量逐年减少，区域地表水在城乡生活供水中的占比逐年提升，原本单一的供水来源状态逐渐被打破，城市生活供水结构优化过程加快。

托克逊县的生态供水中，2012—2016 年，地下水供水量总体高于高昌区。在生活总供水量保持相对稳定的情况下，地下水供水量呈微弱上升趋势。2013 年和 2014 年的地下水供水量保持在 0.15 亿 m³ 水平。到 2016 年，地下水供水量增长至 0.192 亿 m³。尽管区域地下水供水未发生较大波动，但其贡献占比却从 2012 年的 42.85% 提升至 2016 年的 58.01%。这表明，在生态供水变化时，地下水供水能力相对稳定，但为了未来生态供水的可持续发展，应减少地下水的开采与使用。

五、吐哈盆地各区县生活月供水量

哈密市伊州区生活供水量在年内变化趋势中也呈现出正态分布特征，夏秋季生活供水量较高，冬季较低，供水高峰期集中在 5—9 月，7 月为年内供水量最高月份，且

供水量在不同年代特征差异显著。生活供水在20世纪90年代，年内各月供水量差异性较低，月平均供水量为0.18亿 m^3，在5—8月供水量相对稍高，月供水量提升至0.02亿 m^3 水平，并且在年内并未出现明显的峰值月。2000年后生活供水量年内供水结构发生了较大改变，供水量正态分布特征鲜明，年内生活供水量由3月的0.012亿 m^3 快速提升至6月的0.02亿 m^3，7月达年内供水峰值，并在8月后不断降低。生活供水量近10年内供水结构基本与2000s一致，但在峰值期7月供水量快速增高，其峰值期供水量达0.07亿 m^3。

巴里坤县生活供水量在年内供水结构中变化较小，生活供水量在20世纪90年代各月间差异性较低，其年内各月生活供水量维持在一个稳定水平。2000—2020年随着巴里坤县生活供水总量增加，其年内分布特征并未发生改变，年内逐月供水量相较于20世纪90年代均得到整体提升，月均生活供水量也由11.3万 m^3 提升至29.7万 m^3，生活供水在年内6—8月出现相对高供水时段，月均供水为37万 m^3。

生活供水量在伊吾县1990—2020年的年内供给变化特征中也呈现出夏季高、春冬季较低的现象，供水高峰期主要集中6—9月。并且伊吾县生活供水量年代际中供水量年代分层现象突出，其20世纪90年代生活供水量在各月内供水量较低，年均月供水量21万 m^3，2000s以56万 m^3 次之，2010s最高，月均供水量达106万 m^3。从年内各月供水量变化趋势来看，伊吾县年内各月供水量均呈现上升趋势，但上升速率存在差异，8月为近20年月供水量增速最高的月份，9月与7月次之，但供水量增速也仍较高，而1月供水量增长速率最低，这也表明当地生活供水量与当地气候特征高度相关，在气温较高的月份供水量也随之增加，不仅增速较快且供水量也较高。

六、吐鲁番市各区县生活月供水量

高昌区年内生活供水月变化特征与哈密市伊州区生活月供水结构高度相似，均呈现出夏秋高、冬春低的季节模式特征，峰值出现在8—9月，且年代特征存在显著差异。20世纪90年代年内供水量在年初较低，2—8月稳步上升，在8月左右达到峰值，然后9—12月下降。2000s供水量年内供水特征与数据基本与20世纪90年代类似。在2010年后，高昌区生活供水量在年内显示出更陡峭的上升和更明显的下降，供水量从3月开始急剧增加，9月达到峰值，其峰值期相对于前两个时段有所延后，生活供水季节变化与供需波动更剧烈。

鄯善县在1990—2010年的变化趋势呈现出各自的特征，其中2000s与2010s之间呈现出相似的变化特征，在1—3月呈现出先上升后下降的变化趋势，波动范围约10万 m^3，3月之后生活供水量持续上升，均在7月达到生活供水高峰，7月之后直至12月供水量呈缓慢下降趋势，虽然二者变化趋势基本类似，但2010s的供水量整体高于2000s。而20世纪90年代的生活供水量并未显示出明显的波动，整体变化较为平缓，各月生活供水分布较为均匀。

托克逊县生活供水特征与鄯善县之间存在明显差异。就2000s和2010s这20年来说，二者变化趋势仍较为一致，各月之间的变化也与鄯善县表现相似，均是在 7 月达到峰值后再缓慢下降，但托克逊县在 12 月的生活供水量明显低于 1 月的生活供水，而鄯善县在 12 月与 1 月则较为接近。其次 20 世纪 90 年代托克逊县生活供水量的变化也与 2000s 和 2010s 呈现出类似的变化特征，但峰值出现的月份并不明显，且变化趋势也与鄯善县的平稳变化相比而波动较大。

第五节　生态供水量

生态供水是为维持生态系统健康和功能所需的水量，通常包括河流、湿地、湖泊等生态系统的供水需求[32]。在本次吐哈盆地供水量调查中吐哈盆地各区县内生态供水量统计资料都存在着统计缺失的现象，统计缺失时段大都集中在 1990—2005 年。因而在生态供水量分析中在 1990—2005 年出现的生态供水量为 0 值的时段均为历史缺失时段。通过考察与调研后发现，当地历史时期内区域存在生态供水，如城市绿化供水与农村田间防护林供水等，而水利资料中的生态供水量被划归到农业供水与城市生活用水等其他行业供水中。综合考虑到统计方式与统计口径存在偏差等历史因素限制，数据去伪存真与数据分离工作难以开展，在保持数据真实性与完整性的要求下，生态供水量缺失数据均以 0 值代替。

调研与考察当地水利部门后发现造成这一问题的原因多元化，主要包含早期统计和监测技术不发达的情况下，缺乏准确的水文数据和生态供水需求的评估手段；其次水资源监测技术和设备有限，导致无法全面和准确地记录生态供水量；此外，造成数据缺失现象可能由于经济和社会发展的优先级较高，有限的水资源更多地分配给了农业、工业和生活用水，生态供水量的统计和保障被忽视；更为困难的是，由于调研数据时段距现阶段已有较长年限，在统计方式与统计口径发生变化的情况下，地区原本的水利工作人员大都离休或调离，数据恢复工作难以开展。

一、哈密市各区县生态供水量年变化趋势

哈密市生态供水量在 2003—2020 年变化趋势虽然整体上升（图 6-12），但波动较大，特别是在 2007—2015 年和 2015—2017 年的变化幅度较为显著，供水量在 21 世纪初期虽有所波动，但年供水量基本维持在 0.06 亿 m³ 水平，2013—2015 年哈密市生态供水量出现了断崖式降低，供水量由 0.054 亿 m³ 降低至 0.006 亿 m³，达到近二十年最低水平，2016 年后供水量快速上升，升高至 0.09 亿 m³ 水平后基本趋于稳定状态。总体来看，哈密市生态供水常年保持着较高水平，供水量常年与哈密市工业供水量持平，虽在部分年限出现生态供水量较低的情况，但在后续年份均迅速得到回升，生态供水始终是哈密市供水结构中的重要部分。但考虑到哈密市不同区县自然地理状态及资源禀赋存在差异，将逐一对于哈密市各区县生态供水量进行详细分析与阐述。

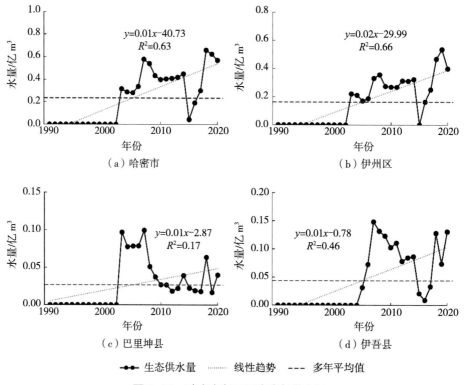

图 6-12　哈密市各区县生态年供水量

伊州区生态供水量在 2003—2020 年存在着 2015 年供水量为 0 值的现象，其主要由区域水资源供水统计缺失所致，数据分析中将对于这问题采用近 5 年生态供水量均值进行数据插值。高昌区年生态供水量分析结果显示，自 2003 年后总体呈现上升趋势，在 21 世纪初期生态供水量水平较低，多年间长期维持在 0.17 亿 m^3，2007—2014 年供水量相对 21 世纪初有了明显提升，多年年均供水量为 0.3 亿 m^3 且波动较低，2014 年后伊州区生态供水量波动性加强，生态供水量在经历急速降低后迅速回升，至 2019 年伊州区生态供水量已提升至 0.54 亿 m^3，生态供水量及供水能力有了进一步提升。

与伊州区生态供水量总体呈升高趋势不同的是，巴里坤县生态供水量在 2003 年后却呈现出显著的降低趋势，2000s 多年年均供水量由 0.052 亿 m^3 降低至现阶段的 0.028 亿 m^3，生态供水量 2003—2010 年为急速减少时段，生态供水量由 21 世纪初期的 0.097 亿 m^3 急速减少至 0.027 亿 m^3，生态供水量萎缩了 72.51%。2010 年后供水量基本保持在 0.03 亿 m^3 水平，且随着年限增长生态供水量浮动也愈发剧烈，2016—2020 年供水更是出现了相邻年份供水量由 0.064 亿 m^3 减少至 0.016 亿 m^3，总体分析来看，这可能与当地极端气候发生频率增大相关，区域降水变率增大使得当地生态供水稳定难以维持。

伊吾县生态供水量在 2005—2020 年也呈现出微弱的降低趋势，且生态供水量存在着阶段性变化，区域生态供水量在 2005 年后出现了：急速上升期（2005—2008 年），逐年降低期（2008—2016 年），波动上升期（2016—2020 年）三个供水时段，供水量经历

"上升—下降—上升"的过程。区域生态供水近 20 年峰值期出现在 2008 年，供水量为 0.148 亿 m³，并在后续的近十年间以 -0.014 亿 m³/ 年的速率逐年减少。2016 年后受严格的生态供水政策影响，伊吾县生态供水量得以迅速回升，生态供水状态基本恢复至 21 世纪初水平。

二、吐鲁番市各区县生态供水量年变化趋势

从 2004—2020 年，吐鲁番市的生态供水量呈现出波动上升的总体趋势（图 6-13）。从 2004—2009 年供水量显著增长，达到了一个次高峰。然而，随后从 2009—2013 年供水量有所下滑。2014—2016 年，供水量又迅速回升，并在 2020 年达到了新的高峰。尽管在此期间供水量波动较大，但整体趋势依然保持上升。吐鲁番市生态供水量在各区县主要受区域差异、供水量波动、水源多样性、生态需求、政策和管理以及气候和地理条件等因素的综合影响[18]。

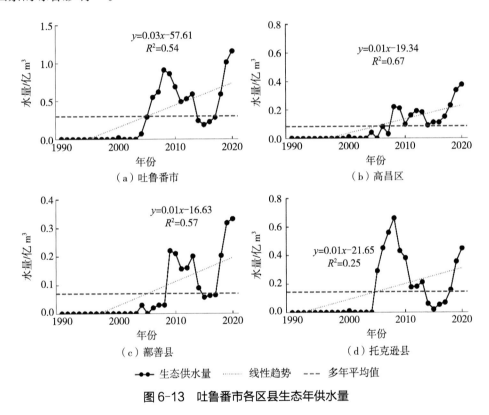

图 6-13 吐鲁番市各区县生态年供水量

高昌区生态供水变化在 20 世纪 90 年代数据记录较少，仅在 1990 年有着部分生态供水量数据且主要为区县城市绿化供水量数据，其供水量水平也较低仅有 0.002 亿 m³，2000 年生态供水量有所提升，供水量为 0.01 亿 m³，并在后续 10 年内将供水量逐年提升至 0.21 亿 m³，2010—2020 年生态供水量虽有所提升，但急速上升时段集中在 2016 年后，2016 年后生态供水量由不足 0.1 亿 m³ 至 2020 年已提升至 0.376 亿 m³。

鄯善县生态供水量在 2004—2020 年间的变化趋势为上升趋势，但波动较大。前期数

据较为平稳，多年供水量维持在 0.02 亿 m³，中期呈现了显著的正态分布特征，高峰期和低谷期较为明显，并且在 2013 年后生态供水量明显降低，供水量由 0.2 亿 m³ 减少至 0.063 亿 m³，后期数据迅速上升，最终在 2020 年达到最高值，供水量达 0.33 亿 m³。

托克逊县生态供水统计数据较为完善的年份主要为 2005 年后，区域生态供水量在 2005—2020 年主要呈现降低趋势，并且阶段性供水变化差异性显著，区域供水量在近 20 年间主要呈现出先增多后减少，在 2016 年后又逐渐回升的变化趋势。区县内生态供水峰值期为 2008 年，供水量达 0.66 亿 m³，而这种高水平供水阶段在 2012 年间逐渐降至 0.21 亿 m³，2015 年生态供水量更是降至 0.02 亿 m³。2016 年后受政策和管理影响，区域供水量开始逐年增多，至 2020 年托克逊县生态供水量已恢复至 21 世纪初期基本状态。

三、哈密市各区县生态分水源供水量

哈密市伊州区生态供水主要以城市绿化供水量与乡镇生态供水量构成，受区域生态供水量统计方法与技术难度限制，城市绿化供水量在生态供水占比中相对较高，城镇生态供水量虽有所包含但统计时段相对靠后，这也是导致生态供水量在近年间有所回升的原因之一。反观哈密市伊州区生态供水来源与地下水在供水结构中的比重，伊州区生态用水中的地下水供水量近 20 年呈现出微弱的上升趋势，与之相似的是地下水供水量在生态供水中的贡献占比与地下水水量变化趋势一致。区域生态供水量由 2005 年的 0.07 亿 m³ 逐年提升至 2020 年的 0.28 亿 m³，贡献占比也由 41.56% 提升至 69.65%，生态供水中地下水供水占比逐年升高，而地表水供水量总体呈现降低趋势，进一步分析生态供水中主要需求单位供水量变化可知，当地乡镇区域生态供水量主要以河道生态补水为主，而主要补给方式为地表水补给，城市绿化供水主要来源于自来水厂等城市供水单位，在当地水资源相对匮乏的情况下，城市绿化供水量中的地下水供水占比不断攀升，生态供水中地下水占比不断升高。

与伊州区生态供水量中地下水供水量占比逐年升高趋势相反，哈密市巴里坤县与伊吾县生态供水中的地下水供水量在 2005 年后呈现上升趋势的同时，巴里坤县与伊吾县生态供水中的地下水补给占比却呈现出了降低趋势，其中巴里坤县占比降低速率最高，2005 年生态供水量由地下水补给，而后逐年降低，至 2020 年地下水供水占比已降低至 40%，部分年份占比更是降低至 23%，地下水基本不再作为区域生态供水的主要补给来源。伊吾县生态供水中的地下水虽然不是主要供水来源，但在 2005—2014 年地下水供水占比始终在 29% 水平浮动且波动幅度较大，在 2019—2020 年区域生态供水的供水来源基本实现了完全由地表水供给，地下水不再参与区域生态供水过程。

四、吐鲁番市各区县生态分水源供水量

吐鲁番地区的地下水主要用于农田灌溉，占地下水总用水量的 94.0%；用于工业生产和生活生态的地下水用水量分别占 4.1% 和 1.9%。通过本次调研发现，吐鲁番市在水资源有限的条件下，地表水资源难以满足日常经济社会用水需求。历史时期的区域生态供水仅包括城市绿化用水、公益林区供水和湖泊生态补水等用途[66]。地表水资源短缺的现状使得地下水供给成为生态供水的主要补给来源，且不同区县生态供水量中的地下水

供水比重与地下水供水量也存在差异[58]。

高昌区在特征年份内，地下水在生态供水中的占比始终是主要供水来源，在供水结构中起到了关键作用，其变化对供水系统的稳定性有重要影响。以 2012 年与 2016 年为例，高昌区 2012 年生态供水中的地下水供水量为 0.11 亿 m³，供水占比为 57.89%；2016 年地下水供水量为 0.066 亿 m³，供水占比为 60%。在供水量减少的年份，地下水供水量的减少尤为显著，而在供水量回升的年份，地下水的供水比例也显著增加。

鄯善县的生态供水量及地下水供水量相对于高昌区较为有限，多年来其生态供水中的地下水供水量也相对较低。根据 2012—2014 年的数据，生态供水量从 2012 年的 0.16 亿 m³增加到 2013 年的 0.201 亿 m³，地下水供水量也从 0.05 亿 m³略增至 0.06 亿 m³。然而，尽管在 2014 年总供水量下降至 0.09 亿 m³，地下水供水量却增加到 0.07 亿 m³，这表明在总供水量减少的情况下，地下水的利用显著增加。到了 2016 年，生态供水量和地下水供水量均显著减少，分别降至 0.063 亿 m³和 0.02 亿 m³，地下水在生态供水中的占比也随之降低。

托克逊县的生态供水中，地下水供水量在 2012—2014 年总体高于高昌区，生态供水高峰期基本保持相对稳定，尽管期间地下水供水量有所浮动，但幅度较小。2013 年和 2014 年的地下水供水量均为 0.1 亿 m³。2016 年地下水供水量变化也较小，仅为 0.138 亿 m³。虽然区域地下水供水量并未发生较大波动，但其贡献占比却呈上升趋势，从 2012 年的 30.19% 提升至 61.33%。这表明在生态供水变化时，地下水供水能力较为稳定。然而，为了未来生态供水的可持续发展，应减少地下水的开采与使用。

五、哈密市各区县生态月供水量

哈密市伊州区的生态供水量在 2003—2020 年表现出了明显的季节性变化和年代间的变化特征。总体来看，伊州区的生态供水量呈现正态分布，主要集中在 3—11 月。从年内变化来看，生态供水量在 3—6 月间迅速上升，7 月达到全年峰值，之后逐渐减少。在 21 世纪初，即 2003—2010 年，生态供水量从 3 月的 0.000 4 亿 m³增加到 6 月的 0.027 亿 m³，7 月以后开始逐渐减少。进入 2010 年之后，虽然仍保持正态分布，但 7 月的峰值期供水量相较于之前有所上升，并且在 9—10 月出现次高峰，显示出秋季的生态供水量也有所提升。从年代间的比较来看，2010 年之后伊州区的生态供水量在年内各个月份都有整体的提升。月均供水量从 0.017 亿 m³提升到 0.025 亿 m³。特别是 7 月和 10 月两个月份，供水量增长较快。自 2003 年以来，7 月生态供水量在 0.064 亿 m³左右浮动，直至 2014 年。但从 2015 年开始，7 月的供水量急剧增长，到 2019 年达到近 20 年来的最高值，为 0.12 亿 m³。这种急剧的增长主要是由于哈密市针对哈密河湿地城市景观建设的扩大投入，增加了对哈密河河道及其两岸生态环境的保护措施。这些措施不仅提升了城市的生态环境，也增强了当地居民对生态保护的意识。这种变化反映了地区生态保护政策的效果和居民生态意识的提升，同时也体现了城市发展与生态环境保护之间的互动关系。

与伊州区年代际生态供水量变化特征不同，2003—2020 年巴里坤县生态供水量虽总体并未出现正态分布特征，月值高峰供给时段为 12 月，并且供水时段相对较长。与此同时，在不同年代际的农业供水变化差异方面，年内供水特征并未发生较大变化，年内生态供水结构较为稳定，2010年后供水量在各月内有得到显著提升，但月提升差异较小。

伊吾县生态供水量多年年内变化呈正态分布外，区域年内主要供水时段为3—11月，"双峰"特征也相对明显，3—5月供水持续上升，6月为主供水高峰，而9月为次高峰期，随之主要供水过程也基本结束。而从不同年代际的生态供水量变化趋势来看，自2000年后伊吾县生态供水量在3—5月持续上升，并出现了供水量年代分层现象，2010s供水量水平最高、2000s次之。两个峰值时段内，6月供水量峰值期多年间其峰值水平大都保持在0.014亿 m³ 水平，在9月伊吾县农业供水峰值期结束后，生态补水工作也随之展开，2010s后伊吾县9月月均供水量已提升至0.012亿 m³。

六、吐鲁番市各区县生态月供水量

高昌区生态供水量在年内的供水结构主要呈现冬季较少而春秋高的特征，其年内供水结构主要要在6月与8月出现两个供水量高峰期，而在7月生态供水量反而较低的状态，7月生态供水偏低的现象也反映出当地生态供水量供给优先级相对较低，在水资源有限的背景下，区域生态供水是在满足农业、工业、生活供水后开展的，在8月区域农业等其他供水单元需水量较低且水量相对充裕的时段，生态供水才作为主要供水行业开展供水工作。从不同年代际供水量的逐月增长速率来看，2010s内生态供水量年内各月均表现为上升趋势，但供水量增速较高的月份主要集中在供水量峰值期，6月生态供水量次高峰期，2010s内的供水量相较2000s已由0.012亿 m³ 提升至0.034亿 m³，高峰期供水量也由0.017亿 m³ 上升至0.43亿 m³。总的来看，高昌区生态供水能力不仅主要受当地水资源有限影响，社会经济供水需求与政府政策也是影响当地生态供水的重要因素，在水资源较为有限的情况下，优先满足当时社会生产生活用水，而后在供水量相对充裕且其他行业供水需求较低的秋冬季进行生态补偿性供水成为当地主要的年内生态供水策略 [76]。

鄯善县毗邻库木塔格沙漠，常年保持着城市与沙漠距离最近的世界纪录，这也使得当地生态供水是保障当地社会正常运转的基础，维护当地生态廊道也是在保护当地人民群众人身财产的生态屏障 [30]。自2003年后鄯善县年内生态供水结构中较为标准的正态分布特征，也表明了区域对于生态供水重要性的理解与认识，在生态用水需求度较高的夏季，当地生态供水量也未发生减少的现象且供水峰值期与当地生态作物的供水需求结构基本一致，生态供水优先级相对于高昌区有着明显不同。与此同时，鄯善县生态供水量在年内各月的供水量也均得到了整体提升，4—10月生态供水量显著增多，年均生态供水量由21世纪初的45万 m³ 提升至现阶段的137万 m³，尤其在2010年后生态供水峰值期由8月逐年转变为7月，生态供水年内结构进一步优化。

托克逊县生态供水结构在基本满足正态分布的同时，区域生态供水时段主要为3—10月，但未有较为明显的供水量峰值期，7—9月生态供水量基本稳定在同一水平。此外，年内各月的地区生态供水量在2010年后却表现为整体降低，6—9月生态供水量显著降低，尤其在6月内，托克逊县生态供水量由21世纪初0.047亿 m³ 降低至近10年间的不足0.03亿 m³。进一步对于托克逊县2005年后逐年生态供水量进行调研后发现，在

2005—2007 年当地生态供水量还基本保持着上升趋势，但在 2008—2015 年生态供水量在全年各月中均以极高的速率急速降低，6 月峰值期生态供水量更是降至 29 万 m³，较 6 月生态供水峰值 2007 年减少了 97.6%，生态供水在区域内不断被压缩。2016 年后随着生态保护政策的实施，供水量才有所回升。这也表明托克逊县生态供水在 2008—2015 年的供水缩减直接导致了地区生态在年内各月的供水量在 2010 年后却表现为整体降低这一现象。

第七章
分行业需水调查分析

第一节 需水特征

一、吐哈盆地总需水量变化趋势

1990—2020 年吐哈盆地总需水量整体呈现稳步上升趋势，升高速率为 1.12 亿 m³/年（图 7-1）。在这 30 年吐哈盆地总需水量多年平均值为 22.89 亿 m³，变异系数为 0.50。这表明总需水量的年际波动属于中等程度，波动性并不剧烈。进一步分析可以发现，在 2006 年之前，吐哈盆地总需水量的增长速度相对较慢，年均增速仅为 0.44 亿 m³。此期间，每年的总需水量均低于 22.89 亿 m³ 的多年平均值，反映出一个相对稳定且缓慢增长的阶

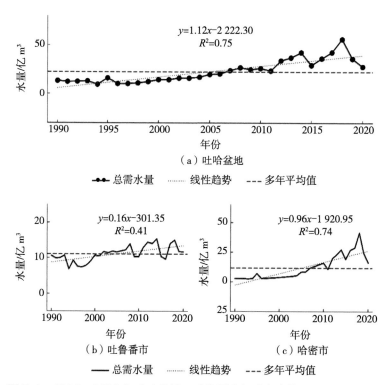

图 7-1 1990—2020 年吐哈盆地、吐鲁番市与哈密市总需水量年际变化

段。然而，自 2006 年起，总需水量的增长速度显著加快，年均增速提高至 1.33 亿 m³。此后，每年的总需水量均超过了多年平均值 22.89 亿 m³，显示出明显的增长趋势。这种变化表明，2006 年之后，吐哈盆地的水需求量有了显著增加。这种增加可能受到多种因素的影响，包括但不限于农业、工业的发展以及人口的增长。

吐鲁番市在 1990—2020 年期间，总需水量的多年均值为 11.11 亿 m³。尽管总需水量变化曲线显示出频繁波动，但波动幅度较低，整体呈现出缓慢上升的趋势，年均增长速率为 0.16 亿 m³（图 7-1）。相比之下，吐哈盆地的总需水量年均增长速率为 1.12 亿 m³，明显高于吐鲁番市的增长速率。造成吐鲁番市总需水量增长速率低于吐哈盆地总体增长速率的原因可能主要是吐鲁番市的城市规模和经济活动规模相对较小且吐鲁番市的经济结构以农业和旅游业为主，工业用水需求相对较低。

哈密市在 1990—2020 年间的总需水量与吐哈盆地的总需水量变化趋势相似，均整体呈现上升趋势。哈密市的年均增长速率为 0.96 亿 m³（图 7-1），略低于吐哈盆地的 1.12 亿 m³/ 年，但高于吐鲁番市的 0.16 亿 m³/ 年。哈密市的总需水量变化趋势可以大致分为两个阶段，以 2010 年为界。在 2010 年之前，总需水量的年均增长速率为 0.58 亿 m³/ 年，而在 2010 年之后，这一速率显著提升至 1.12 亿 m³/ 年。这种变化趋势和阶段特征的原因是：2010 年之前，哈密市的经济发展相对缓慢，用水需求增长相对平稳。2010 年之后，随着区域经济的快速发展，特别是工业化进程加快[41]，工业和城市用水需求显著增加。例如，能源开发、矿产开采和加工等高耗水行业的快速发展，显著增加了总需水量。同时，城镇化进程加快和人口增加也使得生活需水增加。未来，针对经济发展、人口增长和农业灌溉需求增加等这些因素的综合管理和协调，将是确保区域水资源可持续利用的关键[25]。

二、分行业需水量

1990—2020 年，吐哈盆地各行业的需水量占比展现了不同的变化特征（图 7-2）。根据数据分析，农业和工业是该地区的主要需水行业，分别占总需水量的 61.41% 和 33.77%。生活需水和生态需水占比相对较低，分别为 2.75% 和 2.07%。农业需水占比整体呈现微弱下降趋势，这主要得益于农业现代化和节水灌溉技术的推广[39]，这些技术显著提高了水资源的利用效率。在这 30 年中，农业需水的年均下降速率为 0.01%，体现了农业用水效率的持续改进。工业需水占比在同一时期显示出微弱的上升趋势，年均上升速率也为 0.01%。这一趋势反映了工业化进程的加速以及工业产值的增长，尤其是高耗水行业（如能源开发和矿产开采）的扩展，这些行业对水资源的需求显著增加。生活需水占比在 2002 年之前呈现上升趋势，上升速率为每年 0.003%，这可能与城镇化进程和人口增长密切相关。然而，自 2002 年以后，生活需水占比开始下降，下降速率为每年 0.001%，这种变化可能归因于基础设施的改善和节水措施的推广，从而提高了用水效率。生态需水占比的变化趋势与生活需水相似，2002 年之前呈现上升趋势，上升速率为每年 0.003%，反映了对生态环境保护的逐步重视。自 2002 年后，生态需水占比开始下降，速率为每年 0.002%，这可能与生态保护措施的稳定和管理效率的提高有关。综合来看，吐哈盆地的用水结构反映了该地区的自然环境和产业结构特点。农业用水的轻微下降以及工业用水的逐步上升表明了产业发展与水资源利用之间的相互作用。此外，生活和生态需水的变化趋势也揭示了区域内城镇化和生态保护的动态。为了实现水资源的可持续利用，未来需进一步优化水资源管理和提升用水效率。

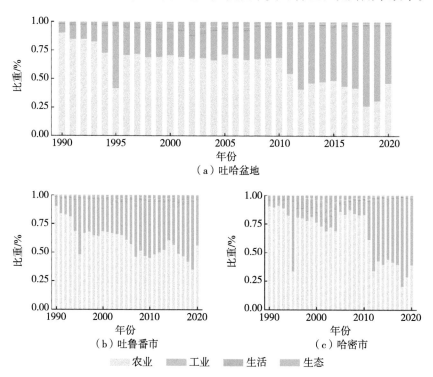

图 7-2　1990—2020 年吐哈盆地、吐鲁番市与哈密市分行业总需水量特征

　　1990—2020 年吐鲁番市农业需水与工业需水二者占总需水量的比重超过 95%，分别为 59.65% 与 35.76%，而生活需水与生态需水二者占总需水量的比值低于 5%，分别约为 2.20% 与 2.38%（图 7-2）。同时，吐鲁番市农业需水占比在这三十年呈稳步微弱降低趋势，年下降速率约为 0.01%。工业需水、生活需水与生态需水占比在 1990—2020 年均呈微弱上升趋势，年均升高速率分别为 0.011%、0.000 2%、0.001 2%。由于生活需水与生态需水二者水量占比较低，其占比变化趋势自然极其微弱。总体来看，吐鲁番市在 1990—2020 年间，农业需水占比虽有微弱降低，但仍是最大需水领域；工业需水占比逐渐增加，反映了经济结构向工业化方向调整的趋势；生活和生态需水占比虽低，但也呈现出微弱上升趋势。农业、工业、生活和生态需水的变化趋势反映了吐鲁番市在经济发展、人口增长、技术进步和环境保护方面的综合影响。

　　哈密市在 1990—2020 年间，各行业需水占比呈现出明显的变化趋势。哈密市分行业需水占比统计结果显示（图 7-2），农业需水占比最高，为 65.89%；生态需水占比最低，为 2.22%；工业需水与生活需水占比分别为 27.21% 与 4.68%。与吐鲁番一致，哈密市农业需水与工业需水在 1990—2020 年分别呈现下降与上升趋势，平均下降与上升速率分别为 0.02%/ 年与 0.02%/ 年。除此之外，发现哈密市农业需水占比与工业需水占比均在 2012 年出现巨大转折。在 2012 年之前，农业需水占比与工业需水占比均值分别为 77.97% 与 13.24%，而在 2012 年之后，农业需水占比与工业需水占比均值分别为 36.34%

与61.37%。这一趋势主要是由于2012年前后工业化进程加快,工业需水占比呈上升趋势,此外,农业节水灌溉技术的推广也减少了农业需水量。1990—2020年哈密市生活需水占比与生态需水占比均呈"先上升后下降"的"钟形"变化趋势。1990—2002年生活需水占比年均上升速率为0.01%,在2003—2020年生活需水占比年均下降速率为0.0023%;同时,生态需水占比在1990—2003年年均上升速率为0.01%,在2004—2020年年均下降速率为0.003%。生活与生态需水的"钟形"变化趋势表明,在经济发展的不同阶段,生活与生态需水量也在不断调整,这与城市化进程、人口动态以及环境政策的实施密切相关。

三、各盆地分行业需水量

由于地形特征和气候条件的差异,并结合现有的行政区划,吐哈盆地被划分为三个子盆地:吐鲁番盆地、哈密盆地和巴里坤—伊吾盆地。吐鲁番盆地:包括高昌区、鄯善县和托克逊县三个县级行政单元。这一区域气候干旱,地形多样,以低洼盆地为主,农业用水需求较大,尤其是葡萄和其他水果的种植需要大量的灌溉用水。哈密盆地:对应伊州区。哈密盆地地形较为开阔,气候相对温和,适宜农业、工业和城镇化发展。随着经济的快速发展,特别是工业化进程的加速,哈密盆地的工业用水需求显著增加。巴里坤—伊吾盆地:包括巴里坤县和伊吾县两个县级行政单元。这一区域地形复杂,有山地和高原,气候条件较为寒冷。虽然农业用水需求相对较低,但矿产资源丰富,工业用水需求较大。

哈密盆地分行业需水量统计分析结果显示农业需水和工业需水是最重要的需水行业(图7-3)。1990—2020年哈密盆地多年平均农业需水量与工业需水量占总需水量的

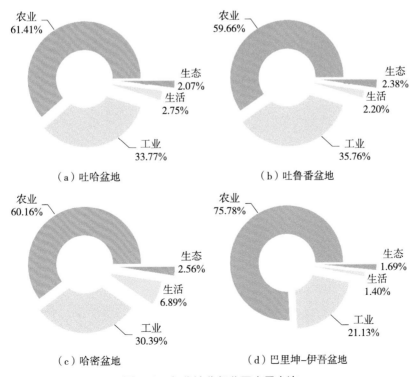

图 7-3　各盆地分行业需水量占比

比值超过 90%，多年平均农业需水占比是工业需水占比的 2 倍，二者分别为 60.16% 与 30.39%。多年生活需水占比与生态需水占比较低，分别为 6.89% 和 2.56%。哈密盆地农业需水占比在过去三十年呈下降趋势，年均下降速率为 0.017%，尤其在 2010—2012 年间农业需水占比下降尤为迅速，由 78.09%（2010 年）降低至 30.45%（2012 年）。1990—2020 年哈密盆地工业需水占比呈上升趋势，年均上升速率为 0.02%。1990—2020 年哈密盆地生活需水占比与生态需水占比变化曲线均呈"钟形"，即先上升后下降的趋势，生活需水占比在 2002 年达到峰值，而生态需水在 2003 年达到峰值。

　　整体看，农业需水为巴里坤—伊吾盆地最主要的需水行业，1990—2020 年农业需水、工业需水、生活需水和生态需水占巴里坤—伊吾盆地总需水量的均值分别为 75.78%、21.13%、1.40% 和 1.69%（图 7-3）。巴里坤—伊吾盆地农业需水占比、工业需水占比、生活需水占比和生态需水占比在 1990—2020 年的变化趋势分别与哈密盆地相似。即在过去 30 年间，农业需水占比呈现下降趋势，工业需水占比呈现上升趋势，生活需水占比与生态需水占比均呈现先上升后下降的趋势。农业需水占比上升趋势平均速率与工业需水占比下降趋势平均速率十分接近，年均下降速率与年均上升速率分别为 0.02% 与 0.02%。巴里坤—伊吾盆地的农业需水和工业需水比例在 2011 年发生了显著变化，这一趋势类似于哈密盆地。这种变化的主要原因：一是工业的发展提高了对水资源的需求，使得工业用水比例显著增加；二是水资源管理水平的提升和节水技术的推广，农业用水效率得到了显著提高，这使得农业用水总量得以控制和减少。

　　吐哈盆地与吐鲁番盆地分行业需水在上节中已详细阐述，在此节中不进行详细介绍。

第二节　农业需水

　　农业是人类赖以生存的基础，而水资源则是农业生产中不可或缺的关键要素。水资源对于农业的重要性不言而喻，它不仅直接影响农作物的生长发育和最终产量，还关系到农业生态系统的稳定与可持续发展。中国西部的吐鲁番市与哈密市这两个地区由于得天独厚的气候条件，成为优质葡萄和哈密瓜的主要生产基地。然而，该区域年降水量稀少 [8]，远不能满足农业生产的巨大需水量。本小节将重点探讨吐鲁番市与哈密市 1990—2020 年间的农业需水状况，通过分析这一时期的农业需水数据，揭示农业需水的变化趋势和影响因素，进而为实现农业和水资源的协调发展提供有价值的参考。

一、吐鲁番市各区县农业需水量年代际变化

　　表 7-1 展示了吐鲁番市及其下辖的高昌区、鄯善县和托克逊县在 1990—2020 年间农业需水量的年代际变化。在过去三个年代际中，吐鲁番市的农业需水量总体上呈现出了一种波动的趋势。从 1990—1999 年的 6.46 亿 m³ 略微下降到 2000—2009 年的 6.87 亿 m³，

然后再次下降至 2010—2020 年的 6.21 亿 m³（表 7-1）。这种波动可能受到多种因素的影响，包括气候条件、土地利用方式、农业生产技术和政府政策等。在高昌区，农业需水量从 1990—1999 年的 2.31 亿 m³ 下降到 2010—2020 年的 1.90 亿 m³。鄯善县的农业需水量也呈现出了下降的趋势，从 1990—1999 年的 1.79 亿 m³ 降至 2010—2020 年的 1.54 亿 m³。托克逊县的农业需水量在过去三十年中有所波动，从 1990—1999 年的 2.35 亿 m³ 上升至 2000—2009 年的 3.28 亿 m³，然后下降至 2010—2020 年的 2.78 亿 m³。总体来看，吐鲁番市及其各区县的农业需水量在过去三十年中呈现出了不同的变化趋势。整体上，农业需水量的波动可能受到多种因素的影响，包括气候条件、土地利用结构、农业生产技术和政府政策等。各区县的农业需水量变化也反映了地区间农业发展水平和资源利用效率的差异。有效管理和利用水资源，提高农业生产效率，将是未来吐鲁番市农业可持续发展的重要课题。

表 7-1　吐鲁番市各区县农业需水量年代际变化　　　　单位：亿 m³

时间	吐鲁番市	高昌区	鄯善县	托克逊县
1990—1999 年	6.46	2.31	1.79	2.35
2000—2009 年	6.87	1.95	1.64	3.28
2010—2020 年	6.21	1.90	1.54	2.78

二、吐鲁番市各区县农业需水量年际变化

高昌区农业需水量在 1990—2020 年整体呈轻微下降趋势，年均减少约 0.33 亿 m³（图 7-4）。多年平均农业需水量为 2.05 亿 m³。标准差为 0.70，变异系数为 0.34，表明农业需水数据在这三十年内相对稳定。农业需水量在 2014 年达到最高值 3.94 亿 m³，1999 年降至最低值 1.23 亿 m³，两者相差 2.71 亿 m³。1994—2001 年、2005—2013 年和 2015—2019 年，农业需水量整体低于多年平均值；相反，1990—1993 年、2002—2004 年、2014 年和 2020 年则高于多年平均值。这些波动与当时的气候条件、农业种植结构和政策因素密切相关。

1990 年以来鄯善县年代际农业需水量分别为 17.90 亿 m³、16.45 亿 m³ 和 16.92m³。过去 30 年间，鄯善县多年农业需水量总体呈现轻微下降趋势，年均减少约 0.22 亿 m³（图 7-4）。进一步分析显示，鄯善县的农业需水量在特定年份和阶段呈现出明显的波动趋势。在 1994—1998 年、2001 年、2006—2011 年和 2015—2020 年，农业需水量普遍低于多年平均值。这些时期可能与气候条件相对干旱、农业灌溉效率提高或种植结构调整有关。相反，在 1990—1993 年、1999—2000 年、2002—2005 年和 2012—2014 年，农业需水量整体高于多年平均值。这些时期可能与气候条件较为湿润、农业生产活动增加或政策鼓励有关。

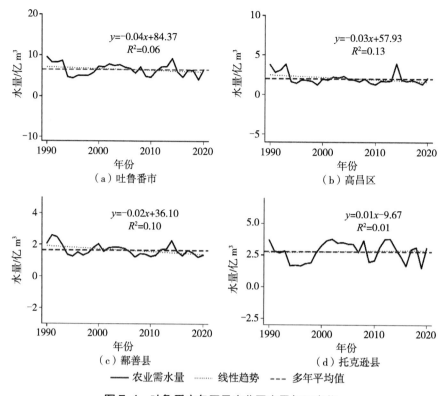

图7-4 吐鲁番市各区县农业需水量年际变化

与高昌区和鄯善县不同，在1990—2020年30年的时间跨度内，托克逊县农业需水量整体呈现出轻微上升趋势（图7-4），年均升高速率约为0.01亿 m³。首先，过去三十年托克逊县年代际农业需水量分别为23.53亿 m³、32.78亿 m³和30.53亿 m³，均高于高昌区和鄯善县年代际农业需水量。除了总量的增长外，也对托克逊县农业需水量的统计指标进行分析以更好地了解农业需水量数据的分布和变化情况。例如，1990—2020年托克逊县农业需水量多年平均值为2.80亿 m³，这提供了一个基准，用以比较各年份的水量变化情况。同时，1990—2020年托克逊县农业需水量标准差为0.74，而1990—2020年托克逊县农业需水量变异系数为0.26，属中等程度变异，说明了托克逊县农业需水量数据在这30年中相对稳定。

根据1990—2020年的数据，鄯善县、托克逊县和高昌区的农业需水量表现出显著的异同点。总体来看，托克逊县的农业需水量通常高于其他两个地区，尤其是在2000年后，托克逊县多次出现超过3.00亿 m³的高值，这表明托克逊县的农业活动对水资源的需求较为旺盛。高昌区的农业需水量在整个期间内波动较大，但总体趋势呈现出一定的减少趋势，特别是在1994年、1995年和2009年表现出明显的低值。鄯善县的农业需水量则相对稳定，但也在1999年和2014年达到高峰。

三、吐鲁番市各区县农业需水量月尺度变化

高昌区1990—2000年、2001—2010年和2011—2020年农业需水量呈现出明显的季

节性变化，夏季（6—8 月）的需水量显著高于其他月份。在冬季（12 月至翌年 2 月），各年代的需水量较低，且 2011—2020 年的冬季需水量略低于前两个年代。春季（3—5 月）和秋季（9—11 月）的农业需水量在 2011—2020 年呈现出相对稳定的趋势，而 1990—2000 年和 2001—2010 年则波动较大（图 7-5）。

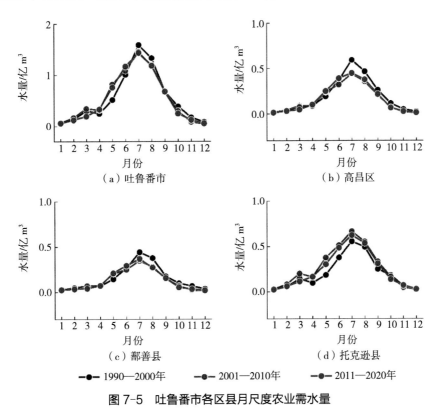

图 7-5 吐鲁番市各区县月尺度农业需水量

对鄯善县的农业需水量月尺度数据进行分析后，1990—2000 年的需水量波动最大，2001—2010 年波动最小，2011—2020 年波动有所增加。从季节性变化来看，30 年间夏季的农业需水量高峰期有所平缓。尽管 7 月仍然是需水量最高的月份，但 2001—2010 年和 2011—2020 年的高峰值相比 1990—2000 年有所下降，且高峰期的需水量更加均衡（图 7-5）。冬季月份的需水量在三个年代中均较低，特别是在 2001—2010 年和 2011—2020 年，冬季需水量显著减少。这可能与农业灌溉技术的改进、作物种植结构的调整以及气候变化等因素密切相关。

托克逊县农业需水量显示出明显的季节性变化，夏季（6—8 月）需水量最高，冬季（12 月至翌年 2 月）需水量最低（图 7-5）。从 2001—2010 年到 2011—2020 年，部分月份的农业需水量有所下降，这可能与节水灌溉技术的推广和农业生产方式的改进有关。

四、哈密市各区县农业需水量年代际变化

表 7-2 提供了哈密市及其下属区县（伊州区、伊吾县、巴里坤县）在不同时间段（1990—1999 年、2000—2019 年、2010—2020 年）的平均农业需水量。可以看出，各地

的农业需水量都有了明显的增长，其中以哈密市和伊州区的增长更为显著，这可能反映了当时区域经济发展、农业技术进步等因素的影响。然而，在 2010—2020 年这段时间内，农业需水量的增长趋缓，尤其是伊州区和伊吾县，这可能是受资源利用效率提高、节水技术推广等因素的影响。伊州区的农业需水量排名第一，可能是由于其地理位置靠近城市，农业活动比较集中，而且可能有较多的园艺和高效农业活动。伊吾县和巴里坤县的农业需水量相对较低，这可能与其相对较少的农业活动、地理条件等因素有关。

表 7-2　哈密市各区县农业需水量年代际变化　　　　　　　　　　　单位：亿 m³

时间	哈密市	伊州区	伊吾县	巴里坤县
1990—1999 年	2.43	1.35	0.14	0.93
2000—2009 年	6.34	3.13	1.77	1.44
2010—2020 年	9.01	5.46	1.58	1.97

五、哈密市各区县农业需水量年际变化

1990—2020 年伊州区农业需水量多年平均值为 3.39 亿 m³。从伊州区 1990—2020 年农业需水量数据时间序列变化中可以看出，农业需水量呈现出较为明显的波动和变化（图 7-6）。虽然在整体上存在增长趋势，年平均升高速率约为 0.19 亿 m³。但不同年份之间的变化幅度较大。在观察数据时可以看到某种周期性的波动。例如，在 1990s 初期至

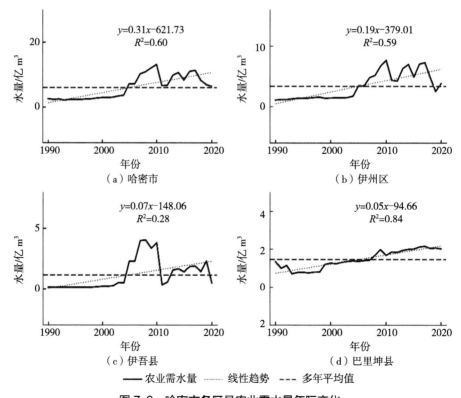

图 7-6　哈密市各区县农业需水量年际变化

2000s 初期，需水量相对稳定，随后出现了一个较为明显的增长阶段，直至 2009 年。在此后的几年中，农业需水量再次出现了明显的波动，有时甚至呈现出下降趋势，这可能是受气候变化、农业政策以及农业结构调整等因素的影响。1990s 末期至 2000s 初期的需水量增长可能与该地区农业生产的扩张、技术进步以及经济发展等因素密切相关。而 2000s 中期至后期的需水量波动可能与气候异常、水资源管理政策调整等因素有关。在 2010—2012 年，需水量有所下降，这可能与当时经济形势、农业政策以及水资源利用效率等因素相关。

伊吾县的农业需水量数据显示了较大的波动，尤其是在 2003—2009 年，以及 2011—2012 年。2003—2009 年，农业需水量出现了显著的增长，这可能与当时的农业发展策略、种植结构调整以及气候因素等有关。在这期间，需水量由 0.14 亿 m³ 上升到 3.99 亿 m³，增长幅度较大。1990—2020 年伊州区农业需水量多年平均值为 3.39 亿 m³，而伊吾县在 1990—2020 年农业需水量多年均值为 1.18 亿 m³。这反映了伊吾县的农业需水量整体水平相对较低，波动幅度也较小，与伊州区数据相比，表现出了更为平稳的特点。尽管伊吾县的农业需水量数据存在波动，但从长期趋势来看，也呈现出了整体的增长态势，年平均升高速率约为 0.07 亿 m³（图 7-6），这与伊州区农业需水量数据类似，反映了农业发展对水资源的需求逐渐增加的趋势。

分析巴里坤县农业需水量的数据显示了以下趋势。首先，从 1990—2020 年的 30 年间，农业需水量在波动中呈现总体上升的趋势，从 0.71 亿 m³ 上升到 2.16 亿 m³。其次，通过计算平均农业需水量为 1.47 亿 m³，可以得知农业用水总量在这段时间内持续增加，平均升高速率约为 0.05 亿 m³（图 7-6）。进一步分析发现，这一趋势可以分为几个不同阶段：1990—1999 年，需水量相对稳定或轻微下降；2000—2009 年，需水量逐渐上升，尤其是在 2008 年和 2009 年达到高峰；2010—2020 年，需水量再次上升，尤其在 2016—2019 年达到峰值。其中，2008—2009 年的需水量突增 0.3 亿 m³，可能受农业发展、用水效率改善或气候变化等因素影响。因此，持续监测和分析农业需水量的变化趋势，并采取相应的管理措施，对确保水资源的合理利用和农业的可持续发展至关重要。

哈密市下辖的三个区县（伊州区，伊吾县，巴里坤县）的农业需水量整体呈现出持续增长的趋势。在具体数据上，我们可以观察到一些区县之间的差异。例如，伊州区的农业需水量整体上略高于伊吾县和巴里坤县，这可能与该区县的农业发展程度以及种植结构有关。而巴里坤县的农业需水量相对较低，但近年来也有逐渐增长的趋势，这可能是由于农业生产结构的调整或者水资源利用效率的提升。此外，我们还可以观察到一些特殊年份的变化。例如，2005—2009 年三个区县的农业需水量都出现了明显的增长，这可能与当时的气候条件、农业政策或者经济发展有关。

六、哈密市各区县农业需水量月尺度变化

伊州区三个年代的需水量均呈现出明显的季节性变化（图 7-7），冬季月份（12 月至翌年 2 月）：需水量在三个年代相对变化较小，但仍有小幅增长。春季和秋季月份（3—5 月，9—11 月）：需水量增长较为显著。例如，5 月的需水量从 1990—2000 年的 0.127 4 亿 m³ 增加到 2011—2020 年的 0.624 6 亿 m³。夏季月份（6—8 月）：增长最为显

著，尤其是6月和7月。

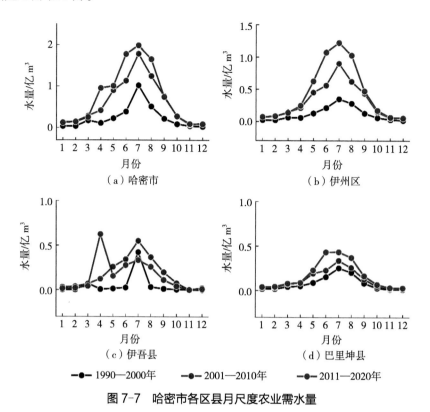

图 7-7　哈密市各区县月尺度农业需水量

伊吾县农业需水量月尺度数据变化情况显示：在每个年代的冬季（12月至翌年2月），需水量都相对较低（图7-7）。例如，1月的需水量在三个年代分别为0.002亿 m³、0.03亿 m³和0.01亿 m³；每个年代的夏季（6—8月），需水量明显增加。例如，7月的需水量在1990—2000年、2001—2010年和2011—2020年分别为0.424 9亿 m³、0.552 3亿 m³和0.335 2亿 m³。

巴里坤县三个年代的农业需水量均呈现明显的季节性变化（图7-7）。在每个年代的冬季（12月至翌年2月），需水量都较低。春季和秋季月份（3—5月，9—11月）：需水量同样呈现增长趋势。夏季月份（6—8月）：增长最为显著，尤其是6月和7月。例如，6月的需水量从1990s的0.153 8亿 m³增加到2010s的0.431 9亿 m³。

第三节　工业需水

吐鲁番市与哈密市，作为新疆维吾尔自治区的两个重要城市，地处塔里木盆地中心地带，拥有得天独厚的地理条件。这两座城市不仅以其优质的葡萄和哈密瓜闻名，更因其丰富的矿产资源和良好的交通网络而成为新疆地区工业发展的关键引擎之一[51]。然而，随着工业化进程的加速推进，吐鲁番市与哈密市的工业需水量也逐渐成为引人关注的焦点。在这片干旱少雨的土地上，水资源的稀缺性成为制约工业发展的重要因素之一。吐鲁番市和哈密市的年降水量远低于全国平均水平，而蒸发量却居高不下，这使得当地水资源极为宝贵。随着工业化的进程加快，大量的工业项目落地生根，带来了可观的经济效益，但同时也大幅增加了水资源的需求。本小节将对吐鲁番市与哈密市在1990—2020 年工业需水量的现状进行深入分析，探讨工业发展对水资源的需求特点、变化趋势等。通过对这些问题的深入研究，旨在为实现工业与水资源的协调发展提供有力支持。

一、吐鲁番市各区县工业需水量年代际变化

从 1990—1999 年到 2010—2020 年，吐鲁番市的工业需水量从 2.21 亿 m³ 增长到 5.72 亿 m³，增长了近 2.6 倍（表 7-3）。这一增长反映了该市工业发展的显著加速，工业扩张和现代化进程推动了对水资源的需求。高昌区的工业需水量在这段时期内经历了下降。尤其是在 2010—2020 年，需水量降至 0.26 亿 m³，仅为 1990—1999 年的 1/4 左右。这可能表明该区的工业结构调整，部分高耗水工业可能已经转移或改进了用水技术，提升了用水效率。鄯善县的工业需水量显著增加，从 1990—1999 年的 0.88 亿 m³ 增长到 2010—2020 年的 2.99 亿 m³。托克逊县的工业需水量也呈现出显著的增长，从 1990—1999 年的 0.33 亿 m³ 增加到 2010—2020 年的 2.46 亿 m³，增长超过了 7 倍。这个增长率在所有区县中是最高的，表明该县在过去三十年中经历了快速的工业化进程，可能伴随着大量的新建工厂和基础设施建设。

表 7-3　吐鲁番市各区县工业需水量年代际变化　　　　　　　单位：亿 m³

时间	吐鲁番市	高昌区	鄯善县	托克逊县
1990—1999 年	2.21	1.00	0.88	0.33
2000—2009 年	4.11	0.74	2.67	0.71
2010—2020 年	5.72	0.26	2.99	2.46

二、吐鲁番市各区县工业需水量年际变化

高昌区工业需水量数据显示，自 1990—2020 年，工业需水量整体呈现下降趋势，年均下降速率为 0.04 亿 m³（图 7-8）。总体来看，1990—2020 年，高昌区的工业需水量经历了先升后降的变化趋势。在 20 世纪 90 年代中期达到高峰后，进入 21 世纪以来，工业需水量持续下降。这一变化趋势可能反映了高昌区工业结构调整和节水措施的实施。特别是 2000 年以后，工业需水量的显著减少可能与地区产业升级、技术进步以及环保政策的加强有关。这种减少趋势在 2010 年后趋于稳定，说明高昌区工业用水效率的提升以及水资源管理的加强已取得显著成效。

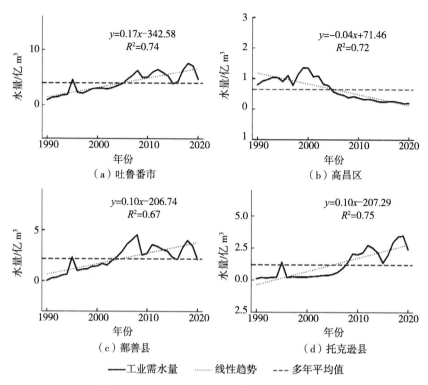

图 7-8　吐鲁番市各区县工业需水量年际变化

1990—2020 年鄯善县的工业需水量经历了显著的变化和增长。通过分析 1990—2020 年的数据发现，工业需水量总体呈现显著的上升趋势。1990 年，工业需水量仅为 0.02 亿 m³，而到 2020 年，这一数值增至 2.13 亿 m³，显示出工业需水需求在 30 年间大幅增长。鄯善县过去 30 年间工业需水量年平均增长速率约为 0.10 亿 m³（图 7-8），这表明，在大部分年份中，工业需水量每年稳步增加。总结来说，鄯善县工业需水量在过去三十年间经历了大幅增长，从微不足道的 0.02 亿 m³ 增长到超过 2 亿 m³。这一趋势反映了该地区工业化进程的加快，对水资源的需求不断增加。在未来，如何平衡工业发展与水资源的可持续利用将是一个重要课题。

在过去三十年中，吐鲁番市托克逊县的工业需水量经历了显著的变化。从 1990 年的 0.12 亿 m³ 逐步增长到 2020 年的 2.42 亿 m³，展现出整体上升的趋势，年平均增长速率为 0.10 亿 m³（图 7-8）。从数据可以看出，工业需水量在这三十年间呈现出明显的增长趋势。初期的工业需水量较低，但在 1995 年和 2008 年两个时间点出现了显著的增长。1995 年是一个显著的转折点，工业需水量从之前的个位数突然跃升至 1.38 亿 m³，这可能反映出该年有重大工业项目上马或产业政策的变化。同样，2008 年后的迅速增长也可能与经济发展或新的工业项目密切相关。总体而言，托克逊县的工业需水量在过去三十年中显著增加，这反映了当地工业发展的持续扩张。随着工业活动的不断增加，对水资源的需求也呈现出相应的上升趋势。这一趋势在一定程度上体现了地区经济的发展和工业化进程的推进。

综上，高昌区、鄯善县和托克逊县的工业需水量变化反映了各地区不同的经济发展路径、工业结构特点和政策管理措施。高昌区工业需水量呈现下降趋势，而鄯善县和托克逊县则由于工业化进程加快，需水量显著增加。

三、吐鲁番市各区县工业需水量月尺度变化

分析三个时期的月度变化可以发现，工业需水量在夏季（6—9月）达到高峰，这可能与工业生产旺季和夏季高温增加用水量有关。而在冬季（12月至翌年2月），需水量则相对较低。这种季节性变化在三个时期内都是一致的，只是总体水平逐渐下降。1990—2000年的工业需水量波动较大，整体较高。尤其是在6—10月期间，需水量较高，6月达到最高值0.14亿m³。这一时期，需水量较高的原因可能与当时工业活动的密集度和工业结构有关。进入2001—2010年，工业需水量明显下降。每个月的需水量相比1990—2000年均有不同程度的减少。最高值出现在8月，为0.097 2亿m³，但相比1990—2000年的最高值已经明显减少。整体来看，这十年内需水量下降的原因可能是由于工业技术的进步以及节水措施的实施。2001—2010年的工业需水量进一步减少，达到历年最低水平。需水量在各个月份的分布较为均衡，最高值出现在9月，为0.048 3亿m³。这一时期，工业需水量的降低可以归因于更加高效的工业用水管理、技术的进一步改进以及可能的产业结构调整（图7-9）。

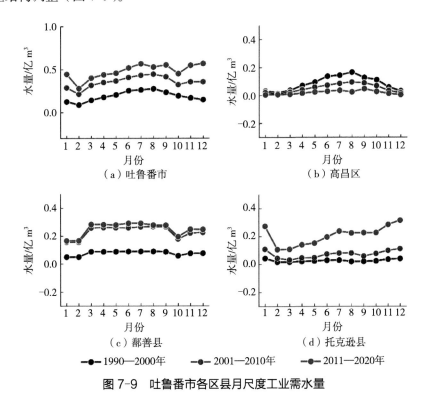

图7-9 吐鲁番市各区县月尺度工业需水量

从月度变化来看，鄯善县工业需水量在30年内均呈现出一定的季节性规律（图7-9）。夏季（6—8月）的需水量较高，冬季（12月至翌年2月）较低。这种季节性变化在三个时期内均一致，但总体水平逐渐上升。1990—2000年鄯善县的工业需水量在冬季和夏季差别不大，每月的波动较小，夏季稍高达到最高值0.09亿m³（8月）。进入2001—2010年，工业

需水量显著增加，最高值出现在 8 月，为 0.27 亿 m³，最低值为 1 月和 2 月的 0.16 亿 m³。这一时期工业需水量的上升可能是由于工业活动的增加以及生产规模的扩大。2011—2020 年工业需水量继续增加，每月的需水量相比前两个时期进一步提升，最高值出现在 6 月，为 0.30 亿 m³。最低值仍然在 1 月和 2 月，为 0.17 亿 m³。这一时期的需水量增加可能与工业技术的进步和生产效率的提升有关，同时反映出工业规模的进一步扩大。

托克逊县工业需水量在各年代均呈现一定的季节性规律。夏季（6—8 月）和冬季（12 月至翌年 2 月）的需水量较高，而春季（3—5 月）的需水量较低。这种季节性变化在三个时期内一致（图 7-9），但整体水平逐渐上升。1990—2000 年托克逊县的工业需水量总体较低，波动不大。最高需水量出现在 12 月，为 0.04 亿 m³，而最低值出现在 2 月，为 0.02 亿 m³。2001—2010 年工业需水量显著增加，每个月的需水量均有较大幅度的提升。最高值出现在 12 月，为 0.11 亿 m³，最低值为 3 月的 0.03 亿 m³。这一时期需水量的增加反映了工业活动的扩大和生产规模的增加。2011—2020 年工业需水量进一步增加，各月份的需水量相比前两个时期有明显的提升。最高值出现在 12 月，为 0.32 亿 m³，最低值为 2 月的 0.11 亿 m³。这一时期需水量的显著增加可能与工业技术的进步、生产效率的提高和工业规模的进一步扩大有关。

四、哈密市各区县工业需水量年代际变化

从总体来看，哈密市的工业需水量在这 30 年间显著增长（表 7-4）。从 1990—1999 年的 0.65 亿 m³ 增加到 2000—2009 年的 0.86 亿 m³，增长了约 32%。然而，最显著的变化发生在 2010—2020 年，这一时期的需水量猛增至 13.47 亿 m³，增长了超过 15 倍。这一巨大增幅反映了哈密市工业发展的迅猛。分区域来看，伊州区的工业需水量增长最为显著。这表明伊州区在整个时期内工业发展尤为迅速，可能是由于新兴工业项目的大量引入和现有工业规模的扩张。相比之下，伊吾县的需水量在 1990—1999 年和 2000—2009 年略有下降，从 0.16 亿 m³ 降至 0.08 亿 m³，但在 2010—2020 年大幅增加至 1.95 亿 m³。虽然增幅较伊州区相对较小，但仍显示出较大的发展潜力。巴里坤县的需水量变化趋势与伊吾县类似，从 1990—1999 年的 0.16 亿 m³ 略降至 2000—2009 年的 0.09 亿 m³，之后在 2010—2020 年上升至 1.59 亿 m³（表 7-4）。该区的增长速度虽较伊州区慢，但仍体现出工业发展的明显加速。综上所述，哈密市及其各区县的工业需水量在 1990—2020 年均有显著增加，特别是 2010—2020 年的快速增长，反映出哈密市工业化进程的快速推进。这一趋势表明，随着工业的发展，对水资源的需求也将不断增加，需制定相应的水资源管理和保护政策以应对未来可能的挑战。

表 7-4　哈密市各区县工业需水量年代际变化　　　　单位：亿 m³

时间	哈密市	伊州区	伊吾县	巴里坤县
1990—1999 年	0.65	0.33	0.16	0.16
2000—2009 年	0.86	0.69	0.08	0.09
2010—2020 年	13.47	9.93	1.95	1.59

五、哈密市各区县工业需水量年际变化

过去 30 年间，伊州区的工业需水量在早期（1990—2000 年）相对稳定，平均值在 0.14 亿～0.33 亿 m³ 浮动。随后，需水量在 2000s 初期开始缓慢上升，到 2008 年达到 1.17 亿 m³。在 2010s，工业需水量出现了急剧的上升，特别是在 2012 年和 2013 年，分别达到了 9.29 亿 m³ 和 8.97 亿 m³。而 2018 年的数据更是达到了历史最高值 28.33 亿 m³，这显示出在这一年工业活动的显著增加。总体来看，过去 30 年间工业需水量的年平均增长速率约为 0.48 亿 m³（图 7-10）。1990—2020 年伊州区工业需水量的多年平均值约为 3.77 亿 m³。最大值出现在 2018 年，为 28.33 亿 m³，反映出当年工业活动的极大扩展或特殊需求的增加。最小值则出现在 1990 年和 1992 年，为 0.14 亿 m³，这可能反映了当时工业化程度较低或产业结构调整期的特点。综合来看，过去 30 年间伊州区的工业需水量总体呈现显著上升的趋势，特别是在近十年，需水量增长速度加快，且波动性增加。这种变化反映了伊州区工业化进程的加速以及经济活动的增强，同时也提示了需水管理和资源调配的重要性。通过上述分析，可以清晰地了解伊州区工业需水量在过去 30 年的变化情况，从中看出工业发展与需水量变化之间的密切联系，为未来的水资源管理和工业规划提供参考。

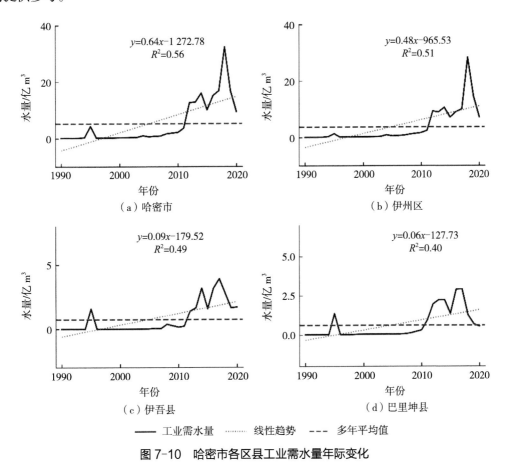

图 7-10　哈密市各区县工业需水量年际变化

过去30年间，伊吾县工业需水量整体呈现出上升趋势，年平均上升速率0.09亿 m³（图7-10）。总体来看，过去30年间工业需水量的年平均增长速率可以大致分为两个阶段：1990—2003年基本为零增长，2004—2020年年均增长速率约为0.204亿 m³。1990—2020年伊吾县工业需水量的多年平均值约为0.77亿 m³。最大值出现在2017年，为3.92亿 m³，反映出当年工业活动的显著增加。最小值为零，出现在多个年份（1990—1994年、1996—1999年、2000—2002年），这反映了当时工业需水几乎不存在或非常微小。综上所述，过去30年间伊吾县工业需水量经历了从无到有、从缓慢增长到快速增长的过程，反映出工业化进程的逐步推进。需水量的波动性提示了需水管理和资源配置的重要性。通过对这些数据的分析，为未来的水资源规划和工业发展提供科学依据。

巴里坤县工业需水量在1990—2020年总体呈现上升趋势，年平均升高速率为0.06亿 m³（图7-10）。具体而言，1990—2004年：这一阶段工业需水量保持在较低水平。2005—2012年：工业需水量开始显著增加，从2005年的0.05亿 m³逐渐上升到2012年的1.97亿 m³。2013—2020年：需水量继续增加，并在2016年和2017年达到峰值2.91亿 m³和2.92亿 m³。之后有所回落，但仍保持在较高水平。这个阶段的年均增长速率约为0.20亿 m³。1990—2020年间工业需水量多年平均值约为0.64亿 m³。这一平均值显示出尽管早期工业需水量较低，但后期的快速增长显著拉高了整体平均水平。最大值出现在2016年和2017年，均为2.92亿 m³。这表明这两年是巴里坤县工业发展最为迅猛的时期。最小值出现在1990年、1991年、1992年和1993年，为0.02亿 m³。这一时期工业需水量几乎没有变化，处于较低水平。2010年后工业需水量的快速增长主要是2010年后随着经济的快速发展，工业需求增长带动了需水量的增加。

整体看，伊州区、伊吾县和巴里坤县的工业需水量呈现出增长的趋势，尤其是近年来的数据显示出明显的增加趋势。在区县间的比较中，伊州区的工业需水量整体上最高，尤其是近几年表现出明显的增长趋势，反映了该地区工业化程度的提高和产业结构的调整。伊吾县和巴里坤县的工业需水量相对较低，但也呈现出增长的趋势。然而，巴里坤县的工业需水量在2018年之后出现了下降的趋势。特殊年份的变化显示，2011年是一个工业需水量大幅增长的年份，可能与当时的经济政策或产业结构调整有关。在过去的30年中，伊州区的工业需水量波动较大，而伊吾县和巴里坤县的波动相对较小，呈现出相对稳定的增长趋势。

六、哈密市各区县工业需水量月尺度变化

从月度变化来看，三个年代夏季（6—8月）的工业需水量较高，冬季（12月至翌年2月）较低。这种季节性变化在三个时期内保持一致，但总体水平逐渐上升（图7-11）。1990—2000年伊州区的工业需水量较低，整体波动较小。需水量在各个月份间变化不大。2001—2010年工业需水量显著增加，各个月份的需水量均较1990—2000年有显著提升。这一时期需水量的增加表明工业活动和规模的扩大。2011—2020年工业需水量进一步大幅增加，各个月份的需水量相比前两个时期有了显著提升。这一时期的需水量大幅增加，可能是由于工业技术的进步、生产效率的提高以及工业规模的进一步扩大。

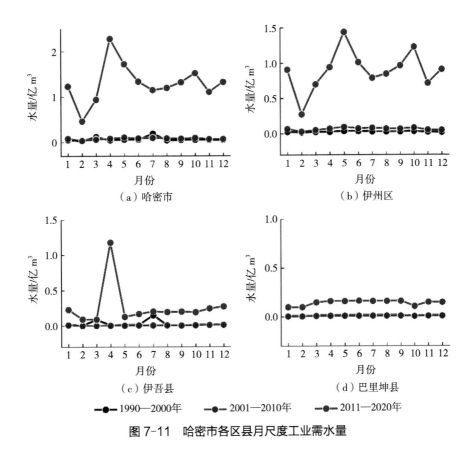

（a）哈密市　　　　　　　　　　（b）伊州区

（c）伊吾县　　　　　　　　　　（d）巴里坤县

━●━ 1990—2000年　　━●━ 2001—2010年　　━●━ 2011—2020年

图 7-11　哈密市各区县月尺度工业需水量

　　伊吾县工业需水量在 1990—2000 年和 2001—2010 年均无明显的季节性规律（图 7-11），但 2011—2020 年表现出一定的季节性变化，尤其在春季和夏季的需水量较高。4 月的需水量尤其突出，远高于其他月份。

　　巴里坤县工业需水量在 1990—2000 年和 2001—2010 年变化较小，各个月份之间的差异不大（图 7-11）。而在 2011—2020 年，需水量明显增加，尤其是在夏季和秋季月份（6—9 月）表现出较高的需水量。这表明该地区在 2011—2020 年的工业活动有显著增加，特别是在暖季期间。

第四节　生活需水

　　1990—2020 年这一时期不仅是中国经济高速发展的三十年，也是社会、人口和城市化进程加速推进的重要阶段。新疆地区，尤其是吐鲁番市和哈密市，由于其特殊的地理位置和气候条件，水资源成为制约区域经济社会发展的关键因素。随着城市化进程的加快和人口的增加，生活用水需求迅速上升，对当地水资源管理提出了新的挑战和要求。吐鲁番市与哈密市的水资源利用情况一直是学术界和政府关注的焦点。这两座城市不仅需要满足不断增长的人口和城市扩张带来的用水需求，还需应对农业灌溉、工业生产等方面的水资源分配压力。随着城市人口的增加和城市面积的扩展，生活需水量显著增加。这不仅是因为人口的增长，还包括城市生活水平的提升和居民生活习惯的改变。除了数量上的增加，生活需水的质量要求也在提高。居民对饮用水的安全性和卫生条件提出了更高的要求，促使当地政府和相关部门在水资源管理和供水系统建设上投入更多的资源。这不仅包括供水设施的更新和扩建，还涉及水质监测和管理的强化。深入分析和研究 1990—2020 年吐鲁番市与哈密市生活需水量的变化趋势，对于制定科学合理的水资源管理政策和实现区域可持续发展具有重要意义。本章节将系统探讨吐鲁番市与哈密市在这一时期的生活需水量变化情况，分析影响需水量变化的主要因素，如人口增长、城市化进程、居民生活水平的提高等。希望通过本节的研究，为相关领域的研究者和政策制定者提供有价值的参考。通过对吐鲁番市与哈密市生活需水量的深入研究，可以揭示出水资源管理中存在的问题和挑战，并为未来的发展提供指导。

一、吐鲁番市各区县生活需水量年代际变化

表 7-5 展示了吐鲁番市及其下辖的高昌区、鄯善县和托克逊县在 1990—2020 年间生活需水量的年代际变化。从 1990—2020 年的三十年间，吐鲁番市的生活需水量经历了显著增长。这一变化反映了吐鲁番市在过去几十年里人口增长、经济发展和城市化进程的加速，这些因素共同推动了生活需水量的增加。高昌区在 1990—1999 年需水量为 0.12 亿 m^3，在接下来的两个十年里，这一数字保持稳定，2000—2009 年和 2010—2020 年均为 0.12 亿 m^3 和 0.14 亿 m^3。这种相对稳定的增长可能与该地区的基础设施建设、人口增长以及经济发展速度的相对平衡有关。鄯善县的需水量在 1990—1999 年为 0.01 亿 m^3，但在 2000—2009 年显著增加到 0.10 亿 m^3，并在 2010—2020 年略微下降至 0.09 亿 m^3。这个变化表明，在 2000s 鄯善县可能经历了快速的发展和人口增长，但在随后十年内，这种增长有所放缓或趋于稳定。托克逊县的需水量增长虽然不如其他县区显著，但仍表现出稳步上升的趋势，反映了该地区逐渐发展的态势。总体来看，吐鲁番市及其各区县的生活需水量在过去三十年中均表现出增长趋势，但增长速率和幅度存在差异。吐鲁番市整体需水量的增长与该市的城市化和经济发展密切相关。高昌区的需水量增长相对平稳，鄯善县在 2000s 经历了快速增长后趋于稳定，而托克逊县则呈现出稳定上升的趋势。这些变化反映了各区县在经济发展、人口增长和基础设施建设方面的不同进程和特点。

表 7-5　吐鲁番市各区县生活需水量年代际变化　　　　　单位：亿 m^3

时间	吐鲁番市	高昌区	鄯善县	托克逊县
1990—1999 年	0.17	0.12	0.01	0.03
2000—2009 年	0.26	0.12	0.10	0.04
2010—2020 年	0.30	0.14	0.09	0.06

二、吐鲁番市各区县生活需水量年际变化趋势

从1990—2020年高昌区的生活需水量数据来看，生活需水量总体上呈现出波动上升的趋势（图7-12），但这种上升并不稳定，存在明显的起伏。1990—2000年阶段：这一时期的生活需水量总体上缓慢增加。2000—2010年阶段：这一时期的生活需水量变动较大，2005年达到0.16亿 m³ 的峰值，之后有所下降，但总体维持在0.08亿~0.16亿 m³。2010—2020年阶段：该阶段的生活需水量波动明显，尤其在2014年达到0.21亿 m³ 的高峰，但在2019年和2020年骤降至0.01亿 m³。这一阶段显示出更高的不稳定性。过去30年，高昌区生活需水量多年平均值为0.13亿 m³。2014年的生活需水量达到峰值（0.21亿 m³），这可能是由于该年特定的经济活动或人口增加导致的需水量增加。然而，随后几年需水量急剧下降，特别是2019年和2020年再次降到历史最低点0.01亿 m³，可能表明这些年份中出现了重大变化或政策调整。从分析中可以看出，高昌区的生活需水量在过去30年中经历了多次波动，这可能与多种因素有关，如人口增长、经济发展、水资源管理政策的变化等。此外，1990s初期和2019—2020年的需水量特别低，这可能反映了该地区在这些年份中特殊的环境或社会经济状况。

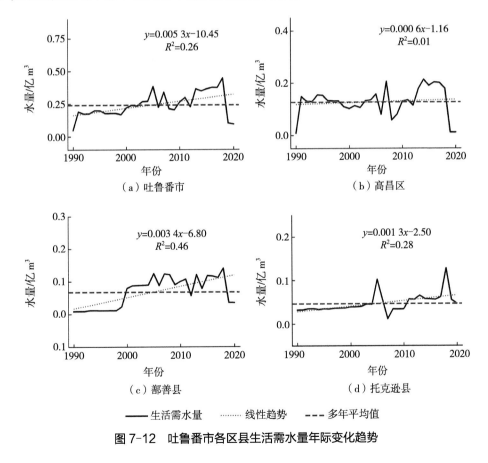

图7-12　吐鲁番市各区县生活需水量年际变化趋势

鄯善县过去三十年的生活需水量总体上是逐步增加的（图7-12）。1990年生活需水

量为 0.01 亿 m³，而到 2020 年，这一数值增加到 0.04 亿 m³，尽管总体增幅不大，但显示出随时间推移生活需水量逐渐增长的趋势。分析具体数据，1990—1998 年间，生活需水量一直保持在 0.01 亿 m³，没有显著变化。这一阶段的生活需水量相对稳定，反映了当时鄯善县人口规模和生活水平的相对平稳。然而，从 1999 年开始，生活需水量有了明显增长，1999 年增至 0.02 亿 m³，随后在 2000 年大幅增加至 0.08 亿 m³。这一增长可能与当地经济发展、人口增加以及生活水平提高有关。在接下来的十年（2001—2010 年）中，生活需水量呈现逐年增长的态势，2001 年和 2002 年均为 0.09 亿 m³，2003—2004 年维持不变，2005 年增加至 0.12 亿 m³。2010 年后，生活需水量继续增长，2010 年达到 0.10 亿 m³，2011 年为 0.11 亿 m³，2013 年再次回升至 0.12 亿 m³，2018 年达到最大值 0.14 亿 m³。2020 年虽回落至 0.04 亿 m³，但总体仍高于 20 世纪 90 年代。从多年平均值来看，1990—2020 年，鄯善县生活需水量的平均值为 0.07 亿 m³。最小值出现在 1990—1998 年，为 0.01 亿 m³；最大值出现在 2018 年，为 0.14 亿 m³。这表明鄯善县的生活需水量虽然基数较小，但增长趋势明显，且在特定年份有显著提升。总结而言，鄯善县在过去三十年中的生活需水量变化反映了该地区人口和经济的发展状况。虽然生活需水量的绝对值较小，但增长率和变化趋势值得关注。尤其是在 1999 年之后，生活需水量显著增加，表明随着经济发展和人口增长，对生活用水的需求也在不断上升。了解这些变化对于制定未来的水资源管理和规划政策至关重要，有助于确保可持续发展和资源的合理利用。

托克逊县的生活需水量虽然基数较小，但整体呈现出逐步上升的趋势，1990—2020 年年平均上升速率为 0.001 3 亿 m³（图 7-12）。尽管增幅不大，但仍然表明随着时间的推移，生活用水需求有所增加。从 1990—1999 年的十年间，生活需水量基本保持在 0.03 亿~0.04 亿 m³，显示出相对稳定的状态。这一阶段的生活需水量没有显著变化，可以反映当时托克逊县人口和生活水平的相对稳定。从 2010 年开始，生活需水量再次显示出增长的趋势，2011 年和 2012 年均为 0.06 亿 m³，2013 年上升至 0.07 亿 m³。2018 年达到最大值 0.13 亿 m³，这可能与当地经济快速发展、人口增长以及生活水平提高有关。2020 年，生活需水量略微回落至 0.05 亿 m³，但总体仍高于 20 世纪 90 年代。在三十年间，托克逊县生活需水量的多年平均值约为 0.05 亿 m³，最小值出现在 2007 年，仅为 0.01 亿 m³；最大值出现在 2018 年，为 0.13 亿 m³。整体来看，生活需水量的波动幅度较大，反映了在特定年份受经济发展和人口变化等因素的影响显著。综上所述，托克逊县在过去三十年的生活需水量变化反映了该地区社会经济的发展状况。尽管生活需水量的绝对值较小，但其变化趋势和波动情况表明，随着经济和社会的发展，对生活用水的需求逐步增加。

根据 1990—2020 年的数据，鄯善县、托克逊县和高昌区的生活需水量显示了明显的差异和变化趋势。三个地区的需水量在不同年份有起伏，但整体趋势显示，高昌区的需水量持续保持在较高水平，而鄯善县和托克逊县的需水量则较为波动。综合来看，高昌区作为吐鲁番市的城区，高昌区人口密度较高且城市化进程较快。随着人口增长和城市扩展，生活用水需求显著增加。这解释了高昌区在整个期间内需水量普遍较高的原因。相对而言，这两个县的城市化程度较低，人口增长相对缓慢，因而需水量基数较低。但在某些年份，如 2005 年和 2007 年，鄯善县的需水量出现了突增，可能与当地的经济发展和人口迁入有关。

三、吐鲁番市各区县生活需水量月尺度变化

从 1990—2000 年到 2011—2020 年，高昌区生活需水量在全年大部分月份均有显著增加（图 7-13）。例如，1 月的需水量从 1990—2000 年的 0.005 8 亿 m³ 增加至 2011—2020 年的 0.007 3 亿 m³，7 月从 0.013 5 亿 m³ 增加至 0.016 6 亿 m³。特别是在春夏两季（3—8 月），需水量增长较为明显。

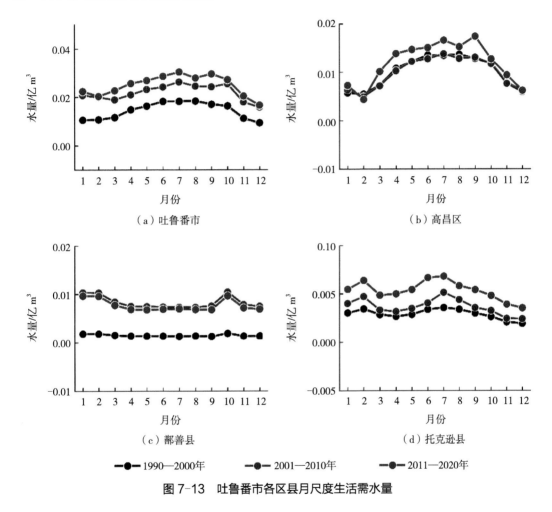

图 7-13 吐鲁番市各区县月尺度生活需水量

鄯善县的生活需水量变化则相对较为复杂。1990—2000 年和 2011—2020 年的对比显示，虽然在冬季（1 月和 2 月）的需水量大幅增加（从 0.001 8 亿 m³ 增加到 0.010 4 亿 m³ 和 0.009 7 亿 m³），但在夏季（6—8 月）的需水量变化不大，维持在相对稳定的水平（图 7-13）。

托克逊县的生活需水量也显示出总体上升的趋势，但增长幅度相对较为平稳。从 1990—2000 年到 2011—2020 年，需水量在所有月份均有所增加。例如，1 月从 0.003 0 亿 m³ 增加至 0.005 5 亿 m³（图 7-13），7 月从 0.003 6 亿 m³ 增加至 0.006 8 亿 m³。

此外，托克逊县的需水量在冬季和夏季均呈现出稳步上升的趋势，这表明该地区全年需水需求均在增长。

四、哈密市各区县生活需水量年代际变化

根据哈密市及其各区县在 1990—2020 年期间的生活需水量数据，可以观察到该地区的需水量在不同年代呈现出明显的变化趋势（表 7-6）。从整体来看，哈密市的生活需水量在 1990—1999 年、2000—2009 年和 2010—2020 年三个年代区间分别为 0.22 亿 m^3、0.35 亿 m^3 和 0.29 亿 m^3。可以看出，哈密市的生活需水量在 2000—2009 年达到最高值，随后在 2010—2020 年有所回落，但仍高于 1990—1999 年的水平。具体到各个区县，伊州区的生活需水量在 2000s 达到顶峰后有所下降，但整体仍维持在较高水平。伊吾县的生活需水量在这三十年中变化较小，从 1990—1999 年的 0.00 亿 m^3 增长至 2000—2009 年的 0.01 亿 m^3，并在 2010—2020 年保持不变。这显示出伊吾县的用水需求相对稳定且较低。巴里坤县的生活需水量在 2000s 达到最高点，随后略有减少，但总体保持在一个较为平稳的水平。综上所述，哈密市及其各区县的生活需水量在过去三十年中经历了不同程度的变化。总体趋势显示出在 2000s 的用水量有所增加，但在 2010s 出现了不同程度的回落。这可能与地区人口增长、经济发展以及水资源管理政策的变化有关。

表 7-6　哈密市各区县生活需水量年代际变化　　　　　　　　单位：亿 m^3

时间	哈密市	伊州区	伊吾县	巴里坤县
1990—1999 年	0.22	0.20	0.00	0.02
2000—2009 年	0.35	0.30	0.01	0.05
2010—2020 年	0.29	0.24	0.01	0.04

五、哈密市各区县生活需水量年际变化

哈密市伊州区的生活需水量在过去三十年中总体呈现波动上升的趋势（图 7-14），年平均上升速率为 0.001 9 亿 m^3。1990 年生活需水量为 0.08 亿 m^3，到 2020 年这一数值增至 0.22 亿 m^3。虽然增幅不大，但这反映了生活用水需求的增加。在 1990—1994 年的五年间，生活需水量保持稳定，年均值为 0.086 亿 m^3。1995 年是一个重要转折点，当年生活需水量显著增加至 0.30 亿 m^3，比前几年翻了近三倍。这种增长可能与经济发展和人口增加有关。从多年平均值来看，1990—2020 年，哈密市伊州区生活需水量的平均值为 0.25 亿 m^3。最大值出现在 2015 年，为 0.40 亿 m^3；最小值出现在 1990—1992 年，为 0.08 亿 m^3。这些数据表明，虽然生活需水量基数较小，但其变化反映了该地区社会经济的动态发展。综上所述，哈密市伊州区在过去三十年的生活需水量变化具有以下特点：初期增长缓慢，中期显著上升，后期高位波动。这一变化趋势反映了经济发展、人口增长和生活水平提升对生活用水需求的影响。

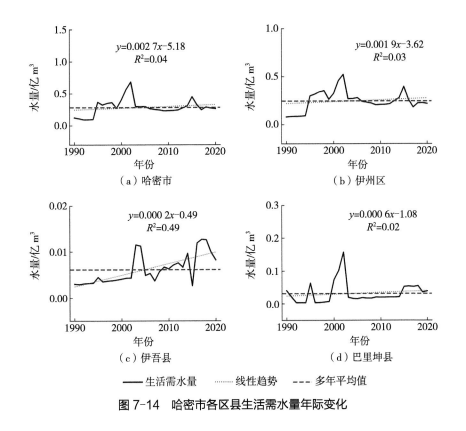

$y=0.002\ 7x-5.18$
$R^2=0.04$

$y=0.001\ 9x-3.62$
$R^2=0.03$

（a）哈密市

（b）伊州区

$y=0.000\ 2x-0.49$
$R^2=0.49$

$y=0.000\ 6x-1.08$
$R^2=0.02$

（c）伊吾县

（d）巴里坤县

—— 生活需水量　　……… 线性趋势　　--- 多年平均值

图 7-14　哈密市各区县生活需水量年际变化

哈密市伊吾县的生活需水量在 1990—2020 年间经历了不同程度的变化。从整体数据来看，在 1990—2020 年期间，伊吾县生活需水量整体呈现轻微上升趋势，年均增长 0.000 2 亿 m^3（图 7-14）。增长率接近于零，生活需水量几乎没有变化。然而，2002 年之后，生活需水量开始波动上升，尤其在 2003—2018 年期间，平均每年的变化较大。在 1990—2020 年期间，伊吾县生活需水量的多年平均值为 0.006 亿 m^3。这一平均值表明，在这三十年间，伊吾县的生活需水量总体保持在一个较低的水平，但在近几年有所增加。生活需水量最大值为 0.013 亿 m^3，出现在 2017 年和 2018 年。生活需水量最小值为 0.003 亿 m^3，出现在 1990—1994 年以及 2015 年。未来，伊吾县可能需要根据人口和经济的发展情况，进一步优化和管理水资源的配置，以满足居民的生活需求。

1990—2020 年间，巴里坤县生活需水量的年均变化速率约为 0.000 6 亿 m^3（图 7-14）。这表明，在此期间，生活需水量每年平均增加 0.000 6 亿 m^3。具体看，巴里坤县的生活需水量呈现出波动和阶段性变化的特征。1990—1994 年：生活需水量总体较低。1995—2002 年：此阶段生活需水量开始逐渐增加，1995 年上升到 0.06 亿 m^3，2000 年达到 0.07 亿 m^3，2002 年更是上升至 0.16 亿 m^3。2003—2014 年：生活需水量在这一时期相对稳定，多数年份保持在 0.02 亿 m^3，显示出稳定的需求。2015—2020 年：生活需水量有所增加，2015—2017 年均为 0.05 亿 m^3，2018 年上升至 0.06 亿 m^3，2019 年和 2020 年均为 0.04 亿 m^3。1990—2020 年生活需水量的多年平均值为 0.03 亿 m^3。这一数值反映了过去三十年中巴里坤县生活需水量的总体水平。巴里坤县 1990—2020 年的生活需水量总体呈现出增长趋势, 尤其是在 2000 年后有明显增加。这一趋势主要受人口增长、经济发展、城市化进程、供水基础设施改善以及气候变化等多种因素的影响。理解这些因素对于制定合理的水资源管理策略和满足未来的生活需水需求至关重要。

六、哈密市各区县生活需水量月尺度变化

伊州区的生活需水量在一年中的分布显示出明显的季节性变化 (图 7-15), 通常在夏季 (6—8 月) 达到高峰, 而在冬季 (12 月至翌年 2 月) 较低。1990—2000 年到 2011—2020 年, 伊州区生活需水量整体呈现出增长的趋势, 尤其是在夏季的增长较为显著 (图 7-15)。例如, 7 月的生活需水量从 1990—2000 年的 0.023 5 亿 m^3 增加到 2011—2020 年的 0.028 6 亿 m^3, 显示出明显的上升趋势。伊吾县的生活需水量在一年中变化不大, 但仍有一些季节性趋势。例如, 1 月的需水量从 1990—2000 年的 0.000 4 亿 m^3 增加到 2011—2020 年的 0.000 9 亿 m^3。巴里坤县的生活需水量在一年中的变化相对较小, 需水量在夏季略高, 在冬季略低 (图 7-15)。

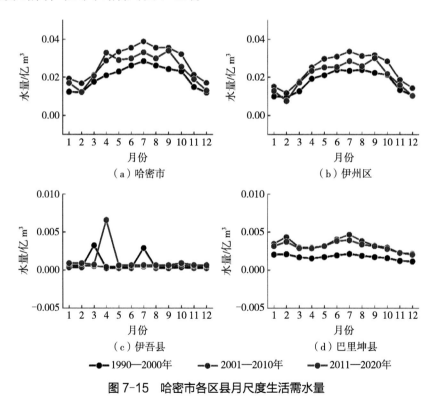

图 7-15 哈密市各区县月尺度生活需水量

第五节 生态需水

生态需水量是指维持生态系统健康和功能所需的最低水量, 是实现生态平衡、保护生物多样性和维持生态环境的重要保障。在干旱和半干旱地区, 如吐鲁番市与哈

密市这样的地方，生态需水量的保障显得尤为重要。这两个城市位于中国西部，地理位置特殊，气候条件严酷，降水量稀少，蒸发量大，导致水资源严重短缺。在这种严峻的自然条件下，水资源的合理利用和生态需水量的保障成为地区可持续发展的关键[7,14]。生态需水量的保障不仅涉及对基本生存水量的供给，还包括了维护湿地、河流、湖泊等水生生态系统的健康运行，确保生物栖息地和物种多样性的延续。近年来，随着社会经济的发展和人口的增加，对水资源的需求不断加大，水资源供需矛盾日益突出，这对地区的生态环境和经济发展带来了巨大压力。本节旨在通过系统分析吐鲁番市与哈密市的生态需水量，探讨影响生态需水量的主要因素，通过这些分析，希望能够为地方政府和相关部门提供决策支持，推动区域生态环境的可持续发展，实现人与自然的和谐共生。

一、吐鲁番市各区县生态需水量年代际变化

表 7-7 展示了吐鲁番市及其下辖的高昌区、鄯善县和托克逊县在 1990—2020 年生态需水量的年代际变化。从 1990—2020 年的三个年代中，吐鲁番市的生态需水量呈现出显著增长的趋势。在 1990—1999 年期间，生态需水量为 0.06 亿 m³，到了 2000—2009 年则增加到了 0.36 亿 m³，而在 2010—2020 年期间，这一数字进一步增至 0.43 亿 m³。在高昌区，1990—1999 年的生态需水量为 0.02 亿 m³，随后在 2000—2009 年间增加到 0.15 亿 m³，然后在 2010—2020 年略微下降至 0.14 亿 m³。鄯善县在 1990—1999 年的生态需水量为 0.02 亿 m³，到了 2000—2009 年增加至 0.08 亿 m³，然后在 2010—2020 年增至 0.14 亿 m³。这表明鄯善县的生态需水量也经历了较为显著的增长，并且在最近的十年中增长速度较为稳定。托克逊县的生态需水量在 1990—1999 年为 0.02 亿 m³，到了 2000—2009 年增至 0.13 亿 m³，然后在 2010—2020 年进一步增加至 0.15 亿 m³。总体来看，吐鲁番市及其各区县的生态需水量在过去三十年中都经历了显著增长，尤其是在 2000s 初期至 2010s 末期。这种增长可能反映了对生态环境保护的加强和对生态系统需水量的重视，但不同区县之间存在着一定的差异，这可能受各地区生态环境状况、经济发展水平以及政府政策的影响。

表 7-7　吐鲁番市各区县生态需水量年代际变化　　　单位：亿 m³

时间	吐鲁番市	高昌区	鄯善县	托克逊县
1990—1999 年	0.06	0.02	0.02	0.02
2000—2009 年	0.36	0.15	0.08	0.13
2010—2020 年	0.43	0.14	0.14	0.15

二、吐鲁番市各区县生态需水量年际变化

高昌区的生态需水量在过去三十年间经历了明显的波动和变化。1990—1994 年：生态需水量较低，均为 0.02 亿 m³，反映了这一时期生态用水需求的低水平。2011—

2020 年：生态需水量总体呈下降趋势，尤其是 2019 年和 2020 年，生态需水量分别为 0.12 亿 m³ 和 0.10 亿 m³。从整体趋势来看，高昌区的生态需水量在 1990—2020 年呈现出上升趋势，年平均上升速率为 0.004 8 亿 m³（图 7-16）。在这段时间内，高昌区生态需水量的多年平均值为 0.12 亿 m³。这一平均值反映了在三十年间高昌区生态需水量的总体水平。高昌区生态需水量的最大值出现在 2002 年，为 0.32 亿 m³；最小值则出现在 1990 年和 1995 年，为 0.01 亿 m³。综上所述，高昌区的生态需水量在过去三十年间经历了显著的波动，反映了不同年份生态环境需求的变化。这一变化趋势与当地的生态保护政策、气候变化及水资源管理等因素密切相关。

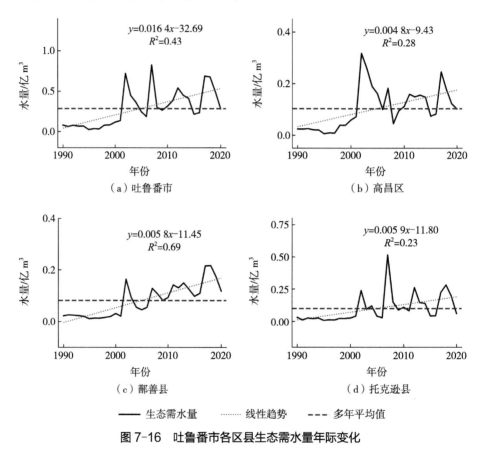

图 7-16　吐鲁番市各区县生态需水量年际变化

　　吐鲁番市鄯善县的生态需水量在 1990—2020 年显示出明显的变化趋势。初期的生态需水量较低，2002 年后出现了大幅波动和上升的趋势。整体来看，生态需水量年均增长 0.005 8 亿 m³（图 7-16）。在 1990—2001 年这段时间内，生态需水量较低，基本保持在 0.01 亿～0.03 亿 m³，波动较小，整体变化不大。2002 年生态需水量激增至 0.164 亿 m³，这是一个显著的增长，标志着生态需水进入了一个新的阶段，可能与生态保护政策或环境变化有关。生态需水量在 2003—2012 年继续波动，且在高水平徘徊，最低为 2004 年的 0.055 亿 m³，最高为 2012 年的 0.131 亿 m³。在 2013—2020 年这段时间内生态需水量进一步上升，尤其是在 2017 年和 2018 年，生态需水量分别达到 0.216 亿 m³ 和 0.217 亿 m³ 的历史最高值，这与加强生态保护措施有关。2019 年和 2020 年有所回落，但仍保持在较高水平。鄯善县的生态需水量在 1990—2020 年总体上经历了一个从平稳到显著增长的过程。2002 年后，生态需水量出现了大幅上升，反映了对生态环境保护的重视和措施的加强。未来，鄯善县需持续优化水资源的管理和分配，以满足生态保护和环境恢复的需求，同时也要考虑可能的环境变化和人口增长对水资源的影响。

1990—2020 年托克逊县的生态需水量整体呈现出波动较大的变化趋势（图 7-16）。1990s 初期，生态需水量较低，1990 年的需水量为 0.032 亿 m³，之后几乎每年都有显著变化。例如，1995 年的生态需水量降至最低点 0.008 亿 m³，而到 2002 年却猛增至 0.240 亿 m³。2007 年是一个显著的高峰期，生态需水量达到了 0.515 亿 m³。此后几年虽然有所波动，但总体保持在较高水平。在过去 30 年间，托克逊县生态需水量的均值为 0.101 亿 m³，最大值为 0.515 亿 m³，出现在 2007 年，最小值为 0.008 亿 m³，出现在 1995 年。这显示了生态需水量在不同年份间的巨大波动。托克逊县未来的生态需水量预计将继续受到多种因素的影响，包括气候变化、人口增长、经济发展和生态保护政策等。气候变化影响着降水量和水资源的分布，这会导致生态需水量的波动。农业开发、工业用地扩展和城市化进程，会影响到生态需水量。政府对生态环境保护的重视程度和投入直接影响生态需水量。例如，2002 年和 2007 年的大幅增加可能反映了政府在这些年份对生态环境保护的政策加强。为了实现可持续发展，必须制定综合的水资源管理策略，确保生态系统的健康和稳定。同时，科学评估和合理调配水资源也是应对未来生态需水量变化的重要手段。综上所述，托克逊县的生态需水量在 1990—2020 年表现出显著的波动。理解这些变化和原因，对于制定科学的生态保护和水资源管理策略具有重要意义。

三、吐鲁番市各区县生态需水量月尺度变化

高昌区在各个月份的生态需水量从 1990—2000 年到 2011—2020 年均显著增加（图 7-17）。1 月的生态需水量从 0.000 2 亿 m³ 增加至 0.000 9 亿 m³，7 月从 0.005 7 亿 m³ 增加至 0.032 0 亿 m³。特别是在春夏季（4—8 月），生态需水量增长尤为显著，6 月从 1990s 的 0.004 2 亿 m³ 增加至 2010s 的 0.027 7 亿 m³。鄯善县 1 月的生态需水量从 1990—2000 年的 0.000 3 亿 m³ 增加到 2011—2020 年的 0.002 4 亿 m³，7 月从 0.004 9 亿 m³ 增加到 0.034 7 亿 m³。冬季（12 月至翌年 2 月）和春夏季（3—8 月）生态需水量均有显著增长。托克逊县各月份均显示出生态需水量的显著增长，特别是夏季的增长尤为显著，这反映了该地区在生态保护方面的持续努力和投入。

综合来看，高昌区、鄯善县和托克逊县在 1990—2000 年、2001—2010 年和 2011—2020 年的生态需水量均有显著增加（图 7-17）。这一趋势表明，这些地区对生态保护的重视程度不断提高，尤其是在植被生长季节和水资源需求高峰期，各地区均采取了相应的措施以满足生态系统的需水需求。这种变化不仅有助于维持和改善当地的生态环境，也为未来的水资源管理和生态保护提供了宝贵的数据参考。

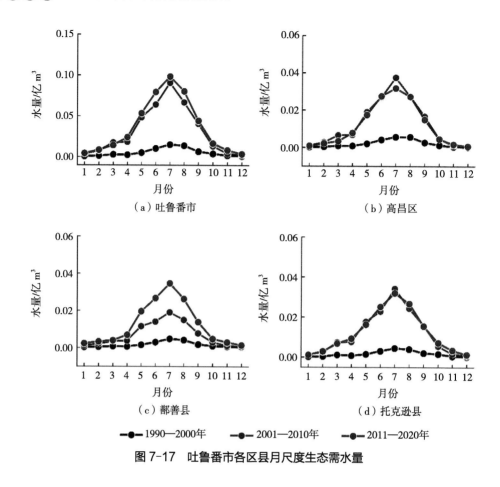

图 7-17 吐鲁番市各区县月尺度生态需水量

四、哈密市各区县生态需水量年代际变化

表 7-8 展示了哈密市及其下辖的伊州区、伊吾县和巴里坤县在 1990—2020 年生态需水量的年代际变化。在过去三十年里，哈密市的生态需水量总体上呈现出了一种变化趋势。在 1990—1999 年期间，生态需水量仅为 0.02 亿 m³，而在 2000—2009 年迅速增加到了 0.32 亿 m³。然而，随后在 2010—2020 年期间，这一数字下降至 0.26 亿 m³。这种变化可能反映了在过去的三十年中，哈密市对于生态环境保护和水资源利用的关注程度和政策导向的变化。伊州区的生态需水量在过去三十年中并未经历显著的变化，可能反映了该区生态环境的相对稳定性。伊吾县在 1990—1999 年期间的生态需水量为 0.00 亿 m³，但在 2000—2009 年增加至 0.05 亿 m³，然后在 2010—2020 年期间下降至 0.02 亿 m³。这种变化可能反映了伊吾县地区生态环境保护和水资源利用方面政策的调整和实施。巴里坤县的生态需水量在过去三十年中有所增长，但增长速度相对较慢。总体来看，哈密市及其各区县的生态需水量在过去三十年中呈现出不同的变化趋势。哈密市整体上经历了从较低水平到较高水平再到稍微下降的过程，而各区县的情况则有所不同，反映了地区间生态环境状况、政策导向和发展水平的差异。这些变化提醒我们需要继续关注和管理水资源，以保护生态环境和可持续利用水资源。

表 7-8　哈密市各区县生态需水量年代际变化

单位：亿 m³

时间	哈密市	伊州区	伊吾县	巴里坤县
1990—1999 年	0.02	0.02	0.00	0.00
2000—2009 年	0.32	0.19	0.05	0.08
2010—2020 年	0.26	0.20	0.02	0.03

五、哈密市生态需水量年际变化

生态需水量的变化情况是地区生态系统健康和水资源管理的重要指标。1990—2020 年，伊州区生态需水量整体呈现上升趋势（图 7-18），平均每年增加 0.008 2 亿 m³。分析伊州区生态需水量在过去 30 年间的变化可以揭示出该地区生态环境的变迁和水资源管理策略的成效。具体来看，1990—1997 年，伊州区生态需水量极低，反映了当时缺乏生态水需求评估或生态保护意识不强。从 1998 年开始生态需水量逐年上升，反映出伊州区在生态保护和水资源管理方面的投入增加，可能是由于地区内水资源保护措施的逐步落实，或是生态环境对水资源需求增加的结果。此后，2012 年需水量大幅下降至 0.18 亿 m³，显现出明显的波动。这可能反映了生态需水的高度敏感性和管理上的灵活调整。2013—2017 年生态需水量虽然波动但整体呈现缓慢上升的趋势。此间的波动反映出伊州区生态系统需水量受多种因素影响，包括年度降水量变化、区域内生态工程推进的速度及水资

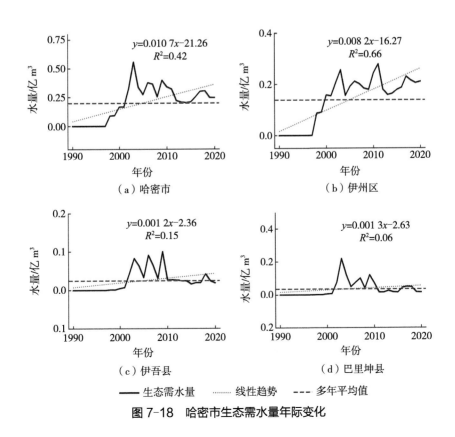

图 7-18　哈密市生态需水量年际变化

源管理策略的调整。2018—2020 年，伊州区的生态需水量逐渐达到了一个相对平衡的状态，可能是由于区域内的生态系统恢复情况较好，管理策略逐渐成熟稳定，生态环境对水资源需求进入了一个稳定期。总体来看，1990—2020 年的生态需水量数据反映了伊州区在生态环境保护和水资源管理方面的努力和成效。前期的零记录可能反映了生态水需求评估的缺失，而之后逐渐增加的数据则反映了生态保护意识的提高和具体措施的落实。未来，持续监测生态需水量，并根据变化及时调整管理策略，将是保障伊州区生态系统健康和水资源可持续利用的关键。

伊吾县 1990—2020 年生态需水量数据提供了该地区生态系统对水资源的需求情况。在过去 30 年的时间跨度内，伊吾县生态需水量整体呈现轻微上升趋势（图 7-18），年均升高 0.001 2 亿 m^3。从 1990—1997 年的数据显示生态需水量几乎为零，这可能意味着该地区的生态系统对水资源的需求较低。从 1998 年开始，生态需水量逐渐增加，从 0.001 2 亿 m^3 逐步上升到 2003 年的 0.082 亿 m^3。这一阶段的增长可能反映了生态环境对水资源的需求逐渐增加，可能是由于当时生态修复项目的推进或者是生态系统的恢复与增长导致的。2003 年的生态需水量达到了一个相对高的水平，显示了当时生态系统对水资源的较大需求。然而，在随后的几年中，生态需水量出现了明显的波动。2008—2010 年，生态需水量出现了较大的波动，从 0.030 亿 m^3 下降至 0.027 亿 m^3，然后再上升至 0.100 亿 m^3。这种波动可能受多种因素的影响，包括气候变化、人类活动以及生态系统本身的变化。在 2011 年之后，生态需水量呈现出逐渐下降的趋势。2011—2019 年生态需水量从 0.027 亿 m^3 下降至 0.024 亿 m^3，虽然波动不大但总体趋势是下降的。这可能反映了当时生态系统对水资源的需求在逐渐减少，可能是由于生态系统的稳定与恢复，或者是人类活动对于生态环境的影响在减小。在 2020 年，生态需水量进一步下降至 0.018 亿 m^3，显示了该地区生态系统对水资源的需求继续减少的趋势。这可能是由于当时的环境政策或者是地区内生态系统的自然演化导致的。总的来说，哈密市伊吾县的生态需水量数据反映了该地区生态系统对水资源的需求情况，以及生态系统和环境管理措施的有效性。这些数据为该地区的水资源管理和生态环境保护提供了重要的参考依据，同时也为未来的环境政策制定和生态系统保护提供了借鉴。

1990—2020 年哈密市巴里坤县生态需水量数据经历了先增加后减少的变化。1990—1997 年生态需水量几乎为 0，表明在这一时期环保意识淡薄。在 1998—2003 年这段时间内，生态需水量开始逐步增加。2004—2020 年巴里坤县生态需水量呈波动状态（图 7-18），但总体保持在一定水平，时有增减。通过计算，在过去 30 年巴里坤县生态需水量数据整体呈现上升趋势，年平均增加 0.001 3 亿 m^3。生态需水量多年平均值约为 0.04 亿 m^3。生态需水量最大值为 0.22 亿 m^3，出现在 2003 年，在 1990—1999 年生态需水量几乎为零。①环保意识增强：自 2000 年后，国家和地方政府开始重视环境保护和生态修复，投入更多资源用于生态需水。例如，2002 年生态需水量大幅增加至 0.08 亿 m^3，可能是由于新的环保政策或生态工程的实施。②水资源管理：随着对水资源分配的重视，更多水资源被用于生态用途，以改善当地生态环境。例如，2003 年和 2004 年，生态需水量显著高于其他年份，表明这些年可能进行了较大规模的水资源再分配以支持生态环境。水利工程建设，如水库和灌溉系统的建设和改造，改善了生态需水量的供水能力，使更多水资源用于生态保护。③气候变化：降水量的变化直接影响生态需水量。在干旱年份，需要更多的人工供水来满足生态需水需求。④人口和经济的增长：人口增长和经济发展增加了对生态环境的压力，导致生态系统需要更多的水资源来维持其平衡。

六、哈密市生态需水量月尺度变化

伊州区、伊吾县和巴里坤县三个地区的生态需水量均表现出明显的季节性变化（图 7-19），伊州区的变化最为显著，夏季需水量显著增加。伊吾县和巴里坤县的季节性变化较为平稳，但夏季的需水量相对较高。伊州区的生态需水量在 1990—2000 年到 2011—2020 年呈现显著增长，尤其是在夏季。伊吾县和巴里坤县的生态需水量在年代际也显示出增长趋势，但增长幅度相对较小。整体来看，伊州区的生态需水量在月尺度和年代际变化上都表现出明显的增长趋势，而伊吾县和巴里坤县则相对平稳但依然呈现出一定的增长。三个地区的生态需水量增长可能与区域内的人口增长、经济发展和气候变化等因素有关。

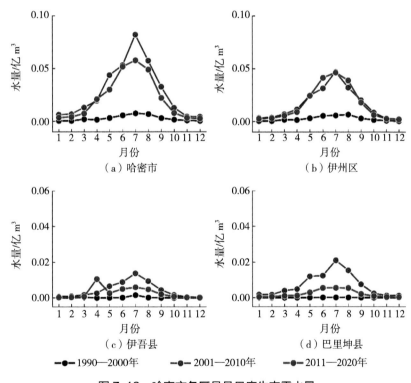

图 7-19　哈密市各区县月尺度生态需水量

第八章

供需平衡分析与预测

第一节　逐年供需水平衡特征

一、年供需水平衡变化趋势分析

1990—2020 年期间，吐哈盆地、吐鲁番市和哈密市的水资源供需平衡经历了显著波动，反映了区域水动态变化的不同趋势和特点（图 8-1）。

1990—2000 年吐哈盆地的供需水平衡波动较小，显示出供水量持续大于需水量。然

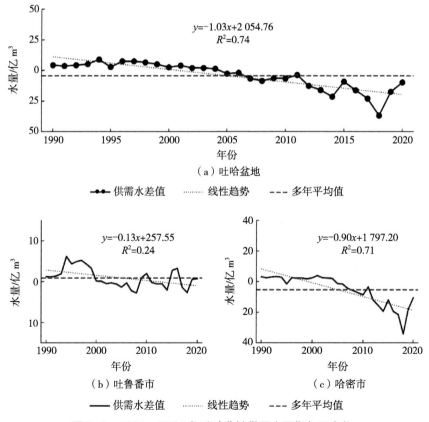

$y=-1.03x+2\,054.76$
$R^2=0.74$

（a）吐哈盆地

●—● 供需水差值 ⋯⋯ 线性趋势 ----- 多年平均值

$y=-0.13x+257.55$
$R^2=0.24$

$y=-0.90x+1\,797.20$
$R^2=0.71$

（b）吐鲁番市　　　　　（c）哈密市

—— 供需水差值 ⋯⋯ 线性趋势 ----- 多年平均值

图 8-1　1990—2020 年吐哈盆地供需水平衡年际变化

而，2000—2014 年该地区供需平衡显著下降，2015 年有所回升。2016—2018 年供需水平衡急剧恶化，最低降至 -36.91 亿 m^3。在 2019—2020 年期间，虽然供需水平衡有所改善，但负值仍反映了吐哈盆地面临的严重水资源短缺问题。相比之下，吐鲁番市在 1990—2020 年供需水平衡较为稳定，仅显示微弱波动。1990—1999 年供水相对充足，而 2000—2020 年基本维持平衡。哈密市的供需水平衡情况与吐哈盆地类似，表现出阶段性的特征。1990—1994 年较为稳定，但自 1995 年起逐年下降，2005 年后多次陷入负值，2018 年达到最低点 -34.20 亿 m^3，但在 2019—2020 年有所回升。这反映出哈密市在此期间经历的严重供水不足问题。总体而言，吐哈盆地的供需水平衡状况较为严峻，尤其是哈密市 2000 年后的波动显著，而吐鲁番市相对较为稳定，显示出更好的水资源平衡状态。

二、分行业年供需水平衡分析

在 1990—2020 年期间，吐鲁番市与哈密市在农业、工业、生活及生态领域的供需水平衡展现出显著差异（图 8-2）。吐鲁番市在生活和生态用水方面保持较好的平衡，而其农业用水一直处于供大于需的良好状态。相反，其工业用水面临供不应求的困境，持续表现为需求大于供应的负值。在哈密市，农业和工业用水的问题尤为突出，特别是工业用水在三十年内负值持续增加，反映出严重的供需不平衡。尽管如此，哈密市在生活和生态用水方面近年来有所改善。

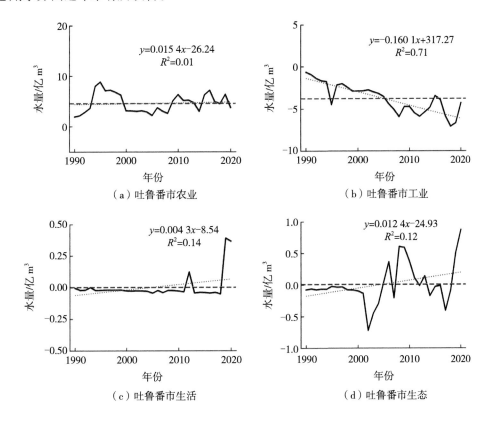

（a）吐鲁番市农业　　　　　　　（b）吐鲁番市工业

（c）吐鲁番市生活　　　　　　　（d）吐鲁番市生态

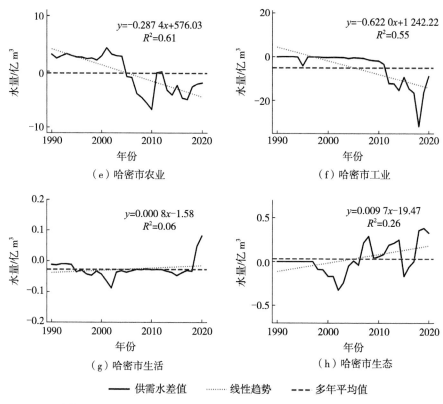

图 8-2　1990—2020 年吐哈盆地分行业供需水平衡年际变化

具体而言，吐鲁番地区在农业供需平衡方面自 1990 年的 1.91 亿 m³ 逐渐增加至 1995 年的 8.84 亿 m³ 峰值，尽管后期有所波动，但总体保持较高的供水盈余，2020 年 记录为 3.75 亿 m³。相较之下，哈密地区农业供需平衡虽然也呈现上升趋势，但自 2005 年以后经历了多次负值，2010 年达到 -6.83 亿 m³ 的最低点，从供水盈余逐步 转向供水不足。在工业用水方面，两地也显示出不同的挑战。吐鲁番市自 1990 年 的 -0.65 亿 m³ 开始，到 1995 年降至 -4.47 亿 m³ 的低点，并在之后尽管波动但基本维 持在负值范围内。哈密市工业用水则显示更大的波动性，尤其是从 2000 年起，负值持 续增加，2018 年达到 -31.76 亿 m³ 的极端低值，反映了工业需求增长与供水不足之间 的显著矛盾。这些分析显示，两市在资源管理和行业发展策略上需采取不同的策略来 调整和改进，以应对各自面临的供需挑战，特别是在保证工业和农业用水供应方面的 持续努力。

在生活用水方面，吐鲁番和哈密两地区展现了相对稳定的供需平衡，波动较小，这 反映出两地在供水管理上能够基本满足居民的生活用水需求，并在一定程度上优先保障 了生活用水的稳定供应。这种稳定性不仅提升了居民的生活质量，也体现了有效的水资 源管理策略。对于生态用水，吐鲁番和哈密的供需平衡虽然相对于工业用水有较小的波 动，但总体呈现出较好的平衡状态。这种平衡可能与各地区对生态保护措施的执行力度 以及对自然环境变化的响应有关。近年来，两地在生态保护方面的投入较大，这有助于确保供水的逐渐改善和生态环境的可持续发展。生态用水的相对稳定性和逐年改善，可能与地方政府在环境保护政策执行中的积极态度有关。这不仅涵盖了对湿地恢复、河流维护等自然生态系统的保护，也可能包括了对工业排放和农业用水的严格管理，以减少对生态系统的负面影响。

总体而言，两地区在生活和生态用水方面的较好表现，展现了对水资源管理和生态保护重视程度的提升，同时也反映出在未来水资源分配和管理策略中，继续保持和优化这一平衡将是关键。

第二节　农业供需水平衡分析

随着全球人口增长和气候变化的挑战，农业生产的稳定性与可持续性显得尤为重要。中国西北地区的吐哈盆地，一个典型的干旱及半干旱区，正面临严峻的农业生产挑战。近年来，由于经济发展与人口增加，该地区的农业供需水矛盾愈发显著。农业供需水平衡分析是确保区域粮食安全与可持续发展的关键。深入分析吐哈盆地的农业供需水平衡，不仅为制定当地农业政策提供科学依据，同时也能为其他相似地区的农业发展提供参考。因此，对此进行分析的必要性与紧迫性不容忽视。

一、吐鲁番市各区县农业供需水平衡年际变化

吐鲁番市农业供需水平衡的年际变化是一个关键指标，反映了该地区农业发展和经济状况的波动。1990—2020 年期间，吐鲁番市农业供需水平衡差值经历了显著波动（图 8-3）。1990 年，差值为 1.91 亿 m^3，到 1994 年增加至 8.00 亿 m^3，为该时期的最高点。此后，差值在 1995 年达到顶峰 8.84 亿 m^3 后开始逐渐下降，至 2000 年降至 3.13 亿 m^3。在 2001—2005 年供需差值保持在相对较低水平，2004 年触及最低点 2.88 亿 m^3。然而，从 2006 年开始，差值再次波动上升，2008 年和 2009 年分别上升至 2.58 亿 m^3 和 5.12 亿 m^3。2010 年差值增至 6.34 亿 m^3，并在随后几年中略有波动。2015 年和 2016 年，供需差值显著回升至 6.28 亿 m^3 和 7.18 亿 m^3。2019 年，供需差值再次上升至 6.36 亿 m^3，而 2020 年略微下降至 3.75 亿 m^3。整体来看，吐鲁番市的农业供需平衡在这三十年间经历了多次显著波动，趋势上呈现先升后降，再升高后趋于稳定的模式。这些分析结果为理解吐鲁番市农业用水管理的变化提供了洞见，并为制定未来的水资源管理策略提供了依据。

影响吐鲁番市农业供需平衡的因素众多。首先，气候变化是一个重要因素。干旱和极端天气事件频发直接影响农作物的产量和农业生产的稳定性。其次，政策因素也是关键，政府对农业的支持力度、补贴政策以及市场调控措施等都会对供需平衡产生显著影响。此外，技术进步和农业生产方式的变化，如灌溉技术的改进、优良品种的推广以及农业机械化程度的提高，也在一定程度上促进了农业供需平衡的改善。最后，人口增长和城市化进程加快，对农业产品的需求不断增加，也推动了供需差值的变化。综合来看，吐鲁番市在过去三十年间的农业供需平衡呈现出明显的波动和变化，这不仅反映了区域

农业发展的复杂性，也揭示了影响农业供需的多重因素。未来，需要继续加强对这些因素的监测和分析，以确保农业生产的可持续发展和区域粮食安全。

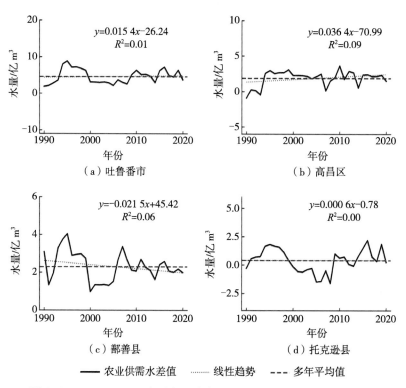

图 8-3　1990—2020 年吐鲁番市各区县农业供需水平衡年际变化

　　高昌区在 1990—2020 年的农业供需水平衡经历了显著的变化，整体呈现出先波动下降后上升并趋于稳定的趋势（图 8-3）。在 1990—1993 年的初期，供需差值较低，其中 1993 年记录了最低值 -0.46 亿 m³，显示出需求大于供给的状况。随后从 1994 年开始，供需差值开始明显上升，进入 2000 年达到了 3.08 亿 m³ 的高峰，标志着农业生产逐步过渡到供大于需的状态。2001—2010 年供需差值保持在相对较高水平，特别是在 2006 年和 2010 年，分别达到 2.50 亿 m³ 和 3.64 亿 m³ 的两个高峰，这反映出农业供需在这一时期仍较不平衡。然而，2011—2020 年供需差值虽有波动，总体趋向稳定，维持在 2.00 亿 m³ 左右，这表明农业生产和需求趋于稳定且供大于需。

　　气候变化对高昌区农业供需平衡影响显著。气候条件的变化直接影响农业生产的稳定性和产量，干旱或极端天气可能导致供需失衡。此外，政府的农业政策、补贴和市场调控措施对农业供需平衡有重要影响。1990 年以来，政策的支持显著改善了农业供需状况。农业技术的进步，如灌溉技术的改进和新品种的引入，提高了农业生产效率，促进了供需平衡。同时，人口增长和市场需求的变化也是影响供需平衡的重要因素。人口增加带来需求的上升，需对应的生产调整来平衡供需。综上所述，高昌区在 1990—2020 年间的农业供需平衡经历了显著变化，这些变化反映了气候、政策、技术和市场等多重因素的影响。未来的农业发展需要继续关注这些影响因素，以确保农业供需的长期平衡和稳定。

1990—2020 年，鄯善县的农业供需平衡经历了明显的波动（图 8-3）。1990—1995 年间，供需差值持续增长，表明农业供应量大于需求量的趋势愈发明显。然而，在接近 2000 年时，供需差值出现显著下降，特别是在 2000 年降至 0.97 亿 m³。此后几年，虽然供需差值再次上升，但近年来又有所下降。整体来看，鄯善县农业供需平衡呈现出先上升后下降的趋势。这一时期的变化可分为几个阶段：1990—1995 年，供需差值持续上升。1996—1999 年，虽然有所下降，供需差值仍保持较高，显示供应量依旧大于需求。2000—2005 年，供需差值显著下降，受气候、市场和政策因素影响。2006—2015 年，供需差值再次上升并保持在较高水平，反映出农业生产和需求的不平衡加剧。2016—2020 年，供需差值呈波动下降趋势，可能受外部环境变化的影响。农业政策、政府补贴和市场调控措施对农产品供需有显著影响，同时农业技术的进步也能有效提高产量和质量，从而积极影响供需平衡。

托克逊县的农业供需平衡在 1990—2020 年经历了明显的波动周期（图 8-3）。初期（1990—1995 年），供需差值总体上升，显示农业供应逐步超过需求。1996—2005 年供需差值呈现出下降趋势，2005 年达到最低点，反映出农业供需逐渐趋向平衡。2006—2010 年供需差值回升，表明供需开始不平衡。从 2011 年开始，供需差值趋于稳定并逐渐上升。分阶段来看，1990—1995 年供需差值持续上升。1996—2005 年供需差值下降，尤其在 2005 年达到最低点，这可能受气候、市场和政策等因素的影响。2006—2010 年供需差值逐渐回升，反映出农业生产和需求的逐渐不平衡。2011—2020 年供需差值逐渐稳定并有所上升，显示出供需不平衡的加剧。

总体而言，吐鲁番市及其下辖各区县在此期间的农业供需平衡经历了显著的变化，这反映了区域农业发展的动态过程和所面临的挑战。气候变化、市场需求、政策支持和技术进步是农业供需变动的主要影响因素。政府的农业政策、补贴和市场调控措施及农业技术的进步均对农产品供需平衡产生了重要影响。

二、哈密市各区县农业供需平衡年际变化

哈密市的农业供需平衡在 1990—2020 年经历了显著的变化（图 8-4），反映出该市农业生产和需求的动态性。1990—2004 年供需平衡相对稳定，但从 2005 年开始，供需差值明显下降，2010 年达到最低点。此后，虽然供需差值有所回升，但仍未恢复至正值，表明需求持续大于供应。1990—2004 年哈密市的农业供需差值总体维持在正值，显示出供应量超过需求。具体来看，1990—1999 年供需差值在 2.04 亿～4.25 亿 m³ 波动，表明这一时期农业供需较为稳定。2000—2004 年供需差值虽有波动，但总体呈上升趋势，2001 年达到最高点 4.25 亿 m³。然而，2005 年起哈密市农业供需逐步转向需大于供的状态，供需差值转为负值，并在 2010 年降至最低点 -6.83 亿 m³。2005—2010 年期间，供需差值持续为负，显示需求逐年超过供应。2011—2020 年供需差值虽有回升，但依然为负。此外，1990—2020 年哈密市的农业供需差值标准差为 3.09 亿 m³，显示这段时间内供需差值波动较大，指示了农业供需平衡的不稳定性。这一波动可能受气候、市场和政策等因素的多重影响。

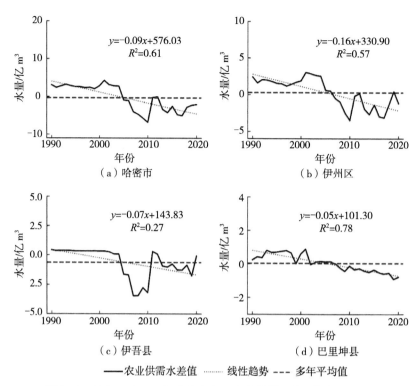

（a）哈密市

$y=-0.09x+576.03$
$R^2=0.61$

（b）伊州区

$y=-0.16x+330.90$
$R^2=0.57$

（c）伊吾县

$y=-0.07x+143.83$
$R^2=0.27$

（d）巴里坤县

$y=-0.05x+101.30$
$R^2=0.78$

—— 农业供需水差值 ········ 线性趋势 --- 多年平均值

图 8-4　1990—2020 年哈密市各区县农业供需水平衡年际变化

　　伊州区的农业供需平衡在 1990—2020 年表现出了显著的变化（图 8-4）。1990—2004 年，该区的农业供需平衡相对稳定，总体保持在正值，显示出供应量一般高于需求。供需差值在此期间波动于 1.18 亿～3.04 亿 m³。特别是在 2001 年，供需差值达到最高点 3.04 亿 m³。然而，从 2005 年起，伊州区的农业供需平衡开始显著下降，表明需求开始超过供应。供需差值不仅逐年下降，而且在 2010 年降至最低点 -3.50 亿 m³。2005—2010 年供需差值持续为负值，从 0.61 亿 m³ 逐渐下降，反映出这一时期农业生产与需求之间的不平衡日益加剧。2011—2020 年供需差值虽然继续波动，但整体趋于平衡。这表明伊州区的农业供需状况在经历了一个明显的低谷后，逐渐开始恢复。总体上，伊州区的农业供需平衡从一个较为稳定的供大于需的状态转变为需求超过供应的情况，尤其在 2005 年后的几年中，不平衡状态尤为严重。

　　伊吾县的农业供需平衡在 1990—2020 年显示了明显的波动（图 8-4），揭示了该县农业生产和需求的动态变化。1990—2002 年伊吾县的农业供需差较为稳定，供需差值通常在 0.27 亿～0.43 亿 m³。这一阶段，尽管供需差值波动较小，但总体上显示出供应略大于需求的趋势。然而，从 2003 年起，伊吾县的农业供需平衡开始显著下降，特别是在 2010 年，供需差值达到了 -3.20 亿 m³ 的最低点。这一变化标志着农业生产和需求之间由相对平衡转向需求显著大于供应的状态。2003—2010 年供需差值持续为负值，这表明了农业供给不足以满足不断增长的需求。2011—2020 年虽然供需差值有所回升，但并未完全恢复到正值。这反映出伊吾县农业生产和需求之间的不平衡仍然存在，尽管情况有所改善。总体而言，伊吾县在过去 30 年中经历了农业供需平衡的重大转变，从一开始的稳定供大于需到后期需求持续超过供应。

　　巴里坤县在 1990—2020 年间的农业供需平衡表现出显著的变化（图 8-4）。1990s 该地区的农业供需差值相对稳定，波动在 0.00 亿～0.80 亿 m³。特别是在 1993 年，供需差值达到最高值 0.80 亿 m³，而 1999 年则实现了供需平衡，即供需差值为 0，这反映了该时期农业生产与需求之间的良好匹配。然而，进入 2000 年后，巴里坤县的农业供需关系出现了变化，供需差值开始下降并转为负值。这表明从 2000 年开始，该地区的农业生产开始无法满足需求，供不应求的状况逐渐显现。2000—2002 年这种趋势尤为明显，供需差值持续下降。2003—2020 年巴里坤县的农业供需平衡一直处于负值状态，并在这期间呈现波动。2009—2019 年供需差值持续为负值，2019 年达到了最低点 -0.91 亿 m³。这一长期的负值状态强调了巴里坤县在这段时间内持续面临的农业生产不足问题。

三、吐鲁番市各区县农业供需平衡月尺度变化

　　通过分析吐鲁番市 1990—2020 年的农业供需数据（图 8-5），明显看出该地区供需平衡的显著变化。这些变化受季节性影响、水利设施改善、气候变化和种植结构调整的多重影响。1990—2000 年春夏季节的供需平衡显示供水过剩，尤其在 5 月供水量达到 1.724 0 亿 m³ 的高峰，但冬季供水不足，12 月降至 -0.049 6 亿 m³。2001—2011 年供需状况恶化，春夏两季供需波动显著，冬季持续面临供水不足。到了 2011—2020 年，情况有所改善，尤其是冬季，供需平衡值虽然仍为负，但有所缓解，而夏季供水条件显著改善。整体上，尽管供需平衡在秋冬季节得到改善，但春夏季节的农业供需不平衡仍是一个问题。

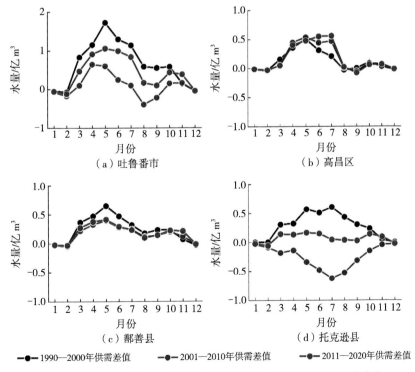

图 8-5　1990—2020 年吐鲁番市各区县农业供需水平衡月尺度变化

1990—2020 年高昌区农业供需平衡在春夏季呈现显著的季节性变化（图 8-5）。具体来说，3—7 月间供需平衡值较高，表明这一时期为农业用水高峰，而 1 月、2 月及冬末的 11—12 月供需平衡较低，显示冬季相对平衡。1990—2000 年供需平衡在春末夏初达到高峰（5 月为 0.505 7 亿 m³），但冬季供需平衡为负，反映供水不足。2001—2010 年期间，供需平衡整体下降，春季 4 月和夏季 7 月供水大于需求，但到了 9 月，供水不足。2011—2020 年夏季供需平衡达到高峰，而冬季仍显示供水挑战。表明随着水利基础设施和灌溉技术的改进，高昌区的农业供需平衡已逐渐好转。

鄯善县 1990—2020 年农业供需平衡显示出显著的季节性变化，与高昌区类似，均经历了 1—8 月的大幅上升后骤降，9—12 月则缓慢上升后下降，峰值均在 5 月。1990s 春夏季供需平衡值逐步上升，春末夏初（5 月）达到 0.648 3 亿 m³ 的最大值，表明供水大于需求。然而，进入秋冬季，供需平衡值逐渐下降，至冬末呈负值，显示供水不足。2000s 尽管农业供需平衡波动性增大，冬季依然存在供水不足的问题，但春季供水充足的趋势依然明显。夏季供水较为充足，秋季逐步上升，冬季稍有回落。2010s 冬季供水不足情况有所缓解，春季供需平衡大幅提升，夏季供需相对平衡，秋季灌溉需求增加导致供需平衡值提升，但冬季仍能保持相对平衡。总体上，随着时间的推移，鄯善县的供水情况逐步改善，特别是在关键的春夏种植季节。

托克逊县 1990—2020 年农业供需平衡显示出明显的季节性变化。1990s 春季（3—5 月）供需平衡值持续上升，反映出春季供水量大于需求，7 月达到峰值 0.607 6 亿 m³。秋季（8—10 月）供需平衡逐渐下降，虽减少但仍超需求，至冬季（12 月）供需接近平衡，显示 0.002 1 亿 m³。2000s 期间，托克逊县的供需平衡呈现先下降后上升趋势，3—7 月供需平衡值持续下降，至 -0.619 9 亿 m³，表明夏季供水严重不足。秋季（8—10 月）虽然供需平衡仍为负，但情况有所改善，显示出供水相对于高峰夏季有所缓解。2010s 供需平衡值波动较大，1—7 月先缓慢增长后逐渐下降，7—9 月基本保持稳定，9—10 月再次增长。冬季（11 月和 12 月）的供需平衡值显示出供水不足问题有所缓解，但仍需改善。总结来看，1990—2020 年托克逊县的农业供需平衡在夏季面临较大挑战，供需差异最大；冬季差值最小，供需相对平衡。这与当地农作物生长季节的水需求密切相关。随着时间推移，尽管供需平衡值波动，但整体趋势显示出随着灌溉技术和水利设施的改进，供需状况有所改善。

四、哈密市各区县农业供需平衡月尺度变化

对哈密市 1990—2020 年农业供需平衡数据进行分析，可以看出该地区在不同年份和季节中供需平衡存在明显的波动（图 8-6）。1990s 春夏季节供水过剩，特别是 5 月供需平衡达到最大值 0.697 6 亿 m³，而冬季则供水不足，12 月供需平衡为 -0.020 8 亿 m³。2000s 供需平衡恶化，春季 4 月供需平衡值下降至 0.382 8 亿 m³，夏季 7 月供水不足，供需平衡为 -0.365 8 亿 m³。2010s 夏季供水严重不足，7 月供需平衡降至 -0.948 6 亿 m³，显示出供需状况的进一步恶化。总体而言，哈密市供需平衡从 1990—2000 年的相对充足转为 2011—2020 年的显著不足，尤其是在夏季。未来需加强冬季供水管理，优化用水结构，并提升灌溉技术，以应对气候变化带来的挑战。

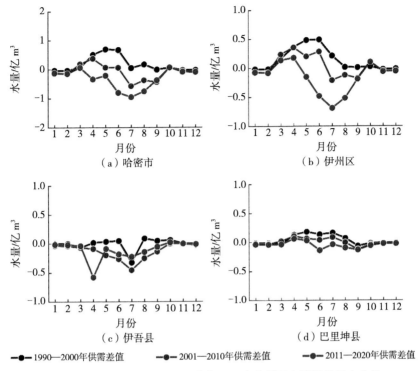

图 8-6　1990—2020 年哈密市各区县农业供需水平衡月尺度变化

　　伊州区 1990—2020 年间的农业供需平衡数据揭示了逐年递增的不平衡趋势（图 8-6）。1990s 春季至初夏（3—6 月）供水显著超过需求，最高供需平衡值达 0.492 0 亿 m³。7 月开始，供需平衡下降至 0.212 8 亿 m³，至 8 月供需基本持平。秋季（9 月和 10 月）供需平衡保持稳定，而冬季（11 月和 12 月）略显供水不足，尽管影响不大。2000s 期间，春季供需逐渐上升，但夏季（5—7 月）急剧下降，7 月最低至 -0.205 7 亿 m³，显示夏季供水不足。秋季供需仍不平衡，冬季（11 月和 12 月）的供水问题持续存在。2010s 春季供需稍有改善，但 5—9 月的供需平衡值下降，夏季至秋季供水严重不足，最低点达 -0.687 5 亿 m³。10 月供水有所回升，冬季供需接近平衡。这些数据表明，伊州区农业供需平衡从 1990 年的较好状态逐渐转向明显的供需不足，特别是在夏季和秋季，这对未来水资源管理和农业策略制定提出了挑战。

　　伊吾县 1990—2020 年间的农业供需平衡经历了显著变化（图 8-6）。1990s 整体供需较为平衡，尤其是在春夏季，供水略超需求，5 月和 6 月的供需平衡值分别为 0.034 3 亿 m³ 和 0.047 1 亿 m³。然而，7 月供需平衡值降至 -0.323 7 亿 m³，表明夏季农业供水不足。秋季，8 月和 9 月供需平衡值基本持平，整体保持较好状态。2000s 供需平衡波动增大，冬季供水略有不足。春至秋季（3—9 月）供需逐渐恶化，特别是 7 月供需平衡值最低。秋末至冬季（10—12 月）供需逐渐趋向平衡。2010s 供需平衡有所改善，但春季和夏季中期仍面临挑战。特别是 4 月和 7 月，供需平衡值较低，显示供水不足。秋冬季节（10—12 月）供需趋向平衡。总体而言，伊吾县的农业供需平衡从 1990 年的较好状态逐年变化，尤其在夏季供水不足问题日益突出。近十年虽有改善，但春夏季节的不平衡问题仍需关注。

巴里坤县 1990—2020 年农业供需平衡显示了不同程度的波动（图 8-6）。1990s 农业供需整体较好，尤其是春夏季（4—7 月），供需平衡值较高，表明这段时间内供水超过需求。8 月供需基本平衡，而冬季供需接近于 0，显示出供需相对平衡。2000s 供需平衡出现波动。冬季供水略显不足，而春夏季（3—7 月）供需波动虽上升但整体保持平衡。进入秋季（8 月和 9 月），供需平衡值有所下降，显示出秋季供水稍不足。2010s 供需平衡情况有所恶化，尤其是冬季供需平衡值略低于 0，显示冬季供水不足。春季（3—5 月）虽有所改善，但未能达到前两个时期的水平。夏秋季（6—12 月）供需平衡值普遍低于 0，表明供水略有不足。总体而言，尽管巴里坤县在三十年间的农业供需平衡总体较为平衡，但随着时间推移，特别是在 2011—2020 年期间，供水问题逐渐显现，尤其在夏秋季节，需要关注水资源管理和优化水资源配置，以应对不平衡的挑战。

第三节　工业供需水平衡分析

一、吐鲁番市各区县工业供需平衡年际变化

1990—2020 年吐鲁番地区水资源管理面临显著挑战。历史数据分析显示水资源供需呈持续下降趋势（图 8-7），从 -0.651 亿 m³ 降至 -7.101 亿 m³，反映出该地区在某些年份面临极端水资源短缺。这种短缺与持续干旱和突发水资源危机事件可能密切相关，显示了水资源供需之间长期且紧张的关系。吐鲁番地区供需水平衡的年均变化速率为 -0.16 亿 m³，变异系数达 -2.75，表明水资源状况具有高度的波动性。这种波动性受多种因素影响，包括气候变化、地区水政策调整及经济活动变动等。这些洞察为未来水资源管理和政策制定提供了科学依据，强调了解决水资源管理问题的迫切性，以及为应对未来变化制定更加有效的策略的重要性。

在吐鲁番市的不同区县中，水资源管理表现出明显的地区差异（图 8-7）。例如，高昌区 1990—2020 年供需水平衡从 -1.33 亿 m³ 改善至 -0.11 亿 m³，年均变化速率为 0.04 亿 m³，表明水资源状况逐年改善。这可能得益于农业灌溉技术的提升、城市化过程的有效管理和水资源再利用策略的实施。相对而言，鄯善县 1990—2020 年工业供需水平衡波动较大，最大为 -0.01 亿 m³，最低仅为 -4.36 亿 m³。其平均供需水平衡为 -2.10 亿 m³，年均变化速率为 -0.10 亿 m³，显示管理措施逐步取得成效。然而，鄯善县在干旱年份面临挑战，需应对气候变化带来的不确定性和水资源短缺，这要求进一步优化水资源管理策略。托克逊县 1990—2020 年工业供需水平衡同样波动较大，最大为 -0.06 亿 m³，最低仅为 -3.24 亿 m³，平均供需水平衡为 -1.09 亿 m³，年均变化速率为 -0.10 亿 m³，反映了水资源管理的有效进步。这背后是水利设施效率的提升和水资源的合理分配。为保持这一积极趋势，托克逊县需要加强水资源管理措施，特别是提高水利设施效率和促进水资源合理分配。这些区县级的数据和趋势强调了地方层面上水资源管理的重要性和差异性，为未来的策略和政策制定提供了宝贵的洞见。

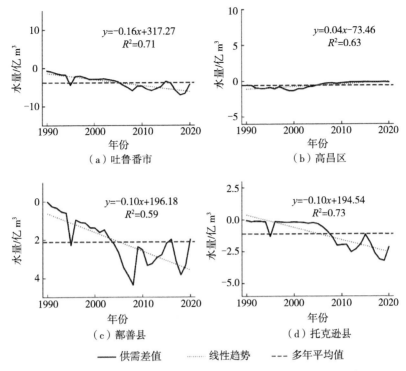

图 8-7　1990—2020 年吐鲁番市各区县工业供需水平衡年际变化

1990—2000 年吐鲁番盆地的三个区县在工业供需水平衡方面表现出显著差异。高昌区的平均供需水平衡为 -0.92 亿 m³，鄯善县为 -0.85 亿 m³，而托克逊县则显著较低，为 -0.26 亿 m³，这反映了当时较低的工业活动或更高的水资源管理效率。进入 2000s，鄯善县的供需水平衡恶化至 -2.53 亿 m³，显示出显著的工业水资源压力，而高昌区和托克逊县的供需水平衡分别为 -0.64 亿 m³ 和 -0.75 亿 m³，表明工业用水需求增加。2010 年之后，高昌区的水资源管理显著改善，工业供需水平衡达到 -0.14 亿 m³，而鄯善县和托克逊县的工业供需水平衡分别恶化至 -2.85 亿 m³ 和 -2.26 亿 m³，这反映了工业活动增加和相应的水资源压力增大。这些变化揭示了各区县在不同时间段的工业发展和水资源管理策略的显著差异，为未来的水资源规划和管理提供了重要的参考。通过这些详细的数据和趋势分析，不仅可以看到吐鲁番地区在水资源管理方面面临的挑战，也能够识别出有效管理策略的关键因素。这些洞察将有助于制定更为精准和可持续的水资源管理政策，确保该地区水资源的长期稳定与可持续发展。在全球气候变化的大背景下，这种科学的数据驱动分析对于资源稀缺地区的水资源管理具有重要的指导意义。

二、哈密市各区县工业供需水平衡年际变化

1990—2020 年哈密地区水资源管理的复杂性及其与地区发展的紧密联系显著。在这30 年里，供需水平衡最高仅为 0.053 亿 m³，最低则惊人地降至 -31.76 亿 m³，反映出哈密地区在某些年份遭遇极端水资源短缺（图 8-8）。年均变化速率为 -0.62 亿 m³，显示出该地区水资源供应与需求之间的长期紧张关系，以及由此引发的管理挑战。供需水平衡

的变异系数达到 -2.84，表明哈密地区年际波动显著，这可能由多种因素引起，如气候变化导致的降水波动、地区经济活动的快速变动以及水资源政策的调整。分阶段分析显示，在约 1/4 的年份中，供需变化量小于 -0.873 亿 m³。极端情况下，年变化量可能增加至 0.053 亿 m³ 或下降至 -31.76 亿 m³，这反映了哈密地区可能面临的极端水资源短缺或相对过剩的情况，这与特定年份的水政策调整、重大水利工程的实施或异常气候事件密切相关。总体而言，哈密地区的水资源管理策略需考虑到这种高波动性和长期的供需不平衡，采取合理的管理措施。这包括增强水资源监测和预测能力、优化水资源配置，并提高对极端气候事件的应对能力，以确保水安全并支持地区的持续发展。这些策略将对保障哈密地区的水资源可持续性和地区经济的稳定增长起到关键作用。

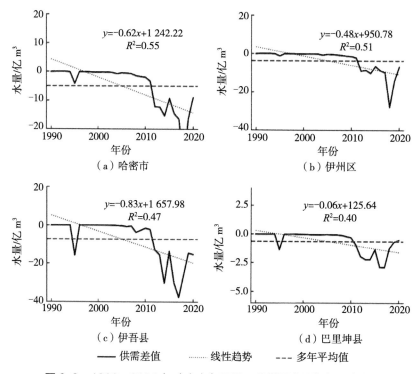

图 8-8　1990—2020 年哈密市各区县工业供需水平衡年际变化

　　在过去三十年中，哈密地区的三个区县面临严峻的供需水平衡挑战，尤其是伊吾县和伊州区。伊州区在这期间的供需水平衡极为波动，从最高的 0.070 1 亿 m³ 到最低的 -27.92 亿 m³，显示出在工业用水和农业灌溉方面的显著挑战（图 8-8）。每年供需水平衡的下降趋势约为 0.48 亿 m³，这可能与工业用水需求的增加和有效降水量的减少有关。伊吾县的情况更为严重，供需水平衡从最高的 -0.008 5 亿 m³ 降至 -37.63 亿 m³，每年平均下降约 0.83 亿 m³，是三个区县中最剧烈的下降。这表明在水资源较低的情况下，伊吾县的工业和农业水需求仍在增加，需要通过提高水资源利用效率和实施更严格的水资源管理政策来改善水资源状况。相对而言，巴里坤县的供需水平衡变化较小，从最高的 -0.012 5 亿 m³ 到最低的 -2.89 亿 m³，每年平均下降约 0.06 亿 m³。这反映了其较小的人口和工业规模，以及较为有效的水资源管理策略。整体来看，1990 年以来，哈密地区三个区县的水资源供需情况呈现显著不同的变化趋势。伊州区和伊吾县随着工业化和城市化的推进，水资源压力急剧增大，而巴里坤县则相对稳定，显示出较为成功的水资源管理策略。这些数据和分析为未来的水资源管理和政策制定提供了宝贵的参考，强调了需要采取综合措施来应对不断变化的水资源挑战。

三、吐鲁番市各区县工业供需水平衡月尺度变化

吐鲁番市的工业供需水平衡在三个不同的十年间表现出了不同的波动和变化趋势（图8-9）。1990—2000年该市的工业供需水平衡整年相对稳定，以1月和2月的较小差异开始，随后3—8月逐渐增加，8月达到全年峰值。进入秋季后，供需水差异逐渐减小，但12月仍然维持较高水平。2001—2010年吐鲁番市的工业供需水平衡波动更加明显，尤其是3—8月间逐步增加，其中8月同样是全年最大值。这一时期与前十年相比，波动幅度更大，供需水差异显著增加，反映了该时期工业活动的增长和水资源管理的压力。2011—2020年供需水的不平衡和波动进一步加剧。在这十年中，3—8月期间的供需水差异再次增大，尤其是7月成为全年的最大值点，而整年的波动幅度比以往任何时期都要大，显示出更加严重的水资源管理挑战。总体来看，吐鲁番市在三个时期的工业供需水平衡状态显著波动，特别是在2001—2020年期间，供需水不平衡程度显著增加。这些变化反映了随着区域经济发展，供需水管理面临的挑战以及对动态调整的迫切需要。这种时间上的显著波动和不平衡特征强调了必须采取有效的水资源管理策略，以应对不断变化的工业需求和气候条件。

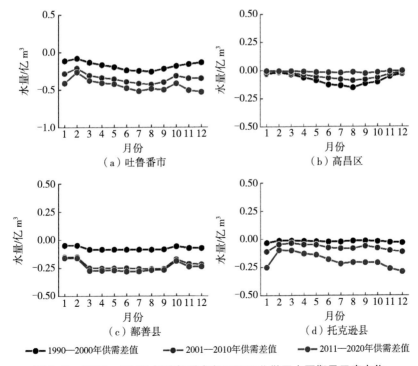

图8-9 1990—2020年吐鲁番市各区县工业供需水平衡月尺度变化

　　高昌区在 1990—2020 年的三个十年中，其工业供需水平衡的月度变化趋势逐步显示出改善和趋向平衡的情况（图 8-9）。1990—2000 年供需水平衡状况不稳定，特别是在夏季和秋季，表现出较大的波动，其中 8 月达到年度最大供需差异。这反映出当时高昌区工业需水和供水能力之间存在较大的不平衡。进入 2001—2010 年，高昌区的供需水平衡状况有所改善。虽然在夏季依旧存在较大的供需差异，特别是 8 月，但整体波动幅度有所减小。这显示了在这十年间，高昌区在水资源管理和供应效率上取得了进展，尤其是秋季和冬季的供需水差异显著减小，表明水资源的管理和调配更为合理。到了 2011—2020 年，高昌区的工业供需水平衡状况进一步改善，供需差异进一步缩小，特别是在 9 月达到年度最大值，但与以往相比明显减少。冬季和春季的供需水差异也显著减少，显示出高昌区在这一时期的供需水管理和资源优化取得了显著成效。

　　鄯善县在 1990—2020 年的三个十年中，其工业供需水平衡的月度变化趋势显示出季节性的波动特征和逐年变化的趋势（图 8-9）。这些数据揭示了鄯善县在不同时间段内水资源管理的挑战与进步。在 1990—2000 年期间，鄯善县的工业供需水平衡较为稳定，显示出明显的季节性波动。供需水差异在春季开始增大，尤其是在 3 月和 4 月，而 5 月和 6 月达到全年最大值后逐渐回落。这表明春夏季节是该县工业用水需求最高的时期，可能与农业灌溉需求增加有关。进入 2001—2010 年，供需水差异的季节性波动更加显著。1 月和 2 月的差异依旧较小，但 3 月开始显著增加，并在夏季尤其是 7 月和 8 月达到峰值。与前一个十年相比，这一时期的波动幅度更大，供需关系更加不平衡。这可能反映了工业活动的增长以及水资源分配的压力。2011—2020 年鄯善县的工业供需水平衡进一步呈现变化，其中 1 月和 2 月仍然是供需差异最小的月份。3—9 月的供需差异逐步增大，尤其在 6 月和 7 月达到年度最大值，显示出持续的水资源管理挑战。尽管 10 月之后的供需水差异有所减小，整体波动幅度依然较大，反映出水资源的季节性需求高峰和供水能力之间的不平衡。

　　托克逊县在 1990—2020 年的三个时期内的工业供需水平衡数据展示了该地区水资源管理的季节性波动和长期变化趋势（图 8-9）。这些数据反映了该地区工业用水需求和供给之间的动态关系，以及随时间的推移所做的调整。在 1990—2000 年期间，托克逊县的工业供需水平衡相对稳定，显示出一定的季节性变化。供需水差异在春季略有增加，尤其是 3—5 月，而 6 月达到全年最大值，这可能与农业灌溉需求峰值相关。随后，7—10 月的波动表明夏末和初秋季节水资源管理的挑战。年底的水平再次趋于稳定，与年初相近。进入 2001—2010 年，托克逊县的水资源管理面临更大的挑战，波动幅度增大。年初的供需差异较大，表明冬季水资源供应可能面临压力。3—5 月的供需水差异减小，但 6 月再次上升并达到峰值。夏季的持续高需求和 8 月的增加反映了水资源分配和管理的复杂性。年末的供需水差异虽然减小，但仍高于年初，显示了整体需求的增加。2011—2020 年托克逊县的供需水平衡变化更加剧烈，特别是在年末。这一时期的供需差异在年初较大，3—5 月有所减小，但仍较前两个时期为高。6—8 月的供需水差异增加，7 月达到峰值，反映出夏季高温和农业需求对水资源的压力。年末的供需水差异不仅减小，而且在 11 月和 12 月达到全年最大值，这可能与工业和居民用水的需求增加有关。

四、哈密市各区县工业供需水平衡月尺度变化

哈密市在 1990—2020 年的三个时期中的工业供需水平衡数据展示了该地区水资源管理的长期趋势和季节性变化（图 8-10）。这些数据强调了随时间变化的供需波动及其对地区水资源管理政策的影响。

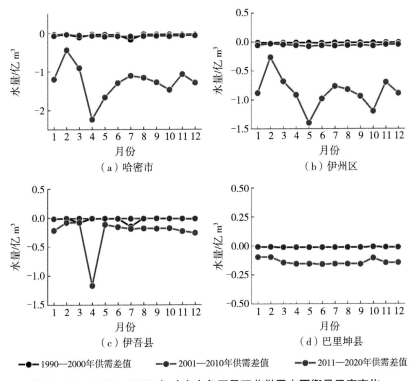

图 8-10　1990—2020 年哈密市各区县工业供需水平衡月尺度变化

1990—2000 年哈密市的供需水平衡全年存在波动，尤其是在 3 月达到全年最大值，这可能与春季农业灌溉需求增加有关。随后的月份虽有波动，但整体较为稳定，表明当时的水资源管理策略能够在一定程度上平衡季节性需求。进入 2000s，哈密市的供需水平衡波动增大，特别是在春季供需差异显著增加，4 月达到全年最大值。这一时期的供需水差异在全年维持较高水平，表明水资源压力增大，可能与工业活动增加及气候变化影响相关。2011—2020 年的数据显示供需水平衡状况进一步恶化，整年波动幅度更大，特别是在 1 月达到全年最大值，反映了冬季对水资源的高需求和可能的供水不足。此后尽管 2 月有所减小，但年内其余时间供需水差异仍然较大，显示出不平衡状态更加明显。哈密市在三个不同的年代际显示出供需水平衡的显著变化，特别是在 2010s 期间，供需不平衡程度显著增加。这种趋势强调了在区域经济发展中对供需水管理策略进行动态调整的必要性，以适应不断变化的环境和经济条件。

伊州区在 1990—2020 年的三个十年期间的工业供需水平衡数据揭示了该地区水资源管理的变化趋势和季节性波动（图 8-10）。这些变化表明，在工业供需水平衡方面，

伊州区的水资源管理面临不断的挑战和必要的调整。1990s 伊州区的工业供需水平衡相对较为稳定，显示出明显的季节性变化。供需差异在春季较小，而到了 5 月和 6 月，随着夏季的到来和农业灌溉需求的增加，供需差异开始显著增大，6 月达到全年最大值。随后的月份，尽管供需水差异有所波动，整体变化并不大，反映了当时相对有效的水资源管理。进入 2000s，伊州区的供需水平衡波动明显增大。年初的供需差异较大，可能反映出冬季供水挑战。3—6 月逐渐增大的供需差异达到峰值，表明春夏季节供水压力增加。7 月和 8 月的供需差异有所减小，但到了年末，尤其是 10 月和 11 月，供需差异再次增大，显示出年末工业活动的增加可能导致的供水压力。2010s 伊州区的供需水平衡状况显示出更加显著的波动和不平衡。1 月的供需差异非常显著，可能反映出冬季水资源的严峻挑战。随着年进展，3—5 月供需差异再次增大，6 月达到峰值，暗示夏季是水资源最为紧张的时期。尽管 7 月和 8 月有所减缓，但到了年末，特别是 10 月和 11 月，供需差异再次显著增大，表明年末的工业和居民用水需求增加。

伊吾县在 1990—2020 年的三个十年里展现了其工业供需水平衡的季节性波动和变化趋势（图 8-10）。这些数据揭示了随时间变化的供需关系及其对地区水资源管理策略的影响。在 1990s 期间，伊吾县的工业供需水平衡总体较为稳定，表现出明显的季节性变化。供需水差异在年初较小，到了 5 月和 6 月，供需水差异逐渐增大，7 月达到全年最大值，这可能与夏季农业灌溉需求的增加有关。2000s 伊吾县的工业供需水平衡保持相对平稳，尽管某些月份出现显著变化。年初供需水差异较小，春季保持低差异，而夏季供需差异增加，表明该时期可能面临更大的水资源压力。进入秋季后，供需水差异逐渐减小。2010s 伊吾县的供需水平衡状况经历了显著变化，波动幅度明显增大。年初供需水差异较大，春季逐渐增大，4 月达到峰值。尽管夏季供需水差异有所减小，但整个年度仍处于较高水平。年末的再次增加可能与冬季的工业或农业活动增加有关。

巴里坤县在 1990—2020 年工业供需水平衡状况表现出逐渐趋于稳定和优化的趋势（图 8-10）。数据揭示了该地区随着时间的推移在水资源管理上的改善和适应性策略。1990s 巴里坤县的工业供需水平衡整体比较平稳，波动幅度较小。供需差异在年初最小，从春季开始略有增加，至 6 月达到一个高点，随后在下半年逐渐减小，整年保持在一个较为稳定的范围内。这一时期的供需水平衡状态显示出较小的季节性变化。进入 2000s，巴里坤县的供需水平衡状况进一步改善。尽管春季的供需水差异略有增加，但整体波动幅度较小，夏末至初秋的供需差异保持在相对较低的水平，表明该时期水资源管理更为高效。年末逐渐减小的供需差异进一步表明了水资源供应的稳定性。2010s 供需水平衡的波动幅度依然较小，整年的供需差异均保持在一个较低的水平，尤其是在秋季和冬季。这表明巴里坤县在这一时期内采取了更有效的水资源管理措施，以应对不断变化的工业需求和气候条件。整体而言，巴里坤县的工业供需水平衡随着时间的推移呈现出逐步稳定和优化的态势。这种稳定性和优化反映了该地区在供需水管理上的持续努力和成功，尤其是在水资源策略调整和实施效果上的显著提升。

第四节 生活供需水平衡分析

水资源是农业、工业、生产生活和生态行业发展不可或缺的资源。生活需水的供需平衡是社会发展和人类生存的重要组成部分。随着人口增长、城市化进程加速以及气候变化等因素的影响，生活需水的供需平衡变得愈发重要而复杂。吐鲁番市和哈密市处于干旱气候区域，水资源稀缺，而城市的经济发展和人口增长对水资源的需求不断增加，使得生活供需水平衡问题愈加紧迫。本节旨在深入探讨 1990—2020 年吐鲁番市与哈密市的生活供需水平衡状况，通过系统分析此期间的生活供需水数据，旨在揭示生活供需水的变化趋势及其受到的影响因素，从而为实现两市水资源的协调发展提供有价值的参考。

一、吐鲁番市各区县生活供需水平衡年际变化

图 8-11 展示了吐鲁番市及其下辖的高昌区、鄯善县和托克逊县在 1990—2020 年生活供需水的年代际变化。1990—1993 年吐鲁番市的供水和需水处于一种平衡状态。2019 年和 2020 年两个年份供水量大于需水量，而 1994—2011 年和 2013—2018 年两个时段，吐鲁番市生活需水处于需水量大于供水的状态，出现这种现象的原因可能有以下几个方面：①人口的增加，吐鲁番市在这段时期可能经历了较快的人口增长，供水设施建设跟不上人口的增长速度，可能会导致供水不足的情况发生。②气候变化的影响，吐鲁番市处于

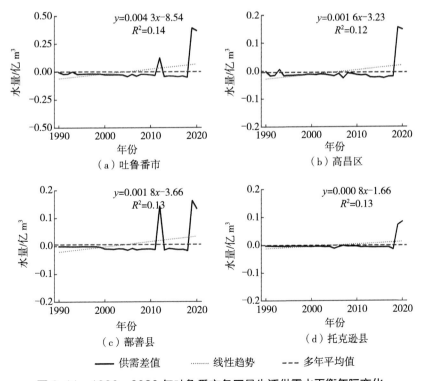

图 8-11 1990—2020 年吐鲁番市各区县生活供需水平衡年际变化

干旱气候区域，气候因素对水资源供应具有重要影响。如果在这段时期发生了干旱或者降水量减少等极端气候事件，就会导致水资源供应不足，进而引发生活需水紧张的状况。③农业需水需求的增加，吐鲁番市是农业主导型城市，农业需水需求的增加，也会对城市的生活需水供应产生压力。④水资源管理不合理，如果未能进行有效的水资源管理和保护措施，可能会导致水资源的有效利用率下降，难以满足城市的生活需求。⑤经济发展带动需求的增加，经济的快速发展会带动城市的工业和商业活动，增加水资源的需求。工业和商业需水占据了生活需水的一定比例，如果这些领域的需求增长超过了供水设施的扩建速度，就会导致生活供需水不平衡。

吐鲁番市高昌区的生活供需水平衡的变化趋势清晰地反映了该地区水资源管理的历史和现状（图 8-11）。从 1990—2020 年的数据可以看出，这一地区的水资源供需关系经历了几个不同的阶段。1990—1993 年高昌区的生活供需水平衡几乎保持在平衡状态，供给能够满足居民的基本需求。这一阶段的稳定可能得益于当时的人口规模和经济活动水平，供水系统能够较好地应对居民的日常用水需求。1994—2007 年生活供需水平衡出现了负增长，即需求开始超过供给。这种负增长的趋势表明随着人口增长和城市化进程的加速，以及工业用水需求的增加，高昌区的水资源开始面临压力。这一时期的负增长可能指示出供水系统未能与快速增长的需求保持同步，需要进行相应的调整和改进。2008—2019 年虽然生活供需水平衡仍为负值，但波动幅度较小，表明供水和需水之间的差距虽存在但并未显著扩大。这可能是由于当地政府或水务部门在这一时期进行了供水基础设施的改善或采取了有效的水资源管理措施。特别是 2019—2020 年生活供需水平衡的突然大幅改善，正值从负增长转为正增长，显示出供水能力的显著提升。这种改变可能与大规模的供水基础设施升级、有效的水资源管理策略实施或人口下降等因素有关，这导致了供水能力远超过需求。

吐鲁番市鄯善县生活供需水平衡的演变情况。在早期年份，生活供需水平衡维持在零的水平（图 8-11），反映了供水资源能够满足社会需求的情况。然而，自 2000 年起，这一平衡开始出现微弱的负增长，随后持续至 2011 年。这一趋势可能反映了当地生活需水需求的略微增加，与供水资源供给的微弱下降形成了轻微的不平衡。2012 年的显著正增长标志着一个转折点，供需平衡迅速向正方向发展。这种正增长在 2019 年达到高峰，表明供水量明显超过了生活需水的需求。这一异常增长可能受多种因素的影响，包括水资源管理的改善、基础设施的升级，以及人口增长率的减缓等。尽管在 2020 年，生活供需水平衡略微下降，但整体上仍保持在正增长的状态，维持着供水超过需求的局面。这种趋势可能反映了地区水资源管理的积极进展，为当地居民提供了充足可靠的生活需水资源。

吐鲁番市托克逊县生活供需水平衡的情况。在早期年份，即 1990—1999 年，生活供需水平衡一直稳定在零水平，反映了当时供水量与社会需求基本持平的状态（图 8-11）。然而，从 2000 年开始，供需平衡出现了微弱的负增长，持续至 2007 年，这可能暗示着水资源供给略微不足以满足居民的需求，导致了轻微的供需不平衡。随后，在 2007—2011 年，供需平衡再次趋于零，这可能受到供水系统优化和水资源管理措施改进的影响，使得供水能力能够较好地满足居民的生活需求。然而，2012—2019 年供需平衡再次呈现出微弱的负增长趋势，尽管幅度较小，但仍值得关注。这一趋势可能受到诸如人口增长、经济发展等因素的影响，从而导致了需水需求的轻微增加，超过了水资源供给能力的情况。最后，2020 年的供需平衡出现了较为明显的正增长，这可能受到水资源管理措施的进一步完善、基础设施建设的加强以及需水效率的提高等因素的共同作用，使得供水能力得到了有效的提升，满足了居民日益增长的生活需水需求。综上所述，吐鲁番市托克逊县生活供需水平衡的历史演变反映了水资源管理与供水基础设施建设的不断改进，以及人口增长、经济发展等因素对需水需求的影响。

二、哈密市各区县生活供需水平衡年际变化

图 8-12 展示了哈密市及其下辖的伊州区、伊吾县和巴里坤县在 1990—2020 年生活供需水平衡的年代际变化。1990—2011 年供需平衡一直呈现出负增长趋势，表明供水量未能满足居民的生活需求，甚至出现了不足的情况。特别是在 2001—2002 年，供需差距进一步扩大，达到了 -0.06 亿～0.09 亿 m^3，显示了供水紧张的严重程度。这种供需不平衡的情况可能受多种因素的影响。首先，可能是由于水资源供给不足或供水设施的老化，导致供水能力无法满足居民日益增长的需水需求。其次，人口增长、城市化进程加速等因素也可能导致需水需求的增加，从而加剧了供需不平衡的局面。然而，2019—2020 年的供需平衡出现了正增长，这表明在这段时间内供水量逐渐超过了居民的需求。这一正增长趋势可能是由于水资源管理的改善、供水设施的更新升级，以及需水效率的提高所致。同时，人口增长速度的放缓也可能对供需平衡产生了积极的影响。综上所述，哈密市生活供需水平衡的变化趋势显示出供水紧张的问题在一定程度上得到了缓解。

哈密市伊州区生活供需水平衡的变化趋势（图 8-12）。伊州区的生活供需水平衡一直呈现出负增长的趋势，即供水量未能完全满足居民的生活需求，导致了一定程度上的供需不平衡。1990—2007 年负增长的趋势相对稳定，表明供水量一直处于较低水平，未能跟上日益增长的居民需水需求。这可能受到水资源供给的限制、基础设施的滞后以及需水效率不足等因素的影响。尤其在 2001—2002 年，供需平衡的负增长幅度较大，可能反映了该地区水资源供给能力与居民需水需求之间的巨大差距，这可能是由于人口增长、城市化进程加速等因素导致的需水需求急剧增加，而供水设施的改善跟不上这一增长的速度。从 2019 年开始，供需平衡出现了积极的变化，呈现出微弱的正增长趋势，这反映了水资源管理的改善和供水基础设施的升级，使得供水量逐渐接近或超过了居民的生活需求。尽管曾经存在较为严重的供需不平衡问题，但随着水资源管理和基础设施建设的不断改善，供需关系逐渐向着积极的方向发展，为当地居民提供了更加稳定和可靠的生活需水保障。

1990—1995 年哈密市伊吾县生活供需水平衡（图 8-12）维持在零附近，显示了供水量与需求基本持平的状态。从 1995 年开始，出现了微弱的负增长趋势，尽管幅度较小，但表明供水量略微不足以满足居民的需求。在接下来的年份中，负增长的趋势相对稳定，尽管出现了一些波动，但整体呈现出供需不平衡的状态。尤其在 2003—2017 年期间，供需平衡的负增长程度逐渐加深，可能反映了供水资源供给不足或者供水设施的老化等问题，导致了供水量无法跟上日益增长的居民需水需求。然而，2020 年出现了明显的正增

长，供需平衡突然增加至 0.027 亿 m³，显示出供水量显著超过了居民的生活需求。综上所述，尽管曾经存在一定程度的供需不平衡问题，但随着相关措施的实施和管理水平的提升，目前已经实现了供水量超过需求的良好状态。

哈密市巴里坤县生活供需水平衡的动态变化如图 8-12 所示。1990—2000 年供需平衡保持在零水平附近，显示了相对稳定的状态，其中在 1995 年和 2000 年出现了微弱的负增长，但整体仍趋于平衡。这一趋势可能受到供水资源和需求之间相对平衡的影响，供水量能够基本满足当地居民的生活需求。然而在 2001—2002 年，供需平衡开始出现负增长，负增长幅度在逐年扩大，尤其在 2002 年达到了 -0.02 亿 m³。这可能反映了当时供水资源供给不足以满足居民需水需求，或者是由于人口增长、城市化进程等因素导致的需水需求增加。在随后的年份中，虽然出现了一些波动，但供需平衡整体上保持在零水平附近，即供水量与需求基本持平。直到 2017 年，供需平衡再次出现了负增长，显示出供水量稍微不足以满足居民的生活需求。2019—2020 年供需平衡重新趋向零水平，甚至出现微弱的正增长。综上所述，巴里坤县尽管曾经存在一定程度的供需不平衡问题，但随着相关措施的实施和水资源管理水平的提升，目前已经实现了供水量与需求基本平衡的状态。

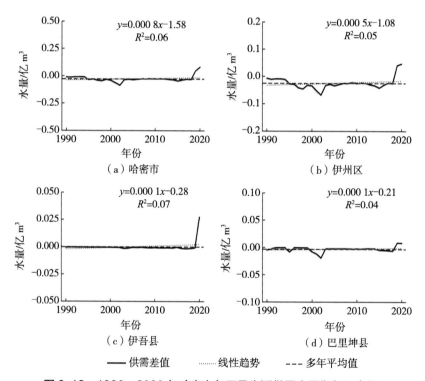

图 8-12　1990—2020 年哈密市各区县生活供需水平衡年际变化

三、吐鲁番市各区县生活供需水平衡月尺度变化

高昌区生活用水供需水平衡的数据分析揭示了 1990—2020 年供需关系的显著变化，反映了区域供水系统的逐步改进和经济发展对水资源需求的影响（图 8-13）。1990—2000 年高昌区的生活供需水平衡总体呈现负值，说明供不应求的情况较为普遍，特别是

在夏季月份供需差异最为明显。这可能与居民生活用水需求增加及夏季气温较高导致的水消耗增加有关。此时段的波动主要集中在6—9月，这也是需要特别关注供水能力提升的时期。2001—2010年生活用水供需平衡的波动幅度有所增大，尤其是在夏季，供需不平衡的情况更为严重。这段时间的供需差异在5—7月间达到年度极值，反映出经济快速发展带来的生活用水需求增长，而供给侧的调整显然未能有效跟进，导致了更加明显的供需失衡。2011—2020年高昌区的供需平衡情况发生了根本性的变化，所有月份的供需平衡数值均转为正值，表明供给已经大于需求。特别是在7—9月期间，供给过剩现象最为明显。这一变化可能源于有效的供给侧结构性改革、水资源管理策略的优化以及经济结构的调整，使得供水能力得到了显著提升。这些数据不仅反映了时间跨度内的变化趋势，还凸显了供需平衡状态对于区域水资源管理策略制定的重要性。尽管2011—2020年供需关系较为健康，但仍需警惕供给过剩可能带来的资源浪费问题，并考虑如何优化资源分配，确保水资源的可持续利用。

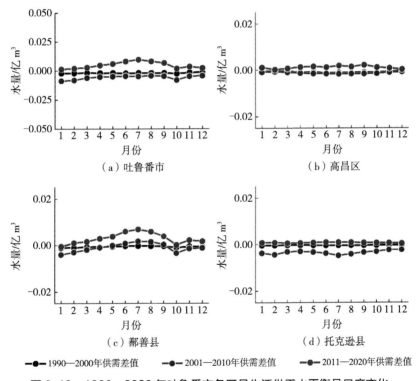

图8-13　1990—2020年吐鲁番市各区县生活供需水平衡月尺度变化

　　总的来看，1990—2000年生活供需水平衡的失衡程度逐渐加剧，负值范围扩大，波动幅度也有所增加。这一期间的变化反映了经济快速发展带来的需求增长，以及供给侧未能完全跟上的矛盾。特别是在夏季月份，供需失衡问题更加严重，表明季节性需求的变化对供需平衡的影响较大。相应的，调控策略应关注这些关键月份，采取有效措施保障供给，平衡需求。而从2001—2010年到2011—2020年，生活供需平衡发生了根本性变化，供需关系从失衡状态转为过剩状态，正值范围扩大，波动幅度相对减小。这一变化反映了供给侧结构性改革的成效，供给能力显著提升，超过了需求的增长速度。尤其是在 7—9 月，供给过剩的现象最为明显，使得供给能够更好地满足甚至超出需求。这一期间的变化显示出供需关系的显著改善，但同时也需要注意防止供给过剩可能带来的资源浪费和经济效率问题。

1990—2000 年鄯善县的生活供需水平衡相对稳定，整年都呈现出供不应求的负值，但波动幅度较小。这段时间内的稳定状况可能与较低的经济活动水平和有效的水资源管理政策有关。尤其在 10 月，供需不平衡最为明显，可能与秋季农业用水增加有关。2001—2010 年生活供需水平衡的波动幅度明显增大，显示出更加动态的经济活动和不断变化的水需求。这一时期的波动特征分为三个阶段：年初至年中的供需平衡逐步改善，达到 7 月的供给过剩；然后从 7—10 月，供需关系快速转变，10 月再次出现显著的供不应求；年末逐渐趋向平衡。这种快速变化可能与经济发展加速及季节性气候影响有关。到了 2011—2020 年，生活供需水平衡继续显示出类似的波动模式，但供需关系整体上更趋于健康。尽管波动幅度在这一时期达到最大，但供给能力的显著提高使得多数时间供大于求。特别是从年初到 7 月逐渐增加的供应过剩，表明了有效的水资源管理和供给侧结构性改革的成果。年末的供需关系也显示了向平衡状态的趋势。这些数据显示，鄯善县的水资源管理经历了从紧张的供需关系到相对过剩的转变。

托克逊县生活供需水平衡的数据分析显示，不同年代际的供需情况存在显著差异（图 8-13）。1990—2000 年的生活供需水平衡波动变化很小，显示出相对稳定的状态。全年代中，供需平衡最稳定的月份是 12 月（-0.000 2 亿 m^3）。这种稳定的供需平衡反映了 1990—2000 年中国经济的稳步发展。在 2001—2010 年生活供需平衡显示出负值较大且波动较为剧烈的特点，这一年中，供需平衡数值在 -0.004 7 亿～-0.002 2 亿 m^3 波动，所有月份的供需平衡数值均为负值，表明供给小于需求。本年代生活供需平衡数值由 1 月（-0.003 7 亿 m^3）开始下降，至 2 月（-0.004 3 亿 m^3）起有所回升，至 4 月（-0.002 9 亿 m^3）趋向供需平衡状态，而后继续下降至 7 月（-0.004 7 亿 m^3），最后回升至 11 月（-0.002 2 亿 m^3）趋向供需平衡状态并保持稳定。2011—2020 年的生活供需平衡趋势延续了 1990—2000 年的阶段波动特征，但其呈现的供需关系相反。整体来看，2011—2020 年的生活供需平衡呈持续稳定过剩状态，且整体呈现趋近于供需平衡的趋势。综上，1990—2000 年中国的经济政策相对保守，注重宏观经济的稳定发展，中国的人口增长和城市化进程相对缓慢，社会需求和供给较为平稳，这体现在供需平衡的平稳变化上。进入 21 世纪后，随着经济改革的深化和对外开放的扩大，2001—2010 年后的政策更加强调经济增长和市场化改革，这可能导致了供需平衡的波动加剧。

四、哈密市各区县生活供需水月尺度变化

伊州区生活供需水平衡的数据分析显示了该地区在这三十年间水资源管理和供需关系的显著变化（图 8-14）。在 1990s 伊州区整年大部分时间处于供需平衡负值状态，即需求大于供应。这一时期，特别是春季，供需失衡最为严重，尤其是在 4 月，表明季节变化对供需平衡有显著影响。夏季和初秋则表现出供给能力的短暂过剩，但这种过剩并未持续，供需关系在秋末逐渐恶化。2000s 伊州区的供需平衡波动加剧，全年供需平衡数

值波动更大，表明这一时期供需关系更加不稳定。春季的供需失衡依然显著，夏季虽有短暂的供给过剩，但问题并未根本解决，供需失衡在秋季达到一年中的最低点，表明该时期供需平衡面临较大的挑战。2010s 伊州区的供需平衡呈现出与前两个十年截然不同的情况。这一时期全年大部分时间供需平衡保持正值，即供给超过需求，表明供需关系得到了显著改善。供给能力的增强可能得益于水资源管理策略的优化和技术进步，特别是在水资源的储存和分配方面。整体而言，1990—2020 年伊州区的供需平衡从显著的负值转变为主要的正值，反映出随着时间的推移，地区水资源管理的持续改进和供给侧的强化。这些变化标志着地方政府在水资源管理上的成功，尤其是在应对人口增长和经济发展方面带来的挑战方面。

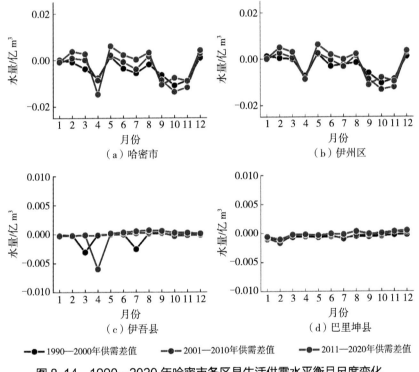

图 8-14　1990—2020 年哈密市各区县生活供需水平衡月尺度变化

　　数据分析表明，伊吾县 1990—2020 年生活供需水平衡每月均有显著变化（图 8-14）。1990s 供需平衡月度波动显著。1 月和 2 月供需接近平衡，为 -0.000 1 亿 m³。春季，特别是 3 月，供需失衡达到年度最低点 -0.003 1 亿 m³。夏季起，7 月供需压力上升，数值下降至 -0.002 6 亿 m³。秋冬季，尤其是 10—12 月，供需关系再次失衡。2000s 供需关系相对稳定。全年多数月份供需平衡波动较小，接近零。春季供需改善，5 月和 6 月达到平衡。夏季供大于需，尤其是 8 月供需平衡为 0.000 3 亿 m³。秋季需求再度上升，但全年波动较小。2010s 供需波动加剧。春季供需失衡严重，尤其是 4 月，为全年最低点 -0.006 0 亿 m³。夏季供需逐步改善，持续供大于需，至 9 月回落。秋季需求再次增加，但年终趋于平衡。

从整体趋势来看，三个年代际的供需平衡呈现出不同的特点和变化趋势。1990s 的供需平衡波动较大，全年大部分时间需求大于供给，特别是春季和夏季供需失衡最为明显。2000s 的供需平衡相对稳定，大部分月份供需关系趋于平衡，波动幅度较小。2010s 的供需平衡则显示出更为剧烈的波动，春季供需失衡严重，但夏季供给显著超过需求，全年供需关系波动较大。由此，1990s 的供需失衡反映了经济快速发展带来的需求增加，而供给侧未能及时调整。2000s 的供需平衡较为稳定，显示出经济发展和供给侧管理的逐步改善。2010s 的供需平衡波动剧烈，可能与供给侧结构性改革和经济结构调整有关，使得供需关系在不同季节呈现出明显差异。因此，制定供需调控策略时，需要特别关注这些关键月份，确保供给能够及时响应需求变化。

巴里坤生活供需水平衡数据表明，1990—2020 年供需关系经历了显著变化和趋势波动（图 8-14）。在 1990s，供需平衡全年大多为负值，表明需求普遍大于供给。初春需求较大，尤其在 1 月和 2 月，供需平衡分别为 -0.001 0 亿 m^3 和 -0.001 1 亿 m^3。春末至初夏（3—6 月），虽供需平衡有所改善，但仍未正值，7 月需求增加，供需失衡加剧。年末虽逐渐恢复，但仍未实现供需平衡。2000s 的数据显示出更多波动性和一定的改善。年初需求略好，但 2 月急剧增加，春季供需逐步改善。夏季需求再次上升，但年末供需关系明显改善，11 月和 12 月供需平衡均为正值。2010s 供需波动更剧烈，初春（1—2 月）需求略大于供给，春末至初夏供需关系显著改善，趋近平衡。夏季需求稍增，但从夏末至秋初，供需平衡转正，年末供给明显超过需求，反映出供给侧结构性改革和经济调整的成效。综上所述，三个年代的数据显示，尽管供需平衡在不同季节有所波动，但从长期趋势看，供需关系逐步改善，尤其在每个年代的末期，供给逐渐满足或超过需求。

第五节　生态供需水平衡分析

一、吐鲁番市各区县生态供需水平衡年际变化

高昌区的生态供需水平衡在整个时间跨度内经历了显著波动（图 8-15）。1990—1998 年、2002 年、2003 年、2009—2011 年、2013 年、2014 年、2016—2018 年高昌区生态供需水平衡为负，1999—2001 年、2004—2006 年、2008 年、2012 年、2015 年、2019 年、2020 年高昌区生态供需水平衡为正。整体来看，2000 年以前，供需平衡相对稳定，接近零值，这表明供水和需水之间的差值较小，供需相对平衡。然而，从 2000 年往后开始，供需平衡值明显下降，并在 2006 年达到最低点 -0.020 1 亿 m^3。这一阶段的供需不平衡可能与区域内水资源管理、气候变化及社会经济活动的影响有关。自 2010 年起，供需平衡值开始回升并且波动幅度加大，呈显著上升趋势，其中，2020 年达到最高值 0.273 4 亿 m^3。综上所述，高昌区生态供需水平衡的前期数据结果虽然受到部分数据缺失的影响，但中后期的波动显现出水资源管理政策和生态保护措施的逐步有效。

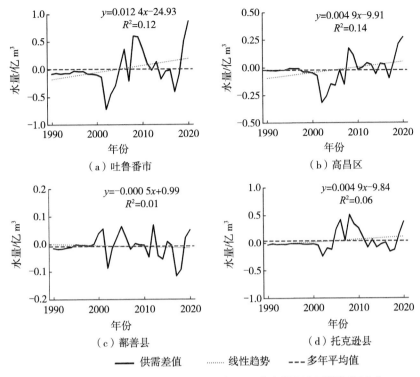

图 8-15　1990—2020 年吐鲁番市各区县生态供需水平衡年际变化

通过对 1990—2020 年鄯善县生态供需水平衡数据的分析可以看出，鄯善县生态供需水平衡经历了两个明显的阶段（图 8-15），1990s 鄯善县生态供需水平衡数据总体波动较小，这一时期的供需平衡值在 -0.018 亿～0.000 5 亿 m^3 变化，供水和需水之间的差异相对较小。这可能与水资源管理体系尚未完善，农业和工业用水需求相对较小有关。2000 年后，鄯善县生态供需水平衡处于显著波动期，2002 年、2017 年是两个明显的低值点，分别为 -0.087 亿 m^3 和 -0.116 亿 m^3，显示供需矛盾严重。2005 年和 2012 年是两个明显的高值点，分别为 0.064 亿 m^3 和 0.069 亿 m^3，显示供水状况改善。最高值与最低值差额为 0.185 亿 m^3，最高值约为最低值的 6 倍。

与高昌区和鄯善县的表现相似，托克逊县在 1990—2020 年分为平稳期和波动期（图 8-15）。在 1990—2000 年这段时间，托克逊县的水资源管理体系和基础设施可能处于较为稳定的状态，供需平衡未受明显外部冲击。进入 2000 年后，托克逊县的生态供需水平衡值出现了显著的波动，2000—2004 年、2012 年、2014—2015 年、2017—2018 年托克逊县生态供需水平衡处于负值，相反，2005—2011 年、2013 年、2016 年、2019—2020 年托克逊县生态供需水平衡处于正值。托克逊县生态供需水平衡在 2002 年达到最低值 -0.239 7 亿 m^3，在 2008 年达到最高值 0.5 亿 m^3，生态供需水平衡最高值与最低值差值为 0.739 7 亿 m^3，生态供需水平衡最高值约是生态供需水平衡最低值的 2.1 倍。整体来看，托克逊县生态供需水平衡数据值波动范围均高于高昌区和鄯善县。

1990—2020 年高昌区、鄯善县和托克逊县的农业需水量呈现出明显的区别和相似性。高昌区和鄯善县的生态供需水平衡在 2000 年后开始表现出一致的改善趋势。高昌区的生态供需水平衡在 1990—2007 年多为负值，表明长期供不应求。例如，2002 年达到最低点 -0.316 9 亿 m³。然而，从 2008 年开始，供需平衡变为正，持续上升至 2020 年的最高值 0.273 4 亿 m³，反映出生态恢复措施的逐渐效果。鄯善县的供需平衡较为稳定，波动最小，尤其是从 2008 年以后改善显著，表现出稳步上升趋势。2008 年前，尽管多为负值，但幅度较小，如 1994 年的 -0.010 2 亿 m³ 和 2002 年的 -0.087 1 亿 m³。2008 年之后逐渐改善，至 2019 年和 2020 年分别达到 0.023 5 亿 m³ 和 0.050 4 亿 m³ 的正值。与高昌区和鄯善县相比，托克逊县的供需平衡更加波动，显示出明显的峰值和谷值，通常波动范围高于其他两个地区。尤其是在 2005 年后，多次出现超过 0.3 亿 m³ 的高值，这可能与其较大的农业种植面积和水密集型作物种植有关，表明水资源供给相对充足。总体来看，三地的农业需水量表现出了不同的特点和趋势，反映了区域内水资源管理和农业实践的差异。高昌区和鄯善县的逐步改善表明了有效的水资源管理和生态恢复策略，而托克逊县的大幅波动则突出了在水资源供应充足的同时存在的管理挑战。

二、哈密市各区县生态供需水平衡年际变化

伊州区 1990—2020 年生态供需水平衡数据分析表明（图 8-16），该区生态供需关系经历了几个重要变化阶段：1990—1997 年：生态供需相对稳定，平衡值基本围绕 0 波动，无显著生态失衡现象。1998—2002 年：生态供需出现失衡，平衡值转为负，尤其在 2002 年达到最低点 -0.206 3 亿 m³，显示出供给不足。2003—2006 年：生态供需开始回升，2004 年平衡值首次出现正值 0.055 7 亿 m³，但整体仍波动。2007—2010 年：生态供需显著改善，平衡值持续正值，2008 年达到高点 0.174 4 亿 m³。2011—2016 年：供需关系再次波动，2015 年出现显著的负值 -0.178 1 亿 m³。2017—2020 年：生态供需持续改善，2019 年达到最高点 0.330 6 亿 m³，表明生态恢复措施效果显著。整体上，伊州区的生态供需水平衡从初期的稳定，到中期的失衡，再到后期的快速恢复和显著改善，反映了政策、气候、人类活动和生态项目的影响。

从整体趋势看，伊吾县的生态供需水平衡经历了以下几个阶段（图 8-16）：1990—1997 年为平稳期，此期间生态供需较为稳定。1998—2006 年为供需失衡期，生态供需水平衡值连续为负，特别是 2003 年达到最低点 -0.082 3 亿 m³，供给不足。2007—2020 年为恢复和改善期，平衡值逐步上升并多为正值。2003 年：生态供需水平衡达到最低点 -0.082 3 亿 m³，可能是由于生态环境遭受重大影响或不利的气候条件。2007 年供需平衡值首次大幅上升至正值 0.084 8 亿 m³，表明生态恢复措施开始显现效果。2008 年和 2011 年，平衡值分别达到 0.102 1 亿 m³ 和 0.083 6 亿 m³，是恢复和改善期的两个高峰，反映出较为显著的生态恢复效果。2015—2016 年，出现短暂下降，2016 年为负值 -0.010 8 亿 m³，可能是由于气候变化或人类活动影响。2020 年达到最高值 0.112 0 亿 m³，表明生态供需水平衡在这一年达到了历史最好水平。伊吾县在早期经历了较高的人口增长和经济发展压力，导致生态供需失衡。随着社会经济的发展，人们对环境保护的意识增强，资源管理和生态修复措施逐步到位，供需平衡得以改善。

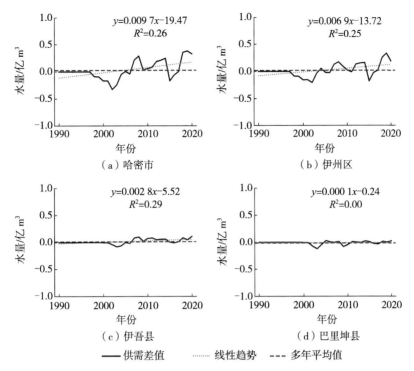

$y=0.009\,7x-19.47$
$R^2=0.26$

（a）哈密市

$y=0.006\,9x-13.72$
$R^2=0.25$

（b）伊州区

$y=0.002\,8x-5.52$
$R^2=0.29$

（c）伊吾县

$y=0.000\,1x-0.24$
$R^2=0.00$

（d）巴里坤县

—— 供需差值　　…… 线性趋势　　--- 多年平均值

图 8-16　1990—2020 年哈密市各区县生态供需水平衡年际变化

巴里坤县 1990—2020 年的生态供需水平衡经历了几个明显的过程（图 8-16）。2003 年：生态供需水平衡达到最低点 -0.122 0 亿 m³，可能是由于生态环境遭受重大影响或不利的气候条件。2008 年和 2011 年：供需平衡值分别为 0.011 5 亿 m³ 和 0.010 3 亿 m³，反映出生态恢复效果显著。2019 年和 2020 年：2019 年略微下降到负值 -0.000 2 亿 m³，2020 年恢复到较高值 0.024 0 亿 m³，表明在这一年生态供需水平衡有所改善。巴里坤县生态供需水平衡最高值在 2005 年为 0.029 8 亿 m³，最低值在 2003 年为 -0.122 0 亿 m³，最高值与最低值差额为 0.151 8 亿 m³。1990—1997 年期间生态供需较为稳定，供需平衡值为 0，表明没有显著的供需不平衡现象。1998—2007 年生态供需水平衡值连续为负，2003 年达到最低点 -0.122 0 亿 m³，反映出在此期间可能存在的生态压力。2008—2020 年：恢复和波动期。平衡值有所波动，但整体呈现上升趋势。

伊州区 1990—1997 年生态供需水平衡保持零，显示此期间生态平衡稳定。自 1998 年起，生态平衡值转为负，尤其 2002 年达到 -0.206 3 亿 m³ 的低点，标志生态赤字。但从 2004 年开始，伊州区生态平衡逐步改善，2007 年及 2008 年分别达到 0.130 5 亿 m³ 和 0.174 3 亿 m³ 的高峰。尽管 2011 年和 2015 年间断出现负值，整体趋势向好，特别是 2018 年和 2019 年的新高点分别为 0.253 8 亿 m³ 和 0.330 6 亿 m³。伊吾县 1990—1997 年生态供需水平衡也为零。1998 年起负值出现，虽然较小（1998 年为 -0.001 1 亿 m³），但自 2007 年起改善明显，2011 年达到 0.083 6 亿 m³ 的高峰。2015 年稍有下降，但维持正值，2018 年和 2020 年分别为 0.086 4 亿 m³ 和 0.112 0 亿 m³。巴里坤县 1990—1997 年生态供需水平衡同样为零，1998 年起转为负，2002 年为 -0.075 3 亿 m³。

2005 年开始出现正值 0.029 8 亿 m³，并在 2007 年和 2008 年保持正值。虽然 2010 年和 2016 年间断负值，整体趋势向好，特别是 2018 年为正值 0.015 6 亿 m³。伊州区生态恢复速度快，正值幅度大，尤其在 2018 年和 2019 年。伊吾县和巴里坤虽有恢复，但幅度和速度略逊于伊州区。

三、吐鲁番市各区县生态供需水平衡月尺度变化

对高昌区 1990—2020 年的生态供需水平衡月尺度数据进行分析（图 8-17）。从整体趋势来看，2010s 的生态供需水平衡数值波动程度最大，其标准差最大，其次为 2000s，波动最小的为 1990s。大多数月份的生态供需水平衡呈现出负值，即生态需水大于供水。反映了高昌区生态环境面临的挑战，如水资源短缺、土地退化等。尤其是在夏季和秋季月份，负值更为显著，这与高温、干旱等气候条件以及生态系统活动的季节性变化有关。

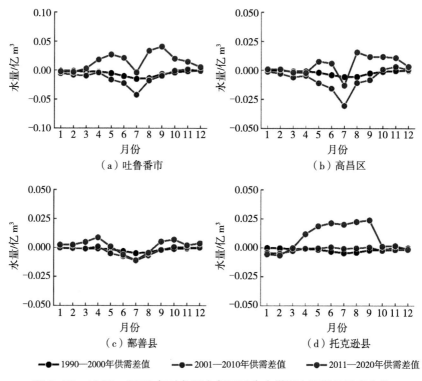

图 8-17　1990—2020 年吐鲁番市各区县生态供需水平衡月尺度变化

从季节变化上来看，夏季和秋季的数值多为负值，冬季较为稳定或略微正向，春季逐渐恢复。夏季的生态供需水平衡数值通常为负值，表明生态需水大于供水。夏季是高温干燥的季节，水资源供应不足，而生态系统的需求却增加，因此导致了较大的负值。在夏季，生态供需水平衡数值往往最为负面。秋季的生态供需水平衡数值仍然偏向消极方向，但相对于夏季而言有所改善。尤其是 11 月，负值相对较小，这是因为气温开始降低，降水量逐渐增加，有利于缓解水资源紧张状况，从而减轻了生态供需失衡的程度。冬季的生态供需水平衡数值相对较为稳定，甚至出现正值。这是由于气温下降、降水增

加有利于水资源的补给，生态需求相对较小，因此在冬季生态供需水平衡数值较为平衡或略微正向。春季的生态供需水平衡数值逐渐恢复，随着气温升高、降水增加，生态需求相应上升，但由于降水量的增加，有助于缓解生态供需失衡的情况。因此，在春季生态供需水平衡数值较为接近于平衡状态。

1990—2020 年鄯善县的生态供需水平衡经历了显著变化（图 8-17）。以平均值为例，1990—2000 年的平均生态供需水平衡数值为 -0.002 7 亿 m³，2000—2010 年为 -0.002 6 亿 m³，2010—2020 年则上升至 0.001 7 亿 m³，显示出生态供应的增加。标准差方面，1990—2000 年为 0.001 7 亿 m³，2000—2010 年为 0.002 1 亿 m³，2010—2020 年达到 0.006 4 亿 m³，表明最后十年的数据波动最大。季节变化亦显著。1990—2000 年夏季（6—8 月）的平均生态供需水平衡为 -0.003 9 亿 m³，2000—2010 年为 -0.007 4 亿 m³，2010—2020 年为 -0.007 1 亿 m³，显示夏季供需平衡恶化。而冬季的情况则相反，1990—2000 年为 -0.000 5 亿 m³，2000—2010 年为 -0.000 8 亿 m³，2010—2020 年改善至 0.002 2 亿 m³。不同时间段的极值也各异。1990—2000 年夏季极值出现在 7 月，为 -0.004 9 亿 m³，冬季极值出现在 12 月，为 -0.000 4 亿 m³。而 2010—2020 年夏季极值在 8 月，为 -0.004 4 亿 m³，冬季极值在 1 月，为 0.002 5 亿 m³。

分析托克逊县 1990—2020 年不同月份的生态供需水平衡变化（图 8-17）。整体来看，托克逊县不同年代际的生态供需水平衡发生了显著变化。平均值方面，1990s 为 -0.002 3 亿 m³，2000s 为 -0.001 3 亿 m³，2010s 为 0.007 9 亿 m³，反映出生态供应的增加。标准差显示 1990s 为 0.001 7 亿 m³，2000s 为 0.010 1 亿 m³，2010s 为 0.010 8 亿 m³，说明 2010—2020 年的数据波动最大。夏季，1990s 平均值为 -0.003 9 亿 m³，2000s 为 -0.002 1 亿 m³，2010s 为 0.021 3 亿 m³，表明夏季生态供需水平衡显著改善。冬季，1990s 为 -0.000 6 亿 m³，2000s 为 -0.000 3 亿 m³，2010s 为 0.003 7 亿 m³，显示冬季供需平衡也有所改善。前二十年极值多出现在夏季和秋季，而后十年则更多出现在冬季和春季。2010s 夏季极值为 0.021 4 亿 m³（6 月），冬季极值为 0.023 9 亿 m³，表明季节性气候变化影响了生态供需水平衡。历史对比显示，托克逊县生态供需水平衡在过去 20 年间发生了显著变化。前二十年供需平衡多为负值，后十年转为正值，反映出生态供应增加，这可能受益于资源管理政策和生态修复措施。综上所述，托克逊县生态供需水平衡在 1990—2020 年间因季节性气候变化和资源管理等因素发生了显著变化。

分析托克逊县 1990—2020 年不同月份的生态供需水平衡变化（图 8-17）。1990s 的平均值为 -0.002 3 亿 m³，2000s 为 -0.001 3 亿 m³，2010s 则上升至 0.007 9 亿 m³，反映出生态供应的增加。标准差方面，1990s 为 0.001 7 亿 m³，2000s 为 0.010 1 亿 m³，2010s 为 0.010 8 亿 m³，说明最后一个年代际的数据波动最大。夏季（6—8 月）的平均生态供需水平衡，1990s 为 -0.003 9 亿 m³，2000s 为 -0.002 1 亿 m³，2010s 为 0.021 3 亿 m³，显示夏季供需平衡显著改善。而冬季的情况亦相似，1990s 为 -0.000 6 亿 m³，2000s 为 -0.000 3 亿 m³，2010s 改善至 0.003 7 亿 m³。不同时间段的极值也有所不同，1990s 和 2000s 的极值通常出现在夏季和秋季，而第三个时间段则更多出现在冬季和春季。综上所述，托克逊县的生态供需水平衡在 1990—2020 年因季节性气候变化和资源管理等因素发生了显著变化。前二十年的供需平衡普遍为负值，而 2010 年之后则转为正值，表明生态供应显著增加。

对比分析吐鲁番地区 1990—2020 年中不同时间段的生态供需水平衡，数据显示这三个十年间的变化显著（图 8-17）。平均值方面，1990s 为 -0.007 9 亿 m³，2000s 为 -0.013 5 亿 m³，2010s 为 0.009 5 亿 m³，表明第三个十年的生态供应显著增加。季节变化方面，夏季供需平衡较差，7 月达到 -0.042 1 亿 m³，而冬季相对较好，9 月达到 0.041 0 亿 m³，表明生态供应明显增加。极值分析显示，极端值多出现在夏季和秋季，特别是 2010—2020 年 7 月的最低值 -0.042 1 亿 m³ 和 9 月的最高值 0.041 0 亿 m³。历史对比中，前二十年的供需平衡较差，而后十年显著改善，可能由于资源管理政策和生态修复措施的实施。吐鲁番地区位于干旱地区，气候变化显著影响生态供需水平衡。1990—2020 年间可能出现气候变暖和降水变化，后十年 7 月的极端负值可能与夏季降水减少有关。此外，人口增长和经济发展带来的过度开发和水资源利用也对生态供需水平衡产生了负面影响。

四、哈密市各区县生态供需水平衡月尺度变化

通过对哈密市不同年代际的生态供需水平衡数据分析可以发现，哈密地区的生态供需水平衡呈现出从负值到正值的转变趋势。平均值的变化显示出生态供应的增加，尤其是 2010s，平均生态供需水平衡达到了 0.009 7 亿 m³，相较于 1990s 的 -0.002 8 亿 m³，呈现出显著改善。季节变化方面，夏季的生态供需水平衡普遍较差，而冬季则相对较好，这一趋势在各年份中都得到体现。特别是 2010 年 7 月的生态供需水平衡达到了最低值 -0.015 0 亿 m³，而同年 12 月达到了最高值 0.019 3 亿 m³，显示出明显的季节性变化。1990—2010 年的极值呈现出一定的变化趋势。具体来说，1990—2000 年极值基本保持在负值，但幅度有所减小。而随着时间的推移，2000—2010 年极值逐渐向正值方向变化，且极值的绝对值逐渐增大。特别是 2010 年 10 月和 11 月，极值达到了 0.036 1 亿 m³ 和 0.019 3 亿 m³，分别为 20 年来的最高值，显示出生态供应的显著增加。哈密地区的生态供需水平衡在过去 20 年间发生了显著的变化。虽然整体趋势呈现出生态供应的增加，但在季节变化和极值变化方面仍存在一定的波动性。

哈密伊州区的生态供需水平衡在三十年中显示出明显的季节性趋势和逐步改善的趋势（图 8-18）。冬季月份供需平衡稳定，春季和夏季月份出现一些波动，而秋季的供需平衡有所恢复。三个年份的生态供需水平衡存在季节性变化：该地区生态用水供需平衡在春季略有波动，2000 年 5 月出现 -0.01 亿 m³ 的负平衡，而 2000 年和 2010 年 4 月的平衡值为 0.01 亿 m³ 和 0.02 亿 m³，表明春季用水需求增加；夏季的供需平衡显示出一定的不平衡，尤其是 1990 年 6—8 月的供需平衡均为 -0.01 亿 m³，表明供水不足的问题较为严重。相比之下，2000 年和 2010 年夏季的供需平衡状况有所改善；秋季的供需平衡逐步恢复至平衡或正值，尤其是 10 月和 11 月表现出明显的正平衡，2000 年和 2010 年 10 月的平衡值分别达到 0.02 亿 m³ 和 0.03 亿 m³；三个年份的生态供需水平衡均为 0，表明冬季用水需求和供应基本匹配，处于平衡状态。该地生态用水负平衡月份为 1990 年和 2000 年 5 月、6 月、7 月和 8 月，其中 1990 年夏季负平衡较为显著。10 月是供需平衡最高的月份，2000 年和 2010 年分别达到 0.02 亿 m³ 和 0.03 亿 m³。此外，4 月、7 月和

11 月在部分年份也表现出正平衡。因此，需要加强春季和夏季的用水管理，特别是在农业灌溉需求高峰期，需合理调配水资源。

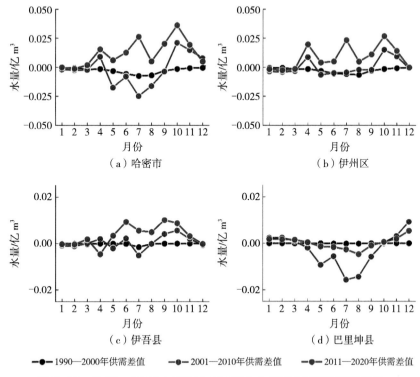

（a）哈密市　　　　　　　　　　　　　（b）伊州区

（c）伊吾县　　　　　　　　　　　　　（d）巴里坤县

——●——1990—2000年供需差值　——●——2001—2010年供需差值　——●——2011—2020年供需差值

图 8-18　1990—2020 年哈密市各区县生态供需水平衡月尺度变化

　　哈密伊吾县 1990 年、2000 年和 2010 年的生态供需水平衡显示出明显的季节性趋势（图 8-18）。总体来看，冬季供需平衡较为稳定，春季和夏季存在波动，秋季逐步恢复。1990 年全年供需平衡较为稳定，唯一的显著波动出现在 7 月，达到 -0.002 亿 m³，反映出夏季供水不足。2000 年波动较大，尤其是冬季和夏季。1 月、2 月和 12 月均为 -0.001 亿 m³，显示出冬季轻微的供水不足。春季 4 月供需平衡为 0.002 亿 m³，但 5 月为 -0.002 亿 m³，显示供需不平衡。夏季波动显著，6 月为 0.002 亿 m³，7 月为 -0.005 亿 m³，8 月为 0，特别是 7 月的负平衡反映出显著的供水压力。秋季情况逐步改善，9 月为 0.004 亿 m³，10 月为 0.006 亿 m³，11 月为 0.002 亿 m³。2010 年波动最大，春季和夏季供需变化显著。3 月供需平衡为 0.002 亿 m³，4 月下降至 -0.005 亿 m³，5 月恢复至 0.003 亿 m³。夏季供需平衡较好，6 月为 0.009 亿 m³，7 月为 0.006 亿 m³，8 月为 0.005 亿 m³。秋季进一步改善，9 月为 0.010 亿 m³，10 月为 0.009 亿 m³，11 月为 0.003 亿 m³。2000 年和 2010 年的改善可能与水资源调度优化和基础设施建设加强有关。

　　通过对哈密巴里坤县 1990 年、2000 年、2010 年的生态供需水平衡数据分析得到图 8-18，总体来看，该地区的生态供需水平衡在多数月份保持稳定，但在某些年份的特定月份出现了供需不平衡的现象。冬季的供需平衡情况相对较好。数据显示，1990 年、2000 年和 2010 年的 1 月和 2 月均为 0，表明冬季初期的供需平衡较为稳定，没有明显的供水不足或过剩的情况。12 月的数据在 1990 年和 2000 年为 0.00，2010 年则为 0.01 亿 m³，略有盈余，说明冬季末的供水情况稍有改善。春季的数据表现出一定的季节性变化。3 月和 4 月在所有年份中均为 0，显示出春季早期的供需平衡较为稳定。然而，5 月的情况则有所不同。1990 年的 5 月为 0，表示供需平衡良好，但 2000 年为 -0.01 亿 m³，出现了供水不足的情况；2010 年的 5 月恢复为 0.00，表明供需平衡有所改善。夏季的数据波动较为显著。6 月在 1990 年为 0.00，但在 2000 年出现了 -0.01 亿 m³ 的负平衡，2010 年则恢复为 0.00。7 月的数据更加显著，1990 年为 0.00，2000 年则为 -0.02 亿 m³，显示出明显的供水不足；2010 年再次恢复为 0.00。8 月的情况类似，1990 年为 0.00，2000 年为 -0.01 亿 m³，2010 年为 0.00。整体来看，2000 年夏季的供需平衡出现了显著的负值，反映出这一时期的供水压力较大。秋季的供需平衡情况相对稳定。9 月在 1990 年为 0.00，但在 2000 年为 -0.01 亿 m³，显示出轻微的供水不足；2010 年再次恢复为 0.00。10 月在所有年份均为 0.00，供需平衡较好。11 月的数据也显示出较为稳定的供需平衡，1990 年和 2000 年均为 0.00，2010 年略有改善，为 0.01 亿 m³。该地区在过去二十年中的供需情况有了一定的改善，但仍需关注特定季节的供需平衡问题，尤其是在夏季和春季。

第九章
吐哈盆地水资源利用综合分析

水资源作为可再生和可持续更新的自然资产，对社会经济的持续发展起着基础性支撑作用。中国水资源的短缺已经成为制约社会经济发展的主要问题之一，尤其是随着人口增长和经济发展，这一问题更加凸显。中国的水资源分布不均，加之土水资源配置不匹配，特别是在干旱和半干旱地区，水资源短缺问题更为严重，对这些地区的社会经济发展和生态环境产生了关键影响。因此，解决水资源供需矛盾，强化水资源管理，并实现水资源与社会、经济、生态环境的协调发展，已成为迫切需要解决的问题之一。

吐哈盆地位于欧亚大陆腹地，这一地区面临降水量少、蒸发量大和空气极度干燥的挑战，该地区的居民和农工业生产极度依赖于冰川融水和地下水。水资源的可靠性直接关系到人类生存、生活质量的提升和环境保护等多方面。因此，深入了解并合理利用吐哈盆地的水资源，对保护该地区水资源、推动国民经济发展及改善干旱地区生态环境至关重要。

对水资源的综合分析旨在通过广泛的比较和评估，全面理解吐哈盆地在整个新疆范围内水资源的现状和利用水平。这种分析不仅揭示了水资源与区域经济、人口之间的关系，还旨在实现经济建设与水资源保护的同步进行，以促进社会经济的持续发展。仅仅考虑水需求与供应的平衡是不够的，还需全面和客观地评估吐哈盆地水资源利用的各项因素。

因此，本章特选取紧邻吐哈盆地的天山北坡经济带地区（以下简称"天山北坡"）以及吐哈盆地所处的整个新疆维吾尔自治区作为对照，同时引入全国的相关水资源数据作为参照，进行综合比较分析。通过对比不同区域、不同尺度的水资源禀赋、开发利用程度、用水结构、用水效率、节水水平和管理体系，以期全面揭示吐哈盆地用水水平在全疆乃至全国范围内的相对地位，明确其优势与不足 [75,77,78]。

因为天山北坡在全疆有着举足轻重的地位，在地理空间和经济文化建设、人口资源流动上又与吐哈盆地紧密相连，密切相关，因此选取天山北坡作为比较的对象。天山北坡是指包括乌鲁木齐市、克拉玛依市、石河子市、昌吉回族自治州、博尔塔拉蒙古自治州和塔城地区在内约 22 万 km² 的广大地区，是新疆经济最为发达的一个区域，集中了新疆大部分的轻重工业，拥有坚实的城镇、交通和能源基础条件。同时，天山北坡城市群与吐哈盆地的空间范围大小相似，自然条件相仿，通过这两个区域的对比，我们可以更清晰地了解吐哈盆地用水水平与新疆最发达地区的用水水平之间的差距。将全疆作为对比对象并引入全国尺度作为参照，则能更加客观地评价吐哈盆地水资源在新疆和中国范围内的丰缺程度和利用水平高低，可以更清晰地了解吐哈盆地在整个新疆乃至中国水资源利用中的相对位置和特点，看清其优势和不足。这种对比不仅有助于理解吐哈盆地的水资源现状，还能为制定更加科学、合理的水资源管理和利用策略提供有力支持。

由于作为对照和参考地区的数据在 1990—2020 年部分时间段存在缺失或模糊的情况，因此在进行本章节的对比分析中，某些部分仅选用 2000—2020 年的数据进行趋势性分析或平均值计算，以保障数据连续、准确。

第一节　水资源禀赋条件比较分析

本节将深入探讨和比较吐哈盆地、天山北坡、新疆维吾尔自治区以及中国的水资源禀赋条件。通过细致地分析降水量、水资源量、供水量及水质等关键指标，以获得对吐哈盆地及其子区域（吐鲁番地区和哈密地区）水资源禀赋条件的全面认识，揭示这些地区在水资源方面的相对优势与挑战。

一、降水量

吐哈盆地的降水特征体现了该地区的独特气候和地理环境。吐哈盆地的多年平均降水量（1990—2020 年）约为 38 mm，不足全国平均年降水量的 1/15，属于极端干旱地区。但盆地内的降水分布亦有不同：哈密地区的降水量略高，多年平均值为 55 mm，而吐鲁番地区，由于其被高山环绕，阻隔了水汽输送，降水量则仅为 30 mm。与吐哈盆地的降水量相比，天山北坡要湿润得多，多年平均降水量达到了 265 mm，这一数值也显著高于全区的平均水平（约 177 mm），但依然属于干旱半干旱地区，距离中国平均的年降水量差距很大。这种差异直接影响了水资源的自然补给量和地区间水资源分配的不平衡。

如图 9-1 所示，1990—2020 年吐哈盆地的降水波动很大，年降水量在 5～71 mm 波动，其中吐鲁番地区的降水量在 2～65 mm，哈密地区的降水量在 9～88mm，变化幅度很大。天山北坡城市群的降水量在 192～334 mm，较高且相对稳定的降水是支持这一区域成为全疆经济中心的基础。全疆的降水量在 133～223mm。全国的年降水量在 582～730 mm 之间，变化幅度比完全处于干旱区的新疆更加稳定。

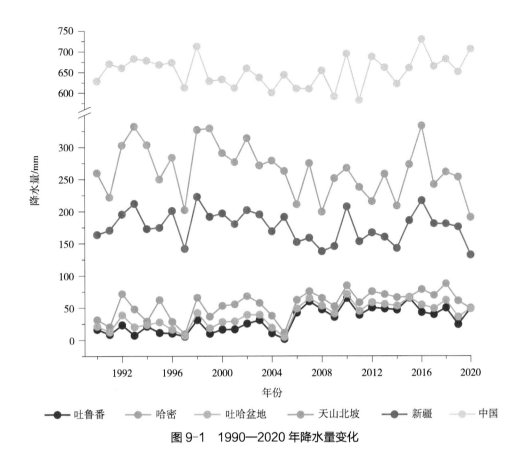

图 9-1　1990—2020 年降水量变化

与天山北坡、新疆全域和全国的降水量相比，吐哈盆地不仅降水稀少，而且降水的波动极大，这对该地区的工农业发展以及生态系统的稳定运行都构成了很大的挑战。

在整体的波动背景下，吐哈盆地和其他区域也展示出了一定的降水变化趋势性。不同的降水变化趋势彰显出气候变化对于不同气候、地形、植被条件区域的复杂影响。吐哈盆地的降水量在过去的 30 年间整体呈现略微上升的趋势，这与吐鲁番和哈密地区的降水变化是一致的。与此同时，天山北坡和新疆全区的降水量却呈现出下降趋势。相比之下，综合了不同气候区的全国的降水量比较稳定，几乎没有明显的增多或减少。1990 年吐哈盆地的年降水量仅相当于天山北坡的 8%，全疆平均的 12%，全国的 3%。而 2020 年这一比例分别提高至 26%、37% 和 7%。尽管降水增多为吐哈盆地带来了一定的水资源补给，但由于该地区原本的降水量较低，因此面临的干旱挑战依然严峻。

二、水资源总量与人均水资源量

（一）水资源总量

在水资源总量方面，截至 2020 年底，吐哈盆地的水资源达到了 24.42 亿 m^3。其中，吐鲁番地区水资源量为 9.06 亿 m^3，占盆地总水资源量的 37%；哈密地区水资源总量

15.26 亿 m³，占盆地总水资源量的 63%。吐哈盆地的水资源相当稀缺，仅占全疆水资源量的 3%。相比之下，天山北坡 2020 年的水资源量为 117.28 亿 m³，占全疆的 14%，是吐哈盆地的近 5 倍 [图 9-2（b）]。同年，中国的水资源量为 31 605.20 亿 m³，是新疆全区水资源量的近 40 倍。

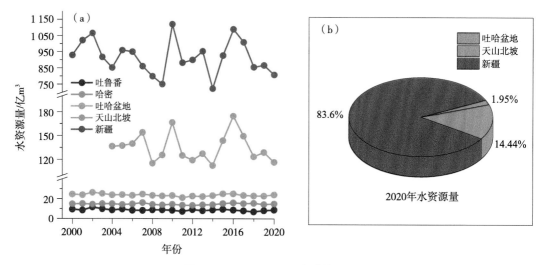

图 9-2 2000—2020 年水资源量

2000—2020 年吐哈盆地多年平均的水资源量为 23.98 亿 m³，这一数值根据丰枯水年的不同，在 21.43 亿～26.55 亿 m³ 波动，不过在全疆的占比一直在 2%～3%。在同一时段内，天山北坡与全疆的多年平均水量为 135.76 亿 m³ 和 919.52 亿 m³（本节中的天山北坡数据时间范围为 2004—2020 年，未特别标注时均遵循此范畴），年际间的波动幅度在 60 亿 m³ 和 400 亿 m³ 左右，最高值较最低值相差约 55%。全国的水资源量多年平均值为 27 661.05 亿 m³，最高时有 32 466.40 亿 m³，最低时有 23 256.70 亿 m³。相较于天山北坡、全疆与全国，吐哈盆地的水资源量在年际间的变化幅度比较小，相对稳定。

2000—2020 年吐哈盆地、天山北坡和全疆的水资源量都表现为在一个大致范围内不规律的波动变化 [图 9-2（a）]，全国的水资源量也有类似的年际变化特征，但由于数量级差异较大，没有在图 9-2 中显示。除了全国的水资源量在 20 年间呈现出了一定的上升态势，其他几个地区都没有明显的变化趋势。2010 年和 2016 年是吐哈盆地相对丰水的年份，这一特征在天山北坡及整个新疆地区也有所体现，反映了它们在水资源变化上的一致性。

2000—2020 年吐哈盆地内水资源的分配也产生了一些变化（图 9-3）。绝大部分时期吐鲁番地区的水资源量在吐哈盆地中的占比在 35%～40%，但在少数年份，如 2002 年能达到 45%，而 2018 年仅占吐哈盆地的 31%。总体来说，吐鲁番地区的水资源总量和其在地区中的占比呈下降的趋势，因此虽然哈密地区的水资源量变化很小，但其在盆地中的占比却能呈上升的趋势。这种比例的上升并不能说明其在水资源分布中更具优势，而应当注意吐鲁番地区的水资源减少将在何种程度上影响与其紧密相邻的哈密地区反而更值得注意。

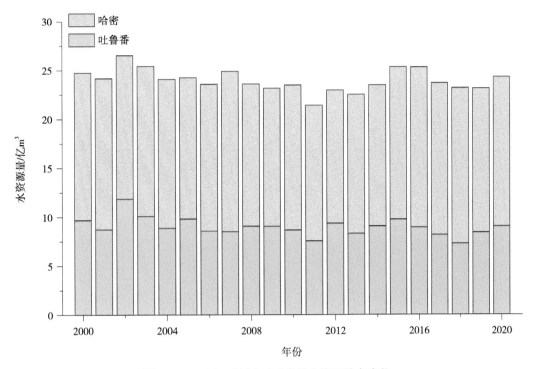

图 9-3　2000—2020 吐哈盆地水资源分布变化

（二）人均水资源量

2020 年吐哈盆地的人均水资源量显示为 1 777.48 m³，这一数值明显低于天山北坡的 2 034.23 m³ 和新疆全区的 3 141.00 m³，同时也低于全国人均的 2 239.92 m³，凸显了该地区水资源严重匮乏的现状。具体来看，哈密地区的人均水资源量为 2 266.10 m³，而吐鲁番地区仅为 1 303.76 m³，按联合国环境发展署给出的划分标准属于水资源不足地区。

进一步考察 2000—2020 年的多年平均值，吐哈盆地的多年人均水资源量为 2 042.18 m³。其中，吐鲁番地区的人均数值较低，为 1 488.33 m³，而哈密地区的人均水资源量则达到了 2 632.45 m³。与之相比，天山北坡的多年平均值为 2 220.53 m³，新疆全区的多年平均值为 4 324.81 m³，均超过了吐哈盆地的数值。全国多年的平均人均水资源量为 2 063.69 m³，与吐哈盆地的多年平均值相当接近。

人均水资源量受水资源总量的影响，年际间的波动也很大：2000—2020 年吐哈盆地的人均水资源量最低时仅有 1 777.48 m³，最高时能达到 2 443.55 m³，绝大部分时期低于全国和天山北坡的人均水资源量，总体上呈下降的趋势。除了全国的人均水资源量没有明显的上升或下降倾向外，其他几个地区也有类似的趋势性。天山北坡的人均水资源量相对更不稳定，在 1 724.97～2 719.10 m³ 波动，水资源紧缺程度较吐哈盆地略轻，大部分年份高于全国平均的人均水资源量；而全疆的人均水资源量波动下降，维持在 3 130.00～5 652 m³，从未低于过全国平均水平（图 9-4）。

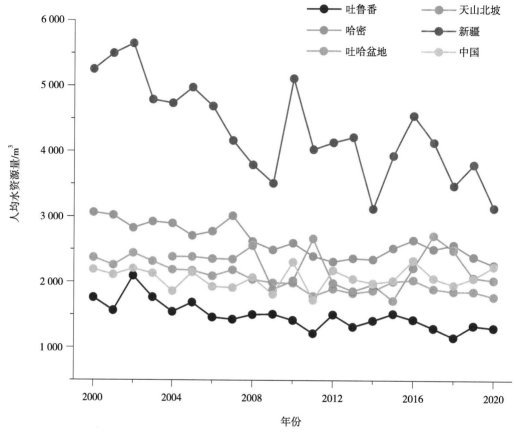

图 9-4　2000—2020 年人均水资源量

（三）地表水和地下水资源量

地表水和地下水资源的分布在各个地区也有所不同。2020 年吐哈盆地和其他两个地区地表水和地下水资源量如图 9-5 所示，吐哈盆地的地表水和地下水资源量分别为 20.47 亿 m³ 和 12.61 亿 m³，重复计算量 8.76 亿 m³；天山北坡的地表水和地下水资源量分别为 107.88 亿 m³ 和 70.98 亿 m³，重复计算量 61.58 亿 m³；新疆全境的地表水和地下水资源量分别为 771.48 亿 m³ 和 503.51 亿 m³，重复计算量 61.58 亿 m³；全国的地表水和地下水资源量之间的差异要大得多，分别为 30 407.00 亿 m³ 和 8 553.50 亿 m³。吐哈盆地的地表水和地下水资源量都不足与其相邻的天山北坡的 20%，不足全疆的 3%。而全疆的地表水和地下水资源量又分别仅有同年全国的 3% 和 6%，总体非常缺水，尤其是地表水。

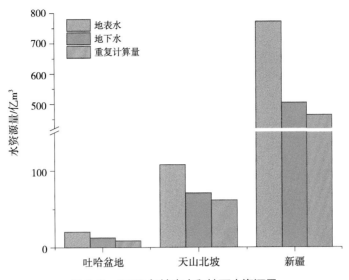

图 9-5　2020 年地表水和地下水资源量

比较 2000—2020 年的多年平均值，吐哈盆地的多平均地表水和地下水资源量分别为 19.91 m³ 和 12.48 m³。其中，吐鲁番地区的地表水和地下水资源量分别为 7.06 m³ 和 6.62 m³，而哈密地区则分别为 12.85 m³ 和 5.86 m³。天山北坡地表水和地下水的多年平均水资源量分别为 123.92 m³ 和 79.60 m³，新疆全区的多年平均值分别为 870.39 m³ 和 559.43 m³。然而，值得注意的是，吐哈盆地多年平均地表、地下水资源量比例约为 5∶3，其中吐鲁番盆地的地表水和地下水资源量基本相当，换算成整数比约为 16∶15，同为该地区重要的水资源类型；而哈密地区的地表水资源量要比地下水资源量多很多，两者之比近似 2∶1。天山北坡与全疆的地表水资源与地下水资源之比和吐哈盆地的很接近，都是以地表水资源为主，但地下水资源也占据不可小觑的地位。相比之下，全国的地表水资源量在总水资源中的占比可超过 90%，而地下水资源量不足 10%，表现出极强的对地表水资源的依赖。

（四）产水模数

产水模数是衡量水资源丰富程度的重要指标，描述了单位面积内水资源的平均产出能力。2020 年，吐哈盆地的产水模数为 11 608.75 m³/km²，其中，吐鲁番地区为 13 570.97 m³/km²，哈密地区为 10 691.40 m³/km²。同年，天山北坡和全疆的产水模数分别为 53 943.87 m³/km² 和 49 396.22 m³/km²，全国的产水模数为 32.93 万 m³/km²。吐哈盆地的产水模数不仅远低于天山北坡和新疆的平均水平，更是不足全国平均水平的 1%。

2000—2020 年吐哈盆地多年平均的产水模数约为 11 448.67 m³/km²，其中，吐鲁番地区约为 13 496.73 m³/km²，哈密地区约为 10 491.19 m³/km²。天山北坡和全疆的这一数值分别为 62 443.33 m³/km² 和 288 193.96 m³/km²。吐哈盆地的产水模数相对较低，反映出该区域水资源产出能力上的不足。产水模数随时间的变化与水资源量一致，受到当年气候条件和降水的限制，波动强烈且没有明显的趋势性。

三、供水量与人均供水量

（一）供水量

供水量的大小及其与水资源总量的比率（供水率）直接关系到地区水资源的有效利用和供需平衡。在供水量方面，2020 年吐哈盆地的供水量为 18.04 亿 m³，其中，吐鲁番地区供水量 12.33 亿 m³，哈密地区供水量 7.10 亿 m³。同年的天山北坡和全疆的供水量分别为 121.37 亿 m³ 和 549.93 亿 m³，吐哈盆地分别为其的 15% 和 3%。中国的年供水量为 5 812.90 亿 m³，全疆供水量占其中的 9%。

2000—2020 年吐哈盆地的供水总量稳定在 18.97 亿 m³ 左右，其中，吐鲁番地区供水量约占 63%，哈密地区的供水量占 37%。与此同时，天山北坡在同一时期的供水量约为 110.08 亿 m³，新疆全区的多年平均值则为 533.21 亿 m³。吐哈盆地的供水量在全疆中的占比一直维持在 3%～4%，是天山北坡供水量的 15%～20%。中国的多年平均供水量为 5 864.66 亿 m³，是新疆的 11 倍。

受到水资源量和水资源管理的限制，供水量在年际间也会发生波动。如图 9-6 所示，2000—2020 年吐哈盆地的供水量总体较低，但依然呈现出了一定的增长趋势：2000 年的供水量最低为 16.99 亿 m³，逐渐提升至 2012 年的最高点 21.42 亿 m³，后又略微下降，但总体上 2020 年的供水量相较于 2000 年增加了 6%。相比之下，天山北坡以及全疆的供水量年际间的波动幅度相对较大，分别在 90.56 亿～128.81 亿 m³ 和 475.03 亿～590.14 亿 m³。与吐哈盆地的变化趋势类似，天山北坡和全疆的供水量在整体上呈现上升趋势，但具体到年际间变化，它们经历了先上升后下降的过程。特别是全疆的供水量，2011—2012 年经历了一个显著的跃升，而天山北坡的供水量变化则显得相对平稳。

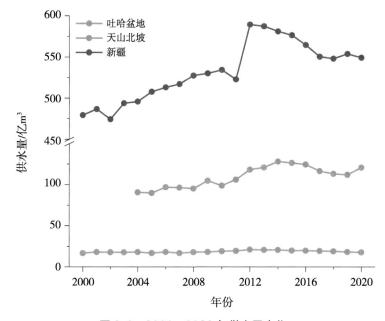

图 9-6　2000—2020 年供水量变化

（二）人均供水量

吐哈盆地及其他两个地区的人均供水量在时间和空间分布中呈现出显著的差异。2020 年吐鲁番的人均供水量为 1 774.74 m³，而哈密地区仅为 847.27 m³，吐哈盆地的人均供水量在综合后为 1 318.99 m³。天山北坡 2020 年的人均供水量为 1 874.38 m³。同年，新疆的人均供水量为 2 123.28 m³，高于吐哈盆地和天山北坡。不过，吐哈盆地的人均供水量虽然在全疆处于较低的水平，但仍远远高于全国同期的人均降水量（411.97 m³）。

2000—2020 年吐哈盆地多年平均的人均供水量约为 1 601.14 m³，其中吐鲁番地区和哈密地区的多年平均值分别为 1 952.72 m³ 和 1 246.94 m³；在其邻近的天山北坡，人均供水量相对较高，约为 1 764.82 m³；而新疆全区的人均供水量多年平均值达到了 2 435.89 m³。这些地区的人均供水量均高于全国同时段的平均水平（437.59 m³），显示出较好的供水条件。

人均供水量随时间的波动也较为显著：2000—2020 年间吐哈盆地的人均供水量在最低时仅有 1 246.55 m³，而在最高时能达到 1 759.34 m³；吐鲁番地区的人均供水量在 1 666.94～2 213.51 m³，哈密地区普遍要更低，一般在 847.27～1 537.46 m³。天山北坡的人均供水量相较吐哈盆地更加稳定，其数值在 1 550.23～1 963.54 m³；全疆的人均供水量整体要更高更稳定，波动幅度在 2 123.28～2 619.35 m³。全国的人均供水量一直不高，波动在 422.98～454.07 m³。

在变化的趋势上，2000—2020 年吐鲁番地区的人均供水量呈现出先上升、后下降的过程（图 9-7），而哈密地区基本保持了持续下降的趋势，两个地区的综合结果是吐哈盆地的人均供水量基本稳定在 1 500～1 700 m³ 的范围内，没有明显的趋势性。天山北坡的人均供水量有上升的趋势，而全疆基本保持了持续下降的趋势。全国的人均供水量在 20 年间呈现出"下降—上升—下降"的"S"形过程。总体来看，吐哈盆地、天山北坡以及全疆的人均供水量均显著超出全国平均水平，这充分展现了这些地区在供水保障方面的优势。然而，这种优势主要源于这些区域较低的人口密度。鉴于这些地区生态环境较为脆弱，我们仍须进一步强化水资源的合理开发与保护，确保水资源的可持续利用。

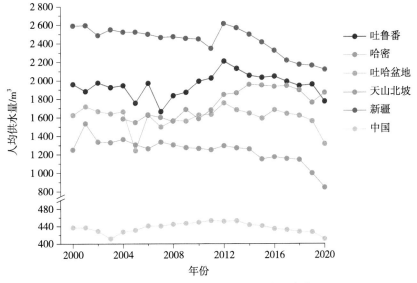

图 9-7　2000—2020 年人均供水量变化

（三）地表水和地下水供水量

按照供水来源可以将供水总量划分为地表水供水量、地下水供水量和中水利用量（其他供水量）。2020 年的地表水、地下水、中水供水份额如图 9-8 所示。吐哈盆地与天山北坡以及新疆的供水结构有所差异：2020 年吐哈盆地的地表水、地下水、中水供水量为 8.22 亿 m³、9.64 亿 m³ 和 0.17 亿 m³，占总供水量的份额为 46%、53% 和 1%；天山北坡与全疆的供水都以地表水为主，天山北坡 2020 年的地表、地下、中水供水量为 70.98 亿 m³、47.92 亿 m³ 和 2.47 亿 m³，份额分别为 58.5%、39.5% 和 2%；全疆的供水量则为地表水 423.54 亿 m³、121.93 亿 m³ 和 4.46 亿 m³，份额则为地表水 77%、地下水 22% 和不足 1% 的中水；全国的供水来源中，地表水占 4 792.3 亿 m³、地下水 892.5 亿 m³、中水有 128.1 亿 m³，与新疆的供水结构类似，地表水都占据了绝对主导的地位。相比之下，吐哈盆地相当依赖地下水供水，同时在中水利用方面也依然有发展的空间。

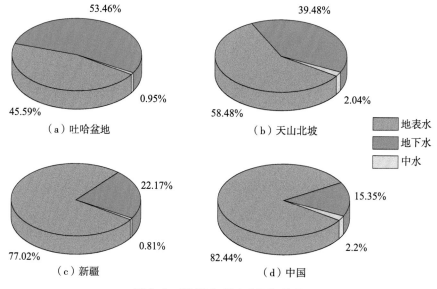

图 9-8　2020 年供水来源和份额

相较于 2000 年，2020 年的吐哈盆地供水特征表现为地表水占比升高，地下水份额降低，并且加大了中水回用的力度（图 9-9）。其内部的吐鲁番地区和哈密地区的表现与吐哈盆地的整体一致。这点与全国的供水情况相同而和天山北坡以及全疆的趋势是相反的：在 20 年间，全国的地表水供水增长了 350.91 亿 m³，而地下水供水减少了 174.98 亿 m³；在全疆尺度上则是地表水供水量减少了 1.96 亿 m³，而地下水供水增加了 67.73 亿 m³；天山北坡地表水和地下水供水量都增加了，但地下水供水量的增长幅度更大一些，因此也导致了地表水的供水份额降低。同时，无论是吐哈盆地、天山北坡还是全疆乃至全国的整体层面，在中水回用上都有了长足的发展，分别增加了 0.17 亿 m³、2.47 亿 m³、3.74 亿 m³ 和 105.98 亿 m³。

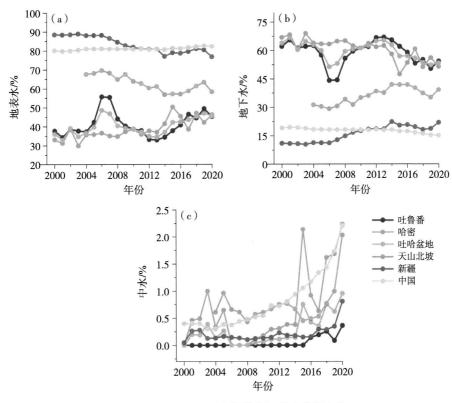

图 9-9　2000—2020 年分来源供水份额变化

（四）供水模数

供水模数体现了水资源供给的能力，表示为单位面积内供水量的多少。2000—2020 年吐哈盆地供水模数的多年平均值为 9 057.13 m³/km²，吐鲁番地区约为 17 813.41 m³/km²，哈密地区约为 4 963.54 m³/km²。天山北坡和全疆的这一数值分别为 51 167.17 m³/km² 和 32 438.78 m³/km²。全国多年平均的供水模数达到了 61 103.61 m³/km²。2020 年吐哈盆地、天山北坡和全疆的供水模数分别为 8 609.04 m³/km²、55 823.86 m³/km² 和 33 456.24 m³/km²。同年，全国的供水模数约为 60 563.17 m³/km²。虽然吐哈盆地的供水模数不足全疆水平的 1/3，不足天山北坡和全国平均水平的 1/6，但考虑到该地区水资源的稀缺状况，以及当前的开发利用程度，可以认为吐哈盆地在水资源管理和供水设施建设上已经取得了显著成效。

四、水质

水质关乎水资源的实际利用价值。在水体质量方面，吐哈盆地的水质经过了一系列的改善措施，截至 2020 年，全地区的地表水和地下水源水质均达标（Ⅲ类），其中吐鲁番地区于 2017 年引进了先进的污水处理工艺（改良 AAO 工艺＋沉淀＋深度处理＋紫外消毒），投入使用后集中式生活饮用水水源和河流水质全部达到Ⅰ类水标准，在新疆乃至全国地表水环境质量排名中名列前茅。而在天山北坡，有水质条件比较好的如昌吉回族自治州和塔城地区，也包含水质较差的地区，如克拉玛依市和博尔塔拉蒙古自治州（以下简称"博州")。但即使在新疆全区水环境质量排名最后的博州,地表水和饮用水水源地水质也都能达到Ⅲ类水标准。新疆全区地表水水质达到Ⅰ～Ⅲ类的比例为98.8%,劣Ⅴ类重度污染水质比例为1.2%。其中河流水质总体保持优良,而湖泊水质稍逊,Ⅰ～Ⅲ类水质湖库占74.2%,劣Ⅴ类水质占12.9%。地下水方面,Ⅰ～Ⅲ类水质占比为66.7%,Ⅴ类占20.0%。总体而言,吐哈盆地的水质在新疆全区中位列前茅,即使与新疆经济最发达的地区相比也毫不逊色。

第二节　水资源开发利用程度比较分析

本节将对吐哈盆地、天山北坡、新疆维吾尔自治区以及中国的水资源开发利用程度进行深入分析和比较。通过考察水资源开发利用率与供水率、建成区绿化覆盖率、灌溉面积与灌溉率以及污水排放量等核心指标,以期全面揭示吐哈盆地及其子区域在水资源开发利用方面的现状与问题。

一、水资源开发利用率与供水率

水资源开发利用率是衡量一个区域在一定时间内,根据水资源的实际开发与利用情况,对水资源潜力进行有效挖掘和应用的程度。《中华人民共和国水法释义》中明确,水资源开发利用率(以下简称"利用率")指的是在供水保证率为75%的条件下,可供水量与多年平均水资源总量的比值。这个指标反映了水资源的开发强度,是衡量一个地区水安全和经济发展的重要指标。根据2000—2020年的供水数据推算,吐哈盆地的总体利用率为95%,吐鲁番地区的利用率已经严重超过合理上限,达到了162%,哈密地区的利用率则仅有54%。吐哈盆地的利用率不仅略高于天山北坡的90%,甚至远高于新疆(64%)和全国的同期水准(22%)(表9-1)。

表9-1　水资源开发利用率　　　　　　　　　　　　　　单位:%

项目	吐鲁番	哈密	吐哈盆地	天山北坡	新疆	中国
总体利用率	162.29	54.25	94.63	90.11	63.65	21.87
地表水利用率	92.28	28.90	50.07	58.20	52.80	18.46
地下水利用率	115.76	52.89	78.04	59.80	22.07	13.82

在分水源的利用率上,吐哈盆地的地表水利用率要低于地下水,分别为50%和78%。其中吐鲁番地区不但总体利用率远高于哈密地区,在地表水和地下水的利用率上也都非常高,地下水利用率甚至已超过100%。相较于吐哈盆地,天山北坡和全疆的地表水利用率略高(58%和53%),但地下水利用率远不及吐哈盆地,分别为60%和22%。在同一时期,中国平均的地表水和地下水利用率只有18%和14%。吐哈盆地如此高的利用率客观上反映了这个地区的经济活动充分利用了现有的水资源潜力。然而,过高的开发利用率也带来了潜在的环境风险,比如地下水资源的过度消耗。此外,过高的利用率

可能导致生态系统的脆弱性增加，使其在极端气候条件下更容易受到影响。

　　若简化考量，将年供水量与当年水资源总量的比例视为供水率，衡量地区水资源的开发强度，则吐哈盆地在2000—2020年间的供水率经历了显著的变化，实现了从69%到74%的增长，其中，吐鲁番地区的供水率由86%上升至99%，哈密地区则由71%下降至51%。同一时期内，天山北坡的供水率也由66%增至103%，供水量逐渐超过了地区能够支持供给的水资源量，水资源的可持续性受到威胁。新疆全区域的供水率从52%增长至68%。全国的供水率一直保持低位且稳定，甚至在20年间下降了约2个百分点［图9-10（a）］。相比之下，吐哈盆地的水资源开发程度虽然还没有超过地区的可供给极限，但也已经高于了全疆和全国的平均水平，在水资源可持续发展上存在一定的风险。

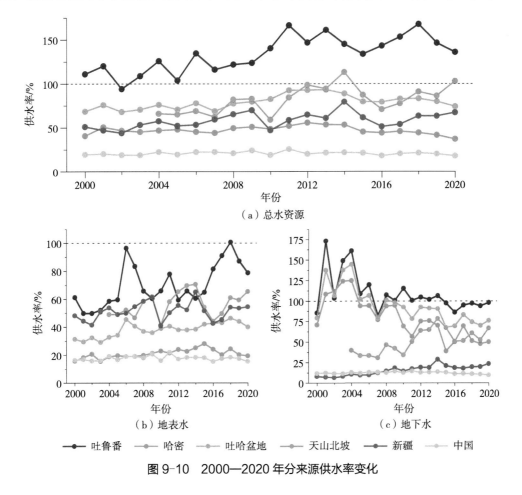

图9-10　2000—2020年分来源供水率变化

　　根据水资源的来源不同，供水率可细分为地表水供水率和地下水供水率（又称"开采系数"）。如图9-10（b）、（c）所示，2000—2020年吐哈盆地的地表水供水率上升了8个百分点，反映了该地区对地表水依赖程度的增加；地下水资源的开发较为克制，供水率反而下降了4个百分点。吐哈盆地内部的地区供水率变化表现不同：吐鲁番地区的地表水和地下水供水率分别上涨了18个和13个百分点，而哈密地区的地表水供水率上涨幅度仅为4个百分点，且地下水供水率下降了20个百分点。这种供水率的不平衡增长，尤其是吐鲁番地区地表水的超量开采，暗示着吐哈盆地在水资源管理上面临着重大的可持续性挑战。天山北坡和新疆全域的供水率也表现出不同的特点，2000—2020 年天山北坡的地表水和地下水供水率分别上升了 17 个和 27 个百分点，全疆则为 6 个和 15 个百分点。相比于地表水，这些地区地下水的开发强度大大增加了。但放眼全国，无论是地表水供水率还是地下水供水率都有轻微下降。长期来看，过度依赖和开发地下水资源可能导致土壤盐碱化、生态环境退化和水资源枯竭的风险。诸如吐哈盆地这类干旱区的水资源管理任重道远，需要更多综合性的策略和长远规划来应对日益严峻的水资源挑战。

二、建成区绿化覆盖率

绿化建设依赖于有效的水资源管理，而良好的水资源利用又促进了城市绿化和生态平衡。这一相互依存的关系揭示了城市可持续发展的关键动态，综合考虑绿化覆盖和水资源利用的重要性。在绿化覆盖的维度上，吐哈盆地城市绿化建设一直稳定增长，2020 年吐哈盆地的建成区绿化覆盖率大致为 40%，与新疆全域的平均水平几乎相等，略高于全国平均值 38%。1990—2020 年包含吐哈盆地在内的全疆建成区绿化覆盖率提高了近 20 个百分点，相较之下，全国仅提高了约 1 个百分点。在极度缺水的条件下，吐哈盆地能实现如此快速地提高绿化覆盖率，这得益于高水平的城市规划、精细的城市公共用水管理策略，以及对生态环境改善的持续努力和坚定决心。

三、灌溉面积与灌溉率

2020 年底吐哈盆地的灌溉面积达 15.88 万 hm²，以耕地灌溉为主，杂以林地、果园和牧场。哈密地区的灌溉面积占其中的 63%，吐鲁番地区的灌溉面积仅占全地区的 37%。与吐哈盆地相邻的天山北坡虽然在面积上与吐哈盆地相差不大，但灌溉面积却有 180.74 万 hm²，是吐哈盆地的 11 倍。新疆全域的灌溉面积为 480.89 万 hm²，吐哈盆地在其中的占比仅为 3%。全国的灌溉面积为 6 916.05 万 hm²，新疆集中了其中西北地区近 60% 的灌溉面积。

1990—2020 年吐哈盆地、天山北坡、全疆和全国的灌溉面积都表现出了显著的增长趋势，吐哈盆地在 30 年内增加了 8.5 万 hm²，增长率达 115%，天山北坡的增长率更是达到了 204%，显示出农业水利设施建设和技术的逐步完善与优化。这两个区域的灌溉面积增速远超全疆乃至全国。除了灌溉农业的面积增加，吐哈盆地灌溉面积在新疆全域乃至全国的占比也在逐渐升高，这一方面反映出吐哈盆地灌溉农业的发展进步，一方面显示了其在农业领域的方针由粗放式转向效率优先。

耕地灌溉率，即灌溉面积在耕地总面积中的占比，是衡量灌溉效率和农业用水管理效果的关键指标。如表 9-2 所示，1990—2020 年中国的灌溉率经历了显著的变化，由 41% 增长到 54%，但与吐哈盆地等干旱区相比，全国平均灌溉率依然很低。30 年间吐哈盆地的耕地灌溉率从最初低于全疆平均水平的 83% 提升至接近 100%，灌溉工程的普及和发展已达到了非常完善的水平。其中，干旱程度相对更大的吐鲁番地区早在 1990 年灌溉率就达到了 95%，同时期的哈密仅为 72%，而到 2020 年，吐鲁番与哈密这两个地区的灌溉率基本都达到 100%。这段时间内，天山北坡的灌溉率也从 91% 提升至 95%，全疆的灌溉率从

89% 提升至 92%。这一系列数据清晰反映了吐哈盆地在农业水利建设和管理上的持续努力，也进一步表明，相对于全国的其他地区而言，这一地区更依赖灌溉农业。

表 9-2　1990—2020 年耕地灌溉率　　　　　　　　　单位：%

年份	吐鲁番	哈密	吐哈盆地	天山北坡	新疆	中国
1990	95.04	72.27	83.22	91.44	88.61	41.39
2020	100.00	99.92	99.95	95.02	91.73	54.24

四、污废水排放量

高度的水资源开发往往伴随着大规模的污水排放。在推动水资源开发利用的同时，必须重视污水排放的控制和处理，以确保水资源的长期可持续性。2020 年吐哈盆地的污废水排放量为 9 300 万 t，其中生活污水排放量为 2 800 万 t，占比 31%；工业废水排放量占比 69%。在吐哈盆地的子区域中，吐鲁番地区的污废水排放量为 3 800 万 t，占地区总排放量的 41%，哈密地区的排放量为 5 500 万 t，占总排放的 59%。天山北坡 2020 年的污废水排放总量为 53 800 万 t，吐哈盆地为其的 17%。新疆全区 2020 年的污废水排放总量为 119 700 万 t，吐哈盆地占其中的 8%。

在人均污废水排放量上，吐哈盆地 2020 年的值为 68.01 t，其中吐鲁番地区为 54.70 t/ 人，哈密地区工业废水排放量较多，因此人均排污量也较高，为 81.66 t。相比于天山北坡 83.09 t 的人均排放量，吐哈盆地要低很多；但与全疆 46.22 t 的人均排放量相比，吐哈盆地在污废水排放管理上还有很多事情要做。

在吐哈盆地排放的污废水中，化学需氧量、氨氮量、总氮和总磷量是比较主要的污染物质，主要经由工业废水排放。

第三节　用水结构与变化比较分析

本节将深入探讨和比较吐哈盆地、天山北坡、新疆维吾尔自治区以及中国的用水结构（农业、工业、生活和生态用水）以及用水结构随时间的变化。用水结构反映了水资源在各个领域之间的分配情况，揭示了区域用水的优先方向和水资源管理策略；结构的变化则反映了一个地区水资源利用的转型和社会发展的趋势，以及环境保护意识的提升。

一、总用水量与变化

要谈论用水结构，首先要明确用水量的高低与变化。2020 年，全疆的总用水量为 549.93 亿 m³，其中吐哈盆地的总用水量达到了 12.56 亿 m³，占比 2%。在吐哈盆地中，吐鲁番地区用水量为 8.35 亿 m³，哈密地区用水量为 4.21 亿 m³。与其相邻的天山北坡总用水量为 119.53 亿 m³，占全疆的 22%。而新疆当年的用水量为 549.93 亿 m³，仅占全国的 9%。

2000—2020 年吐哈盆地的用水总量多年平均值为 12.34 亿 m³，吐鲁番地区约为 7.68 亿 m³，哈密地区约为 4.66 亿 m³。与此同时，天山北坡的多年平均用水量为 110.09 亿 m³，新疆则为 533.14 亿 m³，分别是吐哈盆地的 9 倍和 43 倍。在变化的幅度上，吐哈盆地用水总量的最低值出现在 2001—2002 年，为 10.74 亿 m³，最高值出现在 2012 年，达到了 14.04 亿 m³。天山北坡和全疆的用水总量变化范围与各自的供水量一致，故此处不再赘述。

受到供水量和用水管理的影响，用水量在年际间也会发生波动。由于输水过程中的渗漏和损耗，吐哈盆地实际的用水量要比供水量低很多，最多的时候有近 8 亿 m³ 的供水量损失在运输和分配的过程中。如图 9-11 所示，2000—2020 年吐哈盆地的用水量波动上升，最高和最低值分别为 14.04 亿 m³ 和 10.74 亿 m³。吐鲁番地区的用水量比较高，在 6.49 亿~9.00 亿 m³，哈密地区的用水量较少且较平稳，波动范围在 3.83 亿~5.30 亿 m³，这两个子区域的用水量变化均与吐哈盆地一致，呈现出上升的趋势。天山北坡和全疆的用水量变化在统计数据上与供水量基本保持一致，故本节不再详细说明。

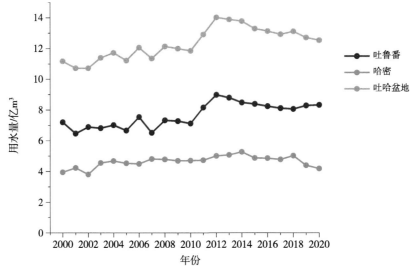

图 9-11　2000—2020 年吐哈盆地用水量变化

二、农业用水与变化

农业用水是吐哈盆地最主要的用水部门。截至 2020 年底，吐哈盆地的农业用水量达到了 9.07 亿 m³，其中吐鲁番地区 6.30 亿 m³，哈密地区 2.78 亿 m³。吐鲁番地区的耕地面积比哈密地区少了近 4 万 hm²，播种面积也少了近 3 万 hm²，但农业用水量却是哈密地区的 2 倍有余，主要是得益于哈密地区的节水灌溉推广和农业用水管理。同年，吐哈盆地的农业用水在总用水中的占比为 72%，其中，吐鲁番地区农业用水占比 75%，哈密地区占总用水的 66%。相较之下，天山北坡 2020 年的农业用水量为 100.47 亿 m³，是吐哈盆地的 10 余倍，占当年天山北坡总用水量的 84%。新疆的农业用水量为 500.03 亿 m³，在总用水量中的比例为 91%，比吐哈盆地和天山北坡都要高，而这一年全国的农业用水比例仅为

62%。虽然干旱区的农业用水比例因自然条件限制而偏高，但新疆的农业用水份额尤为突出，这反映了该地区在农业用水管理上的过度粗放和不科学。

2000—2020年吐哈盆地的多年平均农业用水量为10.24亿m³，这一数值根据不同年份在9.07亿～11.59亿m³波动，用水份额在72%～93%。在同一时期内，天山北坡与全疆的多年平均农业用水量分别为96.03亿m³和497.77亿m³。从年际间的变化来看，天山北坡的农业用水份额较为平稳一些，一般在84%～90%，农业用水量在79.51亿～114.27亿m³，是吐哈盆地的8～11倍。全疆的农业用水量则波动在449.33亿～561.75亿m³，农业用水的比例在89%～95%。

在这20年内，吐哈盆地的农业用水量和用水份额都呈现出一定的变化（图9-12）。在用水量上，有一个先上升后下降的趋势，在2012年达到最高值，但整体是降低了1.29亿m³。而农业用水的份额虽然在2009—2017年有过一定程度的上升，总体还是持续下跌的趋势，20年间下降了20%。天山北坡和新疆的变化相对一致，它们的农业用水量各自增长了20.96亿m³和46.82亿m³，用水份额却略微下降了。天山北坡经历了一段时间的波动，最终2020年的用水份额比2000年低了0.3个百分点，全疆则降低了4个百分点。但无论是吐哈盆地、天山北坡还是整个新疆，农业用水的占比都远远高于全国平均值。得益于节水灌溉技术的广泛推广和农业节水政策的强力实施，吐哈盆地从2018年起农业用水份额开始迅速下降，已展现出逐渐接近全国平均水平的趋势。

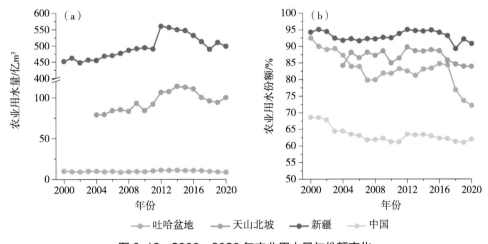

图9-12　2000—2020年农业用水量与份额变化

三、工业用水与变化

工业用水量是衡量一个地区工业发展和经济繁荣程度的关键指标。到2020年底，吐哈盆地的工业用水量累积到了0.96亿m³，其中，吐鲁番地区贡献了0.44亿m³，占46%，而哈密地区则为0.52亿m³，占比达到54%。在这一年中，吐哈盆地的工业用水占总用水量的8%，吐鲁番地区的这一比例为5%，哈密地区则高达12%。天山北坡在同一年的工业用水量为5.76亿m³，占其总用水量的5%。而新疆整体的工业用水量为11.52亿m³，仅占其总用水量的2%。天山北坡的工业用水量占据了新疆的一半，而吐哈盆地的工业用水量仅为天山北坡的17%，占新疆的8%。在全国范围内，工业用水占比为18%，总量为1 030.40亿 m³，而新疆的工业用水量仅占其中的1%。从全国的层面来看，2020年新疆的工业用水量如此之低，一方面归因于新疆严格的水资源管理政策，另一方面也反映出新疆全区的工业发展尚未达到完全成熟的阶段。

2000—2020年吐哈盆地的多年平均工业用水量为0.74亿 m³，其年际间波动显著，最低为0.26亿 m³，最高可达1.25亿 m³，用水份额在2%～9%变动。天山北坡和全疆的多年平均工业用水量分别为6.22亿 m³和11.72亿 m³。天山北坡的工业用水量在4.89亿～7.78亿 m³波动，用水份额一般维持在5%～7%。尽管吐哈盆地的工业用水量远低于天山北坡，但在某些年份，其工业用水份额却能超过后者。全疆的工业用水量在8.01亿～14.40亿 m³波动，但工业用水占比相对稳定，保持在2%～3%。

在这20年内，吐哈盆地的工业用水量和用水份额都发生了显著的变化（图9-13）。在用水量上，整体呈现上升的趋势，2020年的工业用水量相较于2000年增长了270%。在吐哈盆地内部，吐鲁番地区和哈密地区的工业用水量也都稳步上涨。工业用水的份额增长也很迅速，并于2012年反超天山北坡。天山北坡和新疆的工业用水量都经历了"上升—下降—上升"的"S"形变化，但天山北坡的工业用水在经历了一系列的波动后，2020年的用水量反而比2004年低了0.21亿 m³，反观全疆2020年工业用水量相比于2000年则是增长了0.62亿 m³。天山北坡的工业用水份额变化与吐哈盆地几乎相反：从2004年起，天山北坡工业用水的比例持续下降，最终2020年的用水份额比2004年降低了1.5个百分点。全疆的工业用水份额不同于其变化极大的工业用水量，在多年间保持了相对稳定。但无论是吐哈盆地、天山北坡还是整个新疆，工业用水的份额都远远低于同时期的全国平均值。

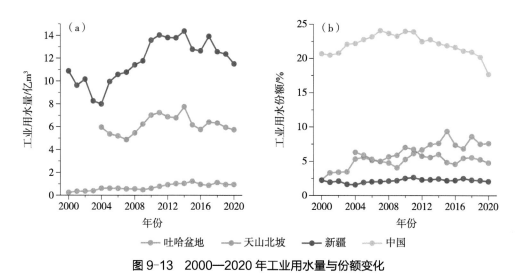

图9-13　2000—2020年工业用水量与份额变化

四、生活用水与变化

生活用水直接关系到一个地区居民的生活质量和健康水平。2020年吐哈盆地的生活用水量达到了0.81亿 m³，其中吐鲁番地区贡献了0.46亿 m³，占57%，剩下的43%由哈密地区产生。在这一年中，吐哈盆地的生活用水在总用水量中的份额为6%，吐鲁番地区的这一比例约为6%，哈密地区为8%。天山北坡在同一年的生活用水量为6.68亿 m³，占其总用水量的6%。而新疆的生活用水量为17.49亿 m³，仅占总用水量的3%。值得注意的是，天山北坡的生活用水量占全疆的38%，而吐哈盆地的生活用水量仅占不足4%。在全国范围内，2020年生活用水的份额为15%，高于吐哈盆地、天山北坡和整个新疆；生活用水总量为863.10亿 m³，新疆仅占其中的2%。吐哈盆地乃至新疆的生活用水量和用水份额都非常低，一方面是受制于缺水的现实条件，一方面要归因于新疆地广人稀，用水人口较少。

2000—2020 年吐哈盆地的多年平均生活用水量为 0.58 亿 m³，其年际波动幅度非常大，最低时仅有 0.39 亿 m³，最高时可达 0.81 亿 m³，生活用水份额在 3%~7%。在吐哈盆地内部，虽然吐鲁番地区和哈密地区的多年平均生活用水量均为 0.30 亿 m³，但吐鲁番的生活用水份额一般在 2%~6%，而哈密较高，在 4%~16%。天山北坡的多年平均生活用水量为 4.43 亿 m³，用水份额一般稳定在 6%~7%。全疆的多年平均生活用水量约为 11.62 亿 m³，最高时能达到 17.49 亿 m³，最低时仅有 6.90 亿 m³。全疆的生活用水份额非常低，仅为 1%~3%，相比之下，全国的生活用水份额一般在 11%~15%。更低的生活用水比例意味着可以将更多水资源分配到经济生产和环境保护中，但同时也应当注意潜在的居民福祉风险，不要让过度节水影响居民的生活质量。

生活用水量和用水份额的变化与多种因素密切相关。城市化进程加快、人口增长、城乡基础设施完善、人民生活水平提高，抑或是气候变化、水资源分布的时空不均等都会对生活用水产生影响。2000—2020 年吐哈盆地和对比区域的生活用水量和用水份额变化如图 9-14 所示。吐哈盆地由于生活用水量的绝对值小，虽然年际间的变化相对自身而言很大，但放在全疆的视角下，就显得相当平稳了。对比之下，无论是天山北坡还是全疆，生活用水量都经历了巨大的变化：以 2004 年为转折点，生活用水量由快速下降转变为稳步上升，这导致 2020 年的用水量与 2000 年相差无几。这个特点也反映在农业用水份额上：吐哈盆地、天山北坡与全疆的农业用水份额变化呈现"U"形，使得 2020 年的份额与 20 年前相比变化不大。但从 2010 年开始，吐哈盆地等地区对居民生活水平的重视加强，生活用水份额也先后表现出与全国一致的稳步上升趋势。

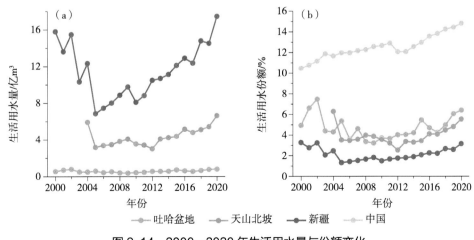

图 9-14　2000—2020 年生活用水量与份额变化

五、生态用水与变化

生态用水是指在特定的时空范围内，维持各类生态系统正常发育与相对稳定所必需消耗的、不作为社会和经济用水的、现存的水资源。包括但不限于河流基流生态用水、湿地补水、冲沙用水、地下水补给、水质保护、造林种草、城市绿化等用水。2000 年后，生态用水才开始受到普遍重视。

截至 2020 年底，吐哈盆地的生态用水量总计达到了 1.73 亿 m³，其中，吐鲁番地区贡献了 1.16 亿 m³，哈密地区贡献了 0.57 亿 m³。在这一年中，吐哈盆地的生态用水占总用水量的 14%，吐鲁番与哈密地区也均为 14%。相较而言，2020 年天山北坡的生态用水量达到 6.63 亿 m³，占其总用水量的 6%；全疆的生态用水量为 20.88 亿 m³，占总用水量的 4%；全国的生态用水量则达到了 307 亿 m³，占总用水量的 5%。吐哈盆地和天山北坡的生态用水量分别占新疆的 8% 和 32%，而新疆的生态用水量则仅占全国的 7%。

2000—2020 年吐哈盆地的多年平均生态用水量为 3.68 亿 m³，天山北坡和全疆的多年平均生态用水量分别为 3.68 亿 m³ 和 13.14 亿 m³。虽然年际间的波动非常大，但吐哈盆地和其他几个区域尺度的生态用水量和生态用水份额总体都呈上升趋势（图 9-15）。除吐哈盆地外，其他地区都是在 2003 年以后才开始划分出生态用水量。受到当年降水量、气温等气候条件的影响，以及环保政策的变化，生态用水量在不同地区不同年份的变化差异很大。吐哈盆地、天山北坡与全国的生态用水量虽然在不同的时期增长速度有快有慢，但基本保持了连续的上升态势，而新疆的生态用水量则呈现了明显的 "S" 形变化，在 20 年间有过两次明显的骤增和骤降。在生态用水的份额上，吐哈盆地一直保持着较高的比例，在绝大部分时期都远超全疆乃至全国，但它在不同年份的变动也很大。在 60% 的年份吐哈盆地的生态用水份额能超过 5%，其中又有一半的年份接近或超过 10%，但最低的年份（2015 年）生态用水仅占全年总用水量的 2%，这一年同时也是有生态用水以来用水量最少的一年。

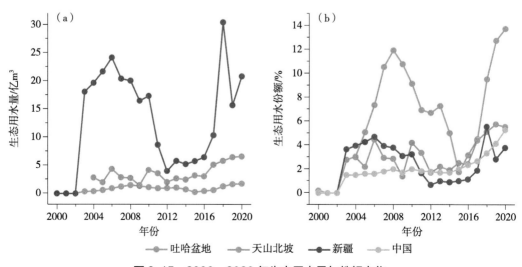

图 9-15　2000—2020 年生态用水量与份额变化

通过一系列的对比分析可以看出，吐哈盆地、天山北坡以及全疆乃至全国在用水结构上的差异，这些差异不仅体现了不同地区、不同空间尺度的地域在水资源管理和利用上的特点，也指向了未来在提升水资源利用效率、优化水资源配置以及加强水资源保护方面的潜在方向。用水结构的变化，不仅反映了区域内水资源利用的调整和优化，也揭示了吐哈盆地在追求经济发展与生态保护之间平衡的过程，反映出吐哈盆地与新疆其他区域或全国在经济结构、人民生活、环境保护上不同的重心与偏向。

第四节　用水效率比较分析

本节将深入探讨和比较吐哈盆地、天山北坡、新疆维吾尔自治区以及全国的（农业、工业和生活）用水效率差异以及用水效率随时间的变化。用水效率指的是以单位水量实现的产值或服务的量度，是衡量一个地区水资源管理和经济发展可持续性的关键指标。用水效率高意味着用较少的水资源实现更高的经济产出或更优的服务效果，反映了对水资源的节约和高效利用。

一、总用水量效率与变化

万元 GDP 用水量通常的含义是一个地区在产生每万元国内生产总值时所消耗的水量，可以表征一个地区的总体用水效率。2020 年，吐哈盆地的万元 GDP 用水量为 128.00 m³，其中吐鲁番地区为 223.62 m³，哈密地区要低得多，为 69.27 m³。与天山北坡的 168.62 m³ 以及全疆 398.56 m³ 的万元 GDP 用水量相比，吐哈盆地展现了更高的水资源利用效率。尽管吐哈盆地的万元 GDP 用水量在全疆处于领先地位，但与 2020 年全国万元 GDP 用水量（57.20 m³）相比，其在国家层面上的用水效率并不具备显著优势。想要进一步提高吐哈盆地的用水效率，不能仅着眼于新疆的内部，应当放眼全国，乃至国际上的先进国家，寻求更为高效、合理的用水技术和管理策略，实现可持续的水资源利。

2000—2020 年吐哈盆地的多年平均万元 GDP 用水量为 469.97 m³，其中，吐鲁番地区为 515.82 m³，哈密地区为 454.40 m³。天山北坡的多年平均万元 GDP 用水量为 351.51 m³，全疆和全国分别为 1 442.42 m³ 和 216.70 m³。

虽然吐哈盆地与其他几个地区在空间尺度、自然环境条件和经济社会本底状况上相差甚大，但它们在万元 GDP 用水量随时间的变化上却展现出出奇一致的趋势（图 9-16）：2000—2020 年吐哈盆地、天山北坡、全疆与全国的万元 GDP 用水量都随时间推移而下降，在 2010 年前，下降速度普遍较快，在 2010 年后，用水量逐渐趋于稳定，表明这些地区在水资源管理方面已经达到了一个相对成熟的阶段。

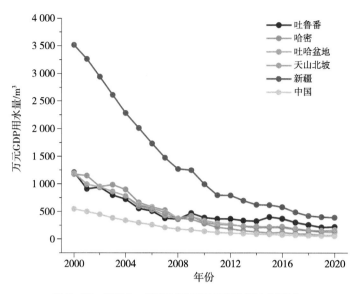

图 9-16　2000—2020 年万元 GDP 用水量变化

二、农业用水效率与变化

农业是一个用水多而产值相对较低的生产部门，但这并不意味着其缺乏价值或重要性。事实上，其功能和目的远非单一的经济效益所能衡量，除了保障食物供应外，农业还具有生态保护的功能，文化传承的保障和社会稳定也有重要意义。仅以万元农业产值用水量并不能全面地评价一个地区的农业用水效率，本节以综合全面的视角，同时以农业万元产值用水量、单位水粮食产量、耕地实际灌溉亩均用水量和农田灌溉水有效利用系数为考察指标[16]，综合全面地评价吐哈盆地和对比区域的农业用水效率。

（一）农业万元产值用水量

在 2020 年的统计数据中，吐哈盆地的农业每万元产值用水量达到 863.09 m³，细分来看，吐鲁番地区的用水量为 1 045.29 m³，而哈密地区则相对较低，为 618.75 m³。与天山北坡的 1 479.69 m³ 及全疆的 2 523.77 m³ 相比，吐哈盆地显示出了其在农业用水效率上的优越性。然而，尽管在全疆范围内，吐哈盆地的农业用水效率名列前茅，但与全国平均的 462.94 m³ 相比，其优势并不显著。

回顾 2000—2020 年的数据，吐哈盆地的多年平均农业每万元产值用水量为 3 111.88 m³，其中，吐鲁番地区为 3 703.40 m³，哈密地区为 2 374.29 m³。与此同时，天山北坡的多年平均用水量为 2 827.01 m³，全疆和全国分别为 7 547.02 m³ 和 1 232.58 m³。

与万元 GDP 用水量的变化趋势相似，2000—2020 年，吐哈盆地、天山北坡、全疆与全国的农业万元产值用水量均呈现出逐年减少的趋势（图 9-17）。在 2010 年之前，减少的速度较为显著，这可能与农业技术的快速发展和农业用水管理的日益规范化有关。而进入 2010 年后，用水量的减少速度逐渐放缓，并趋于稳定。

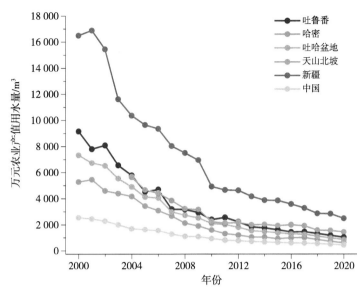

图 9-17　2000—2020 年万元农业产值用水量变化

（二）单位水粮食产量

评估农业用水效率时，通常以单位水资源（例如每立方米水）所能产生的生物量或经济收益（如粮食产量）作为衡量标准，也通常被称为水分生产效率。根据 2020 年的数据，吐哈盆地的单位水粮食产量为 0.16 kg/m³，其中吐鲁番地区较低，为 0.03 kg/m³，而哈密地区相对较高，达到 0.46 kg/m³。但相较于天山北坡的 0.42 kg/m³ 以及全疆的平均水平 0.32 kg/m³，吐哈盆地的单位水粮食产量显然偏低。而新疆的这一指标与全国平均水平（1.85 kg/m³）相比，同样显示出较低的水分生产效率。

从 2000—2020 年的长期数据来看，吐哈盆地多年平均的单位水粮食产量为 0.15 kg/m³，其中，吐鲁番地区为 0.06 kg/m³，哈密地区则为 0.30 kg/m³。同时，天山北坡的多年平均用水效率为 0.41 kg/m³，全疆和全国的平均值分别为 0.25 kg/m³ 和 1.51 kg/m³。

如图 9-18 所示，单位水粮食产量随时间的变化在不同地区和尺度上展现出显著差异。就全国而言，这一指标随时间增长而稳步上升，2000—2020 年增长幅度超过 50%。在吐哈盆地内部，吐鲁番地区和哈密地区则呈现了不同的态势：吐鲁番地区的单位水粮食产量在 2008 年下降到 0.01 kg/m³ 后，一直保持在较低水平，最高也未能超过 0.05 kg/m³，这主要归因于该地区自 2008 年后种植结构的调整，粮食作物种植量大幅减少。而哈密地区自 2008 年起，单位水粮食产量显著提升，并维持了缓慢上升的趋势。吐哈盆地的整体水分生产效率结合了这两个地区的情况，经历了 2008 年前的快速下降后，进入了上升与下降交替的波动阶段，单位水粮食产量基本稳定在 0.1～0.16 kg/m³。天山北坡的变动幅度较大，2008 年之前保持了稳定的增长，而之后则经历了多次大幅度的起伏。总体来说，天山北坡在所有记录年份中的单位水粮食产量均高于同期的吐哈盆地。全疆的平均水分生产效率在趋势上与吐哈盆地相似，但在具体数值上，吐哈盆地普遍低于同年全疆的水平，而天山北坡则普遍高于全疆的水平。

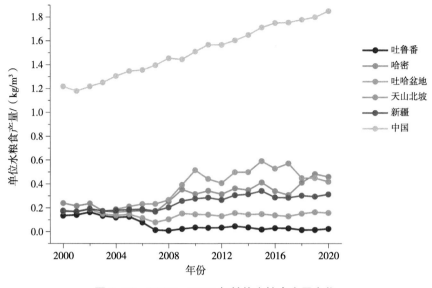

图 9-18　2000—2020 年单位水粮食产量变化

（三）耕地实际灌溉亩均用水量

耕地实际灌溉亩均用水量（以下简称"亩均灌溉用水量"）进一步体现了农业灌溉过程中水资源的管理与利用状况。一般而言，亩均灌溉用水量的降低，正是农业用水效率提升的有力体现，因为它说明在灌溉同等面积的土地时，使用了更少的水资源。2020年全疆和全国的亩均灌溉用水量分别为 553.11 m³ 和 356.00 m³，而吐哈盆地的亩均灌溉用水量为 574.81 m³，比新疆和全国都高。其中吐鲁番地区因为种植了大量甜瓜等经济作物，亩均灌溉用水量较高，约为 799.29 m³，哈密地区为 443.42 m³。天山北坡视不同城市和地区的差别，亩均灌溉用水量在 300.61～553.11 m³。除了天山北坡区域范围内的塔城地区外，新疆的其他城市和地区的亩均灌溉用水量都高于全国平均值，除了主要的气候因素外，较高的灌溉损耗和种植了较多的经济作物（如棉花、坚果等）也加大了对灌溉用水的需求。

在亩均灌溉用水量的变化趋势上，随着农业技术进步和节水意识的增强，吐哈盆地、天山北坡、全疆以及全国的亩均灌溉用水量虽然有几次骤增骤降的波动，但总体都随年份的增长而呈现出下降的趋势。

（四）农田灌溉水有效利用系数

农田灌溉水有效利用系数（以下简称"利用系数"）是指灌入田间可被作物利用的水量与灌溉系统取用的灌溉总水量的比值，能够衡量灌区水资源管理水平和灌溉技术的综合效益。2020年全疆和全国的利用系数都近似为 0.57。而吐哈盆地的利用系数在 0.63～0.65，高于新疆和全国水平。其中，吐鲁番地区的利用系数早在 2010 年就达到了 0.64，哈密地区直到 2020 年才达到这一水平。天山北坡视不同城市和地区的差别，利用系数在 0.53～0.58，普遍低于吐哈盆地的同期值。除了灌溉技术和渠道管理外，作物品种、土壤条件以及灌溉制度的优化都会对利用系数的高低产生影响。

三、工业用水效率与变化

工业领域常使用万元工业增加值用水量作为衡量工业生产过程中水资源利用效率的参考指标。2020 年统计数据显示，吐哈盆地的万元工业增加值用水量为 18.52 m³，其中，吐鲁番地区为 26.89 m³，哈密地区为 14.64 m³。相较之下，天山北坡的万元工业增加值用水量稍高，达到了 22.73 m³。在更大的空间尺度上，全疆的万元工业增加值用水量为 24.28 m³，而全国的平均水平为 26.86 m³。这些数据表明，吐哈盆地在工业用水效率上优于新疆全区乃至全国，体现了该区域在工业水资源管理方面的优越性。

2000—2020 年期间，吐哈盆地的多年平均万元工业增加值用水量为 40.18 m³，其中，吐鲁番地区为 36.74 m³，哈密地区为 60.63 m³。与此同时，天山北坡的多年平均用水量为 43.00 m³，全疆和全国分别为 76.08 m³ 和 104.69 m³。

如图 9-19 所示，2000—2020 年吐哈盆地、天山北坡、全疆以及全国的万元工业增加值用水量整体均呈现下降的趋势。吐哈盆地的用水量经历了先上升后下降的过程，而天山北坡、全疆和全国则基本保持了持续下降的态势，但下降速度逐渐放缓。在这段时期内，新疆全区的万元工业增加值用水量始终低于全国平均水平，而吐哈盆地的万元工业增加值用水量则一直低于全疆的平均值。

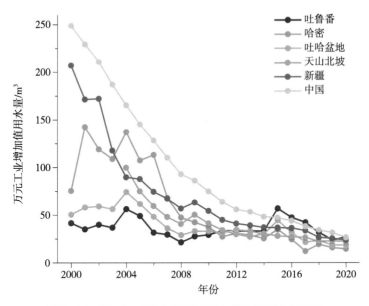

图 9-19　2000—2020 年万元工业增加值用水量变化

四、生活用水效率与变化

生活用水方面，人均日生活用水量直接关系到居民的生活水平，人均生活用水量的高低直接反映出人民生活方面的用水效率。在吐哈盆地，2020 年的人均生活用水量为 161.43 L/d，吐鲁番地区为 181.41 L/d，哈密地区为 140.62 L/d。天山北坡的人均生活用水量为 282.43 L/d，新疆和全国的人均生活用水量分别为 185.01 L/d 和 167.59 L/d。吐哈盆地的人均生活用水量不但低于人口相对稠密、经济发达的天山北坡，也比新疆和全国的人均生活用水量要少。这一数值上的差异不仅表明了吐哈盆地居民用水的高效节俭，也反映了各地区在生活用水管理和供应方面的特征。

回顾 2000—2020 年的数据，吐哈盆地的多年平均人均生活用水量为 135.09 L/d，其中，吐鲁番地区为 131.80 L/d，哈密地区为 145.91 L/d。与此同时，天山北坡的多年平均用水量为 194.48 L/d，全疆和全国分别为 146.47 L/d 和 150.17 L/d。

如图 9-20 所示，2000—2020 年各地人均生活用水量的变化呈现多样化趋势。在吐哈盆地内，吐鲁番地区的人均生活用水量整体呈现出波动上升的特点，而哈密地区则相反。这两个地区的综合影响导致吐哈盆地的人均生活用水量经历了先减少后增加的"U"形波动，最终在 2020 年的人均用水量较 2000 年增加了 16.10 L/d。天山北坡和全疆地区也展现了类似的"U"形变化，但结果有所不同。天山北坡在 2020 年的人均用水量相较于其统计起始年份下降了 2.57 L/d，而全疆地区则相较于 2000 年下降了 49.64 L/d。仅在全国范围内人均生活用水量则一直保持着稳定的增长，二十年间增长了 34%。虽然各地年际间的波动显著且趋势性不明显，但在这段时期内，吐哈盆地的人均生活用水量普遍低于天山北坡，与全疆的平均水平相近。从全国视角来看，吐哈盆地在多数年份的人均用水量不及全国平均水平，但在某些特定年份（如 2000—2002 年），其人均用水量也能超越全国平均水平。

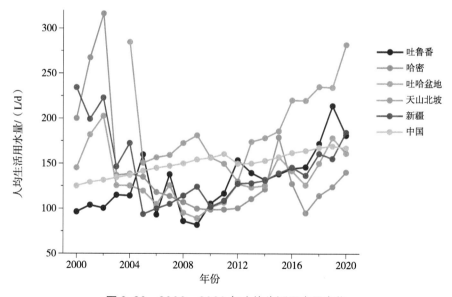

图 9-20 2000—2020 年人均生活用水量变化

通过这些数据的对比分析可以清晰地看到，吐哈盆地、天山北坡以及新疆全域在农业、工业及生活用水效率方面的差异与特征，这些差异不仅体现了各地区在水资源管理和利用上的特点，也指示了未来提升水资源利用效率、优化水资源配置以及加强水资源保护的潜在路径。

第五节　节水水平与节水潜力比较分析

本节将深入探讨和比较吐哈盆地、天山北坡、新疆维吾尔自治区以及中国的（农业、工业和生活）节水水平差异以及预测潜在的节水潜力。节水水平是指在水资源利用过程中，通过合理用水、高效率用水以及减少浪费，达到的水资源节约程度。节水潜力是指在一定的社会经济技术条件下，用水单位通过采取各种节水措施，可以节约的最大水资源量。节水水平与节水潜力反映了水资源管理的效果和管理水平进一步提升的空间，是衡量水资源可持续发展的重要指标[79]。

一、综合节水水平与潜力

耗水量是指在输水、用水过程中通过蒸发、土壤吸收、渠系损失、产品带走、居民和牲畜饮用等形式消耗的，不能回归到地表水体或地下含水层的水量。通常用耗水量和用水量的比值表示为耗水率，可以直接反映一个地区节水水平的高低。耗水率越低，表明该地区或单位在用水过程中越能够有效减少水资源的消耗，提高水资源的利用效率，说明这一地区的节水水平更高。也因此，降低耗水率是提升节水水平的关键所在。

2020年吐哈盆地的总耗水率为72%，其中，吐鲁番地区的总耗水率为76%，哈密地区为66%。天山北坡和全疆的总耗水率都为68%，略低于吐哈盆地。当年全国的总耗水率为54%，这一比率远低于全疆以及新疆的各个州、市、地区，说明新疆在提升节水水平上还有一定的空间。

从有耗水率记录的2006—2020年，吐哈盆地、天山北坡与全疆的总耗水率均表现出下降的趋势。吐哈盆地的总耗水率下降了2个百分点，与全疆的下降幅度一致。天山北坡下降了4个百分点，变化比较显著。但全国的耗水率在2006年为53%，经过了十余年的发展不降反升。也因此，吐哈盆地以及新疆的其他地区，相对全国的耗水率差异在不断缩小，节水技术和管理的发展正在逐渐赶上。

《2020年联合国世界水发展报告》明确指出，在全球气候变化的大背景下，全球的用水量和耗水量预计将持续增长[80]。为了应对这一挑战，当前的主要节水策略包括有计划地蓄水、发展集约灌溉技术、推广节水型工业以及利用可再生能源来减少水资源的消耗，从而控制耗水率的增长速度。特别值得注意的是，吐哈盆地的节水水平已超过大部分发展中国家。因此，该地区的节水目标不仅是持续降低耗水率，更是要追赶并超越全国的平均耗水率，以此推动整个新疆地区节水事业的进一步发展。

二、农业用水节水水平与潜力

研究农业用水的节水水平与潜力时，可以将农业耗水率作为评价节水效果的指标。农业耗水是指消耗在作物蒸腾、土壤蒸发、渠系水面蒸发、浸润损失、牲畜饮水等过程中的水量。一般在统计中，农业耗水率以农业灌溉耗水率和林牧耗水率分别表示。

2020年的数据显示，吐哈盆地的农业灌溉与林牧业的耗水率均为72%。其中，吐鲁番地区的这两类耗水率分别为 79% 和 75%，而哈密地区的表现相对较好，其数值分别为 66% 和 64%。天山北坡的农业灌溉耗水率为 69%，低于其林牧耗水率的 74%。全疆范围内的农业灌溉和林牧耗水率则分别为 68% 和 71%。若以全疆的农业耗水率为基准，吐哈盆地的农业耗水率高于全疆平均，而天山北坡则低于这一平均水准。鉴于吐哈盆地水资源匮乏的严峻形势，要想在农业节水方面达到领先水平，必须实现领先全区的低耗水率。不过，无论是吐哈盆地、天山北坡还是全疆，与全国 65% 的农业综合耗水率都还存在一定的差距。

2006—2020 年吐哈盆地、天山北坡、全疆乃至全国的农业耗水率均呈下降趋势。其中，吐哈盆地的灌溉与林牧耗水率分别下降了 1 个和 6 个百分点，这一降幅在全疆范围内较为显著。天山北坡的灌溉耗水率下降了 5 个百分点，但林牧耗水率则微增 1 个百分点。全疆的农业耗水率变化不大，灌溉和林牧耗水率均只下降了 1 个百分点。然而，与新疆的整体趋势相反，全国的农业耗水率在此期间上升了 3 个百分点。这些数据显示，吐哈盆地及新疆其他地区在农业耗水率方面与全国的差距正逐渐缩小，这得益于节水技术和管理策略的不断发展和完善。

为了更准确地评估吐哈盆地农业节水的发展潜力，仅将其与新疆和中国的平均水平进行比较是不足够的，因为这无法揭示它与农业节水技术最先进地区或国家的差距。因此，将当前在相似自然条件下农业节水水平领先的地区或国家作为吐哈盆地农业节水发展的目标和参照，是一种更为科学和合理的评估方法。以地中海沿岸国家以色列为例，该国虽光热资源丰富但水资源短缺，因此对农业用水实行了近乎严苛的管控。早在 20 世纪 60 年代，以色列就建立了全国性的灌溉系统，实现了高度集约化的灌溉，显著提升了灌溉效率和节约了用水。其推广的温室微灌技术可使水利用率高达 90%～95%，即便未采用温室，仅通过喷灌或滴灌也能提高 20% 以上的水分利用率 [27]。此外，通过改变灌溉策略，如采用限量灌溉、干湿交替灌溉或控制灌溉的方法，也能提升 20%～30% 的水分利用率 [38]。在吐哈盆地，微灌特别是滴灌技术已在政府支持下得到广泛推广。然而，在吐鲁番地区，由于主要经济作物葡萄与微灌技术适配性不高，导致微灌技术的普及受到阻碍。为此，将物联网技术和信息化技术与节水技术结合，通过传感器向灌溉系统提供气象和土壤水分数据以优化灌溉，减少蒸发和渗漏损耗，或将成为吐哈盆地农业节水技术进一步精细化的关键。同时，普及防渗灌渠、建立统一的灌溉系统以及加强政府主导的地下水可持续管理，都是推动吐哈盆地节水农业发展的可行途径。

三、工业用水节水水平与潜力

研究工业用水的节水水平与潜力时，可以将工业耗水率作为评价节水效果的指标。工业耗水包括输水损失和生产过程中的蒸发损失量、产品带走的水量、厂区生活耗水量等。2020 年吐哈盆地的工业耗水率为 45%。其中，吐鲁番地区的工业耗水率为 47%，哈密地区的耗水率为 44%。天山北坡和全疆的工业耗水率均为 48%，相比之下吐哈盆地的工业节水水平要高于全疆的平均水平，也高于经济更发达的天山北坡。但同年全国的工业耗水率仅有 23%，想要追上全国的工业耗水水平，无论是吐哈盆地还是新疆全区，在提高工业用水复用率、发展节水工业上都还有相当长的路要走，也有相当大的潜力等待开发。

2006—2020 年吐哈盆地和天山北坡的工业耗水率各自降低了 1 个和 2 个百分点。在吐哈盆地内部，哈密地区工业耗水率降低了 3 个百分点，而吐鲁番地区的工业耗水率却上升了 3 个百分点。全疆与全国的工业耗水率在有记录的这十余年间都没有变化。这些数据表明，吐哈盆地的工业耗水率与全疆和全国的差距正逐渐缩小，工业用水的重复利用，以及节水工业得到重视和发展。

由于工业用水在吐哈盆地中的占比不高，地区政府通常采用的节水策略是提高工业用水价格（相对于农业灌溉）并实行年度用水配额制度。然而，由于缺乏对工业节水重要性的认识和积极策略，吐哈盆地的工业用水重复利用率仅维持在 20%～30% 的较低水平，这与发达国家普遍超过 80% 的重复利用率形成鲜明对比，卡塔尔石油公司更是通过闭环水循环系统实现了 100% 的水回用率。提高工业用水的重复利用率和使用次数，不仅能有效节省水资源，还能减少污染物排放至环境。国际上普遍认为，通过增加低碳可再生能源技术如光伏、风力和水力发电的应用，替代化石能源，可以显著减少 10%～50% 的用水量，并减少温室气体和水体污染物的排放。全球范围内，每年仅通过优化能源利用节省 1% 的水量，就足以为 2.19 亿人提供每天 50 L 的用水。因此，为推动节水工业的发展，吐哈盆地应着手进行多方面的努力：一方面，深化改革工业结构，积极发展节水型工业项目；另一方面，积极引进先进的工艺设备和系统，以增强工业用水的重复利用率；同时，利用吐哈盆地丰富的光热和风力资源，提高新能源和可再生能源在工业生产中的使用比例，也将为节水工业的发展提供有力支持。

四、生活用水节水水平与潜力

研究生活用水的节水水平与潜力时，将生活耗水率作为评价节水效果的指标。生活耗水包括居民家庭和公共用水输水和使用中的渗漏损失，城镇绿地灌溉输水和使用中的蒸腾蒸发损失、环卫清洁输水和使用中的蒸发损失以及河湖人工补水的蒸发和渗漏损失等。一般在统计中，生活耗水率以居民耗水率和城镇耗水率分别表示。

2020 年吐哈盆地的居民耗水率与城镇耗水率分别达到 70% 和 71%。进一步细分，吐鲁番地区的这两项指标分别为 70% 和 75%，而哈密地区则相对较低，分别为 69% 和 64%。天山北坡的情况则更为乐观，居民和城镇的耗水率仅为 55% 和 63%，远低于吐哈盆地。从全疆范围来看，居民耗水率平均值为 65%，城镇耗水率为 62%。与全疆的平均水平相较，吐哈盆地的生活耗水率偏高，这反映出在居民和城镇用水的技术与管理方面，吐哈盆地尚需向新疆的其他州、市、地区学习。不过，无论是吐哈盆地、天山北坡还是全疆，其居民和城镇耗水率均高于全国的 41%，说明在节水方面，新疆地区仍有待向全国平均水平看齐。

2006—2020 年这 15 年间，吐哈盆地、天山北坡以及全疆的居民耗水率有所上升。吐哈盆地的涨幅最为显著，达到了 11 个百分点，其中，哈密地区的居民耗水率增长幅度更是高达 15 个百分点，而吐鲁番地区则为 5 个百分点。天山北坡和全疆的居民耗水率也均上涨了大约 5 个百分点，虽然涨幅不及吐哈盆地，但也反映出居民生活用水压力的增加。然而，在城镇耗水率方面，这些地区则呈现出下降趋势：吐哈盆地降低了 3%，天山北坡降低了 7%，全疆总体降低了 10%，这体现了城镇公共用水管理和技术的不断进步。与此同时，全国的生活耗水率整体上升了 12%，这一增幅超过了吐哈盆地和新疆的其他地区。这些变化揭示了吐哈盆地及新疆其他地区在居民生活用水和城镇公共设施维护用水策略上的差异，但总体趋势显示与全国的差距正在逐渐缩小，这主要得益于对居民生活质量的重视和城市基础设施的完善。

如何在保障居民生活和公用事业基本服务的前提下节约用水开支，是目前吐哈盆地生活用水部门主要考虑的问题。联合国在 2020 年的《世界水发展报告》中指出，若生活用水管理部门能够摒弃过去的"惯性"服务模式，转向更加前瞻性的战略规划，将能引领一场深刻的节水变革。这样的规划需同时着眼于短期的方案和长期发展目标，在提升服务效率的同时，解决备灾和长期资本投入的问题。短期可以通过水需求管理，如指定用水配额、减少管网渗流、推广节水文化以及政策激励等降低对生活用水的需求。吐哈盆地已经在这方面做出了相应的努力，2020 年的城市管网漏失率仅有 8% 左右，即使是用水管理非常精细的新加坡也不过如此了。在长期的规划中，要考虑新供水设施的建设是否必要，尽量节约资金和物资以应对未来的不确定性。同时，增强政府与人民间的信任，深刻意识到水资源危机的潜在可能，也是鼓励居民积极参与节水行动的先决条件。此外，物联网技术为节水提供了新的可能。物联网通过连接日常物品与互联网，形成智能设备网络。在智能城市框架下，物联网不仅能收集关键水数据以优化水管理系统，还能有效促进节水。例如，美国旧金山公共事业委员会为超过 17.8 万个水表配备了智能传感器，用于检测供水网络渗漏和分析用水模式。这样的技术实践为吐哈盆地的生活用水管理提供了宝贵的启示，值得进一步学习和应用。

第十章
应对未来水资源需求的水利工程布局与建设

第一节　吐鲁番地区未来水利工程分布布局与建设

一、过去 30 年（1990—2020 年）吐鲁番地区水利工程分布变化

吐鲁番地区的水资源状况在过去 30 年间经历了显著的变化，这些变化受到人类活动、气候变化以及城市发展等多重因素的影响。

从总体可持续发展的角度来看，这种干旱的气候条件导致地表水极其有限，自然条件下的水资源极为稀缺。吐鲁番盆地的水资源主要来源于周边天山的冰雪融水。春季和夏季，随着气温升高，天山冰雪融化，水流通过地下粗砂层汇集成为地下水，成为盆地的主要水源。为了有效利用珍贵的水资源，吐鲁番地区广泛采用了古老的坎儿井灌溉系统，这是一种地下渠道网络，能够有效减少蒸发损失，将地下水引至农田，体现了当地人民适应干旱环境的智慧。盆地地下水资源相对丰富，除了冰雪融水补给外，还有部分地下水来自深层地下水和局部地区的地下冰川融水。这些地下水是支持绿洲农业和居民生活的重要来源。

在过去的 30 年间，受人类活动的剧烈影响，吐鲁番的水资源不仅面临水质污染问题，而且还面临着严重的资源短缺。不合理利用、水利设施建设以及工业污染等因素不仅影响了水质，而且对水资源尤其是地下水资源的持续利用构成了极大的挑战。鉴于水资源的稀缺性和重要性，吐鲁番地区对水资源的管理和开发尤为重视，当地政府和广大生产劳动者通过提高灌溉效率、实施节水措施、修建水利工程等进行水资源的合理分配，以对现有水资源进行保护和恢复工作。吐鲁番地区的水资源特点可以概括为极度干旱环境下对冰雪融水的高度依赖，以及通过坎儿井等传统和现代技术相结合的方式来有效管理和利用稀缺的水资源，同时面临着可持续利用的挑战。

对于未来气候变化的不确定性，冰川消融退缩的不可逆性，深层地下水资源作为水资源储备的战略地位将更显突出。吐鲁番市面临的最大危机是由于水土资源过度开发导致的水资源危机，若不能统筹规划、科学合理地配置水资源，加强需水管理，实行最严格的水资源管理制度，水资源就不能支撑当地经济的可持续发展，更不能实现小康社会的目标。因此，吐鲁番市各级党政领导、社会各界已深深认识到，目前存在的水资源过度开发，用水结构不合理，用水效率低下、生态环境严重恶化及今后面临的后果，将威胁到各族人民群众安居乐业和长治久安。这些现阶段存在的水资源开发利用问题亟待解

决，必须实施用水总量控制，退减灌溉面积，压缩农业用水量，提高用水效率，以满足吐鲁番市经济社会和生态环境可持续发展。

吐鲁番市可供开发利用的水量主要集中在中西部地区，这与该地区的地形和水源补给紧密相关。西部和北部靠近天山山脉，得益于高山冰雪融水，这里的河流水量相对丰富，为开发提供了条件。而向南和向东，由于距离水源地越来越远，加上地形的阻隔和自然蒸发等因素，水资源量逐渐减少。吐鲁番市的河流来水主要集中在5—9月，这几个月是夏季，气温升高促使天山冰雪加速融化，为河流提供了充沛的水源。这段时间的来水量占全年地表水资源总量的70%以上，表明该地区水资源年内分布极不均匀。而在其余月份，特别是冬季和早春，由于降水量极少，冰雪融化量小，河流来水大幅减少，仅占全年总量的不足30%，这期间水资源尤为紧缺。这样的时空分布特性要求吐鲁番市在水资源管理上采取一系列适应措施，比如加强雨季的蓄水和水资源储备能力，提高非雨季的水资源利用效率，以及实施跨季节和跨流域的水资源调配工程，以保证全年的用水需求，特别是农业灌溉和居民生活用水。同时，发展节水技术和推广节水灌溉模式，对于提高水资源的可持续利用至关重要。

二、1990—2020年吐鲁番地区水利工程分布变化的总体分析

坎儿井是吐鲁番特有的地下水利工程，主要用于灌溉和供水，其建设布局特点独特，充分展现了人类智慧与自然环境的和谐共生[24]。

截至2014年，全市坎儿井不足1 000条，较1957年减少200余条，其中有水坎儿井200余条。坎儿井的建设布局往往与地形、地貌及水资源分布密切相关。在吐鲁番，由于气候干旱，降水稀少，但地下水资源相对丰富，因此坎儿井成为当地人民获取水资源的重要途径[35]。这些坎儿井通常依地势而建，由竖井、暗渠、明渠和涝坝四部分组成，形成一个完整的灌溉系统[20]。

除坎儿井外，吐鲁番的其他水利工程也都在农业、工业、城市供水中起到不可或缺的作用。

吐鲁番地区现有机井共3 000余眼，其中1990—1995年、1996—2000年、2001—2005年、2006—2010年、2011—2015年、2016—2020年的机井新增数量呈现先升后降的趋势。机井主要用于农业，这些机井不仅满足了农作物灌溉的需求，还确保了农业生产的稳定性和可持续性。机井是一种利用动力机械驱动水泵提水的水井，主要用于抽取深层地下水，以满足生产和生活所需。在吐鲁番的水利工程建设布局中，机井建设占据了举足轻重的地位。这些机井也有效地支持了当地工业和生活用水的需求。机井的建设布局特点主要体现在以下几个方面：

首先，机井分布广泛且合理。吐鲁番地势复杂，水资源分布不均，机井的广泛分布有效地弥补了这一缺陷。它们不仅布局在主要农业产区，确保农作物的正常生长和丰收，还分布在一些偏远地区，为当地居民提供便捷的生活用水。这种分布既满足了农业生产的需要，又兼顾了居民生活的需求。

其次，机井建设注重高效节能。在吐鲁番，机井的设计和建设都充分考虑到能源利用效率和环境保护。许多机井采用了先进的节能技术和设备，如高效水泵和节能电机，以降低运行成本并减少对环境的影响。此外，一些机井还配备了智能控制系统，可以根

据实际需求自动调节水量和水压，进一步提高水资源利用效率。

最后，机井建设注重可持续发展。在吐鲁番的水利工程建设中，机井的建设不仅关注当前的需求，还充分考虑了未来的可持续发展。在规划和建设过程中，充分考虑到水资源的可持续利用和生态环境的保护，确保机井的建设不会对当地生态环境造成破坏。

总的来说，吐鲁番机井建设布局的特点主要体现在分布广泛、高效节能和可持续发展等方面。这些特点不仅保证了当地农业生产和居民生活的正常进行，也为吐鲁番的可持续发展奠定了坚实的基础。

在水利工程中，水闸作为挡水、泄水或取水的建筑物，应用广泛，多建于河道、渠系、水库、湖泊及滨海地区。吐鲁番地区现有渠道水闸 50 余个。水闸是一种重要的水利工程设施，主要用于调节和控制水流。它通常修建在河道、渠道或水库的特定位置，通过启闭闸门来控制水位和流量，以满足灌溉、发电、航运、防洪等多种需求。水闸的类型多种多样，根据其功能和结构特点，可以分为节制闸、进水闸、分洪闸、排水闸、挡潮闸等。每种类型的水闸都有其特定的应用场合和作用。例如，节制闸主要用于调节水位和流量，进水闸则用于控制引水流量以满足灌溉或发电的需要。

吐鲁番的水闸建设布局充分考虑到该地区的自然地理特征。由于吐鲁番地处干旱半干旱地区，水资源相对匮乏，因此水闸的建设布局更加注重对水资源的合理利用和保护。同时，水闸建设布局与当地的农业灌溉、工业用水和生态补水等需求紧密结合。通过合理布局水闸，可以实现对水资源的有效调控和分配，满足不同地区和不同用水部门的需求。此外，吐鲁番的水闸建设布局还注重防洪和排涝功能。由于该地区气候干旱，但偶发的极端气候事件仍可能导致洪水或涝灾，因此水闸的布局会考虑到防洪排涝的需求，以保障人民生命财产的安全。

总之，水闸是水利工程中不可或缺的重要组成部分，它对于实现水资源的可持续利用、保障经济社会发展和人民生命财产安全具有重要意义。高昌区共建有十余座水闸，水闸所在渠道的数量一半以上在煤窑沟河，占比 56%，25% 位于塔尔朗河，还有 19% 位于黑沟。

截至 2021 年底，全市已建水库 10 余座。水库是调节水资源时空分布、优化配置水资源的一项重大工程措施，对于保障我国生产生活用水、应对极端气候灾害、改善生态环境具有十分重要的意义，吐鲁番的水库建设布局紧密而有序，旨在为当地提供稳定可靠的水资源保障。这些水库不仅有助于调节河流水量，减少洪涝灾害的发生，同时也为农业灌溉、工业用水以及生态补水提供了有力支持。在设计和施工过程中，广泛采用先进的技术手段和管理理念，确保水库的安全运行和高效利用。同时，也注重保护水库周边的生态环境，避免对当地生态系统造成负面影响。

未来，随着经济社会的发展和人口的增长，吐鲁番对水资源的需求将不断增加。因此，进一步加强水库建设布局的优化和完善，提高水库的蓄水能力和调节能力，将是该地区水资源管理工作的重要任务之一 [21]。同时，也需要注重加强水库的维护和管理，确保其长期稳定运行，为当地的经济社会发展提供坚实的水资源保障。高昌区水库大部分水库都修建在 1990 年以前，近三十年建成了 3 座水库，大河沿水库、煤窑沟水库、葡萄沟水库，这 3 座水库的总库容占据了高昌区所有水库总和的 82%，这说明老旧水库的功能性远不及新修水库，许多水库特别是小型水库受到不同程度的损毁，加强病险水库除险加固，确保水库安全运行已经成为当务之急。

　　吐鲁番供排水工程分布情况如图 10-1 至图 10-3 所示，由图可见吐鲁番供排水工程的建设布局相对集中。高昌区的供排水工程数量最多，占比高达 70%，除地区面积影响之外，还反映出高昌区在水资源利用和排水处理方面的重视程度较高。随着吐鲁番地区经济社会的不断发展，对水资源的需求将不断增加，对供排水工程的建设也将提出更高的要求。因此，在推进供排水工程建设的过程中，应注重科技创新和环保理念的应用，推动供排水工程向智能化、绿色化方向发展，为吐鲁番的可持续发展提供有力支撑。

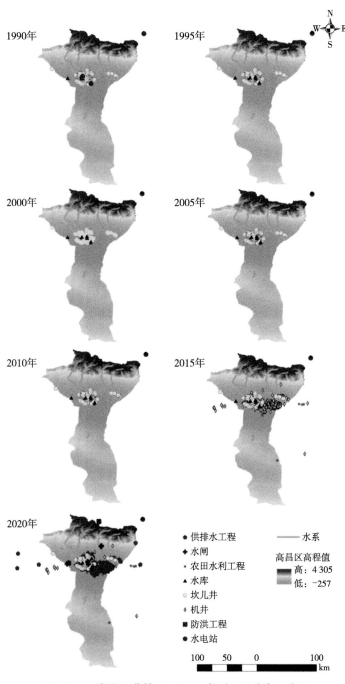

图 10-1　高昌区盆地 1 : 25 万水利工程分布示意图

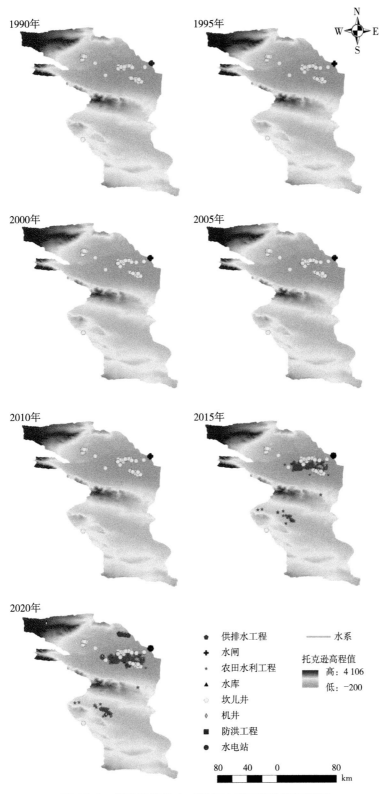

图 10-2　托克逊盆地 1∶25 万水利工程分布示意图

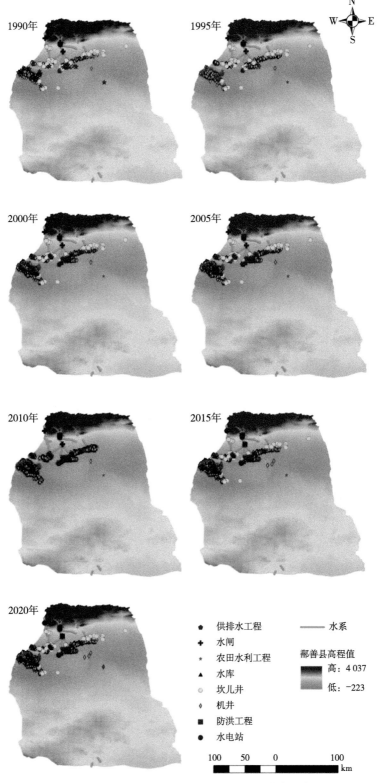

图 10-3　鄯善县盆地 1∶25 万水利工程分布示意图

吐鲁番水电站的建设布局特点鲜明，既体现了因地制宜的原则，又彰显了科学规划的智慧。首先，吐鲁番水电站建设布局充分利用了地形地貌特点。该地区地形复杂，山地、河谷交错，为水电站的建设提供了多样化的选择。在选址过程中，充分考虑到河流的落差、流量以及周围环境的承载能力，确保水电站的建设既能充分利用水力资源，又能减少对自然环境的破坏。其次，吐鲁番水电站建设布局注重生态环保。在规划过程中，充分考虑到水电站建设对生态环境的影响，采取了一系列环保措施。例如，在水电站建设过程中，注重水土保持和植被恢复，减少水土流失和环境污染；在运营过程中，加强水质监测和污水处理，确保水电站运行对生态环境的影响最小化。此外，吐鲁番水电站建设布局还注重经济效益和社会效益的平衡。在选址和建设过程中，充分考虑到当地经济发展和民生改善的需求，确保水电站的建设既能带来经济效益，又能促进当地社会和谐发展。同时，通过优化水电站运营管理模式，提高发电效率，降低运营成本，实现可持续发展。

三、吐鲁番地区水利工程建设过程中的主要问题

（一）高昌区

机井建设：1990—2020 年高昌区的机井数量显著增加。1990 年高昌区的机井数量约为 50 眼，到 2020 年增加到超过 300 眼。尤其在 2010 年之后，农业用机井的建设如林果业研究开发中心、郭勒布依乡等地的机井明显增多。2012 年高昌区新增机井 100 余眼，主要用于支持当地果园和农田灌溉。

灌溉用途：主要用于农业灌溉，支持了当地的林果业和农业种植。机井的增加有效缓解了农业用水压力，提高了农业生产效率。

地表水资源：由于机井的大量建设，地表水资源被逐渐替代，地表水使用量减少。2015 年，高昌区地表水使用量减少了约 30%，导致当地河流水位下降约 0.5 m。这一趋势对当地的生态系统产生了不利影响。

地下水资源：大量机井建设使地下水成为主要供水来源，地下水开采量剧增，导致地下水位逐年下降。数据显示，从 1990—2020 年高昌区的地下水位下降 10 余米，部分地区甚至出现了地下水枯竭的情况。过度开采地下水导致地下水资源严重紧缺，进一步加剧了水资源的供需矛盾。

（二）鄯善县

供排水工程：鄯善县自 1976 年起建设机井，用于农业灌溉，集中在辟展镇和东湖村等地。2000 年后，机井建设显著增加，满足了农业用水需求。1990 年鄯善县的机井数量为 60 眼，到 2020 年增加到约 350 眼。

用途多样：农业灌溉是主要用途，但也有部分机井用于工业和生活用水。2010 年以后，新增了 50 余眼用于工业和生活用水的机井。

地表水资源：地表水资源逐渐减少，农业灌溉更多依赖地下水。2010 年地表水使用量减少了约 25%，河流水量下降显著，导致部分河流季节性断流。

地下水资源：地下水开采量不断增加，导致地下水位下降，水资源管理面临严峻挑

战。1990—2020 年地下水位下降 10 余米，给当地的农业生产和生活用水带来了巨大压力。

（三）托克逊县

供排水工程：2016 年以后，托克逊县的水利工程建设显著增加，主要服务于葡萄庄园和工业园区。新增机井主要集中在工业园区。1990 年托克逊县有 40 余眼，到 2020 年增加到 200 余眼。

用途：农业和工业用水需求显著增加，机井建设加速。2018 年新增了 20 余眼工业用机井。

地表水资源：工业和农业用水导致地表水资源减少，河流和湖泊的水量明显下降。2015 年地表水使用量减少了约 28%，河流水位下降，部分湖泊出现干涸现象。

地下水资源：地下水开采量激增，导致地下水位下降，部分地区出现地下水资源短缺。1990—2020 年地下水位下降 10 余米，地下水资源的过度开采不仅影响了水质，还导致地下水补给不足。

四、吐鲁番地区水利工程建设过程中的主要问题

（一）水土资源开发不尽协调，农业灌溉规模偏大

吐鲁番地区以农业经济为主，绝大部分水资源被农业占用，随着地区工业和城镇化的发展，没有剩余可供水量供新增的工业和第三产业使用。

（二）地下水超采

目前吐鲁番地区地下水超采率达 135%，超采区主要分布在鄯善县和吐鲁番市。地下水的超采，导致地下水位持续下降，形成较大范围地下水漏斗，大量坎儿井出水量锐减，尤其是火焰山以南地区坎儿井出水量枯竭，已全部报废。部分机井深度已接近含水层底部，地下水面临枯竭。目前，吐鲁番地区供水安全形势十分严峻，若持续下去，将严重威胁当地人民的生存和发展，进而影响到民族团结和社会稳定。

（三）缺乏山区控制性水库、地表水开发利用率低

吐鲁番地区虽然已建有 10 余座水库，但是，大多数水库均属于小型水库，山区控制性水库只占 16%，对流域水资源利用起到的调节作用甚微，造成地表水开发利用率低。

（四）水资源利用效率低

吐鲁番地区农灌大部分仍采用传统的大水漫灌、畦灌等形式，灌溉定额偏高。经过几十年的建设，该地区渠道总体防渗率较高，但大部分干渠和支渠均为 20 世纪 60 年代修建，目前已运行三四十年及以上年，因工程老化，部分工程年久失修，渗漏损失较为严重，渠道输水损失较大，而且田间工程设施缺乏配套，灌溉水平较低，存在水资源浪费现状。吐鲁番地区许多企业，尤其是中小企业多为传统企业，用水重复利用率低，节水水平低。在生活用水中，节水意识普遍薄弱，节水器具普及率较低，生活用水浪费现象比较严重。

（五）水资源管理体系不完善

多年来，由于体制上、认识上的原因，吐鲁番地区与全疆其他地州一样，在水资源管理上存在着简单地以水体存在方式或利用途径将地表水与地下水、城市与乡村、水量与水质、供水与排水分割开来，实行多部门分权管理，存在"多龙管水"的问题，管水量的不管水质，管水源的不管供水，管供水的不管节水和排水，管排水的不管治理污水和地下水，管治污的不管污水处理回用。这种体制上的弊病造成了在水资源管理上诸多问题，不利于水资源的优化配置、节约保护。

（六）水权制度建设和量化管理滞后

到目前为止，吐鲁番地区尚未开展水资源使用权初始分配工作，每个行政区域、用水户到底拥有多大的使用权不明晰，还缺乏较全面的水资源配置规划，从而导致行政区域之间、用水户之间和不同行业之间取用水随意性大，没有明晰的水资源使用权约束，不但容易造成水资源的浪费、效率低和效益差等问题，而且还容易引起水事纠纷等。另外，水资源量化管理和取用水计量、供水成本核算与水费计收、管理等尚需进一步加强。总之，全地区水资源管理制度、取用水计量设施和监控平台建设严重滞后，已不能适应当前新的发展形势的需要，很难有效遏制水资源快速增长的需求与大量浪费之间的矛盾。

（七）农村饮水安全有待进一步加强

全地区近50万农村人口中还有20万左右的人仍旧面临着农村饮水安全问题。饮水工程一期投资较大，全区自然村落分散，相应人口的饮水工程的投资大，饮水工程建设难度大，饮水工程难以规模化，运行管理存在问题突出：①饮用水质量不达标。农村饮用水主要来源于地下水、地表水和自来水厂供水，由于自然条件和人为因素的影响，部分地区的地下水和地表水受到不同程度的污染，导致水质不达标。②饮用水供应不稳定。农村饮用水的供水稳定性是影响农民生活质量的重要因素。③供水基础设施薄弱。基础设施薄弱是农村饮用水保障的突出短板。一方面，农村饮用水处理设施不完善，无法有效去除污染物。另一方面，农村饮用水供水管网覆盖率低，部分地区的供水管网老化、破损严重，不仅导致供水不稳定，而且对水质也带来较大影响。目前农村人口饮水供水以分散式供水为主，部分农村地区兼有少量集中供水，且集中供水规模也多小于1 000 m³/d。饮水工程建成后维护管理的费用高，管理、技术人员不足，资金缺乏，导致一部分工程运行不久就闲置，很多地区沟渠、塘堰老化漏水，破坏严重，这些早期的水利工程基本失效。

（八）水资源保护机制不健全

大部分河流没有进行水功能区划，反映了在水资源管理和保护方面存在的一个普遍问题。吐鲁番地区未能合理划分水域空间，明确各区域的主要功能，如饮用水源保护区、渔业用水区、工业用水区、农业用水区、景观娱乐用水区及过渡区等，在未来仍需关注实现水资源的合理利用、有效保护和生态平衡。

五、吐鲁番地区水利工程开发潜力测算

（一）数据采集

通过走访调查的形式，对吐鲁番水库主要的运行参数进行了统计，其中包括：坝址控制流域面积、坝址多年平均径流量、防洪高水位、正常蓄水位、正常蓄水位相应水面面积、正常蓄水位相应库容、主汛期防洪限制水位、防洪限制水位库容、死水位、总库容、调洪库容、防洪库容、兴利库容、死库容、水库年供水量。最后选取兴利库容和总库容作为计算该地区水库水资源利用率计算的依据值，水资源利用率计算公式如下：

$$I=U/Q \tag{10-1}$$

其中，I 为水资源利用率，U 为兴利库容，Q 为总库容。

（二）克里金插值法

克里金插值法是当前常见的一种空间插值方法，其最早由 Krege 与 Sichel 共同提出，在 Goodchild 的"距离越近越相似"地理学第一定律下，经样品的空间位置与样品的属性进行关联，并利用样品空间分布位置以及样品与待推测样点的距离测算每个样品的权重值，以加权平均的方式计算出待推测样点的属性值。从理论层面来看，克里金插值法可以给出有限区域内区域化变量的最佳线性无偏估计量，正是由于克里金插值法无偏最优估计的优点，其在生态学、环境学、地质学等领域应用广泛。克里金插值法从插值的角度看是对空间分布的数据求线性无优、无偏估计的一种方法。其核心技术就是用半方差函数模型代表空间中随距离变化的函数，再在无偏估计与最小估计变异数的条件下决定各采样点的权重系数，最后再以各采样点与已求得的权重线性组合，来求空间任意点的内插估计值。克里金插值法种类众多，其主要差异在于假设条件不同。普通克里金插值法是众多克里金插值法中最常见、常用的方法之一，其假设条件为，空间属性 z 是均一的，即对于空间中的任一点，都有同样的期望值与方差。将普通克里金插值法应用到水资源利用的空间分布推测中，可以全面、直观地反映水资源利用率的空间分布状况。

（三）结果与分析

在使用克里金方法对数据进行插值时，需要分析数据是否符合正态分布、是否具有某一方向上的优势，或者采用一些数据变换的方法使得变换后的数据符合正态分布之后才能进行克里金插值。为此在分析吐鲁番地区水资源利用率时，通过将地区水资源利用率作乘以 10 的数量变换后使得地区水资源利用率符合正态分布（图 10-4），通过这样的转换后即可利用地区水利工程的水资源利用率使用普通克里金法进行空间插值分析。

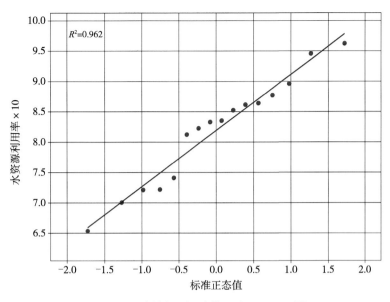

图 10-4　水资源利用率的正态 QQplot 图

利用 ArcGIS 10.8.2 地统计分析模块进行克里金插值分析得到结果如图 10-5。

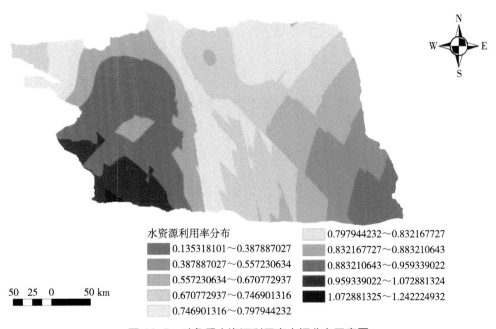

图 10-5　吐鲁番水资源利用率空间分布示意图

六、未来水资源分布的布局思路

在吐鲁番水系、机井和水库地理位置分布的基础上，再考虑到该地区是一个相对封闭的内陆盆地，四面环山，中间低洼，其特殊的地理地貌使得仅有极少量的温湿气流通过盆地西、北部山区形成降水。因此吐鲁番盆地西、北部的中高山区，是水资源的主要形成区，平原区降水极少，对地表水、地下水的补给意义不大，是水资源的散发区。在此背景之下，通过克里金插值法得出的吐鲁番的水资源利用率空间分布如图 10-5 所示，结合克里金插值的结果，分析该地区水资源优化调用可行的方案设计，旨在提高水资源利用率较低地区的利用率，最终得到吐鲁番水利工程开发潜力布局，仅为吐鲁番未来水利开发建设布局规划作参考。水资源作为国民经济和社会发展、生态建设与环境保护的重要基础性和战略性资源，在构建生态文明和谐社会中，肩负着十分重要的支撑作用。吐鲁番市各级政府要高度重视用水总量控制，根据新时期所面临的新情况、新问题，进一步贯彻落实科学发展观，完善发展思路，转变发展模式，加快用水总量控制的实施步伐，为流域内经济社会可持续发展提供安全的供水保障。

本部分我们利用基于吐鲁番地区 2000 年、2010 年、2020 年的降水量与蒸发量数据，使用 PLUS+INVEST 模型对吐鲁番地区未来 20 年的水资源分布进行预测的同时，以未来水资源综合利用率分布情况作为分析依据，提出未来吐鲁番的拟建水利工程区域及路线如图 10-6 所示，这为进一步探究水利水库设施以及坎儿井工程对吐鲁番地区水资源生态的治理以及服务功能的影响提供参考，并为后续的治理措施提供科学支撑。

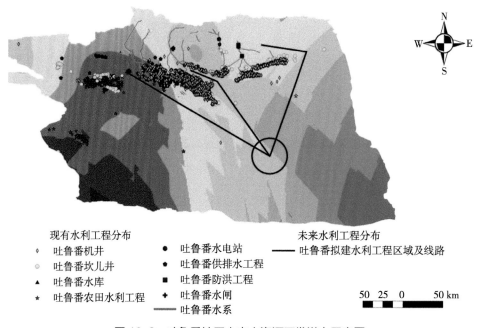

现有水利工程分布		未来水利工程分布
◇ 吐鲁番机井	● 吐鲁番水电站	—— 吐鲁番拟建水利工程区域及线路
○ 吐鲁番坎儿井	★ 吐鲁番供排水工程	
▲ 吐鲁番水库	■ 吐鲁番防洪工程	
★ 吐鲁番农田水利工程	✛ 吐鲁番水闸	50 25 0 50 km
	—— 吐鲁番水系	

图 10-6　吐鲁番地区未来水资源开发潜力示意图

七、工程建设建议

（一）东南部区域

东南部区域水资源利用率较低，未来具有较大的开发潜力。可以考虑在东南部低利用率区域。建设大型水库，储存丰水期的地表水，调节旱季供水，保障农业和工业用水需求。提高区域内的水资源利用率，缓解季节性缺水问题，促进农业和工业发展，提高居民生活质量。

未来建设的准备工作：

可行性研究：进行水文地质调查，确定水库选址和设计方案。

环境影响评估：分析水库建设对生态环境的影响，制定相应的环境保护措施和预设生态恢复工程。建立长期的生态监测和维护机制，确保水库周围生态恢复的持续效果。

（二）西北部区域

可以考虑跨区域调水工程，从中部高利用率区域调水至西北部低利用率区域。建设输水管道和调水设施，确保调水过程中的水质和水量稳定。解决西北部区域水资源短缺问题，支持当地农业和工业发展。促进区域经济发展和生态环境改善。

未来建设的准备工作：

调水方案研究：进行水资源调查和调水方案研究，确定调水线路和调度方案。定期评估调水机制的效果，调整和优化调水方案。

环境影响评估：评估调水工程对生态环境的影响，制定相应的环境保护措施。

调水管理：根据各区域的用水需求和水资源状况，制定科学的调水计划，确保调水过程中的水质和水量稳定。建立科学的调水管理机制，确保调水工程的高效运行。

（三）中部和北部区域

中部和北部区域水资源利用率较高，需要优化现有水资源管理和现有水利设施。可以考虑引入自动化控制系统和远程监控技术。

预计能提高水资源利用效率，减少水资源浪费，保障农业生产和居民生活用水需求。

未来建设的准备工作：

现状评估：对现有水利设施进行详细评估，确定需要升级改造的设施。

技术引进：引进自动化控制系统和远程监控技术，提升管理水平。

设施改造：对机井、坎儿井和灌溉系统进行升级改造，确保设施的高效运行。

效果评估：定期评估升级改造的效果，调整和优化管理方案。

吐鲁番盆地未来水利工程的科学布局不仅是解决水资源短缺问题的关键，更是支撑区域经济社会发展、保护生态环境、应对气候变化挑战、提升民众生活质量和社会稳定的重要基石。

第二节　哈密地区未来水利工程分布布局与建设

一、过去 30 年（1990—2020 年）哈密地区水利工程分布变化

（一）伊州区

过去 30 年间，伊州区的水利设施经历了显著的扩张。如图 10-7，伊州区共有

130座坎儿井,分布于6个乡镇中;37座水闸,节制闸占比达89%;66座机井;水库数量和总库容的增加,尤其是中型水库的建设,显著提升了该区域的水资源调控能力。这些变化在各个乡镇展现出多样化的发展趋势和特征,它们不仅反映在水利工程数量的上升,更体现在水资源管理与应用方式的深层次变革。

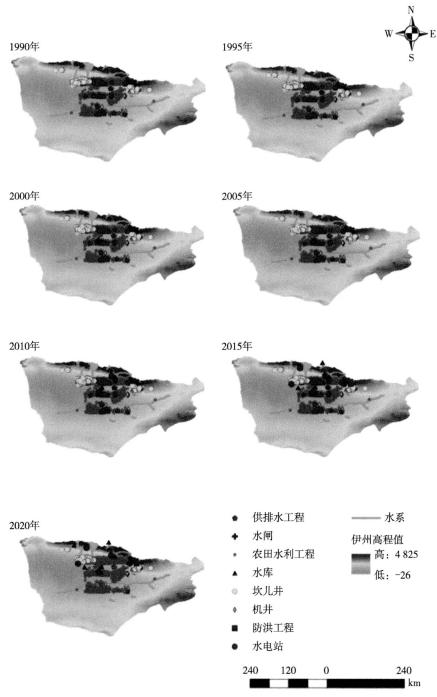

图 10-7 伊州区盆地 1:25 万水利工程分布示意图

在水库建设领域，小型（Ⅱ）和小型（Ⅰ）水库的建设尤为显著，它们在总库容中占据了 83% 的比例，这反映了伊州区在增强水资源调控能力方面的积极努力。然而，尽管小型（Ⅱ）水库的数量众多，但其总容量相对较低，这表明在水利工程规模与效益之间存在不平衡，这可能对水资源的有效利用造成影响。

在水闸建设方面，新建水闸数量的上升，体现了伊州区迅速响应现代农业灌溉和防洪排涝需求的能力。这些水闸的设计和建造更加强调环保和可持续性原则，技术上的革新也使它们能够更好地适应不断变化的气候条件和用水需求。尽管如此，水闸的分布和运行状况仍需进一步优化，以确保水资源的合理分配和有效利用。

机井的建设和管理同样展现了伊州区在水资源利用方面的灵活性和适应性。哈密地区共有 136 座机井，其中伊州区共有 66 座机井，这显示了伊州区在满足多样化用水需求方面的积极贡献。随着地区经济的发展和人口的增长，对水资源的需求也在不断上升，这要求机井建设和管理必须更加科学和高效。

供排水工程的建设在伊州区也实现了显著的进展，伊州区在供排水工程的数量上占据领先地位，占比达到了 70%。除地区面积影响之外，还反映出在水资源利用和排水处理方面的重视程度较高。工程数量的增加和布局的优化，体现了伊州区在水资源利用和排水处理方面的重视。随着经济社会的不断发展，对水资源的需求将不断增加，这要求供排水工程的建设必须更加注重科技创新和环保理念的应用，以推动工程向智能化、绿色化方向发展。

水电站的建设在伊州区展现了适应当地条件的特点，其分布与行政区的面积和河流的分布紧密相连。伊州区位于河流密布、水力资源丰富的地区，这为水电站的建设提供了得天独厚的自然条件。随着对清洁能源需求的增长，水电站作为清洁、可再生的能源形式，受到了广泛关注和青睐。

伊州区在农田水利工程和防洪工程的建设上占有较高的比重，这可能与其地势平坦和水资源丰富的特点有关。这些工程的建设不仅提升了地区的防洪能力，也为当地的经济社会发展提供了有力支撑。然而，随着气候变化和极端天气事件的增多，现有的防洪工程可能面临更大的挑战，需要进一步强化和优化。

（二）伊吾县

过去三十年，伊吾县水利设施经历了显著的演变，这些演变不仅增强了当地的水资源管理能力，也体现了水利工程对气候变化和经济社会发展需求的快速适应能力。

伊吾县的水利工程变化首先表现在水库建设上。如图 10-8，水库类型以山丘水库为主，其数量占比达到 60%，而其容量占比更是高达 79%。由此可见，伊吾县起决定性作用的山丘水库的增加尤其显著，它们在数量和总库容上都占据了伊吾县水利工程的主导地位。这反映了伊吾县在利用其地形特点，开发山区水资源方面取得了明显的进展。然而，伊吾县的水库分布存在不均衡现象，主要集中于伊吾河等流域，这可能导致其他地区水资源的供应不足。

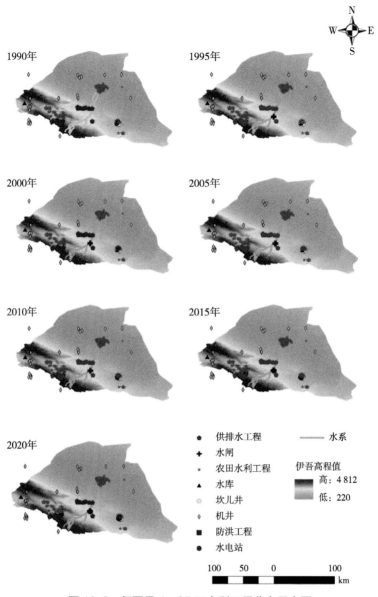

图 10-8　伊吾县 1∶25 万水利工程分布示意图

　　在水闸建设方面，伊吾县也展现了积极的增长势头。伊吾县共有 43 座水闸，分布在三个主要灌区及其相应的乡镇，主要集中在淖毛湖灌区和下马崖灌区，占比达 93%。伊吾县水闸分布于 10 个渠道，其中下马崖乡支渠水闸数量最多，达 19 个，占比 44%。其次为淖毛湖西支渠，有 13 个水闸，占比 30%。水闸数量的增长，特别是在过去十年的集中建设，显示了伊吾县对现代农业灌溉和防洪排涝需求的迅速响应。技术的进步和环保理念的融入，使得新建水闸在设计和功能上更加适应现代水利工程的需求。然而，水闸的分布和运行状况仍需进一步优化，以确保水资源的合理分配和有效利用。

　　作为伊吾县水利工程的关键部分，机井的建设和管理展现了该地区在水资源利用上的灵活性和适应性。伊吾县共有 20 余座机井，哈密地区机井建设注重多元化利用，约80% 用于农业、工业及生产生活。

尽管供排水工程起步较晚，但伊吾县近年来在这方面也实现了一定的发展。随着经济社会的不断发展，对水资源的需求日益增加，伊吾县的供排水工程开始注重科技创新和环保理念的应用，推动工程向智能化、绿色化方向发展。

水电站作为清洁能源的重要组成部分，在伊吾县的水利工程中也占据了重要位置。虽然数量不多，但水电站的建设利用了伊吾县丰富的水力资源，为地区提供了清洁、可再生的能源。

农田水利工程和防洪工程的建设在伊吾县同样取得了一定的成效。这些工程的建设提升了地区的防洪能力，也为经济社会发展提供了有力支撑。然而，伊吾县地形复杂，水资源分布不均，这给水利工程的规划和建设带来了挑战。未来的水利工程需要更加注重地区特点和水资源分布的合理性。

（三）巴里坤县

巴里坤县的水利设施在过去几十年里经历了显著的演变，超过半数的巴里坤县水利工程属于小型（Ⅱ）和小型（Ⅰ）类别，占据了总数的 95%，并且在所有水库中占据了67% 的比例。其总库容超过一半集中在小（Ⅰ）型和中型，占比达 90%。由此可见，巴里坤县中起决定性作用的是小（Ⅰ）型和中型水库。小（Ⅰ）型和中型水库的建设不仅在数量上占据了绝大多数，而且在总库容上也占据了较大比重。这反映出巴里坤县在增强水资源管理和储备能力方面做出了巨大努力，尤其是在面对干旱和极端气候条件下，这些水库发挥了关键作用。然而，与伊州区相似，巴里坤县同样面临着水库规模与其效益不成正比的挑战，小（Ⅱ）型水库的数量虽多，但总库容相对较小，这可能限制了它们在水资源调配中的作用。

巴里坤县共建有 40 余座水闸，分布于 4 个乡镇，超过一半集中在奎苏镇，占比达89%，全部处于正常运行状态。巴里坤县的水闸数量在过去三十年里也有了显著增加，这些新建的水闸主要集中在近十几年间，体现了对现代农业灌溉和防洪排涝需求的积极响应。水闸的设计和建设开始融入更多环保和可持续发展的理念，技术上的创新也使得它们能更好地适应气候变化和用水需求的变动。但巴里坤县的水闸分布和运行状况仍需进一步优化，尤其是在水资源分配的合理性和有效性上。

巴里坤县的机井建设和管理同样展现了对水资源利用的灵活性和适应性。巴里坤县共有 40 余座机井，尽管机井数量相对较少，但它们在保障农业灌溉、工业用水和居民生活用水方面发挥了重要作用。随着巴里坤县经济的发展和人口的增长，对水资源的需求也在持续上升，这要求机井建设和管理必须更加科学和高效。

巴里坤县的供排水工程也有一定的发展。随着经济社会的不断发展，对水资源的需求日益增加，这要求供排水工程的建设必须更加注重科技创新和环保理念的应用，推动工程向智能化、绿色化方向发展。

水电站的建设在巴里坤县也呈现出因地制宜的特点。水电站的分布与行政区的面积和河流分布密切相关，这为水电站的建设提供了得天独厚的自然条件。随着对清洁能源需求的增长，水电站作为清洁、可再生的能源形式，受到了广泛关注。

　　农田水利工程和防洪工程的建设在巴里坤县同样取得了一定的成效，这些工程的建设提升了地区的防洪能力，也为经济社会发展提供了有力支撑。但随着气候变化和极端天气事件的增多，现有的防洪工程可能面临更大的挑战。

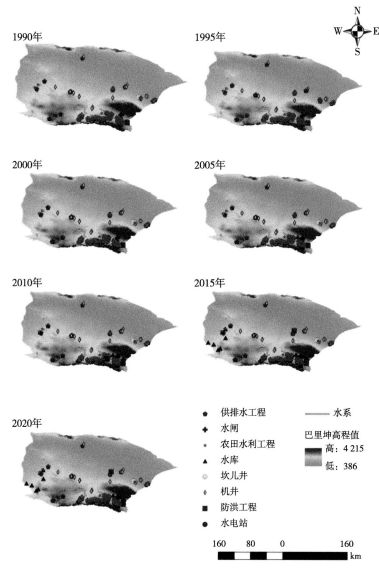

图 10-9　巴里坤盆地 1∶25 万水利工程分布示意图

二、哈密地区水利工程分布变化的总体分析

　　哈密地区近30年来的水利工程发展，虽然在一定程度上缓解了水资源的供需矛盾，但随着时间的推移，原有的水利布局逐渐显示出与区域发展需求不匹配的问题。某些地区水库和水闸的过度集中建设可能导致了水资源分配的不均衡，与此同时，其他一

些地区由于水利设施不足，可能面临水资源短缺的风险。此外，气候变化引发的降水模式变化和极端天气事件频发，为水利工程的稳定性与可靠性带来了新的考验。人口的不断增长和经济的迅猛发展，也使得现有水利工程在应对日益增长的用水需求时显得力不从心。

面对这些挑战，哈密地区未来的水利工程规划必须采取更为全面和前瞻性的措施。首先，确保水资源的公平分配是维持区域供需平衡的核心。这需要对现有的水资源进行细致的评估，并根据各区域的实际用水需求和水资源状况，制定公平合理的水资源分配方案。其次，水利工程的规模与效益平衡至关重要。应减少对大规模水利工程的依赖，同时利用中小型水利工程在水资源管理中的灵活性和高效率。通过合理搭配不同规模的水利工程，可以更好地适应不同区域的用水特点和需求。

适应气候变化也是未来水利工程规划中一个关键的组成部分。设计和建设能够抵御极端天气事件和应对长期气候变化影响的水利工程，是确保水利工程长期稳定运行的关键。这要求我们不仅使用更先进的建筑技术和材料，还要在工程规划与设计时深入考虑气候变化的潜在影响。科技创新的应用同样至关重要。应用现代信息技术和自动化控制技术等科技手段，可以有效提升水利工程的运作效率和管理质量，实现水资源的智能化管理和优化配置。

总体来看，尽管哈密地区近30年的水利工程取得了成就，但面对未来的发展需求和挑战，仍需进行深入的思考和重新规划。通过加强水资源的合理分配、平衡水利工程的规模与效益、提高工程的气候适应性以及广泛应用科技创新，哈密地区可以构建一个更加可持续、高效和安全的水利工程体系，为地区的长期发展提供坚实的水资源保障。

三、哈密地区水利工程建设过程中的主要问题

（一）伊州区

农田水利工程：主要集中在1998年，农田水利工程的建设支持了农业灌溉需求。工程分布在二堡镇等地。1990年伊州区有30余个农田水利工程，到2020年增加至180余个。

建设趋势：1998年后水利工程建设相对较少，但仍满足了农业用水需求。

地表水资源：农田灌溉对地表水资源的依赖减少，但总体水资源减少趋势明显。2010年地表水使用量减少了约20%，河流水位下降，导致当地生态环境逐渐恶化。

地下水资源：农田水利工程更多依赖地下水，地下水开采量增加，水位下降显著。1990—2020年下降了10余米，地下水位的持续下降使得农田灌溉面临巨大挑战。

（二）巴里坤县

机井建设：集中在八墙子乡和海子沿乡，机井建设满足了农业用水和生产用水需求。1990年巴里坤县有约50眼机井，到2020年增加到约300眼。

用途：主要用于农业灌溉和生产用水，支持了当地农业发展。2010年，新增了约50眼农业用机井。

地表水资源：地表水资源减少，河流和湖泊水量下降，部分地区出现季节性断流。2015 年地表水使用量减少了约 30%，导致河流水位下降，生态系统受到了显著影响。

地下水资源：地下水资源被大量开采，导致水位下降，部分地区出现地下水枯竭。1990—2020 年下降了 10 余米，地下水资源的减少直接威胁到了农业生产和生态环境的可持续发展。

（三）伊吾县

农田水利工程：集中在淖毛湖镇，农田水利工程数量逐年增加，支持了农业灌溉需求。1990 年伊吾县有约 20 个农田水利工程，到 2020 年增加到约 150 个。

用途：主要用于农业灌溉，满足了农田用水需求。2010 年新增了约 30 个农田水利工程。

地表水资源：农业灌溉导致地表水资源减少，河流和湖泊水量下降。2010 年地表水使用量减少了约 25%，导致河流水位下降，部分湖泊出现干涸。

地下水资源：农田灌溉依赖地下水，地下水开采量增加，水位下降，地下水资源面临枯竭风险。1990—2020 年下降了 10 余米，地下水资源的过度利用使得当地农业灌溉面临严峻挑战。

四、哈密地区水资源利用的主要问题

（一）节水工程自动化及信息化控制不够全面

按照"水利行业强监管"的水治理能力全面提升要求，目前哈密市在逐步推进节水工程信息化建设，建立分区统一的数字化监管平台，逐渐完善各用水点的自动化控制设施。此项工作虽在逐步开展进行，但是其建设规模还远远不够，尤其是城市绿地绿化没有实行定额管理，总量控制，自动化程度低，管理不到位，计量设施不到位，且目前的各控制系统比较分散，缺乏合理的、统一的全局谋划，不利于以后的统一管理。

哈密市在面对节水工程自动化及信息化控制不够全面的问题时，应采取一系列措施来提升水利工程的自动化和信息化水平。

推广自动化灌溉技术：借鉴已有的成功案例，如哈密市现代农业园区实施的自动化灌溉项目，该项目通过安装电磁阀和其他自动化设备，实现了灌溉的远程控制和精确管理。这种方法不仅提高了灌溉效率，还显著节约了水资源。继续扩大自动化灌溉技术的覆盖范围，特别是在农业用水占比高的地区，通过技术升级改造，增加自动化灌溉设施的安装和使用。

加强信息化建设：利用现代信息技术，建立集中的监测和控制系统，包括传感器系统、监测显示系统和水泵控制系统。这些系统能够实时收集土壤湿度、地表温度等数据，并通过计算机分析后自动调整灌溉策略。开发和应用集成的管理平台，实现从水源管理到灌溉执行的全过程监控和管理，提高水利服务于经济社会发展的综合能力。

优化水资源管理：根据区域水资源承载能力和经济社会发展需求，科学规划水资源的合理配置和高效利用。例如，通过实施"定额管理总量控制"的策略，优化农业、工业和生活用水的结构，减少不必要的浪费。加强对地下水的管控，严格执行新增地下水开采的审批程序，同时加大监督执法力度，确保水资源的统一管理和可持续利用。

提升公众参与意识：通过教育和宣传活动，提高公众对节水重要性的认识，鼓励居民和企业采取实际行动节约用水。建立社区参与机制，鼓励居民参与到水资源保护和节水活动中来，形成政府、企业和公众共同参与的水资源管理新格局。

（二）节水器具及管网存在老化，降低节水效率

哈密市全面推广实施农业高效节水、城市绿化林节水灌溉工程，经过多年的运行，部分给水管道及节水器具已到达使用年限且老化失用，管道老化及节水器具跑冒水会降低灌溉水资源利用效率，对节水产生不利影响。部分乡镇村供水管网漏损率偏高，部分供水管道存在跑冒水情况，其主要原因也是管网建设年限较早，管道控制设施老化失修，减弱管理能力，造成水资源的浪费。

针对哈密市节水器具及管网老化，节水效率低的问题，应当采取以下措施。

更新换代节水器具：对现有的节水器具进行全面的评估，识别出性能不佳或已到寿命期的器具，并制定计划逐步更换为高效节水的新型器具。这些新型器具应具有更好的耐久性和更高的水利用效率。在公共设施和居民生活中推广使用智能节水设备，如智能感应水龙头、节水型马桶等，这些设备能够根据使用情况自动调节水量，从而减少不必要的浪费。

改造升级供水管网：对老化的供水管网进行彻底的检查和评估，找出漏损点和破损部位，并进行针对性的修复或更换。采用更耐腐蚀、耐压的材料来替换老旧管道，以减少漏水现象。在管网改造中应用先进的施工技术和材料，如无缝钢管或高密度聚乙烯管，这些材料能提高管道的抗裂性和使用寿命。

实施分区供水策略：根据用水密度和区域功能，将城市供水系统划分为不同的区域，实施差异化的供水策略。这样可以更精确地控制用水量，确保每个区域都能得到合理的水资源分配。在非高峰用水时段，通过调整供水压力和流量来降低整体的水消耗。同时，优化调度系统，确保供水量的合理分配和高效利用。

加强监测和管理：利用现代信息技术建立全面的供水监控系统，实时收集和分析供水数据。通过这些数据，管理人员可以及时发现异常用水模式，迅速响应可能的管网故障。定期对供水系统进行检查和维护，包括对计量设备的校准和维修，确保数据的准确性和系统的可靠性。

提升公众节水意识：开展多层次、多渠道的节水宣传教育活动，提高市民对节水重要性的认识。通过媒体、学校和社区等平台普及节水知识，鼓励居民采取节水措施。鼓励居民报告供水系统中的渗漏和损坏问题，形成政府和公众共同参与的水资源管理新格局。

哈密市在面对节水器具及管网老化问题时，应采取多元化的管理策略和技术手段。通过更新节水器具、改造供水管网、实施分区供水、加强监测管理和提升公众节水意识等综合措施的实施，可以有效提升节水效率，保障水资源的可持续利用。

（三）污水处理及中水回用水平不足

哈密市各区县已建成城镇生活污水处理设施，并督促完成污水处理厂提升改造，加大污水处理能力。目前城镇生活污水收集率已达到 62%，污水处理率已达到 100%，哈密市在污水处理完后利用程度不高，对污水处理后的再生水利用率为 50%。所以，哈密市污水处理及中水回用水平仍需持续进行强化提升。

为了解决哈密市污水处理及中水回用水平不足的问题，应当采取以下措施。

提升污水处理能力：①扩建和升级污水处理厂：哈密市的污水处理厂目前日处理污水能力为 5 万 t，通过技术改造和设施扩建，可以增加处理能力，满足城市未来发展的需要。②采用先进处理工艺：使用改良的 A2O 深度处理工艺，这种技术能够有效提高污水处理效率和水质标准，使出水水质达到一级 A 排放标准。

推广中水回用：①扩大中水应用范围：将经过处理的中水广泛用于工业、绿化灌溉等领域。例如，哈密东天山水务集团已经将再生水用于南部工业园区的生产用水和绿化用水。②优化中水输送系统：通过建设和升级管网，确保中水可以高效地输送到各个使用点。同时，充分利用冬季闲置的再生水，解决季节性水资源分配不均的问题。

增强企业节水意识：①鼓励企业使用中水：通过政策引导和经济激励，鼓励更多企业采用中水替代部分生产用水，减少地下水和其他淡水资源的依赖。②实施企业内部水循环利用项目：支持企业开展内部水系统节能优化，如新疆昕昊达矿业有限责任公司通过使用再生水替代绿化用水和冷却水循环利用，显著降低了企业的水消耗和成本。

加强监管和公众参与：①建立健全监管机制：加强对污水处理和中水回用工作的监管，确保所有措施得到有效实施，并符合环保要求。②提高公众意识和参与度：通过教育和宣传活动，提高市民对水资源保护和节水重要性的认识，鼓励公众参与到水资源保护和节水活动中来。

（四）农业田间节水工程有待进一步提升

加快灌区续建配套和现代化改造，结合高标准农田建设，加大田间节水设施建设力度，包括输配水系统的节水，田间灌溉过程及灌溉方式的节水，用水管理的节水。开展农业用水精细化管理，实施建设灌区水量监测设施及自动化控制设备，将用水指标细化分解每个用水斗口，实行全程节水，提高水的利用率。

至目前，哈密市城市化和工业化进入了一个快速发展的新阶段，在"十四五"期间城市和工业用水增长明显，区域性缺水已经并将进一步凸显。全市以流域和区域为单位，开源节流并重，城乡供水一体化、工业和农业统筹调度，建立起蓄、引、排、灌、供、用的高水平水资源配置网络，实现水资源时空配置的最优化。

在"十四五"期间实现哈密水利从传统水利向现代水利、可持续发展水利转变，为经济社会可持续发展提供水利支撑和保障。适应经济社会发展对用水保障的需求，科学调配和保护水资源，建立高效益和可持续利用的水资源保障体系。

　　哈密市在"十四五"期间建立起适应社会主义市场经济要求、顺应时代发展趋势、具有哈密特色的高效率的水资源管理运行机制。加强水资源的基础工作，为水资源管理提供基础支撑。优化水资源配置，最大限度地发挥水资源综合效益。深化水资源管理、水利工程管理体制改革。通过深化改革，逐步建立起精干高效的水行政管理体制，实现水行政管理法治化。只有超前谋划，加速发展，才能使水资源持续发挥效能，水利要抓住机遇，加快发展，服务大局，科学论证，科学决策，为全市经济社会的持续快速健康发展提供良好的基础保障。

　　针对哈密市农业田间节水工程有待进一步提升的现状，水利工程建设应当采取以下措施。

　　推广高效灌溉技术：在哈密市范围内推广使用微灌、滴灌等高效灌溉技术。这些技术能够将水直接输送到作物根部，减少水分蒸发和渗漏，提高灌溉效率。结合自动化技术，如使用自动化灌溉控制系统，根据土壤湿度和作物需水量自动调整灌溉量，进一步提升水资源的利用效率。

　　完善农田水利设施：对现有的农田水利设施进行全面检查和评估，修复老化和损坏的部分，确保灌溉系统的正常运行。建设和升级农田水利设施，如水库、塘坝、引水渠道等，增加蓄水能力和改善灌溉条件，为高效灌溉提供足够的水源保障。

　　实施水肥一体化：推广水肥一体化技术，通过灌溉系统将肥料溶解在水中，与灌溉水一起输送到作物根部。这种方法不仅可以提高肥料的利用率，还能避免过量施肥对土壤和水源的污染。结合地方实际，开展水肥一体化示范项目，引导农民学习和掌握这一技术，促进其在更广泛的地区得到应用。

　　加强农业用水管理：建立和完善农业用水管理制度，实行定额管理和总量控制，按照作物种植结构和面积合理分配水资源。通过政策引导和经济激励，鼓励农民采用节水灌溉技术，减少传统的漫灌等浪费水资源的灌溉方式。

　　提升农民节水意识：开展农民节水技术培训，提高农民对节水灌溉技术的认识和使用技能。通过媒体、农业展会等多种渠道宣传节水灌溉的重要性和效益，营造良好的节水氛围。

　　通过推广高效灌溉技术、完善农田水利设施、实施水肥一体化、加强农业用水管理以及提升农民节水意识等综合措施的实施，可以有效提升农业田间的节水效率，促进水资源的可持续利用和农业的绿色发展。

五、哈密地区水利工程开发潜力测算

　　基于哈密地区水系、机井与水库的地理空间分布特性，本研究运用克里金插值法精细绘制了该区域水资源利用率的空间分布图 10-10。图中颜色从深蓝色（利用率低）到深红色（利用率高）渐变，显示了各区域的水资源利用率。西南部和东部利用率较低，中部和北部利用率较高。针对哈密地区西高东低、地形多样的地势，西部是连绵的高山和巨大的盆地，而东部则是浩瀚的戈壁和沙漠。

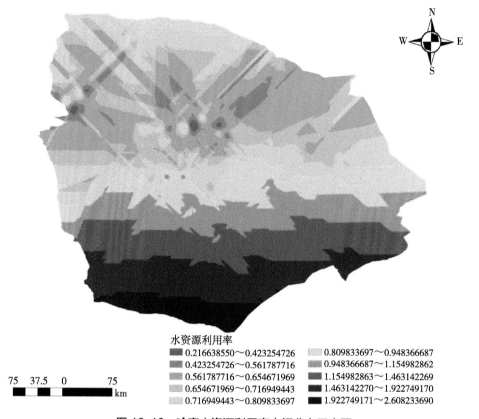

水资源利用率

■ 0.216638550～0.423254726	▨ 0.809833697～0.948366687
■ 0.423254726～0.561787716	▨ 0.948366687～1.154982862
▨ 0.561787716～0.654671969	■ 1.154982863～1.463142269
▨ 0.654671969～0.716949443	■ 1.463142270～1.922749170
▨ 0.716949443～0.809833697	■ 1.922749171～2.608233690

75 37.5 0   75
━━━━━━━━━━ km

图 10-10 哈密水资源利用率空间分布示意图

深入剖析克里金插值结果，可以深入发掘哈密地区水资源配置的优化路径，专注于提升那些水资源利用效率欠佳区域的效能。通过这一科学分析过程，不仅揭示了当前水资源管理的改进空间，还提出了前瞻性的水利工程开发潜力布局策略，力图为哈密未来的水利基础设施建设和开发规划提供一份权威、细致的参考蓝图，以期实现水资源的可持续管理和高效利用。结合哈密地区"十四五"规划的总体指导原则，该地区的发展蓝图强调了几项核心原则，首要的是可持续性与绿色发展，旨在平衡经济增长与环境保护；其次是创新驱动，鼓励科技创新和产业升级；再者是区域协调发展，注重城乡一体化及各产业间的和谐共生；还有就是开放合作，加强与周边地区的经济联系与交流合作。在这些原则的指引下，哈密地区明确了优先发展新能源、文化旅游、现代农业及高新技术产业的战略方向，为现阶段存在的诸多问题提出建议，可以通过这些领域的突破带动整个区域经济的转型升级。

（一）洪水风险规避测算

针对哈密市水库存在的洪水风险问题，水利工程建设应该采取一系列综合性措施来增强防洪能力、提升洪水管理效率，并确保水库的安全运行。

哈密市应制定和完善防汛抗旱的相关规章制度，明确各级责任和应对流程。这包括建立防汛抗旱的组织机构，如市防总组织机构，由市人民政府主要负责同志担任总指挥，确保在洪旱灾害发生时能够迅速有效地组织应急抢险救援工作。组织开展防汛抗旱检查，指导制定重要河流湖泊和重要水工程的防御洪水方案、洪水调度方案、应急水量调度方案等。这些方案应定期更新，以适应气候变化和环境变化带来的新挑战。

利用现代化技术对水库进行清淤，如自吸式管道水库清淤技术，这种技术已被成功应用于哈密市的石城子水库，有效提高了库容并延长了水库的使用寿命。通过这种方式，可以减少泥沙淤积，提高水库的蓄水能力和防洪能力。定期对水库的大坝和相关设施进行检查和维护，确保其在极端天气条件下的稳定性和安全性。

保护和恢复湿地生态系统，如洪泛湿地和沼泽地，它们能够在洪水期间发挥自然的调蓄作用，减少下游地区的洪水风险。这种方法不仅可以提高洪水管理能力，还能促进生物多样性的保护。在水库上游地区实施植树造林和草地恢复项目，增加植被覆盖率，减少水土流失，从而降低水库淤积速度和洪水峰值。

建立和完善水库洪水预警系统，利用现代信息技术收集和分析气象、水文数据，及时发布洪水预警信息。加强对公众的洪水防范教育，提高居民的自救互救能力，确保在洪水来临时能够有效应对。与周边地区建立防洪抗旱的联动机制，共享水资源管理信息，协调防洪措施，共同应对可能的洪水事件。在流域层面上进行水资源的统一规划和管理，优化水资源配置，提高整个流域的洪水防控能力。

（二）泥沙淤积规避测算

针对哈密市水库存在的泥沙淤积问题，水利工程建设应当采取一系列有效的措施来确保水库的正常运行和延长其使用寿命。

哈密市可以借鉴黄河水利科学研究院开发的自吸式管道清淤技术。这种技术通过在水库中安装带吸泥头的水下管道系统，利用水库的自然水头差作为动力，将淤积的泥沙排出库外。这种方式不仅清淤成本低、排沙效率高，而且对水库的日常运行影响较小。该技术已在小柳沟水库成功应用，显示出良好的清淤效果，含沙量达到每立方米 500 kg。这表明该技术适用于哈密市的石城子水库，可有效提高库容并延长水库的使用寿命。对现有水库进行结构上的优化，如增设泄洪道和调蓄湖，以增强其在极端气候条件下的防洪能力和减少泥沙淤积的风险。定期对水库的大坝和泄洪系统进行检查和维护，确保其在高水位期间的稳定性和安全性。同时，通过生态修复措施，如植树造林和草地恢复项目，减少上游地区的水土流失，从而降低入库的泥沙量。

在更广泛的流域尺度上进行水资源和泥沙管理的统筹规划。这包括与周边地区合作，共同管理和调节上下游的水流和泥沙排放，以减少对下游水库的淤积压力。利用现代信息技术收集和分析流域内的气象、水文数据，建立精确的泥沙输移模型，预测和调控泥沙运动，为水库的清淤工作提供科学依据。

（三）河流健康与生态保护测算

哈密市的河流健康与生态保护问题，特别是针对水库周边的环境，需要采取一系列综合措施来确保水资源的可持续利用并保护生态系统。

哈密市已经实施了哈密河及其支流的生态恢复与保护工程。这些工程包括有害生物防控、湿地生态水管理、栖息地保护与恢复等，有效改善了城市生态环境。继续推进这类工程，特别是在水库周边区域，可以增强生物多样性，提升水质，同时为市民提供更多绿色空间和休闲场所。通过建立多目标优化模型，协调经济社会供水（生活、工业、灌溉）与生态供水之间的关系。这种模型可以帮助决策者在保证经济社会发展的同时，不牺牲生态环境的健康。采用多目标遗传算法 NSGA-Ⅱ进行求解，获得合理的水库调度方案，减少缺水量，提高供水和生态效益，避免下游河道断流的情况。

同时哈密市应该坚持不破坏原有生态、水系、植被的原则，构建和恢复绿色廊道。这些绿色廊道不仅有助于保持生态平衡，还能提升城市的美观和居民的生活质量。新增绿地和街头公园，如哈密河国家湿地公园，已成为市民休闲娱乐的重要场所，同时起到了改善城市微气候的作用。通过先进的技术手段，优化农业、工业、生态用水比例，不断提高水资源的利用效率。这包括使用节水灌溉系统、工业循环用水系统等。在保障居民生活用水的前提下，合理分配水资源，确保每个部门都能获得足够的水量，从而支持社会经济和生态系统的可持续发展。

对全市饮用水水源地进行安全隐患排查治理，确保水质达标率保持在 100%。这包括对城镇集中式饮用水水源地的保护和监测。划定并严格管理饮用水水源地保护区，防止污染源侵入，保护水源地的自然环境和水质安全。

（四）优化水库调度与信息化

哈密市的水库调度与信息化问题，需要采取一系列综合措施来确保水库运营的安全性和效率。

为了协调经济社会供水（生活、工业、灌溉）和生态供水之间的关系，可以建立面向经济社会供水和生态供水的多目标水库调度优化模型。这种模型能够平衡不同部门之间的用水需求，确保水资源的合理分配。通过采用多目标遗传算法 NSGA-Ⅱ进行求解，可以获得合理的水库调度方案，以减少缺水量，提高供水和生态效益，同时避免下游河道断流的情况。利用 3～5 年的时间，整合和完善现有水利信息化系统，重点建设三大水利管理平台，实现水资源的全过程管理和精细化管理。这将有助于提升水利服务于经济社会发展的综合能力。通过信息化手段，提升水利管理的透明度和效率，增强决策支持和应急响应能力。例如，实时监控水库水位、水质等关键参数，确保水库运营的安全性和效率。

引入现代化管理系统，如智能监控和数据分析系统，以提高水库运营的安全性和效率。这些系统可以提供实时数据，帮助管理人员做出快速而准确的决策。定期维护和检查，及时发现并解决水库设施的老化、损坏等问题，确保水库的正常运行和长期稳定供水。与周边地区建立水资源的合理调配机制，通过建设调水工程，引入外部水资源以满足部分需求。在流域层面上进行水资源的统一规划和管理，优化水资源配置，提高整个流域的洪水防控能力。

加强对公众的水资源保护和节水意识教育，提高社会各界对水库保护重要性的认识，鼓励公众参与到水资源保护和水环境保护活动中来。建立社区参与机制，鼓励居民参与到水库周边环境的保护和监督中来，形成政府、企业和公众共同参与的水资源管理新格局。

（五）水库除险加固

哈密市水库的除险加固问题，是确保该地区水利设施安全运行和长期稳定性的关键。

定期对水库大坝、溢洪道、放水涵洞等关键结构进行详细的安全评估和检查。通过这种检查，可以及时发现并解决潜在的安全隐患，如裂缝、渗漏或其他结构损伤。根据检查结果，对发现的问题进行必要的修复和加固。例如，对于裂缝可以使用高强度材料进行灌注封闭，对于渗漏部位应采取堵漏措施，确保大坝的稳定性和密封性。

针对特定水库存在的风险点，设计并实施专项的除险加固工程。如哈密市花园水库除险加固工程，该工程不仅增强了灌溉功能，还提升了防洪能力。在加固过程中，采用现代工程技术和方法，如使用抗裂性能更好的新型建材，或者引入更先进的施工技术来提升工程的质量和耐用性。利用信息化和自动化技术来监控水库的安全状况。安装传感器和实时监控系统，对水库的水文地质条件、水位变化及结构稳定性进行持续监测。应用地理信息系统和远程监控系统来优化水库运营管理和维护策略，提高应对突发事件的能力。建立和完善水库应急预案，包括洪水应急、地质灾害应急等，确保在极端天气或特殊情况下能迅速有效地响应。定期组织应急演练，提高相关人员的应急处理能力和快速反应能力，确保在紧急情况下能够有效控制局面，减少损失。

哈密市应加大对水库除险加固工作的支持力度，提供必要的政策和财政支持。通过制定具体的支持政策，鼓励和引导社会资本参与水库的除险加固项目。建立健全小型病险水库除险加固工作责任制，明确各级政府及相关部门的责任，确保任务的有效执行和质量标准的达成。

六、未来水资源分布的布局思路

根据哈密地区水资源及水利工程分布调查数据及现存问题整理可知：

（1）哈密地下水资源量总体超采现象比较严重。

（2）绿洲平原区机井密集地带呈现出快速下降型，其外围区为中速下降型，在开采量较少的地区为慢速下降型，稳定型在靠近河床地段零星分布，基本不存在上升型。1975年以来，哈密地下水位累计降幅一般在25～50 m，局部达60～70 m；目前，整个哈密地下水的汇流中心仍然与天然原始状态一致，但地下水水力梯度发生了较明显变化，细土平原区一带逐渐变小。

（3）1960—2020年哈密地下水补给总量呈持续减少趋势，补给量减少速率始终大于排泄量减少速率，补给量始终小于排泄量，这是哈密地下水超采的原因。

（4）哈密盆地地下水补排平衡自1975年打破以来，地下水储存量减少速率也呈现出先加速后减速的一个规律，45年累计消耗储存量75.18亿 m³/年。

中央对新疆提出了社会稳定和长治久安两大任务，为了完成国家使命，大力推进新型城镇化、新型工业化和农牧现代化是必要条件。哈密市作为乌鲁木齐都市圈的重要组成部分，提出了加快推进新型城镇化。其中城镇用水总量包括城镇居民生活、建筑业、第三产业用水及城市生态环境用水。哈密市城镇化发展，应走节水型城市发展之路。

《关于印发新疆用水总量控制方案的函》（新水函〔2018〕6 号）确定了哈密市各县区 2025 年地下水供水实施计划。本次结合哈密水资源开采情况和已有水资源供水实施计划，确定规划水平年 2025 年水资源可供水量采用《关于印发新疆用水总量控制方案的函》（新水函〔2018〕6 号）中成果。

根据伊州区水资源开发利用特点，伊州区地表水供水潜力为 2 532.66 万 m^3。伊州区现状年地下水源供水 24 530 万 m^3，根据"三条红线"控制指标，2025 年伊州区地下水的控制指标为 23 065 万 m^3，超出指标 1 465 万 m^3。由此可知，伊州区地下水供水潜力为 1.0 万 m^3。

根据伊吾县水资源开发利用特点，伊吾县地表水潜力主要集中在伊吾河区，伊吾县地表水水资源可开发利用供水潜力为 1 660 万 m^3。伊吾县现状年地下水源供水 2 091 万 m^3，根据"三条红线"控制指标，2025 年地下水的控制指标为 2 900 万 m^3，由此可知，伊吾县地下水供水潜力为 809 万 m^3。

巴里坤湖区地表水水源主要为农业、生活及巴里坤湖生态补水。该区域水资源有限，基本没有地表水的潜力可用于工业供水。巴里坤县现状年地下水源供水 3 598 万 m^3，根据"三条红线"控制指标，2025 年地下水的控制指标为 4 041 万 m^3，由此可知，整个巴里坤县地下水供水潜力为 443 万 m^3。

因此，本研究利用基于哈密地区 2000 年、2010 年、2020 年的降水量与蒸发量数据，使用 PLUS+INVEST 模型对哈密地区未来水资源分布进行预测。

如图 10-11，机井（绿色菱形）和坎儿井（黄色圆圈）是哈密地区主要的水源利用方式，集中在中北部和市中心区域；水系（蓝色线条）和水库（黑色三角形）提供了重要的地表水资源，主要分布在西北部和东北部红色十字表示农田水利工程的分布，主要集中在中部和北部区域；粉色六边形和红色加号表示水闸和防洪工程，分布在河流沿岸和市周边区域；紫色八角形和蓝色五边形表示电站和供排水工程，主要在东部和市中心区域；图中黑色线条表示拟建水利工程区域及线路，这些工程主要分布在水资源利用率较低的区域，如西南部和东部，表明这些区域未来有较大的水资源开发潜力。

哈密市水利布局在地图上呈平行带状分布，主要是由于水资源分布的特点、生态保护与恢复的需要、地形地貌影响、人口分布等多方面因素共同作用的结果。

水资源分布特点：哈密市的水资源主要依赖东天山冰川融水，水资源分布不均匀，主要集中在天山南北的河流和地下水中。这种自然条件决定了水利设施的布局需要沿着这些水资源丰富的区域进行布置，从而形成了带状分布。

生态保护与恢复：哈密市在水利布局中，注重生态保护和恢复。例如，哈密河及其支流的生态恢复与保护工程，通过修建引南增水管道工程，从石城子水库向哈密河进行补水，恢复和构建起东西两条绿色廊道。这种生态恢复工程需要沿着河流和湿地进行布置，进一步推动了水利设施的带状分布。

水安全战略规划：哈密市在编制水安全战略规划时，提出了"一脉、二调、三区"的水安全保障总体布局，这种布局方式也促进了水利设施的带状分布。

地形地貌影响：哈密市地形复杂，三面环沙，地形地貌对水利设施的布局有直接影响。水利工程往往沿着山脉、河流等自然地形进行布置，以减少建设成本和提高水资源的利用效率。

人口分布：人口分布对水利布局也有一定影响。居住区、农业区和工业区的人口密集程度不同，对水资源的需求也不同，水利工程的布局需要考虑服务人口的分布情况。

根据图 10-11 模拟预测，按区域水资源规划，哈密规划在西南到东北走向修建的水库，对整体水资源经行调蓄和控制，使得地下水河道渗漏补给量显著减小。同时在哈密最北方修建水利工程，不仅扭转了地下水位持续下降的趋势，而且保障了用水需求，是哈密地下水可持续利用的可行方案。可进一步探究水利水库设施以及坎儿井工程对哈密地区水资源生态的治理以及服务功能的影响，并为后续的治理措施提供科学支撑。

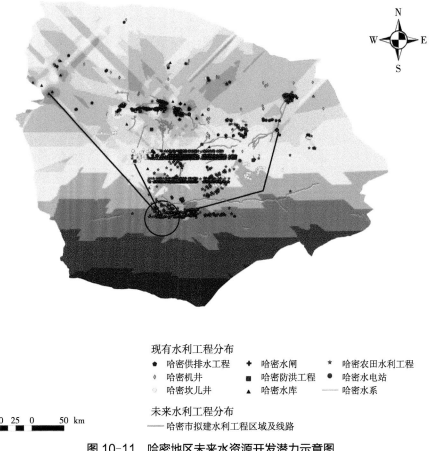

图 10-11　哈密地区未来水资源开发潜力示意图

七、工程建设建议

在水资源利用率的空间分布上，吐鲁番和哈密是不相同的。建议在西南部主要农业灌溉渠建立中型水库，增加水资源调蓄能力。

在生产方面哈密与吐鲁番截然不同，使得吐鲁番和哈密这两个地区的未来理想的用水调配规划重点不同。哈密的灌区、生活区与自然资源开采区相较于吐鲁番更为分散，因此哈密未来的水利工程建设应该更侧重于水资源综合管理平台的建设。利用大数据和人工智能技术，建立集成化的水资源综合管理平台，实现数据共享和协同管理，对水资源数据进行实时分析，提前提供决策支持。未来可以考虑的工作开展方向如下。

（一）数据采集和整合

任务：建立覆盖全区域的水资源监测网络，实时采集地表水、地下水、气象、水质等数据。

步骤：

（1）安装自动化监测设备，如流量计、地下水位计、水质传感器等。

（2）通过物联网技术，实现监测数据的实时传输。

（3）整合各类监测数据，建立水资源数据库。

（二）数据分析和应用

任务：利用大数据和人工智能技术，对水资源数据进行分析，提供决策支持。

步骤：

（1）开发数据分析模型，预测水资源供需情况。

（2）利用人工智能技术，优化水资源调度方案。

（3）提供水资源管理决策支持，如预测干旱、丰水期。

（三）综合管理平台建设

任务：建立集成化的水资源综合管理平台，实现数据共享和协同管理。

步骤：

（1）设计和开发综合管理平台，包括数据展示、分析、调度等功能模块。

（2）实现各部门间的数据共享和协同管理，提升管理效率。

（3）进行平台测试和优化，确保系统稳定运行。

（四）调水需求评估

任务：评估各区域的用水需求和水资源状况，确定调水优先次序。

步骤：

（1）收集各区域的用水需求数据，进行需求分析。

（2）评估各区域的水资源供给能力，确定供需缺口。

（3）根据需求和供给情况，制定调水优先次序。

（五）调水计划制定

任务：制定科学的调水计划，明确调水线路和调水量。

步骤：

（1）根据需求评估结果，制定详细的调水计划。

（2）确定调水线路和调水量，制定调水调度方案。

（3）公示调水计划，征求各方意见，进行修订和优化。

（六）调水设施建设和维护

任务：建设必要的输水管道和调水设施，确保调水过程中的水质和水量稳定。

步骤：

（1）进行调水设施的设计和选址，确保工程可行性。

（2）施工建设输水管道和调水设施，确保工程质量和进度。

（3）定期维护和检修调水设施，确保设施的正常运行和调水效果。

（七）调水管理机制

任务：建立调水管理机制，确保调水工程的高效运行和水资源的合理调配。

步骤：

（1）制定调水管理制度，明确各部门的职责和权限。

（2）建立调水管理信息系统，实时监测调水过程和效果。

（3）进行调水效果评估，及时调整和优化调水方案。

综上所述，哈密市虽然面临着水资源短缺的挑战，但通过实施一系列高效的水资源管理和利用策略，已经取得了显著成效。未来，哈密市应继续加强水资源的保护和合理利用，推广节水技术和设备，提高公众的节水意识，以确保水资源的可持续利用，支撑地区的经济社会发展。面对未来水资源需求的压力，水利工程建设显得尤为重要。通过建设水库、提升水利设施的效率、调水工程、优化水资源的配置、增强供水保障能力、节水灌溉系统等，可以有效调节水资源时空分布，提高水资源利用效率，保障农业、工业和生活用水的稳定供应，以应对未来的挑战。

参考文献

［1］阿依姑丽·托合提.基于 CHANS 的吐鲁番艾丁湖水面积的动态变化及其驱动力分析.乌鲁木齐：新疆大学，2013.

［2］艾尼瓦尔吾米提.哈密市地表水资源利用存在的问题及应对措施.陕西水利，2023（4）：38-39，45.

［3］柏晓.吐鲁番地区志.乌鲁木齐：新疆人民出版社，2004.

［4］摆敏.哈密市水资源开发利用现状及对策研究.水资源开发与管理，2015（3）：50-53.

［5］曹国亮，李天辰，陆垂裕，等.干旱区季节性湖泊面积动态变化及蒸发量：以艾丁湖为例.干旱区研究，2020，37（5）：1095-1104.

［6］陈立，刘亮，张明江.艾丁湖流域植被与地下水埋深关系分析.地下水，2019，44（4）：37-39.

［7］陈亚宁，陈忠升.干旱区绿洲演变与适宜发展规模研究：以塔里木河流域为例.中国生态农业学报，2013，21（1）：134-140.

［8］程凡.新疆水资源多目标优化配置模型分析.水利科学与寒区工程，2021，4（1）：94-98.

［9］程维明，柴慧霞，周成虎，等.新疆地貌空间分布格局分析.地理研究，2009，28（5）：1157-1169.

［10］褚敏，徐志侠，王海军.艾丁湖流域地下水超采综合治理效果与建议.水资源开发与管理，2020（12）：9-13.

［11］丁婷红.吐哈盆地城市化与生态环境的时空耦合分析研究.乌鲁木齐：新疆大学，2013.

［12］杜来.鄯善县草地资源分布特征及利用.新疆林业，2023（3）：40-42.

［13］段勇.哈密地区水利信息资源整合应用与研究.水利信息化，2020（6）：47-51.

［14］方创琳.河西走廊绿洲生态系统的动态模拟研究.生态学报，1996（4）：389-396.

［15］方静，陈立，刘亮，等.艾丁湖流域绿洲湿地退变成因及发展趋势预测.地下水，2022，44（1）：91-93.

［16］封志明，郑海霞，刘宝勤.基于遗传投影寻踪模型的农业水资源利用效率综合评价.农业工程学报，2005（3）：66-70.

［17］冯晓华，阎顺.干旱区平原湖泊旅游资源可持续开发研究：以新疆艾丁湖为例.干旱区资源与环境，2011，25（1）：195-200.

［18］付杨.吐鲁番市水资源及其利用状况分析.黑龙江水利科技，2015，43（9）：143-144.

［19］高翔.哈密河生态恢复工程的设计与施工.建筑施工，2022，44（5）：1052-1054.

［20］古丽娜尔·麦麦提，徐华君，马鑫苗.基于 GIS 分析的吐鲁番绿洲聚落空间分布格局：以吐鲁番市高昌区为例.福建师范大学学报（自然科学版），2022，38（4）：106-115.

［21］郭军辉.新疆吐鲁番某水库坝址区工程地质条件评价.陕西水利，2020（3）：135-136.

［22］郭伟.哈密市水资源承载力动态评价.陕西水利，2018（3）：11-14.

［23］哈密市地方志编纂委员会.哈密市志.乌鲁木齐：新疆人民出版社，2001.

［24］黄超，万朝林.新疆坎儿井研究及未来的发展.产业与科技论坛，2022，21（13）：58-61.

［25］霍礼锋.典型干旱地区水资源优化配置方案：以吐鲁番市高昌区为例.水利技术监督，2018（4）：222-226.

［26］姜松秀，杨英宝，潘鑫.1990—2019 年艾丁湖流域城市空间扩展遥感监测.测绘地理信息，2021，46（2）：20-24.

［27］李国臣，马成林，于海业，等.温室设施的国内外节水现状与节水技术分析.农机化研究，2002（4）：8-11.

［28］李丽，王心源，骆磊，等.生态系统服务价值评估方法综述.生态学杂志，2018，37（4）：1233-1245.

［29］李鸣.吐鲁番盆地水资源合理开发及可持续利用.河南水利与南水北调，2020，49（9）：28-29.

［30］李鑫.吐鲁番市蒸散发耗水估算与农业用水量相关性研究.水利技术监督，2024（4）：267-271.

［31］李勇.吐哈油田年鉴：2007—2008.乌鲁木齐：新疆人民出版社，2009.

［32］李振基，陈小麟，郑海雷.生态学.4 版.北京：科学出版社，2014.

［33］梁珂，徐志侠，杨国瑞，等.艾丁湖生态区地表覆被提取及演变特征分析.人民黄河，2021，43（S2）：75-76.

［34］林传秀.伊吾县"水"旱问题的初步探讨.新疆气象，1986（11）：14-15.

［35］马晓菲，杜明亮，刘小煜，等.坎儿井出水量影响因素的数值模拟分析.地下水，2021，43（4）：1-4，17.

［36］潘俊鹏，刘春月，秦培元，等.淖毛湖镇晚熟哈密瓜统防统治实践探索.新疆农业科技，2023（5）：42-44.

［37］皮青兰.水资源约束下的哈密市土地资源综合承载力评价研究.乌鲁木齐：新疆大学，2021.

［38］秦柳.国外设施农业发展的经验与借鉴.世界农业，2015（8）：143-146.

［39］屈吉鸿，严天岗，李道西，等.基于地下水最小开采量的典型干旱地区农业配水方案研究：以吐鲁番市二塘沟流域为例.华北水利水电大学学报（自然科学版），2022，43（3）：43-50.

［40］热孜娅·阿曼.新疆水资源承载力评价及量水发展模式研究.乌鲁木齐：新疆大学，2021.

[41] 师艳芳 . 地区加快矿产资源整合力推新型工业化发展 . 哈密日报（汉），2010，2010-12-23（002）.

[42] 苏明磊 . 艾丁湖生态环境演变分析及预测 . 科技信息，2011（24）：792-793.

[43] 田敬亚 . 艾丁湖盐渍地 . 中学地理教学参考，2018（24）：72.

[44] 王冰 . 艾丁湖生态需水研究 . 北京：中国水利水电科学研究院，2015.

[45] 王辉 . 柴达木盆地生态用水研究 . 北京：北京林业大学，2017.

[46] 王惠，李捷 . 伊吾县农业现代化发展现状 . 黑龙江农业科学，2017（7）：97-101.

[47] 王慧杰 . 干旱区水资源开发利用对生态用水影响的综合评价 . 北京：清华大学，2011.

[48] 王凯 . 哈密坎儿井发展现状及保护应对策略 . 地下水，2022，44（3）：128-131.

[49] 王梦云，吴彬，杜明亮，等 . 新疆退耕还水补偿机制建设实践与探索 . 水利发展研究，2018，18（11）：53-56.

[50] 吾米提·艾尼瓦尔 . 哈密市地表水资源利用存在的问题及应对措施 . 陕西水利，2023（4）：38-39，45.

[51] 肖群 . 伊吾河流域现状需水量分析 . 黑龙江水利科技，2012，40（9）：212-213.

[52] 谢高地，鲁春霞，成升魁 . 全球生态系统服务价值评估研究进展 . 资源科学，2001（6）：5-9.

[53] 谢高地，鲁春霞，冷允法，等 . 青藏高原生态资产的价值评估 . 自然资源学报，2003（2）：189-196.

[54] 谢高地，张彩霞，张昌顺，等 . 中国生态系统服务的价值 . 资源科学，2015，37（9）：1740-1746.

[55] 谢高地，张彩霞，张雷明，等 . 基于单位面积价值当量因子的生态系统服务价值化方法改进 . 自然资源学报，2015，30（8）：1243-1254.

[56] 谢高地，张钇锂，鲁春霞，等 . 中国自然草地生态系统服务价值 . 自然资源学报，2001（1）：47-53.

[57] 徐伟伟 . 吐鲁番市地下水超采区治理对策浅析 . 陕西水利，2020（5）：53-54.

[58] 杨朝晖 . 面向干旱区湖泊保护的水资源配置模型技术与应用 . 北京：中国水利水电出版社，2020.

[59] 杨朝晖，谢新民，王浩，等 . 面向干旱区湖泊保护的水资源配置思路——以艾丁湖流域为例 . 水利水电技术，2017，48（11）：31-35.

[60] 杨发相，穆桂金，赵兴有 . 艾丁湖萎缩与湖区环境变化分析 . 干旱区地理，1996（1）：73-77.

[61] 杨文杰 . 艾丁湖北绿洲外围土壤盐分及平原区地下水特征分析 . 北京：北京林业大学，2019.

[62] 姚安琪 . 哈密市水资源利用与管理 . 水利发展研究，2018，18（3）：38-40.

[63] 叶康 . 吐鲁番盆地水文特性与区划 . 能源与节能，2017（2）：110-111.

[64] 尹明丽 . 近百年来鄯善县坎儿井及其影响下的绿洲变化初探 . 乌鲁木齐：新疆大学，2022.

［65］张惠兰，张玉山.基于水资源循环经济理念的新疆吐哈盆地水资源优化配置研究.水利科技与经济，2013，19（10）：27-29.

［66］赵付勇.新疆托克逊县地下水资源量评价.地下水，2021，43（3）：80-82.

［67］赵佳丽，瓦哈甫·哈力克.干旱区湿地生态旅游研究：以吐鲁番艾丁湖为例.旅游纵览（下半月），2015（22）：200-202.

［68］赵鹏博.吐鲁番市十四五水安全保障规划研究.水利技术监督，2023（6）：123-126.

［69］赵兴有，乔木.哈密盆地区域地貌的基本特征.干旱区地理，1994（1）：39-45.

［70］郑成加.哈密地区志.乌鲁木齐：新疆大学出版社，1997.

［71］周宏飞，张捷斌.新疆的水资源可利用量及其承载能力分析.干旱区地理，2005（6）：756-763.

［72］周蕾.吐鲁番市地下水超采现状评价与治理措施探究.陕西水利，2021（1）：58-60.

［73］周蕾.艾丁湖最低生态水位分析研究.四川水利，2021，42（1）：95-98.

［74］周蕾.艾丁湖水环境生态演变与社会影响分析.水利建设与管理，2024，44（2）：49-59，64.

［75］周佺.基于熵权模糊综合的水资源考核评价方法研究与应用.地下水，2019，41（2）：112-115.

［76］朱梦梦，葛可，贺明阳，等.吐鲁番城市人居环境评价.防护林科技，2020（11）：57-59.

［77］朱一中，夏军，谈戈.关于水资源承载力理论与方法的研究.地理科学进展，2002（2）：180-188.

［78］左东启，戴树声，袁汝华，等.水资源评价指标体系研究.水科学进展，1996（4）：88-95.

［79］Gao Y C, Liu C M, Jia S F, et al., 2006. Integrated Assessment of Water Resources Potential in the North China Region: Developmental Trends and Challenges. Water International, 31（1）：71–80.

［80］NESCO. The United Nations World Water Development Report 2020: Water and Climate Change. UNESCO, 2020.